W0256185

Teubner-Ingenieurmathematik

Burg/Haf/Wille: **Höhere Mathematik für Ingenieure**
Band 1: **Analysis**
2. Aufl. 732 Seiten. DM 46,–
Band 2: **Lineare Algebra**
2. Aufl. 448 Seiten. DM 44,–
Band 3: **Gewöhnliche Differentialgleichungen, Integraltransformationen, Distributionen**
2. Aufl. 405 Seiten. DM 42,–
Band 4: **Vektoranalysis und Funktionentheorie**
580 Seiten. DM 47,–

Dorninger/Müller: **Allgemeine Algebra und Anwendungen**
324 Seiten. DM 48,–

v. Finckenstein: **Grundkurs Mathematik für Ingenieure**
461 Seiten. DM 48,–

Heuser/Wolf: **Algebra, Funktionalanalysis und Codierung**
168 Seiten. DM 36,–

Hoschek/Lasser: **Grundlagen der geometrischen Datenverarbeitung**
472 Seiten. DM 52,–

Kamke: **Differentialgleichungen**
Lösungsmethoden und Lösungen
Band 1: **Gewöhnliche Diffentialgleichungen**
10. Aufl. 694 Seiten. DM 88,–
Band 2: **Partielle Differentialgleichungen erster Ordnung für eine gesuchte Funktion**
6. Aufl. 255 Seiten. DM 68,–

Krabs: **Einführung in die lineare und nichtlineare Optimierung für Ingenieure**
232 Seiten. DM 38,–

Schwarz: **Numerische Mathematik**
2. Aufl. 496 Seiten. DM 48,–

Preisänderungen vorbehalten

B. G. Teubner Stuttgart

Burg/Haf/Wille

Höhere Mathematik für Ingenieure

Band III Gewöhnliche Differentialgleichungen, Distributionen, Integraltransformationen

Von Dr. rer. nat. Herbert Haf
Professor an der Universität Kassel, Gesamthochschule

2., durchgesehene Auflage

Mit 91 Figuren, zahlreichen Beispielen und 66 Übungen, zum Teil mit Lösungen

B. G. Teubner Stuttgart 1990

Prof. Dr. rer. nat. Herbert Haf

Geboren 1938 in Pfronten/Allgäu. Von 1956 bis 1960 Studium der Feinwerktechnik-Optik am Oskar-von-Miller-Polytechnikum München. Von 1960 bis 1966 Studium der Mathematik und Physik an der Technischen Hochschule Aachen und 1966 Diplomprüfung in Mathematik. Von 1966 bis 1970 Wiss. Assistent, 1968 Promotion und von 1970 bis 1974 Akad. Rat/Oberrat an der Universität Stuttgart. Von 1968 bis 1974 Lehraufträge an der Universität Stuttgart und seit 1974 Professor für Mathematik (Analysis) an der Universität Kassel. Seit 1985 Vorsitzender der Naturwissenschaftlich-Medizinischen Gesellschaft Kassel.
Arbeitsgebiete: Funktionalanalysis, Verzweigungstheorie, Approximationstheorie.

CIP-Titelaufnahme der Deutschen Bibliothek

Höhere Mathematik für Ingenieure / Burg; Haf; Wille. –
Stuttgart: Teubner.
NE: Burg, Klemens [Mitverf.]; Haf, Herbert [Mitverf.]; Wille, Friedrich [Mitverf.]
Bd. 3. Gewöhnliche Differentialgleichungen, Distributionen, Integraltransformationen / von Herbert Haf. – 2., durchges. Aufl. – 1990

ISBN 978-3-519-12957-8 ISBN 978-3-322-91887-1 (eBook)
DOI 10.1007/978-3-322-91887-1

Gesamtherstellung: Zechnersche Buchdruckerei GmbH, Speyer
Umschlaggestaltung: M. Koch, Reutlingen

Vorwort

Der Inhalt dieses dritten Bandes gliedert sich in drei Themenkreise: Gewöhnliche Differentialgleichungen, Distributionen und Integraltransformationen. Dabei stehen hier, wie auch in den übrigen Bänden, Anwendungsaspekte im Mittelpunkt. Insbesondere erfolgt die Motivierung für die o.g. Schwerpunkte jeweils aus konkreten Situationen, wie sie in Technik und Naturwissenschaften auftreten. Die Übertragung der entsprechenden Fragestellungen in die Sprache der Mathematik („Mathematisierung") stellt hierbei den ersten Schritt dar. Ihm folgt die mathematische Präzisierung und Einbettung in allgemeinere mathematische Theorien sowie die Bereitstellung von Lösungsmethoden. Den Verfassern ist sehr wohl bewußt, daß Mathematik für den Ingenieur in erster Linie Hilfsmittel zur Bewältigung von Problemen der Praxis ist. Dennoch halten wir eine Abgrenzung von reiner „Rezeptmathematik" für unentbehrlich: Zu einer soliden Anwendung von Mathematik gehört auch ein Wissen um die Tragweite einer mathematischen Theorie (unter welchen Voraussetzungen gilt ein bestimmtes Resultat; welche Konsequenzen ergeben sich aus dem Ergebnis usw.). Eine überzogene Betonung der theoretischen Seite andererseits, etwa durch zu abstrakte Behandlung, würde die Belange des Praktikers verfehlen. Wir haben uns bemüht, einen Mittelweg zu beschreiten und zu vermeiden, daß der Eindruck „trockener Theorie" entsteht. Ein Beispiel hierfür ist der Existenz- und Eindeutigkeitssatz von Picard-Lindelöf (vgl. Abschn. 1.2.3), ein zentrales Resultat in der Theorie der gewöhnlichen Differentialgleichungen. Dieser Satz wird in den sich anschließenden Überlegungen unmittelbar in Anwendungsbezüge gestellt, etwa bei der Diskussion von ebenen Vektorfeldern (vgl. Abschn. 1.2.4) oder im Zusammenhang mit der Frage, wie sich Ungenauigkeiten bei Anfangsdaten (z.B. ungenaue Meßdaten) oder Parameter (z.B. nicht exakte Materialkonstanten) auf das Lösungsverhalten von Anfangswertproblemen auswirken (vgl. Abschn. 1.3.2). Das Kapitel „Gewöhnliche Differentialgleichungen" endet mit einem Ausblick in ein modernes mathematisches Gebiet, nämlich einem kleinen Exkurs in die Verzweigungstheorie. Diese hat in den letzten Jahrzehnten erhebliche Bedeutung gewonnen.

Etwas ungewöhnlich im Rahmen einer Mathematik für Ingenieure ist der Abschnitt über Distributionen. Diese erweisen sich immer mehr als ein wichtiges Hilfsmittel auch für den Ingenieur. Zur Aufnahme wurden wir durch Kollegen anderer Hochschulen ermuntert. Wir beschränken uns auf die Behandlung von „Distributionen im weiteren Sinne". Dieses Gebiet wird auch für den interessierten Ingenieur-Studenten „zumutbar", und zwar aufgrund einer vereinfachten Darstellung, die topologische Aspekte ausklammert. Bereits auf dieser Ebene ist es möglich, einen Einblick in Wesen und Anwendungsmöglichkeiten von Distributionen zu gewinnen.

Gegenstand des letzten Abschnitts „Integraltransformationen" sind die Fourier- und die Laplace-Transformation. Dabei wurde ein klassischer, vom Lebesgue-Integral freier, Zugang gewählt. Für den Beweis des Umkehrsatzes für die Fourier-Transformation (s. Abschn. 8.2) beschränken wir uns auf den Raum $\mathfrak{S}$ (= Raum der in $\mathbb{R}$ beliebig oft stetig differenzierbaren Funktionen mit entsprechendem Abklingverhalten). Dadurch wird der im allgemeinen Fall recht komplizierte und umfangreiche Beweis besonders einfach und übersichtlich.

Unser Dank gilt in besonderer Weise Herrn Prof. Dr. P. Werner (Universität Stuttgart). Seine wertvollen Anregungen und Hinweise haben diesen Band mitgeprägt. Weiterhin danken möchten wir Herrn A. Heinemann für seinen Beitrag bei der Ausarbeitung von Übungsaufgaben, Herrn K. Strube für die Herstellung der Figuren, den Herren M. Seeger und K. H. Dittmar für Korrekturlesen und Frau E. Münstedt bzw. Frau M. Gottschalk für die sorgfältige Erstellung des Schreibmaschinenmanuskriptes bzw. einer typographisch ansprechenden Druckvorlage. Auch dem Teubner-Verlag haben wir wiederum für die ständige Gesprächsbereitschaft, Rücksichtnahme auf Terminprobleme und Gestaltungswünsche zu danken.

Kassel, im März 1985 | Herbert Haf

Vorwort zur zweiten Auflage

Die vorliegende zweite Auflage des dritten Bandes gleicht im Aufbau und Text der ersten Auflage. Es wurden lediglich Druckfehler ausgemerzt und kleine Änderungen vorgenommen. So hoffen die Verfasser auf weitere freundliche Aufnahme der vorliegenden ersten vier Bände des Werkes sowie des in Kürze folgenden fünften Bandes.

Januar 1990 | Herbert Haf

Inhalt

Gewöhnliche Differentialgleichungen

---

[1]) Zu den mit * versehenen Übungen werden Lösungen angegeben oder Lösungswege skizziert.

Band I: Analysis (F. Wille)

Band IV: Vektoranalysis und Funktionentheorie (H. Haf, F. Wille)

9 Konforme Abbildungen

9.1 Einführung in die Theorie konformer Abbildungen
9.2 Anwendungen auf die Potentialtheorie

10 Anwendungen der Funktionentheorie auf die Besselsche Differentialgleichung

10.1 Die Besselsche Differentialgleichung
10.2 Die Besselschen und Neumannschen Funktionen
10.3 Anwendungen

Band V: Funktionalanalysis und Partielle Differentialgleichungen (H. Haf)

Funktionalanalysis

Metrische und normierte Räume / Skalarprodukträume / Banach- und Hilberträume / Banachscher Fixpunktsatz / Neumannsche Reihe / Volterrasche Integralgleichungen / Lineare und beschränkte Abbildungen / Rieszscher Darstellungssatz / vollstetige Abbildungen / Fredholmscher Alternativsatz / Anwendungen auf Fredholmsche Integralgleichungen / symmetrische Operatoren / Anwendungen auf Sturm-Liouvillesche Randwertprobleme / Spektrum / Funktionalanalytischer Zugang zum Hilbertraum L_2

Partielle Differentialgleichungen

Charakterisierung von partiellen Differentialgleichungen zweiter Art / Wärmeleitungsgleichung / Wellengleichung / Huygenssches Prinzip / Theorie der Schwingungs- und Potentialgleichung / Integralgleichungsmethoden / Ausblick auf numerische Methoden: Randelemente- und Finite-Elemente-Methoden / Einführung in die Hilbertraum-Methoden

Gewöhnliche Differentialgleichungen

1 EINFÜHRUNG IN DIE GEWÖHNLICHEN DIFFERENTIALGLEICHUNGEN

Differentialgleichungen sind für den Ingenieur und Naturwissenschaftler ein unentbehrliches Hilfsmittel. Zahlreiche Naturgesetze und technische Vorgänge lassen sich durch Differentialgleichungen beschreiben.

1.1 WAS IST EINE DIFFERENTIALGLEICHUNG?

1.1.1 Differentialgleichungen als Modelle für technisch-physikalische Probleme

Unser Anliegen in diesem Abschnitt ist es, einfache Vorgänge aus Ingenieur-Wissenschaften und Physik zu mathematisieren, d.h. in die Sprache der Mathematik zu übersetzen. Die dabei gewonnenen Modelle besitzen, wie wir sehen werden, eine gemeinsame mathematische Struktur: die einer "Differentialgleichung".

Beispiel 1.1 (Der radioaktive Zerfall). Wir wollen den zeitlichen Ablauf des Zerfalls von radioaktiven Substanzen beschreiben. Hierzu sei $m(t)$ die zum Zeitpunkt t vorhandene Menge eines radioaktiven Stoffes und $h > 0$ ein "kleiner" Zeitabschnitt. Die Erfahrung zeigt

$$m(t+h) - m(t) \sim m(t) \cdot h \,, \quad {}^{1)}$$

also, mit dem Proportionalitätsfaktor $k > 0$,

$$m(t+h) - m(t) = -km(t) \cdot h \,.$$

---

1) Mit $f \sim g$ ("f proportional g") drücken wir aus, daß die Funktionen f und g bis auf eine multiplikative Konstante gleich sind.

Nach Division durch h erhalten wir

$$\frac{m(t+h) - m(t)}{h} = - km(t) .$$

Der Grenzübergang $h \to 0$ liefert dann

$$\frac{dm(t)}{dt} = - km(t) ,$$

kurz

$$\boxed{m'(t) = - km(t)} \qquad (1.1)$$

geschrieben. Gleichung (1.1) stellt ein mathematisches Modell für den zeitlichen Ablauf des Zerfalls eines radioaktiven Stoffes mit der Zerfallskonstanten k dar.

Beispiel 1.2 (Regelkreisglied eines verzögerten Gestänges). Gegeben sei ein Regelkreisglied, bestehend aus einer Feder (Federkonstante k) und einem Dämpfungselement (Dämpfungskonstante r), die über einen drehbar gelagerten Hebel gekoppelt sind (Fig. 1.1). Zu bestimmen ist die Übergangsfunktion $x_a(t)$ (t : Zeitvariable) bei vorgegebener Eingangsgröße $x_e(t)$ (Fig. 1.2). Wir setzen kleine Werte x_e voraus.

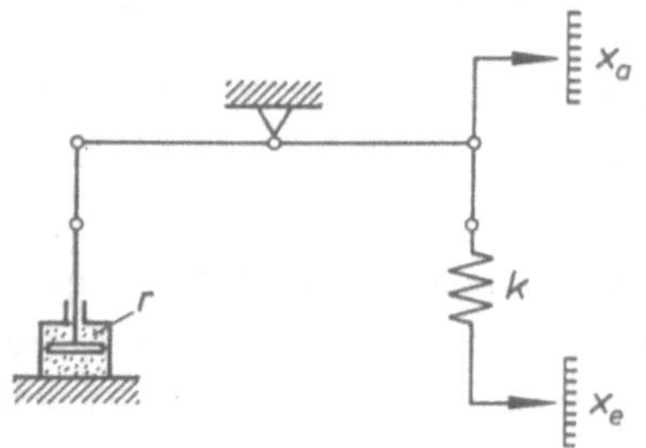

Fig. 1.1: Regelkreisglied eines verzögerten Gestänges

Fig. 1.2: Ein- und Ausgangsgrößen bei einem Regelkreisglied

Verhalten der Feder: Federkraft ~ Auslenkung der Feder

$$K_f(t) = k(x_e(t) - x_a(t)) , \qquad k > 0 .$$

Verhalten des Dämpfungselements: Dämpfungskraft ~ Geschwindigkeit des Kolbens

$$K_d(t) = r\,\frac{dx_a(t)}{dt} = r\,\dot{x}_a(t)\,, \qquad r \geq 0\,.$$ [1)]

Gleichgewichtsbedingung:

$$K_f = K_d \quad \text{bzw.} \quad K_f - K_d = 0\,.$$

Setzt man die obigen Ausdrücke für K_f bzw. K_d ein, so ergibt sich

$$k[x_e(t) - x_a(t)] - r\,\dot{x}_a(t) = 0$$

und hieraus

$$\boxed{\dot{x}_a(t) + \frac{k}{r}x_a(t) = \frac{k}{r}x_e(t)} \tag{1.2}$$

Durch Gleichung (1.2) ist ein mathematisches Modell für das Regelkreisglied gemäß Figur 1.1 gegeben.

Beispiel 1.3 (Abkühlung eines Körpers). Wir wollen den Abkühlvorgang eines Körpers, etwa eines erhitzten Metallstückes an der Luft, untersuchen. Der Körper habe die Masse m, die Oberfläche F und sei homogen mit konstanter spezifischer Wärme c. Zur Vereinfachung nehmen wir an, die Temperatur T_a der Umgebung des Körpers sei konstant und das Newtonsche Abkühlungsgesetz in dieser Situation gültig. Wir wollen eine Gliederung für den Temperaturverlauf $T(t)$ als Funktion der Zeit t aufstellen.

Newtonsches Abkühlungsgesetz:

$$cm\,T(t+h) - cm\,T(t) \sim F \cdot (T(t) - T_a)h$$

mit kleiner Zeitspanne $h > 0$. Bezeichne k den konstanten Proportionalitätsfaktor; es gilt dann

1) Bei Ableitung einer Funktion f nach der Zeit t schreibt man anstelle von $f'(t)$ häufig auch $\dot{f}(t)$.

$$cm\,T(t+h) - cm\,T(t) = -kF(T(t) - T_a)\,h \ .$$

Hieraus folgt nach Division durch h und Grenzübergang $h \to 0$

$$\boxed{T'(t) + \frac{kF}{cm}T(t) = \frac{kFT_a}{cm}} \tag{1.3}$$

Gleichung (1.3) stellt ein mathematisches Modell für die Abkühlung eines Körpers dar.

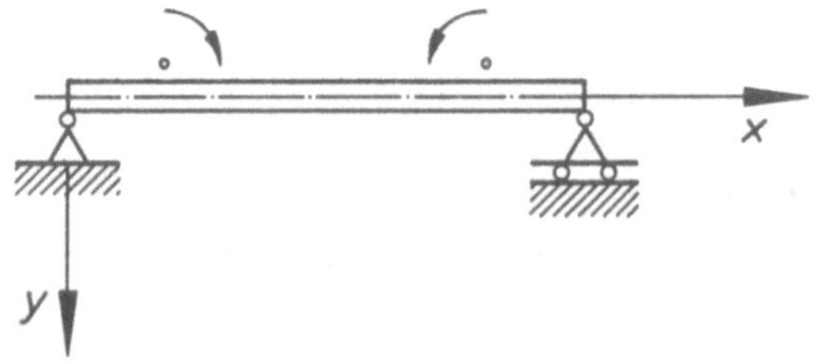

Fig. 1.3: Durchbiegung eines Balkens bei Einwirkung eines Biegemoments

Beispiel 1.4 (Durchbiegung eines Balkens). Ein Balken mit konstantem Querschnitt sei auf zwei Stützen gelagert (Fig. 1.3) und werde durch ein positives Moment M auf Biegung beansprucht. Es soll eine Beziehung für die Durchbiegung y des Balkens als Funktion des Abstandes x vom ersten Lager aufgestellt werden. Bei der Durchbiegung des Balkens werden dessen "obere" Schichten auf Druck bzw. "untere" Schichten auf Zug beansprucht, während eine dazwischen liegende Schicht spannungsfrei ist: die neutrale Faser. Seien

E ... Elastizitätsmodul des Balkenquerschnitts
I ... axiales Flächenträgheitsmoment des Balkenquerschnitts
$M(x)$ ... Biegemoment
σ ... Normalspannung
ε ... Dehnung.

Ferner setzen wir konstante Biegesteifigkeit $E \cdot I$ voraus. Wir greifen für die weitere Untersuchung ein Balkenelement heraus (Fig. 1.4). Es gelten folgende Zusammenhänge:

a) Geometrische Beziehungen

$$\frac{\Delta x}{\rho} = \frac{\Delta l}{a} \; ;$$

$$\rho = -\frac{(1+[y'(x)]^2)^{3/2}}{y''(x)}$$

(Krümmungsradius)

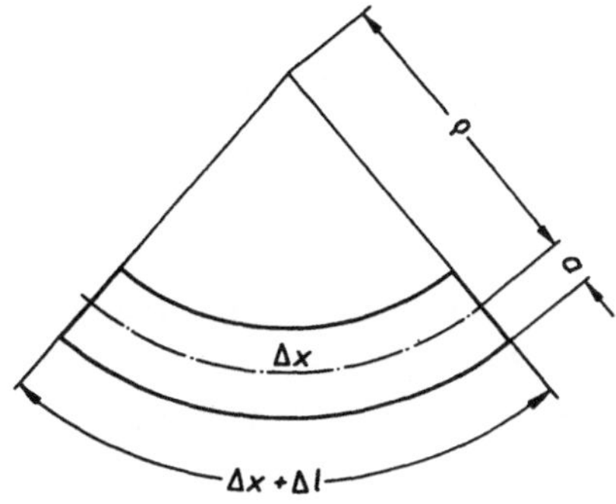

Fig. 1.4: Balkenelement

b) Physikalische Beziehungen

Hookesches Gesetz $\Delta l = \varepsilon \Delta x = \frac{\sigma}{E} \Delta x$

Biegespannung $\sigma = \frac{M \cdot a}{I}$.

Insgesamt erhalten wir

$$\rho = -\frac{(1+[y'(x)]^2)^{3/2}}{y''(x)} = \frac{\Delta x}{\Delta l} a = \frac{\Delta x \cdot aE}{\sigma \Delta x} = \frac{aE \cdot I}{Ma} = \frac{EI}{M} ,$$

also

$$\boxed{y''(x) + \frac{M}{EI} (1+[y'(x)]^2)^{3/2} = 0} \qquad (1.4)$$

Mit Gleichung (1.4) ist ein mathematisches Modell für die Durchbiegung eines Balkens unter dem Einfluß eines positiven Momentes M gegeben.

Bemerkung 1: In der Formel für den Krümmungsradius tritt das negative Vorzeichen auf, da bei positivem Moment M der Anteil y'' negativ sein muß. (Warum?)

Bemerkung 2: Für den Fall kleiner Durchbiegungen kann $[y'(x)]^2$ vernachlässigt werden. Die Tangentensteigung $y'(x)$ an die gesuchte Kurve ist dann klein und (1.4) geht in die einfachere lineare Beziehung

$$\boxed{y''(x) = -\frac{M}{EI}} \qquad (1.5)$$

über.

Beispiel 1.5 (Ein mechanisches Schwingungssystem). Die Reihenschaltung von Masse, Feder und Dämpfung (Fig. 1.5) erweist sich als ein in der Technik häufig auftretendes Bauelement.
Sei m die Masse des Systems, die wir uns auf einen Punkt P konzentriert denken; r sei die Dämpfungskonstante und k die Federkonstante. Das System werde durch eine (vorgegebene) zeitabhängige äußere Kraft $K(t)$ in Bewegung gesetzt. Wir suchen eine Beziehung für die Bewegung $x(t)$ des Punktes P längs der x-Achse.

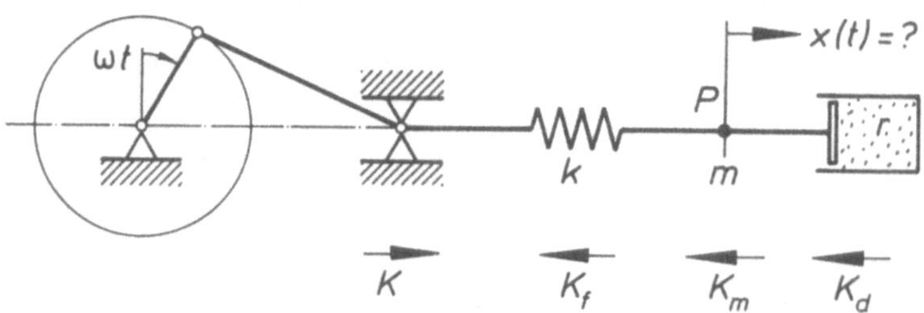

Fig. 1.5: Mechanisches Schwingungssystem

Verhalten der Masse:

beschleunigende Kraft = Masse · Beschleunigung

$$K_m(t) = m\frac{d^2x(t)}{dt^2} = m\ddot{x}(t)$$

(Newtonsches Grundgesetz).

Für das Dämpfungselement und die Feder gelten (s. Beisp. 1.2)):

$$K_d(t) = r\dot{x}(t), \quad K_f(t) = k\,x(t).$$

Gleichgewichtsbedingung:

$$K_m(t) + K_d(t) + K_f(t) = K(t).$$

Setzt man die obigen Beziehungen für die Kräfte ein, so ergibt sich

$$\boxed{m\ddot{x}(t) + r\dot{x}(t) + k\,x(t) = K(t)} \tag{1.6}$$

Gleichung (1.6) ist ein mathematisches Modell für einen eindimensionalen mechanischen Schwingungsvorgang.

Bemerkung 3: Häufig ist die äußere Kraft periodisch, im einfachsten Fall von der Form

$$K(t) = K_0 \cos \omega t \quad (K_0 \text{ konstant, Kreisfrequenz } \omega \text{ konstant}),$$

so daß (1.6) in die Beziehung

$$\boxed{m\ddot{x}(t) + r\dot{x}(t) + k\,x(t) = K_0 \cos \omega t} \tag{1.7}$$

übergeht.

Beispiel 1.6 (Ein elektrischer Schwingkreis). Wir betrachten die Reihenschaltung eines Ohmschen Widerstandes (der Größe R), eines Kondensators (Kapazität C) und einer Spule (Induktivität L). Es werde eine zeitabhängige Erregerspannung $U(t)$ gemäß Figur 1.6 angelegt. Wir suchen eine Beziehung für den Spannungsverlauf $U_C(t)$ am Kondensator.

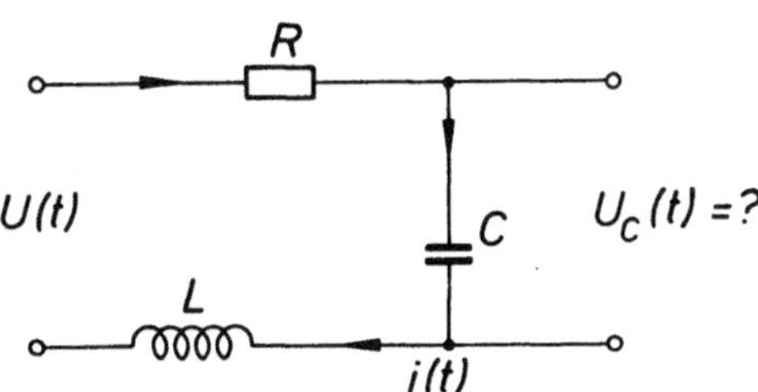

Fig. 1.6: Elektrischer Schwingkreis

Es bezeichne $i(t)$ die Stromstärke, $U_R(t)$ und $U_L(t)$ die Spannungen am Ohmschen Widerstand und an der Spule.

Verhalten des Ohmschen Widerstandes:

Spannung $\sim$ Stromstärke

bzw.

$U_R(t) = i(t) \cdot R$ (Ohmsches Gesetz).

Verhalten des Kondensators:

Stromstärke ~ "Spannungsänderung"

bzw.

$$i(t) = C\frac{dU_C(t)}{dt} .$$

Verhalten der Spule:

Spannung ~ "Änderung" der Stromstärke

bzw.

$$U_L(t) = L\frac{di(t)}{dt} .$$

Das Kirchhoffsche Gesetz liefert

$$U_L(t) + U_C(t) + U_R(t) = U(t) .$$

Mit Hilfe der obigen Formeln drücken wir U_R und U_L durch U_C aus:

$$U_R(t) = Ri(t) = RC\frac{dU_C}{dt}$$

bzw.

$$U_L(t) = L\frac{di(t)}{dt} = L\frac{d}{dt}(C\frac{dU_C(t)}{dt}) = LC\frac{d^2U_C}{dt^2}$$

und erhalten damit nach Division durch C für $U_C(t)$ die Beziehung

$$\boxed{LU_C''(t) + RU_C'(t) + \frac{1}{C}U_C(t) = U(t)\cdot\frac{1}{C}} \qquad (1.8)$$

Mit (1.8) ist ein mathematisches Modell für einen elektrischen Reihenschwingkreis gegeben.

Bemerkung 4: Wird die Wechselspannung

$$U(t) = U_0 \cos \omega t \quad (U_0 \text{ konstant, Frequenz } \omega \text{ konstant})$$

angelegt, so lautet die (1.8) entsprechende Gleichung

$$LU_C''(t) + RU_C'(t) + \frac{1}{C} U_C(t) = \frac{U_0}{C} \cos \omega t \qquad (1.9)$$

Allgemeine Bemerkungen zum Abschnitt 1.1.1

1. Ein Vergleich der Modelle (1.6) und (1.8) macht eine interessante Analogie zwischen mechanischen und elektromagnetischen Größen deutlich:

   $x(t)$ ... Lage des Massenpunktes $\hat{=}$ $U_C(t)$ ... Spannung
   m ... Masse $\hat{=}$ L ... Induktivität
   r ... Dämpfungskonstante $\hat{=}$ R ... Ohmscher Widerstand
   k ... Federkonstante $\hat{=}$ $\frac{1}{C}$ ... reziproke Kapazität

   Es ist demnach ausreichend, eine der Gleichungen (1.6), (1.8) zu lösen. Schon diese Tatsache weist auf die Bedeutung möglichst umfassender Kenntnisse der Methoden und Resultate aus verschiedenen Ingenieur-Disziplinen hin. Dies ist nicht zuletzt aus ökonomischen Gründen vorteilhaft.

2. Die Beispiele 1.1 bis 1.6 verdeutlichen, daß die Übersetzung von technischen oder physikalischen Sachverhalten in mathematische Beziehungen, also das Erstellen von mathematischen Modellen, sowohl solide mathematische Grundkenntnisse erfordert, als auch solche aus dem jeweiligen Anwendungsgebiet (z.B. die Beherrschung der entsprechenden physikalischen Gesetze).

3. Die gewonnenen Modelle besitzen eine zweifache Bedeutung: Einmal dienen sie direkt der besseren Erfassung der Anwendungssituation (z.B. Interpretation, Analogieschlüsse, asymptotische Aussagen; vgl. auch Üb. 1.18). Zum anderen können sie als Bestimmungsgleichungen für die entsprechenden Funktionen, die dort im allgemeinen zusammen mit ihren Ableitungen bis zu einer gewissen Ordnung auftreten, aufgefaßt werden.

1.1.2 Definition einer gewöhnlichen Differentialgleichung n-ter Ordnung

Ein Vergleich der verschiedenen Modelle aus Abschnitt 1.1.1 zeigt eine formale Übereinstimmung der Modelle (1.2), (1.3) und (1.6), (1.8), während sich (1.1) als Spezialfall von (1.2), (1.3) erweist (man setze z.B. in (1.2) $x_e(t) \equiv 0$). Es treten also nur Gleichungen mit der mathematischen Struktur

$$y'(x) + cy(x) + g(x) = 0$$ [1]

bzw.

$$A\,y''(x) + B\,y'(x) + C\,y(x) + h(x) = 0$$

mit vorgegebenen Konstanten c, A, B, C und vorgegebenen Funktionen g, h auf. Diese beiden Gleichungen sind offensichtlich Spezialfälle, die in dem folgenden allgemeinen mathematischen Modell enthalten sind:

Definition 1.1 Sei $D \subset \mathbb{R}^n$ ($n \in \mathbb{N}$ fest) und $F : D \to \mathbb{R}$ eine vorgegebene bzgl. des letzten Arguments nicht konstante Funktion. Unter einer *gewöhnlichen Differentialgleichung* (kurz: Differentialgleichung)[2] *der Ordnung n* versteht man eine Beziehung der Form

$$F[x, y(x), y'(x), \ldots, y^{(n)}(x)] = 0 . \tag{1.10}$$

Sei I ein (nicht notwendig beschränktes) Intervall. Wir sagen, $y(x)$ ist eine *Lösung der DGl* (1.10) *in I* , wenn $y(x)$ in I n-mal differenzierbar ist, $(x, y(x), y'(x), \ldots, y^{(n)}(x)) \in D$ und (1.10) für $x \in I$ erfüllt .

Bemerkung: Die Ordnung einer DGl ist also durch die Ordnung des höchsten in ihr auftretenden Differentialquotienten gegeben.

Beispiele

1.7 Für DGln 1-ter Ordnung: Gleichungen (1.1) bis (1.3), Abschn. 1.1.1;

---

1) Der Buchstabe y tritt hier als Zeichen für eine Funktion auf: $x \to y(x)$. Diese Bezeichnung ist in der Theorie der Differentialgleichungen üblich.

2) Wir verwenden nachfolgend meist die Abkürzung DGl.

1.8 für DGln 2-ter Ordnung: Gleichungen (1.1) bis (1.9), Abschn. 1.1.1: z.B. ist die Balkengleichung (1.4)

$$y''(x) + \frac{M}{EI}(1 + [y'(x)]^2)^{3/2} = 0$$

eine DGl 2-ter Ordnung.

Die Aufgabe der Theorie der gewöhnlichen DGln besteht darin, sämtliche Lösungen $y(x)$ von (1.10) zu bestimmen und ihre Eigenschaften zu untersuchen. Diese Aufgabe wird dadurch erschwert, daß es keine geschlossene Lösungstheorie für DGln gibt. Stattdessen gibt es eine Vielzahl von Methoden und Techniken, die jeweils für gewissen Klassen von DGln entwickelt worden sind. Wir werden im folgenden einige davon kennenlernen.

Übungen

1.1* Ein Massenpunkt P der Masse $m = 2$ bewege sich längs der x-Achse und werde in Richtung des Ursprungs $x = 0$ von einer Kraft K, die proportional zu x ist (Proportionalitätsfaktor 8), angezogen. Zum Zeitpunkt $t = 0$ befinde sich P an der Stelle $x = 10$ in Ruhelage.

a) Man gebe ein mathematisches Modell für den Fall an, daß
  α) keine weiteren Kräfte auf P einwirken;
  ß) zusätzlich eine Dämpfungskraft berücksichtigt wird, deren Betrag den achtfachen Wert der augenblicklichen Geschwindigkeit hat.

b) Man zeige: Lösungen von Teil a) sind durch $x(t) = 10\cos 2t$ bzw. $x(t) = 10\,e^{-2t}(1 + 2t)$ gegeben. Man skizziere die zugehörigen Kurven.

1.2* Ein Kondensator der Kapazität C sei mit der Spannung U_0 aufgeladen. Man gebe ein mathematisches Modell für den zeitlichen Verlauf der Ladung $Q(t)$ als Funktion der Zeit t an, wenn der Kondensator zum Zeitpunkt $t = 0$ über einen Ohmschen Widerstand R entladen wird.

1.3* Ein Körper der Masse m fällt in einem Medium. Der Reibungswiderstand sei proportional zum Quadrat der Fallgeschwindigkeit. Man erstelle ein mathematisches Modell für den zeitlichen Verlauf dieser Fallgeschwindigkeit und diskutiere anhand der physikalischen Situation die Frage, ob eine eindeutige Lösung der aufgestellten Gleichung zu erwarten ist.

1.4* Gegeben sei ein (mathematisches) Pendel der Länge l und der Masse m.

a) Man gebe ein mathematisches Modell für die Auslenkung $\alpha = \alpha(t)$ als Funktion der Zeit t an. Hierbei ist α der Winkel zwischen dem frei aufgehängten und dem ausgelenkten Pendel.

b) Wie vereinfacht sich dieses Modell für den Fall kleiner Auslenkungen ("Linearisierung")?

1.2 Differentialgleichungen 1-ter Ordnung

Wir beschränken uns in diesem Abschnitt auf die Untersuchung von DGln 1-ter Ordnung. Diese sind geeignet, einige grundsätzliche Fragen bei DGLn zu verdeutlichen.

1.2.1 Geometrische Interpretation. Folgerungen

Wir betrachten die DGl 1-ter Ordnung

$$F[x,y(x),\ y'(x)] = 0$$

und nehmen an, daß sich diese nach $y'(x)$ auflösen läßt:

$$y'(x) = f(x,y(x)) \quad \text{oder auch} \quad y' = f(x,y)\ . \tag{1.11}$$

Geometrische Deutung der DGl $y' = f(x,y)$:

Durch die Beziehung $y' = f(x,y)$ [1] wird jedem Punktepaar (x,y) in einem gewissen Bereich D, z.B. im Rechteck $\{(x,y) \mid a < x < b,\ c < y < d\}$, eine Richtung zugeordnet: Durch (x,y) tragen wir eine kurze Strecke mit der Steigung y' $(= (f(x,y))$, ein sogenanntes Linienelement (s. Fig. 1.7), ab.

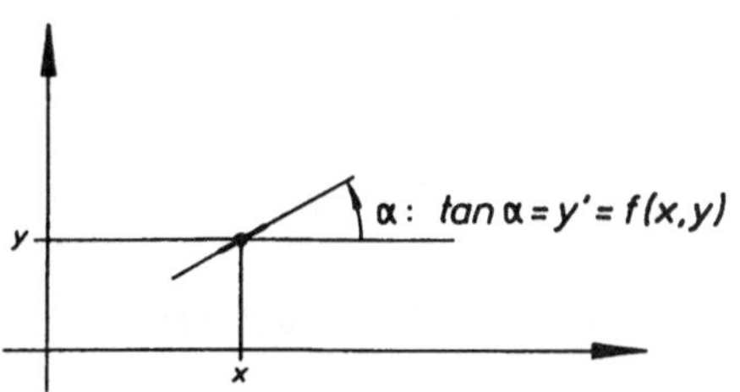

Fig. 1.7: Linienelement einer DGl 1-ter Ordnung

Beispiel 1.9 $y' = x^2 + y^2 := f(x,y)$. Im Punkt (2,1) besitzt das Linienelement die Steigung $f(2,1) = 2^2 + 1^2 = 5$. Dem entspricht ein Winkel α mit $\alpha \approx 79^0$.

---

1) Man beachte die Doppelrolle der Buchstaben y und y'. Sie treten hier als Zeichen für reelle Variable und in (1.11) als Zeichen für Funktionen auf.

Die Menge aller Linienelemente nennt man das Richtungsfeld. Den Lösungen von $y' = f(x,y)$ entsprechen jetzt Kurven, die in das Richtungsfeld "passen", die also in jedem Punkt gerade die durch das Richtungsfeld vorgegebene Steigung haben (vgl. Fig. 1.8).

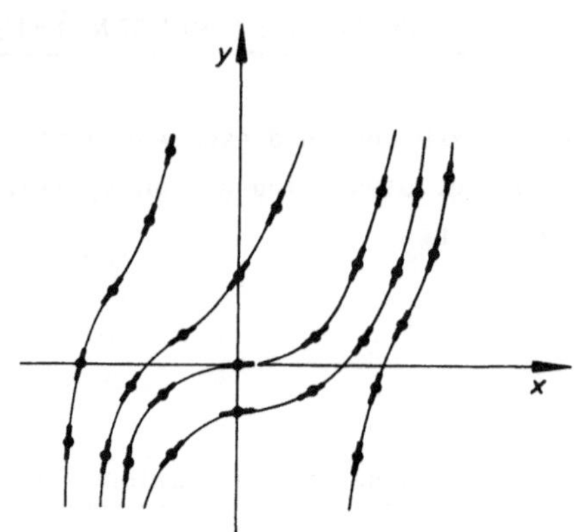

Fig. 1.8: Richtungsfeld und Lösungsschar der DGl $y' = x^2 + y^2$

Beispiel 1.10

$y' = x^2 + y^2$, $D = \mathbb{R}^2$

Folgerungen. Wir erkennen, daß die "allgemeine" Lösung einer DGl nicht aus einer einzigen Lösung besteht, sondern aus einer Schar von Lösungen. So beschreibt z.B. die DGl (1.6), Abschn. 1.1.1, sämtliche eindimensionalen Bewegungsabläufe, die mit dem Naturgesetz, d.h. der vorgegebenen Kraftverteilung, im Einklang stehen. Um eine spezielle (= partikuläre) Lösung eindeutig zu charakterisieren, sind zusätzliche Bedingungen erforderlich. Wir erläutern dies anhand der DGl für den radioaktiven Zerfall (Modell (1.1), Abschn. 1.1.1):

$$m'(t) = -km(t), \quad \text{kurz:} \quad m' = -km.$$

Durch Einsetzen überzeugt man sich rasch, daß

$$m(t) = Ce^{-kt} \qquad (C = \text{const.})$$

für beliebige Werte von C eine Lösung der DGl ist. Um aus den unendlich vielen Lösungen die für den beobachteten physikalischen Prozess relevante Lösung von $m' = -km$ herauszufinden, benötigen wir zusätzliche Informationen. Eine sinnvolle Annahme ist, daß die zu Beginn der Beobachtung vorhandene Menge m_0 radioaktiver Substanz bekannt ist. Dann läßt sich die interessierende Lösung der DGl durch die Anfangsbedingung

$$m(t_0) = m_0 , \quad t_0 : \text{Anfangszeit}$$

charakterisieren. Dies geschieht dadurch, daß wir die Konstante C in unserem allgemeinen Lösungsausdruck so bestimmen, daß $m(t_0) = m_0$ erfüllt ist:

$$m_0 = m(t_0) = Ce^{-kt_0} .$$

Multiplizieren wir diese Gleichung mit e^{kt_0}, so ergibt sich die Konstante C zu

$$C = m_0 e^{kt_0} .$$

Wir erhalten damit die Lösung

$$m(t) = m_0 e^{kt_0} \cdot e^{-kt} = m_0 e^{k(t_0-t)}$$

für das Anfangswertproblem

$$m'(t) = - km(t) , \quad m(t_0) = m_0 .$$

Figur 1.9 veranschaulicht diese Lösung.

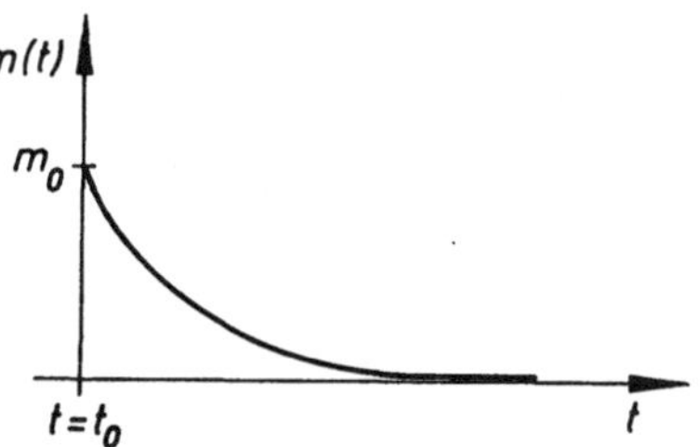

Fig. 1.9: Radioaktiver Zerfall bei vorgegebener Anfangsmasse

Bemerkung: Das oben behandelte Anfangswertproblem besteht also aus einer DGl 1-ter Ordnung und aus einer Anfangsbedingung.

1.2.2 Grundprobleme

Wir wollen den Fragen nachgehen, ob es möglich ist, für das Anfangswertproblem

$$y'(x) = f(x,y(x)) , \quad y(x_0) = y_0 , \tag{1.12}$$

bei vorgegebenen Anfangsdaten (x_0,y_0) und vorgegebener Funktion f, stets eine Lösung zu finden (Existenzproblem) und ob diese Lösung die einzige ist (Eindeutigkeitsproblem). Ferner interessiert uns die Frage, ob die Lösung eine "lokale", d.h. eine nur in einer "kleinen" Umgebung von x_0 vorhandene, oder eine "globale", d.h. eine für alle $x \in I$ erklärte, ist, wobei $D = I \times J$ (I,J : Intervalle) der Definitionsbereich von f sei. Wir orientieren uns an folgenden Beispielen, die von prinzipieller Bedeutung im Hinblick auf unsere Fragen sind:

Beispiel 1.11 Gegeben sei die DGl

$$y' = f(x,y) = 1 + y^2 .$$

Durch Nachrechnen bestätigt man sofort, daß

$$y(x) = \tan(x + C)$$

mit einer beliebigen Konstanten C der DGl genügt. Eine spezielle Lösung durch den Punkt $(x_0,y_0) = (0,0)$ (d.h. Anfangsbedingung: $y(0) = 0$) erhalten wir aus

$$y(0) = 0 = \tan C , \quad \text{oder} \quad C = k\pi \quad (k \in \mathbb{Z})$$

durch

$$y(x) = \tan x , \qquad (C = 0),$$

(vgl. Fig. 1.10).

Obgleich die Funktion $f(x,y) = 1 + y^2$ in ganz $\mathbb{R}^2$ sogar beliebig oft differenzierbar ist, existiert die Lösung von $y' = 1 + y^2$ durch den Punkt $(0,0)$ nur im Intervall

$$\left(-\frac{\pi}{2}, \frac{\pi}{2}\right) .$$

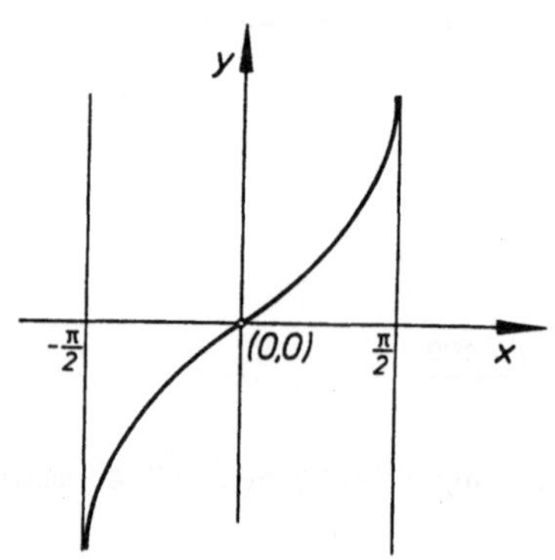

Fig. 1.10: Lokale Lösungsexistenz bei einer DGl 1-ter Ordnung

Dieses Beispiel zeigt, daß Existenzaussagen im allgemeinen nur lokal, also in einer genügend kleinen Umgebung des Anfangswertes x_0, gelten. Die Größe dieser Umgebung hängt von der DGl, d.h. von der Funktion f, und von der Lage des Punktes x_0 ab.

Beispiel 1.12 Wir betrachten die DGl

$$y' = f(x,y) = \sqrt{|y|} .$$

Eine Lösung ist sofort erkennbar:

$$y(x) = 0 \quad \text{für alle} \quad x \in \mathbb{R} .$$

Weitere Lösungen sind für beliebige Konstanten C

$$y(x) = \begin{cases} \left(\frac{x+C}{2}\right)^2, & \text{falls} \quad y > 0 \\ -\left(\frac{x+C}{2}\right)^2, & \text{falls} \quad y < 0 , \end{cases}$$

was sich durch Einsetzen in die DGl leicht bestätigen läßt. Ist $(x_0,0)$ irgendein Punkt der x-Achse, so verlaufen durch diesen also mindestens zwei Lösungskurven[1] (Fig. 1.11): Die triviale Lösungskurve (die x-Achse) und die durch

$$y(x) = \begin{cases} \left(\frac{x-x_0}{2}\right)^2, & \text{falls} \quad y > 0 \\ -\left(\frac{x-x_0}{2}\right)^2, & \text{falls} \quad y < 0 \end{cases}$$

gegebene Lösungskurve.

Für keinen Punkt der x-Achse liegt somit eine eindeutig bestimmte Lösung vor.

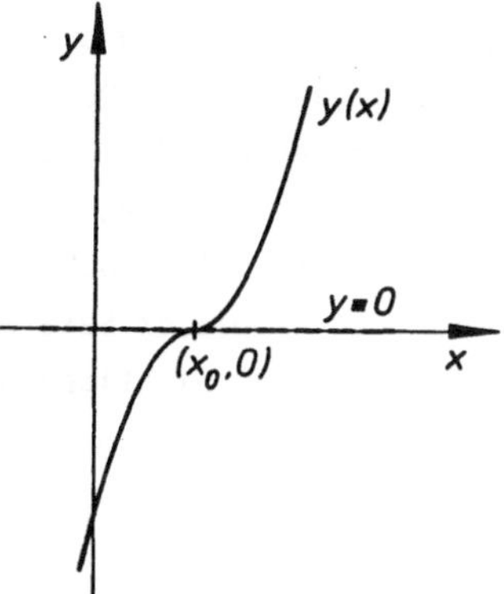

Fig. 1.11: Nicht eindeutige Lösbarkeit bei einer DGl 1-ter Ordnung

1) sogar unendlich viele (warum?)

1.2.3 Existenz- und Eindeutigkeitssatz

Motivierung: Wir haben im vorhergehenden Abschnitt gesehen, daß wir nicht für jedes Anfangswertproblem eine Lösung bzw. eine eindeutig bestimmte Lösung erwarten dürfen. Vor allem im Zusammenhang mit nichtlinearen Problemen (vgl. Abschn. 5.2) treten häufig mehrere Lösungen ("Lösungsverzweigungen") auf. Die Klärung der folgenden Fragen ist daher von großer Bedeutung:

Für welche Klasse von Anfangswertproblemen

$$y' = f(x,y)\,, \quad y(x_0) = y_0\,,$$

d.h. für welche Funktionen f und Punkte (x_0,y_0), können wir sicher sein, genau eine Lösung zu erhalten? Erst wenn wir Klarheit hierüber besitzen, ist es im allgemeinen sinnvoll, nach Lösungsmethoden, etwa numerischen Verfahren, zu suchen, die zumeist die Lösungsexistenz voraussetzen. Unser Ziel ist es, einfach nachprüfbare Kriterien zur Entscheidung dieser Frage anzugeben. Der folgende Existenz- und Eindeutigkeitssatz genügt dieser Forderung und liefert uns überdies eine Abschätzung für die Größe des Lösungsintervalls. Sein Beweis ist konstruktiv, d.h. wir gewinnen zugleich ein Verfahren zur Berechnung der Lösung. Dieser Satz wird sich zudem als wertvolles Hilfsmittel bei den für die Praxis wichtigen Abhängigkeitsfragen (vgl. Abschn. 1.3.2) erweisen.

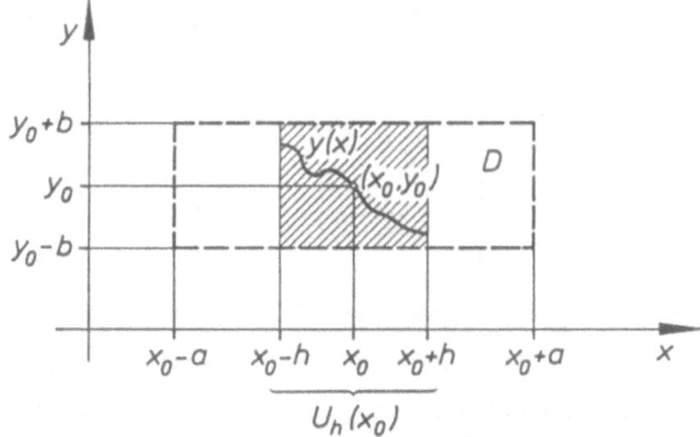

Fig. 1.12: Lösungsbereich beim Anfangswertproblem $y' = f(x,y)$, $y(x_0) = y_0$

Satz 1.1 (Picard-Lindelöf). Die Funktion $f : \mathbb{R}^2 \to \mathbb{R}$ sei im Rechteck

$$D := \{(x,y) \mid |x - x_0| \le a\,,\ |y - y_0| \le b\,;\quad a,b \in \mathbb{R}\ \text{fest}\}$$

stetig und dort nach y stetig partiell differenzierbar. Ferner seien M und h durch

$$M := \max_{(x,y)\in D} |f(x,y)| \quad \text{und} \quad h := \min\left(a, \frac{b}{M}\right)$$ [1]

erklärt. Dann gibt es in der Umgebung

$$U_h(x_0) := \{x \mid |x - x_0| < h\}$$

des Punktes x_0 genau eine Lösung $y(x)$ des Anfangswertproblems

$$y' = f(x,y)\,, \quad y(x_0) = y_0\,. \tag{1.13}$$

Beweis: I. Existenznachweis

Es ist zweckmäßig, das Anfangswertproblem (1.13) durch die "Integralgleichung"

$$y(x) = y_0 + \int_{x_0}^{x} f(t, y(t))\,dt \tag{1.14}$$

zu ersetzen. Beide Probleme sind auf $U_h(x_0)$ äquivalent: Sei $y(x)$ Lösung von (1.13). Dann folgt durch Integration unter Beachtung des zweiten Hauptsatzes der Differential- und Integralrechnung (s. Bd. I, Abschn. 4.1.5, Satz 4.7)

$$y(x) - y_0 = y(x) - y(x_0) = \int_{x_0}^{x} y'(t)\,dt = \int_{x_0}^{x} f(t,y(t))\,dt.$$

---

1) Mit $\min(\alpha,\beta)$ bezeichnen wir die kleinere der beiden Zahlen α,β, mit $\max_{(x,y)\in D} |f(x,y)|$ das Maximum von $|f(x,y)|$ im Rechteck D.

Gilt umgekehrt (1.14), so erhalten wir durch Differentiation mit Hilfe des Hauptsatzes der Differential- und Integralrechnung (s. Bd. I, Abschn. 4.1.5, Satz 4.5)

$$y'(x) = 0 + \frac{d}{dx}\int_{x_0}^{x} f(t, y(t))\,dt = f(x, y(x))$$

und

$$y(x_0) = y_0 + \int_{x_0}^{x_0} f(t, y(t))\,dt = y_0 .$$

Wir sind daher berechtigt, zum Beweis von Satz 1.1 von der Integralgleichung (1.14) auszugehen. Wir konstruieren eine Lösung mittels sukzessiver Approximation: Hierzu gehen wir von der Anfangsnäherung

$$y_0(x) := y_0 \quad \text{für} \quad x \in U_h(x_0) ,$$

also von der konstanten Funktion durch (x_0, y_0) aus. Mit Hilfe dieser Näherungslösung bestimmen wir unter Beachtung der Integralgleichung eine weitere Näherung:

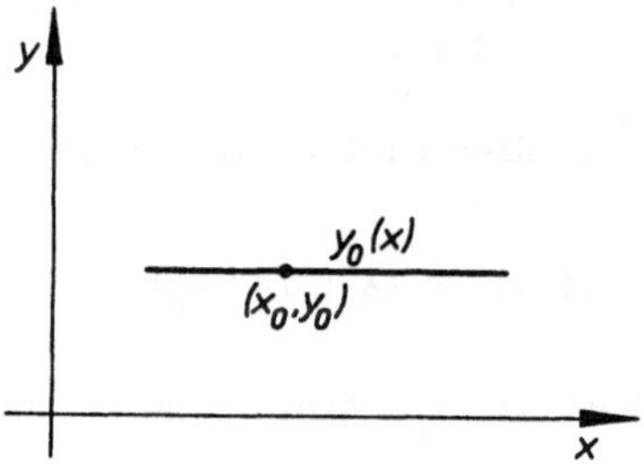

Fig. 1.13: Anfangsnäherung beim Iterationsverfahren nach Picard-Lindelöf

$$y_1(x) := y_0 + \int_{x_0}^{x} f(t, y_0)\,dt , \qquad x \in U_h(x_0) .$$

Wir wenden diese Methode erneut an und erhalten

$$y_2(x) := y_0 + \int_{x_0}^{x} f(t, y_1(t))\,dt , \qquad x \in U_h(x_0)$$

bzw. nach n-maliger Wiederholung

$$y_n(x) := y_0 + \int_{x_0}^{x} f(t, y_{n-1}(t))\,dt , \qquad n \in \mathbb{N} , \qquad x \in U_h(x_0) .$$

Dadurch gewinnen wir eine Folge von Näherungslösungen: $\{y_n(x)\}$.

a) Wir zeigen mittels vollständiger Induktion zunächst, daß das obige Konstrukstionsverfahren sinnvoll ist. Wir haben nämlich darauf zu achten, daß die Folge $\{y_n(x)\}$ nicht aus dem Definitionsbereich der Funktion f hinausführt, da sonst die Ausdrücke

$$\int_{x_0}^{x} f(t, y_n(t))\, dt$$

nicht erklärt sind.

Induktionsanfang $(n = 0)$: Wegen $y_0(x) = y_0$ folgt $|y_0(x) - y_0| = 0 \leq b$ für $x \in U_h(x_0)$.

Induktionsvoraussetzung: Für ein (festes) $n \in \mathbb{N}$ gelte auf $U_h(x_0)$

$$|y_n(x) - y_0| \leq b .$$

Induktionsschritt: Für $x \in U_h(x_0)$ gilt aufgrund der Induktionsvoraussetzung

$$|y_{n+1}(x) - y_0| = |y_0 + \int_{x_0}^{x} f(t, y_n(t))\, dt - y_0|$$

$$\leq |\int_{x_0}^{x} |f(t, y_n(t))|\, dt| .$$

Wegen der Beschränktheit von f durch M im Rechteck D und aus der Definition von h folgt hieraus

$$|y_{n+1}(x) - y_0| \leq M |\int_{x_0}^{x} dt| = M |x - x_0| < Mh$$

$$< M\frac{b}{M} = b \quad \text{für} \quad x \in U_h(x_0) .$$

Die Folge $\{y_n(x)\}$ ist also wohldefiniert.

b) Wir zeigen nun: Die Folge $\{y_n(x)\}$ konvergiert auf $U_h(x_0)$ gegen eine Lösung von (1.14) bzw. (1.13). Hierzu verwenden wir für $y_n(x)$ die Darstellung

$$\begin{aligned} y_n(x) &= y_0 + (y_1(x) - y_0) + (y_2(x) - y_1(x)) + \ldots + (y_n(x) - y_{n-1}(x)) \\ &= y_0 + \sum_{j=1}^{n} (y_j(x) - y_{j-1}(x)) , \end{aligned} \tag{1.15}$$

da sich die Summe auf der rechten Seite besonders günstig abschätzen läßt. Es gilt nämlich für $x \in U_h(x_0)$

$$\begin{aligned} |y_j(x) - y_{j-1}(x)| &= |y_0 + \int_{x_0}^{x} f(t, y_{j-1}(t))\,dt - y_0 - \int_{x_0}^{x} f(t, y_{j-2}(t))\,dt| \\ &= |\int_{x_0}^{x} [f(t, y_{j-1}(t)) - f(t, y_{j-2}(t)]\,dt| \\ &\leq |\int_{x_0}^{x} |f(t, y_{j-1}(t)) - f(t, y_{j-2}(t))|\,dt| . \end{aligned} \tag{1.16}$$

Für den Integranden des letzten Integrals gibt es nach dem Mittelwertsatz der Differentialrechnung in zwei Veränderlichen eine Konstante $L > 0$ mit

$$|f(t, y_{j-1}(t)) - f(t, y_{j-2}(t))| \leq L\,|y_{j-1}(t) - y_{j-2}(t)| , \tag{1.17}$$

wobei

$$L = \max_{(x,y)\in D} \left|\frac{\partial f(x,y)}{\partial y}\right| \tag{1.18}$$

ist. Damit folgt aus (1.16) für $x \in U_h(x_0)$

$$|y_j(x) - y_{j-1}(x)| \leq L\,|\int_{x_0}^{x} |y_{j-1}(t) - y_{j-2}(t)|\,dt| .$$

Andererseits gilt nach Definition von M für $x \in U_h(x_0)$

$$|y_1(x) - y_0(x)| = |y_0 + \int_{x_0}^{x} f(t, y_0)\, dt - y_0| = |\int_{x_0}^{x} f(t, y_0)\, dt|$$

$$\leq |\int_{x_0}^{x} |f(t, y_0)|\, dt| \leq M\, |\int_{x_0}^{x} dt|$$

$$\leq M\, |x - x_0|\,, \tag{1.19}$$

so daß wir die Abschätzung für $|y_j(x) - y_{j-1}(x)|$ "iterieren" können:

$$|y_2(x) - y_1(x)| \leq L \cdot M |\int_{x_0}^{x} |t - x_0|\, dt| = L M \frac{|x - x_0|^2}{2} < L M \frac{h^2}{2}$$

usw. Durch vollständige Induktion läßt sich dann zeigen:

$$|y_j(x) - y_{j-1}(x)| < M L^{j-1} \frac{h^j}{j!} = \frac{M}{L} \frac{(Lh)^j}{j!}\,, \tag{1.20}$$

für alle $j \in \mathbb{N}$ und alle $x \in U_h(x_0)$. Dadurch erhalten wir auf $U_h(x_0)$ für die Reihe $\sum_{j=1}^{\infty} (y_j(x) - y_{j-1}(x))$ die konvergente Majorante

$$\frac{M}{L} \sum_{j=1}^{\infty} \frac{(Lh)^j}{j!}\,. \tag{1.21}$$

Die Folge $\{y_n(x)\}$ konvergiert daher auf $U_h(x_0)$ gleichmäßig gegen

$$y(x) := y_0 + \sum_{j=1}^{\infty} (y_j(x) - y_{j-1}(x))\,. \tag{1.22}$$

Da die Funktionen y_n auf $U_h(x_0)$ sämtlich stetig sind, ist auch y als Grenzwert der gleichmäßig konvergenten Folge $\{y_n(x)\}$ dort stetig. Wegen (1.17) gilt

$$|f(t, y_j(t)) - f(t, y_{j-1}(t))| \leq L\, |y_j(t) - y_{j-1}(t)|\,.$$

Damit ergibt sich aus der gleichmäßigen Konvergenz der Folge $\{y_n(x)\}$ gegen $y(x)$ die gleichmäßige Konvergenz der Folge $\{f(t, y_n(t))\}$ gegen

$f(t, y(t))$. Somit dürfen wir in der Beziehung

$$y(x) = \lim_{n\to\infty} y_n(x) = y_0 + \lim_{n\to\infty} \int_{x_0}^{x} f(t, y_{n-1}(t))\,dt$$

Grenzübergang $n \to \infty$ und Integration vertauschen:

$$y(x) = y_0 + \int_{x_0}^{x} \lim_{n\to\infty} f(t, y_{n-1}(t))\,dt$$

$$= y_0 + \int_{x_0}^{x} f(t, y(t))\,dt ,$$

d.h. die Näherungslösungen $y_n(x)$ konvergieren gleichmäßig gegen eine Lösung des Anfangswertproblems (1.13).

II. Eindeutigkeitsnachweis

Wir nehmen an, $y(x)$ und $y^*(x)$ seien zwei beliebige Lösungen des Anfangswertproblems (1.13) bzw. der Integralgleichung (1.14). Wie oben zeigt man

$$|y(x) - y^*(x)| = \left| \int_{x_0}^{x} [f(t, y(t)) - f(t, y^*(t))]\,dt \right|$$

$$\leq \left| \int_{x_0}^{x} |f(t, y(t)) - f(t, y^*(t))|\,dt \right|$$

$$\leq L \left| \int_{x_0}^{x} |y(t) - y^*(t)|\,dt \right| , \tag{1.23}$$

für $x \in U_h(x_0)$. Setzen wir für beliebiges $h_0 < h$

$$A := \max_{|x-x_0|\leq h_0} |y(x) - y^*(x)| , \tag{1.24}$$

so ergibt sich mit (1.23)

$$|y(x) - y^*(x)| \leq L\,A\,|x - x_0| , \quad x \in U_{h_0}(x_0) .$$

Gehen wir damit erneut in die Ungleichung (1.23) ein, so folgt

$$|y(x) - y^*(x)| \leq L \cdot L A \left| \int_{x_0}^{x} |t - x_0| dt \right| = A L^2 \frac{|x - x_0|^2}{2}, \qquad x \in U_{h_0}(x_0)$$

usw. Durch vollständige Induktion gewinnen wir für beliebiges $n \in \mathbb{N}$ die Abschätzung

$$|y(x) - y^*(x)| \leq A L^n \frac{|x - x_0|^n}{n!} < A \frac{(Lh)^n}{n!} . \qquad (1.25)$$

In dieser Ungleichung ist die linke Seite unabhängig von n. Die rechte Seite ist das n-te Glied einer Exponentialreihe, strebt daher für $n \to \infty$ gegen null (notwendige Bedingung für die Konvergenz einer unendlichen Reihe!). Hieraus folgt: $y^*(x) = y(x)$ auf $U_{h_0}(x_0)$ bzw. wegen $h_0 < h$ beliebig, auf $U_h(x_0)$, womit die Eindeutigkeit der Lösung bewiesen ist. Insgesamt ist damit der Satz von Picard-Lindelöf bewiesen. □

Bemerkung 1: Wir haben die Voraussetzung, daß f auf D stetige partielle Ableitungen bezüglich y besitzt, im Beweis nicht benutzt, jedoch die daraus folgende Ungleichung

$$|f(x,y) - f(x,\tilde{y})| \leq L |y - \tilde{y}| ,$$

die man Lipschitzbedingung nennt. Der Satz von Picard-Lindelöf gilt also bereits für alle Funktionen f, die auf D stetig sind und dieser Lipschitzbedingung genügen.

Bemerkung 2: Bei konkreter Behandlung nach Picard-Lindelöf gehe man wie folgt vor:

1. Man prüfe die Voraussetzungen von Satz 1.1 ($f, \frac{\partial f}{\partial y}$ stetig auf einem geeigneten Rechteck D. Welches Rechteck kommt infrage?)

2. Man berechne die Näherungslösungen $y_n(x)$ mit Hilfe der

Rekursionsformel (Picard-Lindelöf)

$$y_0(x) := y_0$$

$$y_n(x) := y_0 + \int_{x_0}^{x} f(t, y_{n-1}(t))\,dt\,, \qquad n \in \mathbb{N}. \tag{1.26}$$

Beispiel 1.13 Wir betrachten das Anfangswertproblem

$$y' = f(x,y) = y\,, \quad y(0) = 1\,.$$

Wegen

$$f(x,y) = y\,, \quad \frac{\partial f(x,y)}{\partial y} = 1 \quad \text{in } \mathbb{R}^2$$

sind die Voraussetzungen des Satzes von Picard-Lindelöf in ganz $\mathbb{R}^2$ erfüllt. Wir erhalten folgende Näherungslösungen:

$$y_0(x) := 1$$

$$y_1(x) := 1 + \int_0^x f(t, y_0(t))\,dt$$

$$= 1 + \int_0^x 1\,dt = 1 + x$$

$$y_2(x) := 1 + \int_0^x f(t, y_1(t))\,dt = 1 + \int_0^x (1+t)\,dt$$

$$= 1 + \frac{(1+x)^2}{2} - \frac{1}{2} = 1 + x + \frac{x^2}{2}\,, \qquad \text{usw.}$$

Wir zeigen durch vollständige Induktion:

$$y_n(x) = \sum_{k=0}^{n} \frac{x^k}{k!} \qquad \text{(für } n = 0 \text{ richtig; trivial)}$$

Induktionsvoraussetzung (n fest):

$$y_n(x) = \sum_{k=0}^{n} \frac{x^k}{k!} .$$

Induktionsschritt:

$$y_{n+1}(x) = 1 + \int_0^x f(t, y_n(t))\,dt = 1 + \int_0^x y_n(t)\,dt$$

$$= 1 + \int_0^x \left(\sum_{k=0}^{n} \frac{t^k}{k!}\right) dt = 1 + \sum_{k=0}^{n} \frac{1}{k!} \int_0^x t^k\,dt$$

$$= 1 + \sum_{k=0}^{n} \frac{x^{k+1}}{(k+1)!} = \sum_{k=0}^{n+1} \frac{x^k}{k!} .$$

Die Folge $\{y_n(x)\}$ konvergiert daher auf jedem endlichen Intervall gleichmäßig gegen $\sum_{k=0}^{\infty} \frac{x^k}{k!}$, also gegen e^x (vgl. Fig. 1.14)

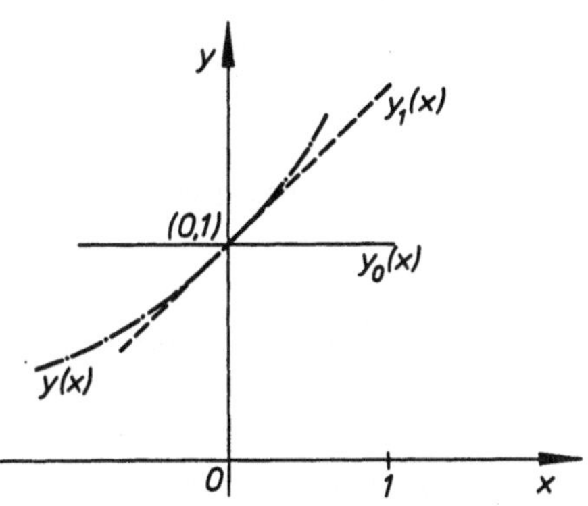

Fig. 1.14: Näherungslösungen und Lösungskurve des Anfangswertproblems
$y' = y$, $y(0) = 1$

1.2.4 Anwendungen des Existenz- und Eindeutigkeitssatzes

Mit Hilfe von Satz 1.1 läßt sich eine wichtige Anwendung der Theorie der DGln auf die Diskussion von Vektorfeldern geben. Zum anderen erhalten wir einen einfachen Beweis des "Satzes über implizite Funktionen" (vgl. Bd. I, Abschn. 6.4.2), den wir im Zusammenhang mit der Frage nach den Höhenlinien einer Funktion anwenden wollen.

Anwendung 1 (Feldlinien ebener Vektorfelder). Wir betrachten das ebene Vektorfeld $\underline{V} : \mathbb{R}^2 \to \mathbb{R}^2$ mit

$$\underline{V}(x,y) = \begin{bmatrix} f(x,y) \\ g(x,y) \end{bmatrix}.$$

Wir können uns darunter z.B. eine ebene Strömung vorstellen. Zur Veranschaulichung von Vektorfeldern benutzt man häufig die Vorstellung von "Feldlinien". Unter einer Feldlinie von $\underline{V}$ versteht man eine mit Richtungssinn versehene Kurve C, deren Tangentenrichtung in jedem Punkt (x,y) mit der Richtung des Feldvektors $\underline{V}(x,y)$ übereinstimmt (s. Fig. 1.15). Die Kurve C besitze die Darstellung $(x, y(x))$. Die Bestimmung einer Feldlinie mit $y = y(x)$ durch den Punkt (x_0,y_0) führt unter Beachtung der Beziehung $\tan\alpha = y'$ auf das Anfangswertproblem

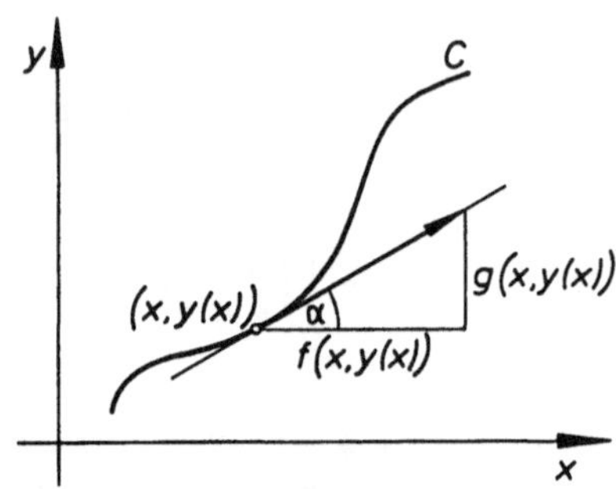

Fig. 1.15: Feldlinien eines ebenen Vektorfeldes

$$y'(x) = \frac{g(x, y(x))}{f(x, y(x))}, \quad y(x_0) = y_0 .$$

Sei $\underline{V}$ stetig differenzierbar (also f und g stetig differenzierbar) und gelte $f(x_0,y_0) \neq 0$. Dann gibt es nach Satz 1.1 genau eine durch (x_0,y_0) verlaufende Feldlinie mit der Darstellung $(x, y(x))$. Entsprechend folgt: Ist $g(x_0,y_0) \neq 0$, so gibt es genau eine Feldlinie durch (x_0,y_0) mit der Darstellung $(x(y), y)$. Damit erhalten wir

Satz 1.2 Sei $\underline{V} : \mathbb{R}^2 \to \mathbb{R}^2$ ein stetig differenzierbares Vektorfeld. Dann verläuft durch jeden Punkt (x_0,y_0) mit $\underline{V}(x_0,y_0) \neq \underline{0}$ genau eine Feldlinie, die sich in einer Umgebung von (x_0,y_0) in der Form $(x, y(x))$ bzw. $(x(y), y)$ darstellen läßt; $y(x)$ ergibt sich als Lösung des Anfangswertproblems

$$y'(x) = \frac{g(x, y(x))}{f(x, y(x))}, \quad y(x_0) = y_0 . \tag{1.27}$$

Für $x(y)$ ist ein entsprechendes Anfangswertproblem zu lösen.

Beispiel 1.14 Sei $\underline{V} : \mathbb{R}^2 \to \mathbb{R}^2$ das Vektorfeld mit

$$\underline{V}(x,y) = \begin{bmatrix} f(x,y) \\ g(x,y) \end{bmatrix} = \begin{bmatrix} y \\ x \end{bmatrix} .$$

Zur Bestimmung der Feldlinie durch einen Punkt (x_0,y_0) haben wir das Anfangswertproblem

$$y'(x) = \frac{x}{y(x)}, \qquad y(x_0) = y_0$$

zu lösen. Die Voraussetzungen von Satz 1.2 sind nur für $\underline{V} = \underline{0}$, d.h. für $x = y = 0$, verletzt. Durch jeden Punkt $(x_0,y_0) \neq (0,0)$ verläuft somit eine eindeutig bestimmte Feldlinie. Wir wollen die mit $(x_0,y_0) \neq (x_0,0)$ bestimmen.

Wir schreiben $y'(x) = \frac{x}{y(x)}$ in der Form $y(x) \cdot y'(x) = x$ und integrieren beide Seiten:

$$\frac{1}{2} y(x)^2 = \frac{1}{2} x^2 + C .$$

Dabei bestimmt sich die Integrationskonstante C aus der Anfangsbedingung $y(x_0) = y_0$, d.h. es gilt

$$\frac{1}{2} y_0^2 = \frac{1}{2} x_0^2 + C \quad \text{bzw.} \quad C = \frac{1}{2} (y_0^2 - x_0^2) .$$

Die Feldlinie durch $(x_0,y_0) \neq (0,0)$ ist dann durch die Hyperbel

$$y^2 - x^2 = y_0^2 - x_0^2$$

gegeben. Wir erhalten das in Figur 1.16 dargestellte Feldlinienbild.

Beispiel 1.15 Wir betrachten das Kraftfeld $\underline{K}$ der elastischen Bindung an den Nullpunkt:

$$\underline{K}(x,y) = \begin{bmatrix} -kx \\ -ky \end{bmatrix}, \qquad k \text{ Elastizitätskonstante.}$$

Für $(x_0,y_0) \neq (0,0)$ sind die Voraussetzungen von Satz 1.2 erfüllt, so daß durch alle diese Punkte genau eine Feldlinie verläuft. Wir gewinnen diese aus

$$y'(x) = \frac{-ky}{-kx} = \frac{y}{x}, \quad y(x_0) = y_0 .$$

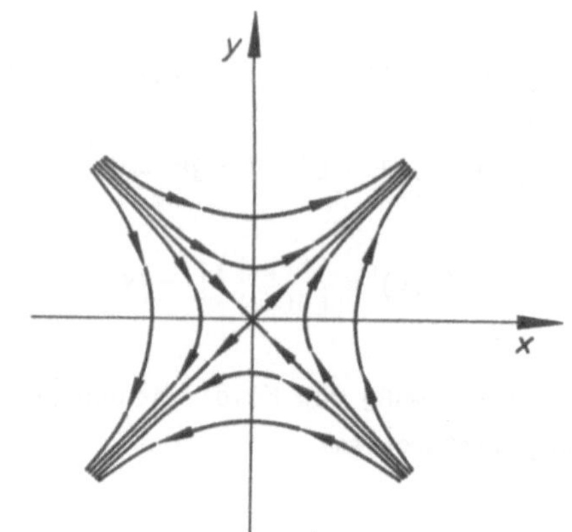

Fig. 1.16: Feldlinien des Vektorfeldes $\underline{V}(x,y) = \begin{bmatrix} y \\ x \end{bmatrix}$

Durch Nachrechnen bestätigt man sofort, daß

$$y(x) = \frac{y_0}{x_0} \cdot x$$

die gesuchte Lösung ist. Wir erhalten damit das folgende Feldlinienbild (s. Fig. 1.17).

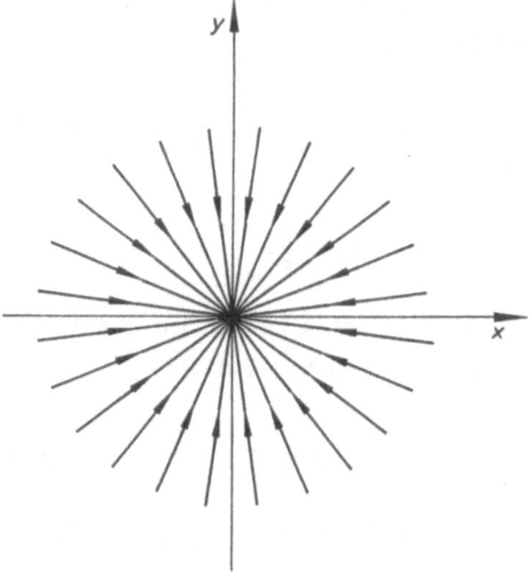

Fig. 1.17: Feldlinien des Kraftfeldes der elastischen Bindung an den Nullpunkt

Anwendung 2 (Der Satz über implizite Funktionen. Höhenlinien einer Funktion)

Wir fragen nach der Auflösbarkeit einer Funktion $f : \mathbb{R}^2 \to \mathbb{R}$ mit $f(x,y) = 0$ nach y.

Anwort gibt der folgende

<u>Satz 1.3</u> Die Funktion $f : \mathbb{R}^2 \to \mathbb{R}$ sei in einer Umgebung des Punktes (x_0,y_0) 2-mal stetig differenzierbar und es gelte $f_y(x_0,y_0) \neq 0$ und $f(x_0,y_0) = 0$. Dann gibt es genau eine stetig differenzierbare Funktion y, die in einer Umgebung von x_0 die Bedingungen

$$f(x, y(x)) = 0 \quad \text{und} \quad y(x_0) = y_0$$

erfüllt; $y(x)$ kann als Lösung des Anfangswertproblems

$$y'(x) = -\frac{f_x(x, y(x))}{f_y(x, y(x))}, \quad y(x_0) = y_0 \tag{1.28}$$

gewonnen werden.

Beweis: Sei $y(x)$ stetig differenzierbar und gelte $y(x_0) = y_0$ sowie $f(x, y(x)) = 0$ in einer Umgebung von x_0. Dann folgt mit Hilfe der Kettenregel (s. Bd. I, Abschn. 6.3.3, Folg. 6.5)

$$f_x(x, y(x)) + f_y(x, y(x)) \cdot y'(x) = 0 .$$

In einer Umgebung von x_0 genügt $y(x)$ also der DGl

$$y'(x) = -\frac{f_x(x, y(x))}{f_y(x, y(x))}$$

und der Anfangsbedingung $y(x_0) = y_0$. Wegen $f_y(x_0,y_0) \neq 0$ folgt aus Satz 1.1, daß $y(x)$ eindeutig bestimmt ist. (Hier benutzen wir, daß f 2-mal stetig differenzierbar ist!)

Sei umgekehrt $y(x)$ Lösung des Anfangswertproblems

$$y'(x) = -\frac{f_x(x, y(x))}{f_y(x, y(x))}, \quad y(x_0) = y_0$$

und F durch $F(x) = f(x, y(x))$ erklärt. Dann gilt wieder aufgrund der Kettenregel

$$F'(x) = f_x(x, y(x)) + f_y(x, y(x)) \cdot y'(x)$$

bzw. aufgrund der DGl

$$F'(x) = 0\,, \quad \text{also} \quad F(x) = \text{const.}$$

Mit $F(x_0) = f(x_0, y(x_0)) = f(x_0,y_0) = 0$ folgt daher $F(x) = f(x, y(x)) = 0$ in einer Umgebung von x_0 und damit die Behauptung. □

Bemerkung 1: Ist in Satz 1.3 anstelle der Voraussetzung $f_y(x_0,y_0) \neq 0$ die Bedingung $f_x(x_0,y_0) \neq 0$ erfüllt, so kann die Gleichung $f(x,y) = 0$ nach $x = x(y)$ aufgelöst werden. Beide Situationen sind durch die Forderung $\operatorname{grad} f(x_0,y_0) \neq \underline{0}$ erfaßt.

Satz 1.3 läßt sich unmittelbar zur Beantwortung der Frage nach der Existenz und der Bestimmung von Höhenlinien einer Funktion heranziehen. Wir erinnern daran, daß sich eine Funktion $f : \mathbb{R}^2 \to \mathbb{R}$ mit Hilfe ihrer Höhenlinien

$$f(x,y) = \text{const.} = c$$

besonders zweckmäßig veranschaulichen läßt (vgl. Bd.I, Abschn. 6.2.2). Es entsteht die Frage, unter welchen Bedingungen an f durch einen Punkt (x_0,y_0) genau eine Höhenlinie verläuft und wie sich diese gegebenenfalls bestimmen läßt. Dies entspricht der Frage nach der Auflösbarkeit der Gleichung

$$f(x,y) - c = 0$$

nach y bzw. x. Aus Satz 1.3 und Bemerkung 1 folgt daher

Satz 1.4 Unter den Differenzierbarkeitsvoraussetzungen an f in Satz 1.3 verläuft durch jeden Punkt (x_0,y_0) mit $\operatorname{grad} f(x_0,y_0) \neq \underline{0}$ genau eine Höhenlinie. Sie kann z.B. im Fall $f_y(x_0,y_0) \neq 0$ mit Hilfe des Anfangswertproblems

$$y'(x) = -\frac{f_x(x,y)}{f_y(x,y)}\,, \qquad y(x_0) = y_0 \tag{1.29}$$

bestimmt werden.

Bemerkung 2: Für $\operatorname{grad} f(x,y) = \underline{0}$ kann der Fall eintreten, daß die Höhenlinie zu einem Punkt zusammenschrumpft. Dies zeigt das Beispiel $f(x,y) = x^2 + y^2$ und $(x_0,y_0) = (0,0)$ (Extremwert). Auch ist der Fall möglich, daß mehrere Höhenlinien durch einen Punkt verlaufen, z.B. für $f(x,y) = x^2 - y^2$ und $(x_0,y_0) = (0,0)$ (Sattelpunkt).

1.2.5 Elementare Lösungsmethoden

Nur selten ist es möglich, die Lösungen von DGln explizit durch elementare Funktionen darzustellen. Im folgenden stellen wir einige Typen von DGLn 1-ter Ordnung zusammen, die auf "Quadraturprobleme", d.h. auf die Ermittlung von Stammfunktionen, zurückgeführt werden können. Die DGln gelten dann als gelöst.

A. DGln der Form $y' = f(x)$

Dies ist der einfachste Fall einer DGl: f hängt nur von x ab. Für stetiges f sind die Voraussetzungen von Satz 1.1 erfüllt. Ist F eine Stammfunktion von f, so lautet die allgemeine Lösung

$$y(x) = F(x) + C ,$$

wobei die Integrationskonstante C den Anfangsdaten angepaßt werden muß.

Beispiel 1.16 Die DGl $y' = \sin x$ besitzt die allgemeine Lösung

$$y(x) = \int \sin x \, dx + C = - \cos x + C .$$

Die Lösung durch den Punkt $(\pi,0)$ lautet wegen $0 = y(\pi) = - \cos \pi + C = 1 + C$ bzw. $C = -1$:

$$y(x) = - \cos x - 1 .$$

B. DGln mit getrennten Veränderlichen

DGln der Form

$$y' = \frac{g(x)}{h(y)} = g(x) \cdot \frac{1}{h(y)} ,$$

für die f sich als Produkt einer Funktion, die nur von x, und einer Funktion, die nur von y abhängt, darstellen läßt, heißen *DGln mit getrennten Veränderlichen*. Die Voraussetzungen an f in Satz 1.1 sind erfüllt, falls g stetig sowie h stetig differenzierbar und frei von Nullstellen sind. Seien G und H die Stammfunktionen

$$G(x) = \int_a^x g(t)\,dt , \quad H(y) = \int_b^y h(t)\,dt$$

von g und h. Ferner sei H^{-1} die Umkehrfunktion von H, d.h. es gilt

$$H^{-1}(H(x)) = x .$$

Nach Band I, Abschnitt 1.3.4 bzw. 3.1.5 existiert H^{-1}, falls $h = H'$ nirgends verschwindet. Dies haben wir gerade vorausgesetzt. Wir schreiben nun die DGl in der Form

$$h(y)\,y'(x) = g(x) .$$

Hieraus folgt durch Integration nach x

$$H(y(x)) = G(x) + C ,$$

was sich durch Differentiation sofort bestätigen läßt. Durch Anwendung der Umkehrfunktion H^{-1} erhalten wir dann mit

$$y(x) = H^{-1}[H(y(x))] = H^{-1}(G(x) + C)$$

die allgemeine Lösung unserer DGl. Auch hier ist C wieder der Anfangsbedingung anzupassen.

Lösungsschema:

1. Man schreibe die DGl $y' = \frac{dy}{dx} = \frac{g(x)}{h(y)}$ in der Form $h(y)\,dy = g(x)\,dx$.

2. Man integriere die linke Seite bezüglich y und die rechte Seite bezüglich x .

3. Man löse die dadurch entstehende Gleichung

$$H(y) = G(x) + C$$

nach y auf.

Man nennt diese Methode auch Separation der Variablen oder spricht auch von der Methode der Trennung der Veränderlichen.

Beispiel 1.17 Wir betrachten die DGl

$$y' = \frac{dy}{dx} = xy ,$$

die wir in der Form

$$\frac{dy}{y} = x\,dx \qquad (y \neq 0)$$

schreiben. Nun integrieren wir die linke Seite bezüglich y , die rechte bezüglich x und erhalten

$$\ln|y| = \frac{x^2}{2} + C ,$$

also

$$|y| = e^{\frac{x^2}{2} + C} = e^C \cdot e^{\frac{x^2}{2}} .$$

Damit folgt

$$y(x) = \pm\, e^C \cdot e^{\frac{x^2}{2}} = C_1\, e^{\frac{x^2}{2}} \qquad (C_1 \in \mathbb{R} \text{ beliebig}).$$

Für $C_1 = 0$ erhalten wir die oben ausgeschlossene Lösung $y(x) = 0$.

Beispiel 1.18 Eine chemische Reaktion erster Ordnung mit der Anfangskonzentration c_0 und der Reaktionskonstanten k wird durch die DGl

$$y' = \frac{dy}{dt} = k(c_0 - y)$$

beschrieben. Dabei bedeutet $y(t)$ die Konzentration der zum Zeitpunkt t umgesetzten Substanz. Für $t = 0$ sei $y = 0$: $y(0) = 0$. Dieses Anfangswertproblem läßt sich nach der Methode der Separation der Variablen behandeln ($g(t) = k = \text{const.}$, $h(y) = \frac{1}{c_0 - y}$):

Aus

$$\frac{dy}{c_0 - y} = k\,dt$$

folgt durch Integration

$$\int \frac{dy}{c_0 - y} = k \int dt + C,$$

also

$$-\ln|c_0 - y| = \ln \frac{1}{|c_0 - y|} = kt + C.$$

Wir lösen diese Gleichung nach y auf und erhalten

$$\frac{1}{|c_0 - y|} = e^{kt + C} = e^C \cdot e^{kt}$$

bzw.

$$c_0 - y = \pm e^{-C} \cdot e^{-kt} = C_1 e^{-kt} \qquad (C_1 \in \mathbb{R} \text{ beliebig}).$$

Hieraus gewinnen wir die allgemeine Lösung

$$y(t) = c_0 - C_1 \cdot e^{-kt}, \qquad t \geq 0.$$

Wir bestimmen C_1 mit Hilfe der Anfangsbedingung $y(0) = 0$:

$$0 = y(0) = c_0 - C_1 \qquad \text{oder} \qquad C_1 = c_0,$$

und erhalten die gesuchte Lösung

$$y(t) = c_0 - c_0 \cdot e^{-kt} = c_0(1 - e^{-kt}) .$$

C. DGln der Form $y' = f\left(\frac{y}{x}\right)$ bzw. $y' = f(ax + by + c)$

Diese lassen sich mit Hilfe der Substitutionen

$$z = \frac{y}{x} \quad \text{bzw.} \quad z = ax + by + c \tag{1.30}$$

auf DGln mit getrennten Veränderlichen zurückführen.

(a) $y' = f\left(\frac{y}{x}\right)$

Ist f stetig differenzierbar, so sind die Voraussetzungen von Satz 1.1 erfüllt, falls $x \neq 0$. Mit

$$z = \frac{y}{x} \quad \text{oder} \quad y = x \cdot z \qquad (x \neq 0) \tag{1.31}$$

gilt $y' = z + xz'$. Damit folgt aus der DGl $y' = f\left(\frac{y}{x}\right)$:

$$z + xz' = f(z), \quad \text{also} \quad z' = \frac{f(z) - z}{x} \qquad (x \neq 0) .$$

Diese DGl für $z(x)$ läßt sich durch Separation lösen.

Beispiel 1.19 Wir betrachten die DGl

$$x^2 y' = x^2 + xy + y^2 ,$$

die wir in der Form

$$y' = \frac{x^2 + xy + y^2}{x^2} = 1 + \frac{y}{x} + \left(\frac{y}{x}\right)^2 =: f\left(\frac{y}{x}\right)$$

schreiben können (Typ (a)). Die Substitution $z = \frac{y}{x}$ führt auf die äquivalente DGl

$$z' = \frac{f(z) - z}{x} = \frac{1 + z + z^2 - z}{x} = \frac{1 + z^2}{x} \quad ,$$

also, nach Trennung der Veränderlichen, auf

$$\frac{dz}{1 + z^2} = \frac{dx}{x}$$

bzw.

$$\int \frac{dz}{1 + z^2} = \int \frac{dx}{x} + C \,, \qquad C \in \mathbb{R} \,.$$

Ausführung der Integration liefert

$$\begin{aligned} \operatorname{arc\,tan} z &= \ln|x| + C = \ln|x| + \ln C_1 \quad ^{1)} \\ &= \ln(C_1|x|) \,, \qquad C_1 > 0 \,. \end{aligned}$$

Wir lösen diese Gleichung nach z auf:

$$z(x) = \tan(\ln(C_1|x|)) \,.$$

Die gesuchte allgemeine Lösung der Ausgangsdifferentialgleichung ergibt sich dann mit $y = x \cdot z$ zu

$$y(x) = x \cdot \tan(\ln(C_1|x|)) \,, \qquad x \neq 0 \,.$$

(b) $y' = f(ax + by + c)$ Für stetig differenzierbares f sind die Voraussetzungen von Satz 1.1 erfüllt. Setzen wir

$$z = ax + by + c \,, \tag{1.32}$$

so folgt mit $z' = a + by'$

$$y' = \frac{z' - a}{b} = f(z)$$

---

1) Wir beachten: Jede reelle Zahl C läßt sich als Logarithmus einer positiven Zahl C_1 darstellen.

und damit eine (äquivalente) DGl vom Typ B :

$$z' = a + b\,f(z)\,.$$

Beispiel 1.20 Die DGl

$$y' = (2x+3y)^2 =: f(ax+by+c)$$

(mit $a = 2$, $b = 3$, $c = 0$) geht durch die Substitution $z = 2x + 3y$ in die DGl

$$z' = a + b\,f(z) = 2 + 3\,z^2$$

über, die wir mittels Trennung der Veränderlichen lösen:

$$\frac{dz}{2+3\,z^2} = dx$$

bzw.

$$\int \frac{dz}{2+3\,z^2} = \int dx + C = x + C\,.$$

Mit der Substitution $t := \sqrt{\frac{3}{2}}\,z$ folgt

$$\int \frac{dz}{2+3\,z^2} = \frac{1}{2}\int \frac{dz}{1+\left(\sqrt{\frac{3}{2}}\,z\right)^2} = \frac{1}{2}\sqrt{\frac{2}{3}}\int \frac{dt}{1+t^2}$$

$$= \frac{1}{\sqrt{6}}\,\operatorname{arc\,tan} t = \frac{1}{\sqrt{6}}\,\operatorname{arc\,tan}\left(\sqrt{\frac{3}{2}}\,z\right),$$

und damit

$$\operatorname{arc\,tan}\left(\sqrt{\frac{3}{2}}\,z\right) = \sqrt{6}\,(x+C)\,.$$

Durch Auflösen nach z erhalten wir

$$z(x) = \sqrt{\frac{2}{3}}\,\tan(\sqrt{6}\,(x+C))$$

und daraus, mit $z = 2x + 3y$,

$$y(x) = \frac{1}{3}\,(z(x) - 2\,x) = \frac{1}{3}\left[\sqrt{\frac{2}{3}}\,\tan\left(\sqrt{6}\,(x+C)\right) - 2\,x\right]\,.$$

D. Lineare DGln 1-ter Ordnung

Man nennt $y' = f(x,y)$ eine lineare DGl, wenn f eine lineare Funktion in y ist, d.h. eine DGl der Form

$$y' = g(x)y + h(x) \quad \text{bzw.} \quad y' - g(x)y = h(x)\,, \tag{1.33}$$

mit vorgegebenen Funktionen g,h vorliegt. Sind g,h stetige Funktionen, so sind die Voraussetzungen von Satz 1.1 erfüllt. Ist $h(x) \equiv 0$, so heißt die DGl homogen, anderenfalls heißt sie inhomogen.

Bemerkung 1: Die DGln (1.1) bzw. (1.2), (1.3) in Abschnitt 1.1.1 sind Beispiele für homogene bzw. inhomogene lineare DGln 1-ter Ordnung.

(a) Die homogene lineare DGl. Diese ist von der Form

$$y' = g(x)\cdot y\,,$$

also vom Typ B (mit $h(y) = \frac{1}{y}$, $y \neq 0$), läßt sich somit nach der Methode der Trennung der Veränderlichen lösen:

$$\frac{dy}{y} = g(x)\,dx \quad \text{bzw.} \quad \int \frac{dy}{y} = \int g(x)\,dx + C_1\,,$$

also

$$\ln|y| = \int g(x)\,dx + C_1\,, \qquad C_1 \in \mathbb{R}\,.$$

Auflösung nach y liefert die allgemeine Lösung

$$|y(x)| = e^{C_1}\cdot e^{\int g(x)\,dx}$$

bzw.

$$y(x) = \pm\, e^{C_1}\cdot e^{\int g(x)\,dx} = C\cdot e^{\int g(x)\,dx}\,, \quad C \in \mathbb{R}\,.$$

Die Lösung des Anfangswertproblems

$$y' = g(x)\cdot y\,, \quad y(x_0) = y_0 \tag{1.34}$$

ist dann durch

$$y(x) = y_0 \cdot e^{\int_{x_0}^{x} g(t)\,dt} \tag{1.35}$$

gegeben. Für $y_0 = 0$ ergibt sich die triviale Lösung $y(x) \equiv 0$.

(b) Die inhomogene lineare DGl. Wir bestimmen zunächst mit Hilfe der Methode der Variation der Konstanten eine spezielle Lösung der inhomogenen DGl

$$y' = g(x)y + h(x)\,, \quad g,h \text{ stetig.}$$

Bei diesem Verfahren geht man von der allgemeinen Lösung der homogenen DGl aus. Diese lautet (vgl. (a)):

$$y_{hom}(x) = C \cdot e^{G(x)}$$

mit der Stammfunktion

$$G(x) = \int_{x_0}^{x} g(t)\,dt$$

von g . Man ersetzt nun die Konstante C durch eine stetig differenzierbare Funktion $C(x)$ und versucht, diese so zu bestimmen, daß

$$y(x) = C(x) \cdot e^{G(x)} \tag{1.36}$$

die inhomogene DGl löst. Hierzu setzt man diesen Ausdruck und seine Ableitung in die DGl ein:

$$C'(x)\,e^{G(x)} + C(x)\,G'(x)\,e^{G(x)} = g(x)\,C(x)\,e^{G(x)} + h(x)\,.$$

Wegen $G'(x) = g(x)$ ergibt sich hieraus durch Multiplikation mit $e^{-G(x)}$ für $C(x)$ die Gleichung

$$C'(x) = h(x)\,e^{-G(x)}\,.$$

Damit folgt

$$C(x) = \int_{x_0}^{x} h(t)\, e^{-G(t)}\, dt + C_1 .$$

Durch

$$y(x) = \left[\int_{x_0}^{x} h(t)\, e^{-G(t)}\, dt + C_1 \right] e^{G(x)} \tag{1.37}$$

ist dann für jede Konstante C_1 eine Lösung der inhomogenen DGl gegeben[1].
Setzen wir $C_1 = y_0$, so löst

$$y(x) = \left[\int_{x_0}^{x} h(t)\, e^{-G(t)}\, dt + y_0 \right] e^{G(x)},$$

mit

$$G(x) = \int_{x_0}^{x} g(t)\, dt,$$

das Anfangswertproblem

$$y' = g(x)\, y + h(x), \quad y(x_0) = y_0 .$$

Nach Satz 1.1 ist dies die einzige Lösung des Anfangswertproblems. Damit erhalten wir

---

1) Aus (1.37) erkennen wir, daß $y(x)$ von der Form $y_p(x) + y_{hom}(x)$ ist, wobei $y_p(x) = \int_{x_0}^{x} h(t) e^{-G(t)} dt \cdot e^{G(x)}$ eine spezielle Lösung der inhomogenen DGl und $y_{hom}(x)$ die allgemeine Lösung der homogenen DGl ist.

<u>Satz 1.5</u> Die Funktionen g,h seien auf dem Intervall $I = (a,b)$ stetig. Ferner sei $(x_0,y_0) \in \mathbb{R}^2$ mit $x_0 \in I$. Dann besitzt das Anfangswertproblem

$$y' = g(x)y + h(x)\,, \quad y(x_0) = y_0 \tag{1.38}$$

in I die eindeutig bestimmte Lösung

$$y(x) = \left[\int_{x_0}^{x} h(t)\, e^{-G(t)}\, dt + y_0\right] e^{G(x)} \tag{1.39}$$

mit

$$G(x) = \int_{x_0}^{x} g(t)\, dt. \tag{1.40}$$

Bemerkung 2: Der Lösungsausdruck

$$y(x) = \left[\int_{x_0}^{x} h(t)\, e^{-G(t)}\, dt + C_1\right] e^{G(x)}$$

für die allgemeine Lösung der inhomogenen DGl zeigt, daß sich diese aus der allgemeinen Lösung der zugehörigen homogenen DGl und einer speziellen Lösung der inhomogenen DGl additiv zusammensetzt.

<u>Beispiel 1.21</u> Wir betrachten die DGl

$$y' = \frac{1}{x}y + 5x\,, \qquad x \in (0,\infty)\,,$$

mit der Anfangsbedingung $y(1) = 0$. In unserem Beispiel ist also $g(x) = \frac{1}{x}$, $h(x) = 5x$ und $(x_0,y_0) = (1,0)$. Für $g(x) = \frac{1}{x}$ ergibt sich die Stammfunktion

$$G(x) = \int_{x_0}^{x} g(t)\, dt = \int_{1}^{x} \frac{dt}{t} = \ln|t|\,\Big|_{t=1}^{t=x} = \ln|x| - \ln 1$$

$$= \ln x \qquad (x > 0)$$

und daher mit Satz 1.5, Formel (1.39), die Lösung unseres Anfangswertproblems zu

$$y(x) = \left[\int_1^x 5t\, e^{-\ln t}\, dt + 0\right] \cdot e^{\ln x}$$

$$= \int_1^x 5t \cdot \frac{1}{t}\, dt \cdot x = 5x \cdot \int_1^x dt$$

$$= 5x \cdot t \Big|_{t=1}^{t=x} = 5x(x-1)\ .$$

Die weiteren Beispiele befassen sich mit Anwendungen, die auf lineare DGln führen.

Beispiel 1.22 Gegeben sei ein Schwingkreis mit einem Ohmschen Widerstand R und einer Spule (Induktivität L) in Reihenschaltung (s. Fig. 1.18). Es liege eine Wechselspannung $U(t) = U_0 \sin \omega t$ an. Der Schalter S werde zum Zeitpunkt $t = 0$ geschlossen. Wir interessieren uns für den zeitlichen Verlauf der Stromstärke $i = i(t)$.

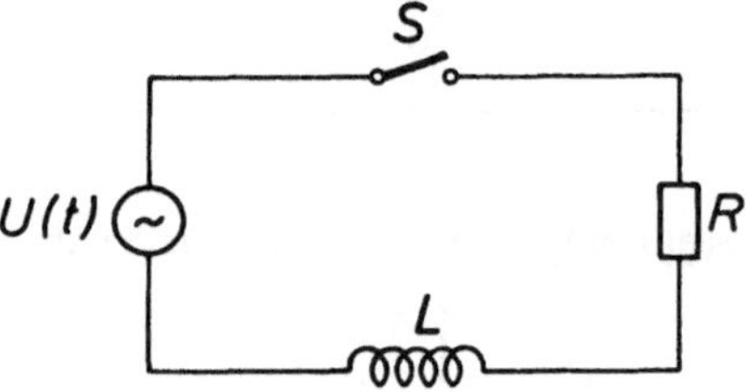

Fig. 1.18: Elektrischer Schwingkreis

Nach dem 2-ten Kirchhoffschen Satz gilt

$$U_L + U_R = U\ .$$

Mit Hilfe der Beziehungen

$$U_L = L\frac{di}{dt}, \quad U_R = Ri \quad \text{(vgl. Abschn. 1.1.1)}$$

erhalten wir für die Stromstärke i die DGl

$$L\frac{di}{dt} + Ri = U(t) = U_0 \sin \omega t$$

bzw.

$$\frac{di}{dt} = -\frac{R}{L}i + \frac{U_0}{L}\sin\omega t .$$

Dies ist eine lineare DGl 1-ter Ordnung für $i(t)$. Die zugehörige Anfangsbedingung lautet: $i(0) = 0$. In diesem Beispiel ist also

$$g(t) = -\frac{R}{L} = \text{const.}, \quad h(t) = \frac{U_0}{L}\sin\omega t, \quad (t_0, i_0) = (0,0) .$$

Mit

$$G(t) = \int_{t_0}^{t} g(\tau)\, d\tau = -\frac{R}{L}\int_0^t d\tau = -\frac{R}{L}t$$

folgt aus Satz 1.5 für den Stromverlauf:

$$i(t) = \left[\int_0^t \frac{U_0}{L}\sin\omega\tau \cdot e^{\frac{R}{L}\tau}\, d\tau + 0\right] e^{-\frac{R}{L}t}$$

$$= \frac{U_0}{L} e^{-\frac{R}{L}t} \int_0^t e^{\frac{R}{L}\tau} \sin\omega\tau\, d\tau.$$

Beachten wir die Beziehung

$$\int e^{ax}\sin bx\, dx = \frac{e^{ax}(a\sin bx - b\cos bx)}{a^2 + b^2}$$

(vgl. Bd. I, Formel (4.72)), so erhalten wir

$$i(t) = \frac{U_0}{L} e^{-\frac{R}{L}t} \left. \frac{e^{\frac{R}{L}\tau}\left(\frac{R}{L}\sin\omega\tau - \omega\cos\omega\tau\right)}{\left(\frac{R}{L}\right)^2 + \omega^2} \right|_{\tau=0}^{\tau=t}$$

$$= \frac{U_0}{L} e^{-\frac{R}{L}t} \frac{L^2}{R^2 + \omega^2 L^2}\left[e^{\frac{R}{L}t}\left(\frac{R}{L}\sin\omega t - \omega\cos\omega t\right) - 1(-\omega)\right],$$

also

$$i(t) = \frac{U_0}{R^2 + \omega^2 L^2}\left(\omega L\, e^{-\frac{R}{L}t} + R\sin\omega t - \omega L\cos\omega t\right), \quad t > 0 . \qquad (1.41)$$

Für $t \to \infty$ strebt der erste Summand in der letzten Klammer gegen Null, so daß für hinreichend große t der Lösungsanteil

$$i_s(t) = \frac{U_0}{R^2 + \omega^2 L^2} (R \sin\omega t - \omega L \cos\omega t) \tag{1.42}$$

überwiegt. Durch $i_s(t)$ wird der Stromverlauf nach dem Einschaltvorgang beschrieben. Es handelt sich um eine harmonische Schwingung mit der gleichen Frequenz wie die Erregerfrequenz. [1)]

<u>Beispiel 1.23</u> Wir wollen die Übergangsfunktion $x_a(t)$ für das Regelkreisglied eines verzögerten Gestänges (s. Abschn. 1.1.1, Beisp. 1.2) bei vorgegebener Eingangsgröße

$$x_e(t) = \begin{cases} x_0 \sin\omega t, & \text{falls } t \geq 0 \\ 0 & , \text{falls } t < 0 \end{cases}$$

bestimmen.

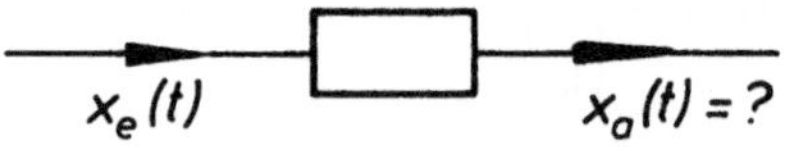

Fig. 1.19: Ein- und Ausgangsgrößen bei einem Regelkreisglied

Die DGl für $x_a(t)$ lautet (vgl. Abschn. 1.1.1, Formel (1.2))

$$\dot{x}_a(t) + \frac{k}{r} x_a(t) = \frac{k}{r} x_e(t) = \frac{k x_0}{r} \sin\omega t, \quad t > 0,$$

(k : Federkonstante, r : Dämpfungskonstante). Diese lineare DGl 1-ter Ordnung beschreibt das Verhalten unseres Regelkreisgliedes. Ein Vergleich dieser DGl mit der DGl aus Beispiel 1.22 zeigt, daß diese formal übereinstimmt mit den Entsprechungen

$$r \mathrel{\hat{=}} L, \quad k \mathrel{\hat{=}} R, \quad k x_0 \mathrel{\hat{=}} U_0 . \tag{1.43}$$

Wir können daher die Lösung $x_a(t)$ mit Hilfe der Lösung $i(t)$ sofort angeben, wenn wir beachten, daß der Forderung $x_e(t) = 0$ für $t \leq 0$ nur die triviale Lösung $x_a(t) = 0$ für $t \leq 0$ entspricht (System befindet sich im

1) Vgl. Bd. I, Abschn. 4.4 .

Ruhezustand), und $x_a(0)$ daher Null ist:

$$x_a(t) = \frac{k\,x_0}{k^2+\omega^2 r^2}\left(\omega r e^{-\frac{k}{r}t} + k\sin\omega t - \omega r\cos\omega t\right), \quad t > 0\,. \tag{1.44}$$

Für hinreichend große t erhalten wir entsprechend

$$x_{a_s}(t) = \frac{k\,x_0}{k^2+\omega^2 r^2}\,(k\sin\omega t - \omega r\cos\omega t)\,. \tag{1.45}$$

E. Die Bernoullische DGl

Besitzt die Funktion f in der DGl $y' = f(x,y)$ die Form $f(x,y) = g(x)y + r(x)\,y^\alpha$, $\alpha \in \mathbb{R}$, so liegt eine Bernoullische DGl vor:

$$y' = g(x)y + r(x)\,y^\alpha\,. \tag{1.46}$$

Eine DGl vom Bernoulli-Typ tritt z.B. im Zusammenhang mit einem mechanischen Schwingungssystem, bestehend aus Masse m und Feder (Federkonstante k), auf, wenn man eine Reibungskraft proportional zum Quadrat der Geschwindigkeit berücksichtigt: $K_W = c[\dot{x}(t)]^2$. Die entsprechende DGl lautet dann (vgl. auch Abschn. 1.3.3, Beisp. 1.3.2)

$$m\ddot{x} + c\dot{x}^2 + kx = 0\,.$$

Mit der Substitution $\dot{x} = p(x)$ erhalten wir die folgende Bernoullische DGl für $p(x)$:

$$\frac{dp}{dx} = -\frac{c}{m}p - \frac{k}{m}x\cdot p^{-1}$$

(vgl. Abschn. 1.3.3). Für $\alpha = 0$ und $\alpha = 1$ geht die Bernoullische DGl jeweils in eine DGl vom Typ D über, so daß wir diese beiden Fälle nun ausschließen. Wir setzen für $\alpha \notin \{0,1\}$

$$z(x) = y^{1-\alpha}(x) \tag{1.47}$$

und erhalten

$$z' = (1-\alpha)y^{-\alpha}\cdot y' = (1-\alpha)y^{-\alpha}(g(x)y+r(x)\cdot y^{\alpha})$$

$$= (1-\alpha)(y^{1-\alpha}g(x) + r(x))$$

$$= (1-\alpha)(z\, g(x) + r(x)),$$

also

$$z' = (1-\alpha)\, g(x)\cdot z + (1-\alpha)\, r(x)\,. \tag{1.48}$$

Wir haben damit die Bernoullische DGl auf eine lineare DGl (Typ D) zurückgeführt. Zur gesuchten Lösung $y(x)$ gelangen wir mit Hilfe der Transformation

$$y(x) = [z(x)]^{\frac{1}{1-\alpha}}\,. \tag{1.49}$$

Sowohl diese als auch die ursprüngliche Transformation sind im allgemeinen nur sinnvoll, falls $y(x) \geq 0$ gilt.

<u>Beispiel 1.24</u> Wir betrachten die DGl

$$y' = -\frac{1}{x}y + \frac{\ln x}{x}\, y^2 \qquad (x > 0)\,.$$

Wir setzen, da $\alpha = 2$ ist, $z(x) = y^{-1}(x) = \frac{1}{y(x)}$, und erhalten wegen (1.48) die lineare DGl

$$z' = -(1-2)\,x^{-1}z + (1-2)(+\frac{\ln x}{x})$$

$$= \frac{1}{x}z - \frac{\ln x}{x}\,.$$

Diese läßt sich mit Hilfe der besprochenen Methode lösen. Wir begnügen uns damit, die Lösung anzugeben:

$$z(x) = C\,x + 1 + \ln x\,.$$

Mit der Rücktransformation

$$y(x) = [z(x)]^{\frac{1}{1-2}} = \frac{1}{z(x)}$$

lautet daher die gesuchte Lösung:

$$y(x) = \frac{1}{C\,x + 1 + \ln x} \; .$$

Beispiel 1.25 Wir haben zu Beginn der Behandlung von Typ E gesehen, daß sich gewisse Schwingungsprobleme auf die Bernoullische DGl

$$\frac{dp}{dx} = -\frac{c}{m}p - \frac{k}{m}x \cdot p^{-1}$$

zurückführen lassen. Wir wollen diese jetzt lösen. Mit $\alpha = -1$ und der Transformation

$$z(x) = p^{1-\alpha}(x) = p^2(x)$$

ergibt sich die lineare DGl

$$z' = -\frac{2c}{m}z - \frac{2k}{m}x$$

für $z(x)$ mit der Lösung (man leite diese her!)

$$z(x) = -\frac{k}{c}x + \frac{mk}{2\,c^2}\left(1 - e^{-\frac{2c}{m}x}\right) + C\,e^{-\frac{2c}{m}x} \; .$$

Für die allgemeine Lösung $p(x)$ der Ausgangsgleichung erhalten wir dann mit

$$p(x) = [z(x)]^{\frac{1}{1-\alpha}} = [z(x)]^{1/2}$$

den Ausdruck

$$p(x) = \sqrt{-\frac{k}{c}x + \frac{mk}{2\,c^2}\left(1 - e^{-\frac{2c}{m}x}\right) + C\,e^{-\frac{2c}{m}x}} \; . \tag{1.50}$$

1.2.6 Numerische Behandlung

Die im letzten Abschnitt untersuchten Spezialfälle erschöpfen keinesfalls die in der Praxis auftretenden DGln. Hier läßt sich häufig keine explizite Lösung angeben, so daß man auf Näherungsverfahren angewiesen ist. Die in Abschnitt 1.2.3 behandelte Methode von Picard-Lindelöf kann zwar zur numerischen Konstruktion von Lösungen des Anfangswertproblems

$$y' = f(x,y)\,, \quad y(x_0) = y_0 \tag{1.51}$$

verwendet werden. Im allgemeinen lassen sich jedoch die auftretenden Integrale nicht explizit bestimmen. In der Praxis benutzt man daher meist auf anderen Prinzipien beruhende Näherungsverfahren. Die Grundidee läßt sich anhand der folgenden (groben) Methode erläutern.

A. Das Euler-Cauchy-Verfahren

Sei $y(x)$ die (nicht bekannte) exakte Lösung unseres Anfangswertproblems (1.51). Wir suchen einen Näherungswert $\tilde{y}(x_0+h)$ von $y(x_0+h)$ an einer Nachbarstelle $x_0 + h$ von x_0. Nach dem Mittelwertsatz der Differentialrechnung gilt

$$y(x_0+h) - y(x_0) = h \cdot y'(x_0+\theta h)\,,$$

mit einem im allgemeinen nicht bekannten $\theta : 0 < \theta < 1$. Beachten wir die DGl und die Anfangsbedingung, so folgt hieraus

$$y(x_0+h) - y_0 = h\,f(x_0+\theta h,\, y(x_0+\theta h))\,, \quad 0 < \theta < 1\,,$$

also

$$y(x_0+h) = y_0 + h\,f(x_0+\theta h,\, y(x_0+\theta h))\,, \quad 0 < \theta < 1\,.$$

Es liegt daher nahe, als Näherungswert den Ausdruck

$$\tilde{y}(x_0+h) := y_0 + h\,f(x_0,y_0) \tag{1.52}$$

zu verwenden. Geometrisch bedeutet dies, daß der unbekannte Funktionswert

$y(x_0 + h)$ durch den bekannten Wert $\tilde{y}(x_0 + h)$ der Tangente im Punkt (x_0, y_0) an der Stelle $x_0 + h$ ersetzt wird (vgl. Fig. 1.20).

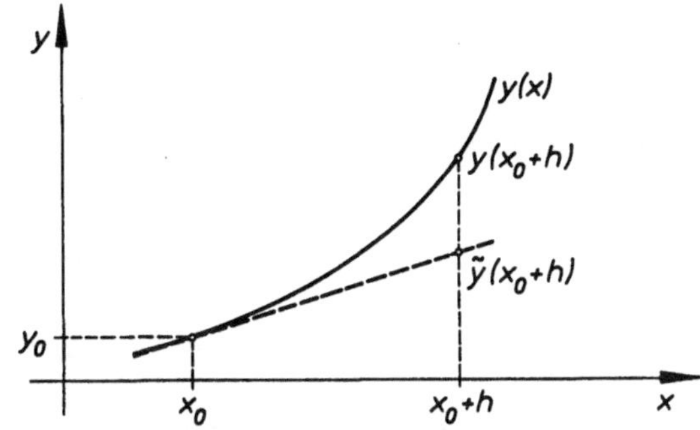

Fig. 1.20: Grundgedanke des Euler-Cauchy-Verfahrens

Dieses Verfahren läßt sich fortsetzen. Beim nächsten Schritt ergibt sich die Näherung

$$\tilde{y}(x_0 + 2h) = \tilde{y}(x_0 + h) + h\, f(x_0 + h, \tilde{y}(x_0 + h))$$

usw. Mit der zweckmäßigeren Bezeichnung y_n $(n=1,2,\ldots)$ für die n-te Näherung erhalten wir den folgenden

<u>Algorithmus</u> (Euler-Cauchy-Verfahren).

Wähle $h > 0$.

Setze $x_n = x_0 + n\,h \qquad (n=1,2,\ldots)$.

Berechne y_n $(n=1,2,\ldots)$ mit Hilfe der Rekursionsformel

$$y_{n+1} = y_n + h\, f(x_n, y_n), \quad (n=0,1,2,\ldots).$$

Wir gewinnen als Näherungskurve einen Polygonzug (s. Fig. 1.21) durch die Punkte (x_n, y_n).

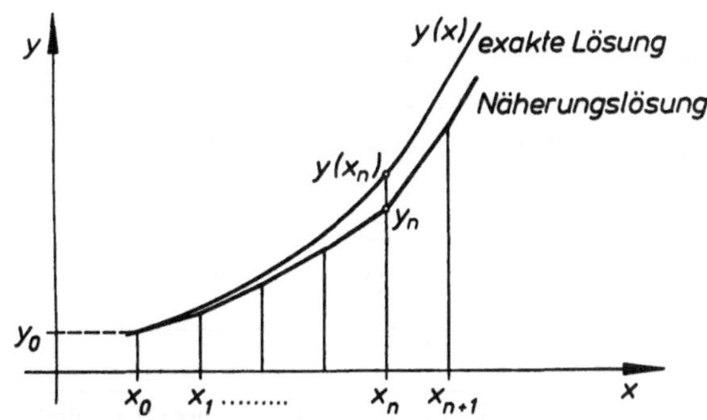

Fig. 1.21: Euler-Cauchy-Näherungsverfahren

Zur Beurteilung der Brauchbarkeit des Verfahrens benötigen wir eine Abschätzung für den Fehler

$$y(x_n) - y_n\,, \quad n = 1,2,\dots\,.$$

Wir berechnen zunächst den Fehler beim ersten Näherungsschritt:

Hierzu sei f im Rechteck

$$D = \{(x,y) \mid |x - x_0| \le a\,,\ |y - y_0| \le b\,, \quad a,b, \in \mathbb{R}\}$$

stetig differenzierbar. Dann folgt mit Hilfe der DGl, daß die Funktion $y(x)$ im Lösungsbereich 2-mal stetig differenzierbar ist. Wenden wir nun den Satz von Taylor an (s. Bd. I, Abschn. 3.2.2), so ergibt sich

$$y(x_1) = y(x_0 + h) = y(x_0) + h\,y'(x_0) + \tfrac{1}{2}h^2\,y''(x_0 + \theta h), \quad 0 < \theta < 1\,,$$

also, wenn wir wieder DGl und Anfangsbedingung einsetzen,

$$y(x_1) = y_0 + h\,f(x_0,y_0) + \tfrac{1}{2}h^2\,y''(x_0 + \theta h)\,, \quad 0 < \theta < 1\,.$$

Verwenden wir das Landau Symbol O [1], so erhalten wir, da y'' im betrachteten Bereich beschränkt ist, die Beziehung

$$y(x_1) = y_0 + h\,f(x_0,y_0) + O(h^2)\,.$$

Wegen $y_1 = y_0 + h\,f(x_0,y_0)$ folgt dann

$$\boxed{y(x_1) - y_1 = O(h^2)} \tag{1.53}$$

für den Fehler beim ersten Schritt. Es ist zu erwarten, daß der Fehler bei den weiteren Schritten $(n > 1)$ wächst, da dann die fehlerbehafteten Werte $f(x_n,y_n)$ benutzt werden. Wir zeigen:

$$\boxed{y(x_n) - y_n = O(h)\,, \quad n = 2,3,\dots} \tag{1.54}$$

---

1) Die Aussage $u(h) = O(g(h))$ besagt, daß es eine Konstante $K > 0$ gibt mit $|u(h)| \le K|g(h)|$ für hinreichend kleine h.

Hierzu beweisen wir den folgenden

Satz 1.6 Sei f im Rechteck D stetig differenzierbar und $|f_y(x,y)| \leq A$ in D. Ferner gelte in einer Umgebung U_0 von x_0 die Abschätzung $|y''(x)| \leq B$. Dann gilt die Abschätzung

$$|y(x_n) - y_n| \leq \frac{B}{2} \frac{e^{A(x_n - x_0)} - 1}{A} h, \quad n = 2,3,\ldots . \tag{1.55}$$

Beweis: Für die exakte Lösung gilt nach dem Satz von Taylor

$$\begin{aligned} y(x_{n+1}) &= y(x_n) + h\,y'(x_n) + \tfrac{1}{2}h^2 y''(x_n + \theta_n h) \\ &= y(x_n) + h\,f(x_n, y(x_n)) + \tfrac{1}{2}h^2 y''(x_n + \theta_n h), \quad 0 < \theta_n < 1 . \end{aligned}$$

Für die Näherungslösungen gilt nach Definition des Verfahrens

$$y_{n+1} = y_n + h\,f(x_n, y_n) .$$

Der Fehler ergibt sich damit zu

$$y(x_{n+1}) - y_{n+1} = y(x_n) - y_n + h\,[f(x_n, y(x_n)) - f(x_n, y_n)] + \tfrac{1}{2}h^2 y''(x_n + \theta_n h),$$

$$0 < \theta_n < 1 .$$

Für den Ausdruck in der eckigen Klammer gilt nach dem Mittelwertsatz der Differentialrechnung

$$[\ldots] = f_y(x_n, y_n^*)(y(x_n) - y_n),$$

wobei y_n^* zwischen $y(x_n)$ und y_n liegt. Damit folgt

$$y(x_{n+1}) - y_{n+1} = (1 + h\,f_y(x_n, y_n^*))\,(y(x_n) - y_n) + \tfrac{1}{2}h^2 y''(x_n + \theta_n h),$$

$$0 < \theta_n < 1,$$

bzw. aufgrund der Voraussetzungen an f_y bzw. y''

$$|y(x_{n+1}) - y_{n+1}| \leq (1 + hA)\,|y(x_n) - y_n| + \tfrac{1}{2}B\,h^2 . \tag{1.56}$$

Mit Hilfe vollständiger Induktion beweisen wir nun die im Satz behauptete Ungleichung. Diese gilt trivialerweise für $n = 0$. Wir nehmen an, sie gelte für ein (festes) $n \in \mathbb{N}_0$ mit $x_{n+1} \in U_0$ und zeigen, daß sie auch für $n + 1$ gilt:

Setzen wir die Induktionsvoraussetzung in die Ungleichung (1.56) ein, so ergibt sich

$$
\begin{aligned}
|y(x_{n+1}) - y_{n+1}| &\le (1 + hA)\frac{B}{2}\,\frac{e^{A(x_n - x_0)} - 1}{A}\,h + \frac{1}{2}B h^2 \\
&= \frac{B h^2}{2}\left[(1 + hA)\frac{e^{A(x_n - x_0)} - 1}{hA} + 1\right] \\
&= \frac{B h^2}{2}\,\frac{(1 + hA)\,e^{A(x_n - x_0)} - 1}{hA} \\
&= \frac{B}{2}\,\frac{(1 + hA)\,e^{A(x_n - x_0)} - 1}{A}\,h .
\end{aligned}
$$

Aus der Reihenentwicklung von e^{hA} folgt für $h > 0$ die Ungleichung

$$
e^{hA} = 1 + hA + \frac{h^2}{2!}A^2 + \ldots \ge 1 + hA .
$$

Daher gilt mit $x_{n+1} = x_n + h$

$$
\begin{aligned}
|y(x_{n+1}) - y_{n+1}| &\le \frac{B}{2}\,\frac{e^{hA}\,e^{A(x_n - x_0)} - 1}{A}\,h \\
&= \frac{B}{2}\,\frac{e^{A(x_n + h - x_0)} - 1}{A}\,h \\
&= \frac{B}{2}\,\frac{e^{A(x_{n+1} - x_0)} - 1}{A}\,h ,
\end{aligned}
$$

so daß nach dem Induktionsprinzip die Abschätzung (1.55) für alle n gilt.

□

Bemerkung 1: Die Bedingung $|y''(x)| \leq B$ in Satz 1.6 ist für die Belange der Praxis unzweckmäßig, da wir $y''(x)$ im allgemeinen nicht kennen. Wir wollen daher untersuchen, ob sich eine solche Konstante B aus der Kenntnis von f bestimmen läßt. Hierzu setzen wir

$$M := \max_{(x,y)\in D} |f(x,y)| , \qquad \delta := \min\left(a,\frac{b}{M}\right) .$$

Nach Satz 1.1 (Picard-Lindelöf) gibt es in $V_\delta(x_0) := \{x \mid x_0 \leq x < x_0 + \delta\}$ eine eindeutig bestimmte Lösung des Anfangswertproblems. Nach Voraussetzung ist f stetig differenzierbar auf D. Aus der DGl ergibt sich somit, daß y in $V_\delta(x_0)$ 2-mal stetig differenzierbar ist, und aufgrund der Kettenregel im $\mathbb{R}^2$ folgt

$$y''(x) = f_x(x,y) + f_y(x,y) \cdot y'(x) .$$

Nutzen wir erneut die DGl aus, so erhalten wir

$$y''(x) = f_x(x,y) + f_y(x,y) \cdot f(x,y) .$$

Setzen wir

$$D_0 := \{(x,y) \mid x_0 \leq x \leq x_0 + \delta_0,\ y_0 - b \leq y \leq y_0 + b ;\ \ \delta_0 < \delta\} ,$$

so gewinnen wir für $y''(x)$ die Abschätzung

$$|y''(x)| \leq \max_{(x,y)\in D_0} |f_x(x,y) + f_y(x,y) \cdot f(x,y)| := B .$$

Bemerkung 2: In der Praxis wird das Euler-Cauchy-Verfahren meist verwendet, um sich einen groben Überblick über den Lösungsverlauf zu verschaffen. Es ist im allgemeinen dann unzweckmäßig, wenn an den betrachteten Stellen große Steigungen auftreten. Vertauschung der x,y-Achsen hilft in manchen Fällen weiter. Es ist sinnvoll, die Schrittweite h genügend klein zu wählen.

Genauere Verfahren erhält man, wenn man die gesuchte Lösung $y(x)$ in einer Umgebung des Punktes (x_0,y_0) von höherer Ordnung approximiert. Dies läßt sich z.B. dadurch erreichen, daß man zur Bestimmung eines Näherungswertes y_{i+1} an der Stelle $x_{i+1} = x_i + h$ vom Steigungswert an der Stelle $x_i + \frac{h}{2}$ ausgeht, also Zwischenpunkte einschaltet (s. Fig. 1.22).

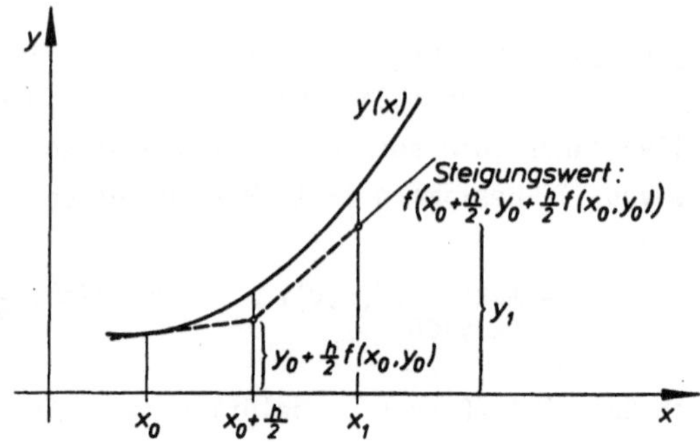

Fig. 1.22: Ein verbessertes Näherungs-Verfahren

Verbessertes Euler-Cauchy-Verfahren

$$y_1 = y_0 + h\,f(x_0 + \tfrac{h}{2},\ y_0 + \tfrac{h}{2} f(x_0,y_0))$$

$$\vdots$$

$$y_{n+1} = y_n + h\,f(x_n + \tfrac{h}{2},\ y_n + \tfrac{h}{2} f(x_n,y_n))\,, \quad n = 1,2,\ldots$$

Besonders empfehlenswert ist

B. Das Runge-Kutta-Verfahren

Die Näherungswerte lassen sich verbessern, wenn man sowohl Zwischenpunkte einschaltet (s. Fig. 1.22) als auch verschiedene Ableitungswerte geeignet kombiniert. Man geht hierbei von dem Ansatz

$$y_1 = y_0 + \sum_{i=1}^{4} \delta_i\, k_i$$

aus, mit

$$k_1 = h\,f(x_0,y_0)\,,$$

$$k_2 = h\,f(x_0 + \alpha_1 h,\ y_0 + a_1 k_1)\,,$$

$$k_3 = h\,f(x_0 + \alpha_2 h,\ y_0 + b_1 k_1 + b_2 k_2)\,,$$

$$k_4 = h\,f(x_0 + \alpha_0 h,\ y_0 + c_1 k_1 + c_2 k_2 + c_3 k_3)\,.$$

Die Koeffizienten $\delta_i, \alpha_j, a_1, b_k, c_l$ werden so festgelegt, daß der obige Ansatz und die Taylorentwicklung der Lösung $y(x)$:

$$y(x_0+h) = y_0 + h\,y'(x_0) + \frac{h^2}{2!}\,y''(x_0) + \frac{h^3}{3!}\,y'''(x_0) + \frac{h^4}{4!}\,y^{(4)}(x_0) + \ldots$$

in den Koeffizienten von h bis h^4 übereinstimmen. Die Herleitung entsprechender Formeln ist sehr aufwendig, so daß wir uns auf die Angabe des Algorithmus für das einfachste Runge-Kutta-Verfahren beschränken: [1)]

<u>Runge-Kutta-Verfahren</u>

Wähle $h > 0$.

Setze $x_n = x_0 + nh \quad (n=1,2,\ldots)$.

Berechne $y_n \quad (n=1,2,\ldots)$ mit Hilfe der Rekursionsformel

$$y_{n+1} = y_n + \frac{1}{6}(k_{1n} + 2k_{2n} + 2k_{3n} + k_{4n}),$$

mit

$$k_{1n} = h\,f(x_n, y_n), \qquad k_{2n} = h\,f(x_n + \tfrac{h}{2},\ y_n + \tfrac{k_{1n}}{2}),$$

$$k_{3n} = h\,f(x_n + \tfrac{h}{2},\ y_n + \tfrac{k_{2n}}{2}), \quad k_{4n} = h\,f(x_n + h,\ y_n + k_{3n}), \quad (n=1,2,\ldots).$$

Es empfiehlt sich, nach folgendem Schema vorzugehen:

x	y	h f(x,y)
x_n	y_n	k_{1n}
$x_n + \frac{h}{2}$	$y_n + \frac{k_{1n}}{2}$	k_{2n}
$x_n + \frac{h}{2}$	$y_n + \frac{k_{2n}}{2}$	k_{3n}
$x_n + h$	$y_n + k_{3n}$	k_{4n}
		$k_n = \dfrac{k_{1n} + 2k_{2n} + 2k_{3n} + k_{4n}}{6}$
x_{n+1}	$y_{n+1} = y_n + k_n$	$k_{1,n+1}$
⋮		

<u>Tab. 1.1</u>: Runge-Kutta-Verfahren

---

1) Weitergehende Untersuchungen finden sich z.B. in [37] und [40].

Unter geeigneten Voraussetzungen an f läßt sich zeigen, daß die Fehlerabschätzungen

$$y(x_1) - y_1 = O(h^5) \qquad (1.57)$$

bzw.

$$y(x_n) - y_n = O(h^4), \quad n = 2,3,\ldots, \qquad (1.58)$$

gelten.

Abschließend berechnen wir die Lösung eines einfachen Anfangswertproblems mit Hilfe des Euler-Cauchy-Verfahrens und des Runge-Kutta-Verfahrens und vergleichen die gewonnenen Näherungslösungen mit der exakten Lösung:

Beispiel 1.26 Wir betrachten das Anfangswertproblem

$$y' = y - \frac{2x}{y}, \quad y(0) = 1$$

im Intervall [0,5]. Die hierbei auftretende DGl ist vom Bernoulli-Typ. Mit den Methoden von Abschnitt 1.2.5, E, läßt sich auf einfache Weise die exakte Lösung des Problems angeben:

$$y(x) = \sqrt{2x+1} .$$

Nun berechnen wir mit dem Euler-Cauchy- bzw. mit dem Runge-Kutta-Verfahren Näherungslösungen. Dazu benutzen wir das folgende FORTRAN-Programm:

```
       INTEGER L/8/, W/4/
       REAL H,Y,Y1,Y2,F1,F2,K1,K2,K3,K4,X
       READ (L,100)H
       WRITE (W,200)H
   100 FORMAT(B)
   200 FORMAT(1X,'H=',F4.2)
       WRITE (W,201)
   201 FORMAT(3X,'X',9X,'Y(X)',8X,'YCAUCHY',5X,'FEHLER',8X,
       1'YRUNGE',6X,'FEHLER'/)
       Y1=1.
```

```
      Y2=1.
      X=0.
    1 Y=SQRT(2*X+1)
      F1=Y-Y1
      F2=Y-Y2
      WRITE (W,202)X,Y,Y1,F1,Y2,F2
  202 FORMAT(1X,F5.2,F12.6,2(F14.6,F12.6))
      K1=H*(Y2-2*X/Y2)
      K2=H*((Y2+k1/2)-2*(X+H/2)/(Y2+K1/2))
      K3=H*((Y2+K2/2)-2*(X+H/2)/(Y2+K2/2))
      K4=H*((Y2+K3)-2*(X+H)/(Y2+K3))
      Y1=Y1+H*(Y1-2*X/Y1)
      Y2=Y2+(K1+2*K2+2*K3+K4)/6
      IF(X.GE.5)GOTO2
      X=X+H
      GOTO1
    2 STOP
      END
```

Wählen wir als Schrittweite H = 0,20 , so liefert uns z.B. der Rechner TR440 die Daten

Y(X)	YCAUCHY	FEHLER	YRUNGE	FEHLER
1.000000	1.000000	0.0	1.000000	0.0
1.183216	1.200000	-0.016784	1.183229	-0.000013
1.341641	1.373333	-0.031693	1.341667	-0.000026
1.483240	1.531495	-0.048255	1.483281	-0.000042
1.612452	1.681085	-0.068633	1.612514	-0.000062
1.732051	1.826948	-0.094897	1.732142	-0.000091
1.843909	1.973393	-0.129485	1.844040	-0.000131
1.949359	2.124836	-0.175477	1.949547	-0.000188
2.049390	2.286254	-0.236864	2.049660	-0.000270
2.144761	2.463571	-0.318810	2.145148	-0.000387
2.236068	2.664026	-0.427958	2.236624	-0.000556
2.323790	2.896534	-0.572744	2.324590	-0.000800
2.408319	3.172029	-0.763711	2.409472	-0.001153
2.489980	3.503790	-1.013810	2.491646	-0.001666
2.569047	3.907727	-1.338680	2.571456	-0.002409
2.645751	4.402660	-1.756909	2.649242	-0.003491
2.720294	5.010630	-2.290336	2.725359	-0.005064
2.792848	5.757299	-2.964451	2.800205	-0.007357
2.863564	6.672537	-3.808972	2.874263	-0.010699
2.932576	7.791234	-4.858658	2.948149	-0.015574
3.000000	9.154390	-6.154390	3.022685	-0.022685
3.065942	10.810488	-7.744546	3.099003	-0.033061
3.130495	12.817181	-9.686686	3.178687	-0.048192
3.193744	15.243302	-12.049558	3.263982	-0.070238
3.255764	18.171253	-14.915489	3.358069	-0.102305
3.316625	21.699843	-18.383218	3.465454	-0.148829

Tab. 1.2: Vergleich des Euler-Cauchy-Verfahrens mit dem Runge-Kutta-Verfahren

Dabei sind in der 1. Spalte die Funktionswerte der exakten Lösung an den Stellen $x_n = n \cdot h$ $(n=0,1,\ldots,25)$ und in den folgenden die entsprechenden Näherungswerte nach Euler-Cauchy bzw. Runge-Kutta und ihre Abweichungen von den exakten Werten ausgedruckt. Wir sehen anhand der Fehlerspalten die deutliche Überlegenheit des Runge-Kutta-Verfahrens.

Übungen

1.5* Gegeben sei die DGl

$$y'(x) - ky(x) = 0\,, \qquad k \in \mathbb{R}\,.$$

a) Man zeige, daß $y(x) = C\,e^{kx}$ ($C \in \mathbb{R}$ beliebig) der DGl genügt.

b) Man weise nach, daß jede weitere Lösung $\tilde{y}(x)$ der DGl notwendig die in a) auftretende Gestalt besitzt:

Anleitung: Man betrachte den Quotienten $\dfrac{\tilde{y}(x)}{e^{kx}}$.

1.6 Unter den Isoklinen der DGl $y' = f(x,y)$ versteht man die Kurvenschar, die der Beziehung

$$f(x,y) = c = \text{const.}\,, \qquad c \in \mathbb{R} \text{ beliebig,}$$

genügt. Für die DGln

$$\text{a)}\quad y' = \tfrac{1}{2}y^2 \;; \qquad \text{b)}\quad y' = x^2 - y^2$$

bestimme man einige Isoklinen und skizziere mit ihrer Hilfe die Richtungsfelder. Insbesondere ermittle man Lösungskurven der DGln durch die Punkte $P_1 = (0,0)$, $P_2 = (1,0)$ und $P_3 = (0,1)$.

1.7* Ist durch Satz 1.1 gesichert, daß die DGln

$$\text{a)}\quad y' = \sin(xy) + x^2 e^y \;; \qquad \text{b)}\quad y' = \sqrt[3]{xy}$$

genau eine Lösung durch den Punkt $(0,0)$ bzw. $(1,0)$ besitzen?

1.8* Gegeben sei das (ebene) Strömungsfeld

$$\underline{v}(x,y) = \begin{bmatrix} 2y \\ 1-x \end{bmatrix} .$$

a) Man gebe eine DGl für die Feldlinien von $\underline{v}$ an. (Läßt sich Satz 1.2 anwenden?).

b) Man zeige, daß die Feldlinien durch die Kurvenschar

$$y_C(x) = \pm\sqrt{C - \frac{(x-1)^2}{2}}$$

gegeben sind. Ferner erstelle man ein Feldlinienbild.

1.9* a) Für das Anfangswertproblem

$$y' = x + y , \quad y(0) = 1$$

berechne man nach dem Verfahren von Picard-Lindelöf die Folge der Näherungslösungen.

b) Wie lauten diese Näherungslösungen, falls man von den Anfangsnäherungen

$$\alpha) \quad y_0(x) = e^x ; \qquad \beta) \quad y_0(x) = 1 + x$$

ausgeht? Läßt sich die Lösung des Anfangswertproblems in geschlossener Form angeben?

1.10* a) Der Verlauf des Luftdrucks $p(x)$ in der Atmosphäre wird durch die DGl

$$p'(x) = - \frac{gM}{RT(x)} \, p(x)$$

beschrieben. Man bestimme $p(x)$ für den Fall $T(x) = T_0 = \text{const.}$ unter der Anfangsbedingung $p(0) = p_0$ (Barometrische Höhenformel).

b) Der Dampfdruck $p = p(T)$ einer Flüssigkeit in Abhängigkeit von der absoluten Temperatur läßt sich durch das mathematische Modell

$$p'(T) = \frac{q_0 + (C_p - C)\,T}{R\,T^2} \, p(T)$$

erfassen. Dabei sind C die Molwärme der Flüssigkeit, C_p die Molwärme des Dampfes und q_0 die Verdampfungswärme bei $T = 0$. Man berechne $p(T)$ mit $p(T_0) = p_0$ und diskutiere das Verhalten der Dampfdruckkurve für wachsendes T.

1.11* Man löse die folgenden Anfangswertprobleme:

a) $y' - xy = 3x^3 e^{-\frac{x^2}{2}}$, $y(0) = \pi$. b) $y' + \cos^2 x \cdot y = 1 + \cos 2x$, $y(0) = 1$.

1.12* Man bestimme die allgemeinen Lösungen der DGln

a) $x y' = y \cdot \ln\left|\frac{y}{x}\right|$ $(x > 0)$; b) $y' = (2x + 2y - 1)^2$.

1.13* Man bestimme die allgemeine Lösung der DGl

$$3y^2 y' - 2y^3 = x + 1 .$$

1.14* Unter einer Riccati-DGl versteht man eine DGl der Form

$$y' + g(x)y + h(x)y^2 = k(x)$$

mit stetigen Funktionen g, h, k.

a) Man zeige: Sind y_1 und y_2 Lösungen der Riccati-DGl, so genügt die Differenz $y := y_1 - y_2$ einer Bernoulli-DGl.

b) Man bestimme sämtliche Lösungen der DGl

$$y' = \frac{y^2}{x^3} - \frac{y}{x} + 2x \quad (x > 0) .$$

Anleitung: $y_1(x) = x^2$ ist eine Lösung der DGl.

1.15* Für das Anfangswertproblem

$$y' = e^x - y^2, \quad y(0) = 0$$

bestimme man die Schrittweite h im Euler-Cauchy-Verfahren so, daß der Fehler im Intervall $[0, \frac{1}{e}]$ höchstens 10^{-4} beträgt.

Anleitung: Man wähle $R = \{(x,y) \mid 0 \le x \le \frac{1}{e},\ -1 \le y \le 1\}$ und beachte Abschnitt 1.2.6, Bemerkung 1.

1.3 DIFFERENTIALGLEICHUNGEN HÖHERER ORDNUNG UND SYSTEME 1-TER ORDNUNG

Nach Abschnitt 1.1.2 versteht man unter einer DGl n-ter Ordnung eine Beziehung der Form

$$F(x, y(x), y'(x), \dots, y^{(n)}(x)) = 0 . \tag{1.59}$$

Im folgenden nehmen wir stets an, daß sich diese Gleichung nach der höchsten Ableitung $y^{(n)}(x)$ auflösen läßt. Wir erhalten dann die *explizite Form einer DGl n-ter Ordnung*:

$$y^{(n)}(x) = f(x, y(x), y'(x), \dots, y^{(n-1)}(x)) \tag{1.60}$$

oder kurz

$$y^{(n)} = f(x, y, y', \dots, y^{(n-1)}) . \tag{1.61}$$

Beispiel 1.27 In Abschnitt 1.1.1 haben wir im Zusammenhang mit einem mechanischen Schwingungssystem (s. Gleichung (1.6)) die DGl 2-ter Ordnung

$$m\,x''(t) + r\,x'(t) + k\,x(t) = K(t)$$

kennengelernt. Sie lautet in expliziter Form

$$x''(t) = \frac{1}{m}[K(t) - r\,x'(t) - k\,x(t)] =: f(t, x(t), x'(t)) .$$

Auch in diesem Fall sind zur eindeutigen Charakterisierung einer Lösung (neben der DGl) weitere Bedingungen erforderlich. So ist es in der durch Beispiel 1.27 gegebenen Situation sinnvoll, zum Anfangszeitpunkt t_0 die Anfangslage und die Anfangsgeschwindigkeit, also zwei zusätzliche Bedingungen, vorzuschreiben:

$$x(t_0) = x_0 \qquad \text{und} \qquad x'(t_0) = v_0 .$$

Es ist zu erwarten, daß im Fall einer DGl n-ter Ordnung n zusätzliche Bedingungen, die n *Anfangsbedingungen*

$$y(x_0) = y_0\,, \quad y'(x_0) = y_1^0\,, \ldots, y^{(n-1)}(x_0) = y_{n-1}^0\,, \tag{1.62}$$

mit vorgegebenen Daten $y_0, y_1^0, \ldots, y_{n-1}^0 \in \mathbb{R}$, erforderlich sind. Man spricht dann wieder von einem Anfangswertproblem.

Eine DGl n-ter Ordnung kann als Spezialfall eines Systems von n DGln 1-ter Ordnung

$$\begin{aligned} y_1' &= f_1(x, y_1, \ldots, y_n) \\ y_2' &= f_2(x, y_1, \ldots, y_n) \\ &\vdots \\ y_n' &= f_n(x, y_1, \ldots, y_n)\,, \end{aligned} \tag{1.63}$$

wobei $f_i : \mathbb{R}^{n+1} \to \mathbb{R}$ $(i=1,\ldots,n)$ ist, aufgefaßt werden. Um dies zu sehen, bilden wir das spezielle System

$$\begin{aligned} y_1' &= y_2 \\ y_2' &= y_3 \\ &\vdots \\ y_{n-1}' &= y_n \\ y_n' &= f(x, y_1, \ldots, y_n)\,. \end{aligned} \tag{1.64}$$

Dieses System ist zu unserer DGl n-ter Ordnung äquivalent: Sei $y(x)$ eine Lösung der DGl, d.h. $y(x)$ genüge

$$y^{(n)} = f(x, y, y', \ldots, y^{(n-1)})\,.$$

Setzen wir

$$y_1(x) := y(x)\,, \quad y_2(x) := y'(x)\,, \quad \ldots, \quad y_n(x) := y^{(n-1)}(x)\,,$$

so löst $y_1(x), \ldots, y_n(x)$ offensichtlich das System (1.64):

$$\begin{aligned}
y_1' &= y' &&= y_2 \\
y_2' &= y'' &&= y_3 \\
&\vdots \\
y_{n-1}' &= y^{(n-1)} &&= y_n \\
y_n' &= y^{(n)} &&= f(x, y, y', \ldots, y^{(n-1)}) = f(x, y_1, \ldots, y_n) .
\end{aligned}$$

Sei umgekehrt $y_1(x), \ldots, y_n(x)$ eine Lösung des Systems. Setzen wir $y(x) := y_1(x)$, so folgt

$$y' = y_1' = y_2 , \quad y'' = y_2' = y_3, \ldots, y^{(n-1)} = y_n .$$

Wegen $y^{(n)} = y_n' = f(x, y_1, \ldots, y_n)$ existiert auch noch die n-te Ableitung der Funktion $y(x)$ und es gilt

$$y^{(n)} = f(x, y, \ldots, y^{(n-1)}) ,$$

wodurch die behauptete Äquivalenz nachgewiesen ist.

Um eine kurze und übersichtliche Darstellung zu erhalten, bietet sich die Vektorschreibweise für Systeme von DGln an:

Mit

$$\underline{y}(x) = \begin{bmatrix} y_1(x) \\ \vdots \\ y_n(x) \end{bmatrix}, \quad \underline{y}'(x) = \begin{bmatrix} y_1'(x) \\ \vdots \\ y_n'(x) \end{bmatrix}, \quad \underline{f}(x,\underline{y}) = \begin{bmatrix} f_1(x,\underline{y}) \\ \vdots \\ f_n(x,\underline{y}) \end{bmatrix}$$

läßt sich unser allgemeines System (1.63) in der Form

$$\underline{y}'(x) = \underline{f}(x, \underline{y}(x)) \tag{1.65}$$

oder auch

$$\underline{y}' = \underline{f}(x,\underline{y}) \tag{1.66}$$

schreiben. Hierdurch wird die (formale) Nähe zu Abschnitt 1.2 besonders deutlich.

Als Anfangswertprobleme für Systeme bezeichnet man die Aufgabe, eine Lösung $\underline{y}(x)$ des Systems (1.66) zu bestimmen, mit $\underline{y}(x_0) = \underline{y}_0$. Diese spezielle Lösung des Systems verläuft also durch einen vorgegebenen Punkt $(x_0, \underline{y}_0) \in \mathbb{R}^{n+1}$. Für $n = 1$ erhalten wir den Sonderfall von Abschnitt 1.2.

Von Bedeutung ist der folgende Sachverhalt, der sich aus unseren bisherigen Überlegungen ergibt: Das

> Anfangswertproblem für die DGl n-ter Ordnung
>
> $$y^{(n)} = f(x, y, y', \ldots, n^{(n-1)}),$$
>
> mit den Anfangsdaten
>
> $$y(x_0) = y_0, \quad y'(x_0) = y_1^0, \ldots, y^{(n-1)}(x_0) = y_{n-1}^0$$

und das

> Anfangswertproblem für das System
>
> $$\begin{aligned} y_1' &= y_2 \\ y_2' &= y_3 \\ &\vdots \\ y_{n-1}' &= y_n \\ y_n' &= f(x, y_1, \ldots, y_n) \end{aligned}$$
>
> mit den Anfangsdaten
>
> $$y_1(x_0) = y_0, \quad y_2(x_0) = y_1^0, \ldots, y_n(x_0) = y_{n-1}^0$$

sind äquivalent.

Bemerkung: Diese Äquivalenz wird sich im Zusammenhang mit der Existenz- und Eindeutigkeitsfrage (vgl. Abschn. 1.3.1) als besonders vorteilhaft erweisen. Außerdem führen viele Anwendungen auf Systeme von DGln. Wir begnügen uns an dieser Stelle mit der Angabe von zwei Beispielen.

Beispiel 1.28 Wir betrachten ein zweimaschiges Netzwerk gemäß Figur 1.23. Zur Bestimmung der Stromstärken $i(t)$, $i_1(t)$ und $i_2(t)$ nach Schließen des Schalters S, wenden wir die Kirchhoffschen Gesetze an und erhalten

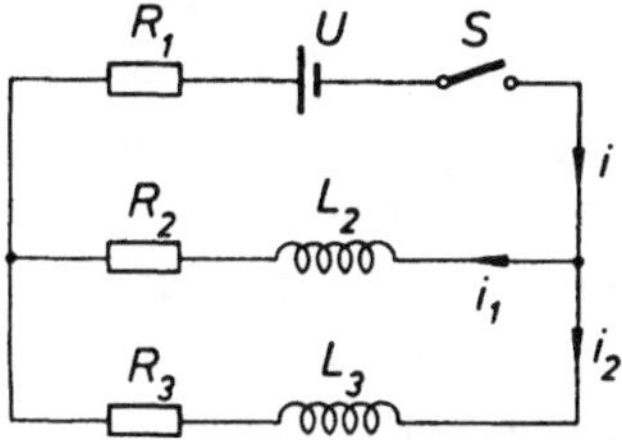

Fig. 1.23: Zweimaschiges Netzwerk

$$i(t) = i_1(t) + i_2(t) \tag{1.67}$$

bzw.

$$L_2 \frac{d\,i_1}{dt} + R_2\, i_1 - L_3 \frac{d\,i_2}{dt} - R_3\, i_2 = 0 \tag{1.68}$$

$$L_2 \frac{d\,i_1}{dt} + R_2\, i_1 + i\, R_1 - U = 0\,. \tag{1.69}$$

Setzen wir (1.67) in (1.69) ein, so ergibt sich für i_1 und i_2 das System

$$L_2 \frac{d\,i_1}{dt} + R_2\, i_1 - L_3 \frac{d\,i_2}{dt} - R_3\, i_2 = 0$$

$$L_2 \frac{d\,i_1}{dt} + R_2\, i_1 + i_1 R_1 + i_2 R_1 - U = 0\,.$$

Dieses DGl-System weicht von der allgemeinen Form (1.63) ab, läßt sich aber dennoch mit den im folgenden bereitgestellten Methoden behandeln (s. Abschn. 3.2.7, II).

Beispiel 1.29 Es soll die Bahnkurve C eines Massenpunktes der Masse m unter dem Einfluß eines vom Ort $\underline{x}$ und der Zeit t abhängigen Kraftfeldes $\underline{K}(t,\underline{x})$ im $\mathbb{R}^3$ bestimmt werden.

Nach dem Newtonschen Grundgesetz der Mechanik gilt

$$m\ddot{\underline{x}}(t) = \underline{K}(t, \underline{x}(t)) . \tag{1.70}$$

Dies ist ein System von DGln 2-ter Ordnung für den Bahnvektor $\underline{x}(t)$. Zahlreiche Systeme von höherer Ordnung lassen sich jedoch auf Systeme von 1-ter Ordnung zurückführen. Wir erläutern dies anhand unseres Beispiels. Das System (1.70), das aus drei DGln 2-ter Ordnung für die drei Koordinaten $x_1(t)$, $x_2(t)$, $x_3(t)$ besteht, ist, wie man unmittelbar einsieht, äquivalent zu dem System

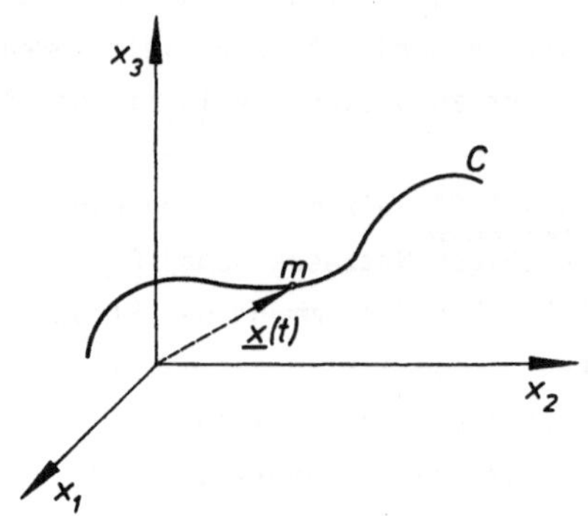

Fig. 1.24: Bewegung eines Massenpunktes im Kraftfeld

$$\dot{\underline{x}}(t) = \underline{v}(t) =: \underline{f}_1(t,\underline{x},\underline{v})$$

$$\dot{\underline{v}}(t) = \frac{1}{m}\underline{K}(t, \underline{x}(t)) =: \underline{f}_2(t,\underline{x},\underline{v})$$

mit sechs DGln 1-ter Ordnung für die sechs Koordinaten $x_1(t), \ldots, v_3(t)$ von $\underline{x}(t)$ und $\underline{v}(t)$.

1.3.1 Existenz- und Eindeutigkeitssätze

Analog zu Abschnitt 1.2.3 läßt sich die Methode von Picard-Lindelöf auch zur Behandlung von Systemen von DGln 1-ter Ordnung verwenden. Aufgrund der im letzten Abschnitt aufgezeigten Zusammenhänge zwischen Systemen und DGln höherer Ordnung gewinnen wir entsprechende Resultate auch für DGln n-ter Ordnung.

Was die "Philosophie" dieses Abschnitts betrifft, insbesondere seine Bedeutung für die Anwendungen, so gilt das zu Beginn von Abschnitt 1.2.3 Gesagte unverändert.

<u>Satz 1.7</u> (Picard-Lindelöf für Systeme). Die Funktionen $f_i : \mathbb{R}^{n+1} \to \mathbb{R}$ $(i = 1,\dots,n)$ seien im (n+1)-dimensionalen Rechteck

$$D := \{(x, y_1, \dots, y_n) \mid |x - x_0| \leq a, \quad |y_r - y_{0r}| \leq b \quad (r = 1,\dots,n)\}$$

stetig und nach $y_1, y_2, \dots, y_n$ stetig partiell differenzierbar. Sind dann M und h durch

$$M := \max_{i=1,\dots n} \max_D |f_i(x, y_1, \dots, y_n)| \qquad \text{und} \qquad h := \min\left(a, \frac{b}{M}\right)$$

erklärt, so gilt: Im Intervall

$$U_h(x_0) = \{x \mid |x - x_0| < h\}$$

gibt es genau eine Lösung des Systems

$$\begin{aligned} y_1' &= f_1(x, y_1, \dots, y_n) \\ &\vdots \\ y_n' &= f_n(x, y_1, \dots, y_n), \end{aligned} \tag{1.71}$$

die den Anfangsbedingungen

$$y_1(x_0) = y_{01}, \quad y_2(x_0) = y_{02}, \quad \dots, \quad y_n(x_0) = y_{0n} \tag{1.72}$$

genügt.

Der Beweis dieses Satzes verläuft analog zum Beweis von Satz 1.1. Wir begnügen uns mit einer kurzen

<u>Beweisskizze</u>: Mit den Vektoren

$$\underline{y} = \begin{bmatrix} y_1 \\ \vdots \\ y_n \end{bmatrix}, \quad \underline{y}_0 = \begin{bmatrix} y_{01} \\ \vdots \\ y_{0n} \end{bmatrix}, \quad \underline{f} = \begin{bmatrix} f_1 \\ \vdots \\ f_n \end{bmatrix}$$

läßt sich das Anfangswertproblem kurz in der Form

$$\underline{y}' = \underline{f}(x,\underline{y}), \quad \underline{y}(x_0) = \underline{y}_0$$

schreiben. Dieses ist zum Integralgleichungssystem

$$y_i(x) = y_{0i} + \int_{x_0}^{x} f_i(t, y_1(t), \dots, y_n(t))\,dt, \qquad i = 1,\dots,n$$

kurz

$$\underline{y}(x) = \underline{y}_0 + \int_{x_0}^{x} \underline{f}(t, \underline{y}(t))\,dt$$

äquivalent. Nach dem Picard-Lindelöfschen Verfahren bildet man die Funktionenfolge $\{\underline{y}_k(x)\}_{k=0}^{\infty}$ mit Hilfe der Rekursionsformeln

$$\underline{y}_0(x) := \underline{y}_0$$

$$\underline{y}_k(x) := \underline{y}_0 + \int_{x_0}^{x} \underline{f}(t, \underline{y}_{k-1}(t))\,dt, \qquad k \in \mathbb{N}.$$

Wie im Beweis von Satz 1.1 zeigt man, daß diese Konstruktion sinnvoll ist und daß die Folge $\{\underline{y}_k(x)\}$ auf $U_h(x_0)$ gleichmäßig konvergiert. Setzt man dann

$$\underline{y}(x) := \underline{y}_0 + \sum_{k=1}^{\infty} (\underline{y}_k(x) - \underline{y}_{k-1}(x)),$$

so folgt entsprechend

$$\underline{y}_k(x) \to \underline{y}(x) \quad \text{für} \quad k \to \infty, \quad \text{gleichmäßig auf} \quad U_h(x_0),$$

und $\underline{y}(x)$ ist die gesuchte eindeutig bestimmte Lösung. □

Bemerkung: Mit Hilfe der obigen Rekursionsformeln läßt sich wieder näherungsweise die Lösung eines Anfangswertproblems für ein System von DGln bestimmen. Für die Belange der Praxis geeigneter ist jedoch der in Abschnitt 1.2.6 bereitgestellte Algorithmus von Runge-Kutta, der sich auf Systeme übertragen läßt. Wir verweisen auf spezielle Lehrbücher der numerischen Mathematik (z.B. [37] oder [40]).

Da wir eine DGl n-ter Ordnung als Spezialfall eines Systems von n DGln 1-ter Ordnung auffassen können (vgl. Abschn. 1.3), liefert uns Satz 1.7 sofort einen entsprechenden Satz für DGln der Ordnung n :

Satz 1.8 (Picard-Lindelöf für DGln n-ter Ordnung). Die Funktion $f : \mathbb{R}^{n+1} \to \mathbb{R}$ sei im $(n+1)$-dimensionalen Rechteck

$$D := \{(x,y_1,\dots,y_n) \mid |x - x_0| \le a\,,\ |y_r - y^0_{r-1}| \le b\,, \quad r = 1,\dots,n\}$$

stetig und besitze dort stetige partielle Ableitungen nach den Veränderlichen $y_1,\dots,y_n$. Sind dann M und h durch

$$M := \max\left(\max_D |f(x,y_1,\dots,y_n)|\,,\ |y^0_1| + b\,,\ \dots,\ |y^0_{n-1}| + b\right)$$

und

$$h := \min\left(a, \frac{b}{M}\right)$$

erklärt, so gilt: Im Intervall

$$U_h(x_0) = \{x \mid |x - x_0| < h\}$$

gibt es genau eine Lösung des Anfangswertproblems

$$y^{(n)} = f(x, y, y', \dots, y^{(n-1)}) \tag{1.73}$$

$$y(x_0) = y_0 = y^0_0\,,\quad y'(x_0) = y^0_1\,,\quad \dots,\quad y^{(n-1)}(x_0) = y^0_{n-1}\,. \tag{1.74}$$

1.3.2 Abhängigkeit von Anfangsdaten und Parametern

Wir wollen den für viele Anwendungen wichtigen Fragen nachgehen, welchen Einfluß geringe Veränderungen der Anfangsbedingungen (z.B. Anfangslage und -geschwindigkeit bei Bewegungsvorgängen) bzw. der Parameter in der DGl (z.B. Materialkonstanten, Naturkonstanten) auf das Lösungsverhalten haben. Dies ist vor allem dann ein zentrales Anliegen, wenn die aufgrund einer Theorie gewonnenen Resultate mit experimentell ermittelten verglichen werden sollen. Die Versuchsanordnungen lassen sich immer nur näherungsweise den vorgeschriebenen Daten anpassen. Auch Materialkonstanten usw. sind im allgemeinen nur angenähert bekannt. Erfahrungen aus den verschiedensten Anwendungsbereichen lassen in der Regel eine gewisse Unempfindlichkeit der Lösungen von DGln gegenüber kleinen Änderungen im obigen Sinne erwarten. Dieser Sachverhalt soll im folgenden präzisiert werden.

(A) Wir wollen zunächst die Frage nach der Abhängigkeit der Lösung von den Anfangsbedingungen bei Systemen von DGln 1-ter Ordnung:

$$\underline{y}' = \underline{f}(x,\underline{y}), \quad \underline{y}(x_0) = \underline{y}_0 \tag{1.75}$$

untersuchen. Hierzu nehmen wir an, die Voraussetzungen von Satz 1.7 seien in einem Rechteck $D \subset \mathbb{R}^{n+1}$ erfüllt. Ist $(x_0,\underline{y}_0)$ ein innerer Punkt von D, so existiert daher in einer Umgebung von x_0 eine eindeutig bestimmte Lösung des Anfangswertproblems. Außerdem gibt es ein $\varepsilon > 0$ bzw. eine ε-Umgebung $U_\varepsilon(x_0,\underline{y}_0)$ des Punktes $(x_0,\underline{y}_0)$, so daß für alle x mit $|x - x_0| < \varepsilon$ und alle $(\tilde{x}_0,\tilde{\underline{y}}_0) \in U_\varepsilon(x_0,\underline{y}_0)$ das Iterationsverfahren

$$\begin{aligned} \underline{w}_0(x;\tilde{x}_0,\tilde{\underline{y}}_0) &:= \tilde{\underline{y}}_0 \\ \underline{w}_k(x;\tilde{x}_0,\tilde{\underline{y}}_0) &:= \tilde{\underline{y}}_0 + \int_{x_0}^{x} \underline{f}(t,\underline{w}_{k-1}(t;\tilde{x}_0,\tilde{\underline{y}}_0))\,dt, \quad k \in \mathbb{N}. \end{aligned} \tag{1.76}$$

erklärt ist. Wie im Beweis von Satz 1.7 zeigt man: Die Folge $\{\underline{w}_k(x;\tilde{x}_0,\tilde{\underline{y}}_0)\}_{k=1}^{\infty}$ ist eine bezüglich der Variablen $x,\tilde{x}_0,\tilde{\underline{y}}_0$ gleichmäßig konvergente Folge von stetigen Funktionen, mit einer stetigen Grenzfunktion $\underline{w}(x;\tilde{x}_0,\tilde{\underline{y}}_0)$, die das Anfangswertproblem

$$\underline{w}' = \underline{f}(x,\underline{w}), \quad \underline{w}(\tilde{x}_0;\tilde{x}_0,\tilde{\underline{y}}_0) = \tilde{\underline{y}}_0 \tag{1.77}$$

eindeutig löst. Aus der Stetigkeit von $\underline{w}$ und der Eindeutigkeitsaussage von Satz 1.7 folgt dann

$$\underline{w}(x;\tilde{x}_0,\tilde{\underline{y}}_0) \to \underline{w}(x;x_0,\underline{y}_0) = \underline{y}(x;x_0,\underline{y}_0) \quad \text{für} \quad (\tilde{x}_0,\tilde{\underline{y}}_0) \to (x_0,\underline{y}_0)\,,$$

und wir erhalten

Satz 1.9 Unter den Voraussetzungen von Satz 1.7 hängt die Lösung des Anfangswertproblems

$$\underline{y}' = \underline{f}(x,\underline{y})\,, \quad \underline{y}(x_0) = \underline{y}_0 \tag{1.78}$$

stetig von den Anfangsdaten $x_0,\underline{y}_0$ ab.

(B) Der Fall der *Abhängigkeit von Parametern* läßt sich auf den vorhergehenden Fall (A) zurückführen, indem man die Parameter geeignet "entfernt": Wir legen unseren Betrachtungen das Anfangswertproblem

$$\underline{y}' = \underline{f}(x,\underline{y};\lambda_1,\dots,\lambda_m)\,, \quad \underline{y}(x_0) = \underline{y}_0 \tag{1.79}$$

mit reellen Parametern $\lambda_1, \dots, \lambda_m$ zugrunde und erweitern es zu einem parameterfreien, indem wir setzen:

$$\begin{aligned} &\underline{y}' = \underline{f}(x,\underline{y};z_1,\dots,z_m)\,, \quad \underline{y}(x_0) = \underline{y}_0 \\ &z_j' = 0\,, \quad j = 1,\dots,m\,, \quad z_j(x_0) = \lambda_j\,. \end{aligned} \tag{1.80}$$

Der Leser überzeugt sich leicht von der Äquivalenz der Probleme (1.79) und (1.80). Dabei ist (1.80) ein System mit n+m DGln 1-ter Ordnung und ebenso vielen Anfangsbedingungen. Die ursprünglichen Parameter treten hier als Anfangsbedingungen auf. Modifizieren wir die Voraussetzungen von Satz 1.9 so, daß wir die Stetigkeits- bzw. Differenzierbarkeitsforderungen an f bezüglich der n Variablen $y_1,\dots,y_n$ auf die n+m Variablen $y_1,\dots,y_n$, $z_1,\dots,z_m$ ausdehnen, so folgt

Satz 1.10 Unter den obigen Voraussetzungen hängt die Lösung des Anfangswertproblems

$$\underline{y}' = \underline{f}(x,\underline{y};\lambda_1,\ldots,\lambda_m), \quad \underline{y}(x_0) = \underline{y}_0 \tag{1.81}$$

stetig von den Parametern $\lambda_1,\ldots,\lambda_m$ ab.

Bemerkung 1: Unter der Voraussetzung, daß sämtliche partiellen Ableitungen der Funktion $\underline{f}$ bis zur Ordnung k existieren und stetig sind, kann sogar die k-fach differenzierbare Abhängigkeit der Lösung von den Parametern $\lambda_1,\ldots,\lambda_m$ nachgewiesen werden (vgl. z.B. [50] , §§ 12, 13). Aufgrund der in Abschnitt 1.3 aufgezeigten Zusammenhänge zwischen DGln höherer Ordnung und Systemen 1-ter Ordnung gelten entsprechende Abhängigkeitssätze auch für Anfangswertprobleme bei DGln n-ter Ordnung.

Bemerkung 2: Die beiden Fälle (A) und (B) lassen sich mit Hilfe des Picard-Lindelöfschen Iterationsverfahrens gleichzeitig erfassen. Die Aufspaltung in zwei Teile erfolgte, um das Vorgehen durchsichtiger zu machen. Wir beschließen diesen Abschnitt mit

Beispiel 1.30 Der zeitliche Verlauf der Geschwindigkeit $v(t)$ beim freien Fall eines Körpers der Masse m unter Berücksichtigung eines Luftwiderstandes, der zum Quadrat der Geschwindigkeit proportional ist (Proportionalitätsfaktor r), wird durch die DGl

$$\frac{dv}{dt} = g - \frac{r}{m}v^2, \quad g : \text{Erdbeschleunigung}$$

beschrieben (vgl. Üb. 1.3). Die Funktion f mit

$$f(t,v) = g - \frac{r}{m}v^2$$

genügt für beliebige Punkte (t_0,v_0) in ganz $\mathbb{R}^2$ den Voraussetzungen von Satz 1.9, so daß $v(t) = v(t;t_0,v_0)$ überall stetig von t_0 und v_0 abhängt. (Die Existenz einer eindeutig bestimmten Lösung $v(t)$ ist durch Satz 1.7 gesichert.) Kleine Änderungen der Startzeit t_0 bzw. der Anfangsgeschwindigkeit v_0 haben also nur geringe Auswirkungen auf das Lösungsverhalten. Dies war aus physikalischen Gründen nicht anders zu erwarten. Entsprechende Aussagen lassen sich auch bezüglich der Parameter r,m und g machen.

Bemerkung: In unserem Beispiel läßt sich die Abhängigkeit der Lösung von t_0 und v_0 sogar explizit ausdrücken, da wir die allgemeine Lösung der DGl einfach bestimmen können. Diese ergibt sich nach der in Abschnitt 1.2.5 (Typ B) behandelten Methode zu

$$v(t) = \sqrt{\frac{mg}{r}}\tanh\left(\sqrt{\frac{rg}{m}}\,t + C\right).$$

Wegen

$$v(t_0) = v_0 = \sqrt{\frac{mg}{r}}\tanh\left(\sqrt{\frac{rg}{m}}\,t_0 + C\right)$$

folgt

$$C = \operatorname{artanh}\left(\sqrt{\frac{r}{mg}}\,v_0\right) - \sqrt{\frac{rg}{m}}\,t_0 .$$

Damit ergibt sich die partikuläre Lösung durch den Punkt (t_0,v_0) zu

$$\begin{aligned} v(t;\,t_0,v_0) &= \sqrt{\frac{mg}{r}}\tanh\left[\sqrt{\frac{rg}{m}}\,t + \operatorname{artanh}\left(\sqrt{\frac{r}{mg}}\,v_0\right) - \sqrt{\frac{rg}{m}}\,t_0\right] \\ &= \sqrt{\frac{mg}{r}}\tanh\left[\sqrt{\frac{rg}{m}}\,(t - t_0) + \operatorname{artanh}\left(\sqrt{\frac{r}{mg}}\,v_0\right)\right]. \end{aligned}$$

1.3.3 Elementare Lösungsmethoden bei nichtlinearen Differentialgleichungen 2-ter Ordnung

Nur in wenigen Fällen lassen sich DGln höherer Ordnung explizit lösen. Wir betrachten im folgenden einige spezielle Typen von "nichtlinearen" DGln 2-ter Ordnung, die auf DGln 1-ter Ordnung zurückgeführt werden können. Wir schließen hierbei "lineare" DGln aus, da wir diese in Abschnitt 2 gesondert behandeln. Die Voraussetzungen von Satz 1.8 seien im folgenden immer erfüllt.

(A) <u>DGln der Form $y'' = f(x,y')$</u>

In diesem Fall hängt f also nicht von y ab. Wir führen die neue Funktion z durch

$$z(x) := y'(x) \tag{1.82}$$

ein und erhalten für z

$$z' = f(x,z)\,, \tag{1.83}$$

also eine DGl 1-ter Ordnung. Lauten die Anfangsbedingungen

$$y(x_0) = y_0\,, \quad y'(x_0) = y_0^1\,, \tag{1.84}$$

so bestimmt man zunächst die Lösung $z(x)$ des Anfangswertproblems

$$z' = f(x,z)\,, \quad z(x_0) = y'(x_0) = y_0^1\,. \tag{1.85}$$

Die gesuchte Lösung $y(x)$ ergibt sich dann zu

$$y(x) = y_0 + \int_{x_0}^{x} z(t)\,dt\,. \tag{1.86}$$

<u>Beispiel 1.31</u> Wir betrachten die DGl der <u>Kettenlinie</u>

$$\boxed{y'' = a\sqrt{1+(y')^2}}\,,$$

deren Lösung $y(x)$ näherungsweise den Verlauf eines an zwei Punkten P_1, P_2 befestigten Seiles beschreibt, das unter dem Einfluß der Schwerkraft durchhängt (s. Fig. 1.25).

Die Konstante a berechnet sich aus

$$a = \frac{\gamma F}{H},$$

wobei γ das spezifische Gewicht des Seiles, F sein Querschnitt und H die horizontale Komponente der Seilkraft ist. Wir bestimmen die allgemeine Lösung dieser DGl:

Fig. 1.25: Kettenlinie

Mit $z(x) := y'(x)$ erhalten wir für $z(x)$ die DGl

$$z' = a\sqrt{1+z^2}.$$

Diese DGl 1-ter Ordnung lösen wir nach der Methode der Trennung der Veränderlichen (vgl. Abschn. 1.2.5, Typ B):

$$\frac{dz}{\sqrt{1+z^2}} = a\,dx \quad \text{oder} \quad \operatorname{arsinh} z = ax + C_1 .$$

Hieraus folgt

$$z(x) = \sinh(ax + C_1),$$

woraus wir durch Integration

$$\boxed{y(x) = \frac{1}{a}\cosh(ax + C_1) + C_2} \qquad (\text{"Kettenlinie"})$$

als allgemeine Lösung erhalten.

(B) DGln der Form $y'' = f(y,y')$

Hier hängt f also nicht von x ab. Wir führen die neue Funktion p durch

$$p(y) := y'(x(y)) \tag{1.87}$$

ein. Wir setzen voraus, daß $y' \neq 0$ und daher y eine streng monotone Funktion von x ist. Dann existiert nämlich die Umkehrfunktion $x(y)$ von $y(x)$ [1], und es gilt

$$\frac{dx}{dy} = \frac{1}{\frac{dy}{dx}} = \frac{1}{y'(x(y))} .$$

Damit folgt unter Verwendung der Kettenregel

$$p'(y) = y''(x(y)) \cdot \frac{dx(y)}{dy} = y''(x(y)) \cdot \frac{1}{y'(x(y))} = y''(x(y)) \cdot \frac{1}{p(y)} ,$$

woraus sich wegen $y'' = f(y,y')$ für $p(y)$ eine DGl 1-ter Ordnung ergibt:

$$p' = \frac{1}{p} f(y,p) . \tag{1.88}$$

Beispiel 1.32 Wir betrachten ein mechanisches Schwingungssystem aus Masse m und Feder (Federkonstante k) :

Es soll eine Dämpfungskraft proportional zum Quadrat der Geschwindigkeit berücksichtigt werden (Proportionalitätsfaktor c). Für die Auslenkung $x(t)$ der Masse als Funktion der Zeit t erhalten wir aufgrund des Kräftegleichgewichts die DGl

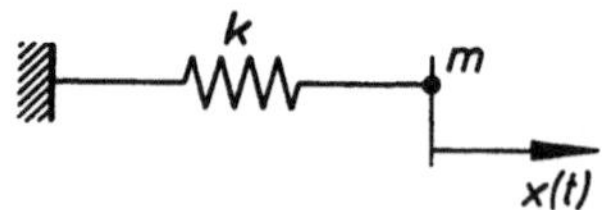

Fig. 1.26: Masse-Feder-Schwingungssystem

$$m\ddot{x} + c\dot{x}^2 + kx = 0, \quad \text{falls} \quad \dot{x} > 0,$$

bzw.

$$m\ddot{x} - c\dot{x}^2 + kx = 0, \quad \text{falls} \quad \dot{x} < 0.$$

Wir wollen den Fall $\dot{x} > 0$ behandeln:

---

1) Hier - und gelegentlich auch im folgenden - verwenden wir für die Umkehrfunktion von $y(x)$ die bequeme Schreibweise $x(y)$; x tritt also als unabhängige Variable und als Funktion auf.

$$\ddot{x} = -\frac{c}{m}\dot{x}^2 - \frac{k}{m}x =: f(x,\dot{x}) \qquad \text{(Typ (B))} .$$

Mit $p(x) := \dot{x}(t(x))$ erhalten wir für $p(x)$

$$p' = \frac{1}{p}\left[-\frac{c}{m}p^2 - \frac{k}{m}x\right] = -\frac{c}{m}p - \frac{k}{m}x \cdot p^{-1} ,$$

also eine Bernoullische DGl mit $\alpha = -1$ (vgl. Abschn. 1.2.5, Typ E). Ihre allgemeine Lösung lautet (s. Beisp. 1.25)

$$\dot{x}(t(x)) = p(x) = \sqrt{-\frac{k}{c}x + \frac{mk}{2c^2}\left(1 - e^{-\frac{2c}{m}x}\right) + C_1 e^{-\frac{2c}{m}x}} \; .$$

Für die Umkehrfunktion $t(x)$ (diese existiert aufgrund unserer Annahme $\dot{x} > 0$) folgt also aus $t'(x) = \dfrac{1}{\dot{x}(t(x))}$ durch Integration

$$t(x) = \int \frac{dx}{\sqrt{-\frac{k}{c}x + \frac{mk}{2c^2}\left(1 - e^{-\frac{2c}{m}x}\right) + C_1 e^{-\frac{2c}{m}x}}} + C_2 \; . \qquad (1.89)$$

Wir haben damit für $t(x)$ einen Integralausdruck gewonnen. Die Lösung $x(t)$ erhält man durch Übergang zur Umkehrfunktion, so daß wir die Ausgangsdifferentialgleichung als gelöst ansehen können. Die weitere Auswertung des Integrals (1.89) ist nur mittels Näherungsmethoden möglich.

(C) DGln der Form $y'' = f(y)$

Bei diesen DGln, die in engem Zusammenhang zum Energiesatz der Mechanik stehen (vgl. nachfolgende Anwendung II), hängt f weder von x noch von y' ab. Es liegt also ein Spezialfall von Typ (B) vor, den wir wegen seiner Bedeutung separat behandeln wollen. Wir betrachten das Anfangswertproblem

$$y'' = f(y) \; ; \quad y(x_0) = y_0 , \quad y'(x_0) = y_0^1 \neq 0 . \qquad (1.90)$$

Zur Integration der DGl multiplizieren wir zunächst beide Seiten mit y' :

$$y'' \cdot y' = f(y) \cdot y' . \tag{1.91}$$

Ist dann F durch

$$F(y) = \int_{y_0}^{y} f(t)\, dt$$

erklärt (F ist also Stammfunktion von f), so folgt

$$\frac{1}{2}(y')^2 = F(y) + C . \tag{1.92}$$

Die Integrationskonstante C ergibt sich aus den Anfangsbedingungen zu

$$C = \frac{1}{2}(y_0^1)^2 ,$$

woraus die Beziehung

$$(y'(x))^2 = 2 \int_{y_0}^{y(x)} f(t)\, dt + (y_0^1)^2 \tag{1.93}$$

folgt. Da nach Voraussetzung $y_0^1 \neq 0$ ist, ist die rechte Seite von (1.93) in einer genügend kleinen Umgebung von x_0 positiv. Es gilt daher

$$y'(x) = \pm\sqrt{2 \int_{y_0}^{y(x)} f(t)\, dt + (y_0^1)^2} . \tag{1.94}$$

Dies ist eine DGl 1-ter Ordnung für $y(x)$. Dabei ist das obere Vorzeichen für $y_0^1 > 0$ und das untere Vorzeichen für $y_0^1 < 0$ zu nehmen. Wegen $y_0^1 \neq 0$ existiert in einer Umgebung von y_0 die Umkehrfunktion $x(y)$ der gesuchten Lösung $y(x)$, und es gilt

$$x'(y) = \frac{1}{y'(x(y))} = \frac{y_0^1}{|y_0^1|} \frac{1}{\sqrt{2\int_{y_0}^{y} f(t)\, dt + (y_0^1)^2}} \tag{1.95}$$

bzw. nach Integration unter Beachtung der Anfangsbedingungen

$$x(y) = x_0 + \frac{y_0^1}{|y_0^1|} \int_{y_0}^{y} \frac{dv}{\sqrt{2\int_{y_0}^{v} f(t)\,dt + (y_0^1)^2}} \quad . \tag{1.96}$$

Wir erhalten hieraus die Lösung $y(x)$ unseres Anfangswertproblems (1.90) durch Übergang zur Umkehrfunktion.

Bemerkung: Der Fall $y_0^1 = y'(x_0) = 0$ erfordert zusätzliche Betrachtungen, auf die wir hier nicht eingehen.

Beispiel 1.33 Wir betrachten das Anfangswertproblem

$$y'' = -\frac{1}{y^2} \;; \qquad y(0) = 2 \,, \qquad y'(0) = 1 \,.$$

Zunächst berechnen wir

$$\int_2^v \left(-\frac{1}{t^2}\right) dt = \left|\frac{1}{t}\right|_{t=2}^{t=v} = \frac{1}{v} - \frac{1}{2}$$

und erhalten mit (1.96)

$$x(y) = 0 + \int_2^y \frac{dv}{\sqrt{2\left(\frac{1}{v} - \frac{1}{2}\right) + 1}} = \int_2^y \frac{dv}{\sqrt{\frac{2}{v}}} = \frac{\sqrt{2}}{3}\, y^{\frac{3}{2}} - \frac{4}{3} .$$

Auflösung nach y ergibt die gesuchte Lösung

$$y(x) = \left(\frac{9}{2}\right)^{\frac{1}{3}} \left(x + \frac{4}{3}\right)^{\frac{2}{3}} .$$

Anwendungen

(I) Schuß ins Weltall.

Wir wollen zunächst den freien Fall eines Versuchskörpers der Masse m beschreiben, der weit von der Erde entfernt ist (s. Fig. 1.27). Wir können hier nicht mehr von der Annahme ausgehen, daß für die Beschleunigung g der Wert $9{,}81 \frac{m}{sec^2}$ gilt. Diese Annahme ist nur in der Nähe der Erde gerechtfertigt.

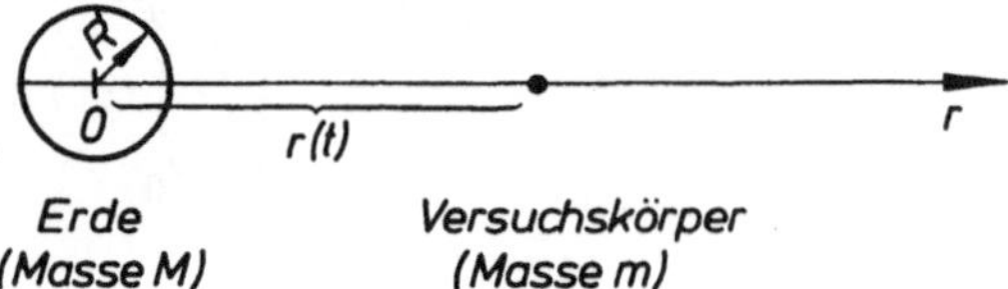

Fig. 1.27: Freier Fall aus einer großen Höhe

Aus dem Newtonschen Grundgesetz

$$K = m\ddot{r}$$

und dem Gravitationsgesetz

$$K_{m,M} = \gamma \frac{Mm}{r^2} \qquad (\gamma : \text{Gravitationskonstante}) ,$$

das die Anziehungskraft von zwei Körpern der Masse M und m ausdrückt, ergibt sich aufgrund der Gleichgewichtsbedingung

$$m\ddot{r} + \gamma \frac{Mm}{r^2} = 0$$

bzw.

$$\ddot{r} = -\frac{\gamma M}{r^2} . \tag{1.97}$$

Dies ist eine DGl für $r(t)$ vom Typ (C). Nehmen wir noch an, daß der Versuchskörper zum Zeitpunkt $t = 0$ den Abstand r_0 vom Mittelpunkt der Erde und die Anfangsgeschwindigkeit v_0 besitzt, so wird der freie Fall eines Körpers der Masse m aus einer großen Höhe durch das Anfangswertproblem

$$\ddot{r} = -\frac{\gamma M}{r^2} ; \quad r(0) = r_0 , \quad \dot{r}(0) = v_0 \tag{1.98}$$

beschrieben.

Wir modifizieren nun unsere ursprüngliche Fragestellung ein wenig und fragen: Welche Anfangsgeschwindigkeit v_0 muß der Versuchskörper, etwa eine Rakete, mindestens haben, um aus dem Anziehungsbereich der Erde zu gelangen. Man nennt dieses v_0 die Fluchtgeschwindigkeit. Ferner interessiert uns, welche Lösung $r(t)$ sich in diesem Fall ergibt. Zu lösen ist also das Anfangswertproblem

$$\boxed{\ddot{r} = -\frac{\gamma M}{r^2}; \quad r(0) = R, \quad \dot{r}(0) = v_0} \quad , \tag{1.99}$$

wobei R der Radius der kugelförmig angenommenen Erde und $v_0 > 0$ ist. Hierzu multiplizieren wir die DGl mit $\dot{r}$ und erhalten

$$\dot{r}\,\ddot{r} = -\frac{\gamma M}{r^2}\dot{r}$$

bzw.

$$\frac{d}{dt}(\dot{r})^2 = -2\frac{\gamma M}{r^2}\dot{r} \ .$$

Hieraus folgt durch Integration

$$(\dot{r})^2 = \frac{2\gamma M}{r} + C$$

bzw. mit $\dot{r}(0) = v_0$ und $r(0) = R$

$$(\dot{r})^2 = 2\gamma M\left(\frac{1}{r} - \frac{1}{R}\right) + v_0^2 \ . \tag{1.100}$$

Für die Fluchtgeschwindigkeit ergibt sich hieraus

$$\boxed{v_0 = \sqrt{\frac{2\gamma M}{R}} \approx 11{,}2\,\frac{\text{km}}{\text{sec}}} \quad , \tag{1.101}$$

und $r(t)$ gewinnen wir dann aus

$$(\dot{r})^2 = \frac{2\gamma M}{r} \quad \text{bzw.} \quad \dot{r} = \sqrt{\frac{2\gamma M}{r}}$$

durch Trennung der Veränderlichen:

$$\sqrt{r}\,dr = \sqrt{2\gamma M}\,dt \quad \text{oder} \quad \frac{2}{3} r^{\frac{3}{2}} = \sqrt{2\gamma M}\;t + C_1 \,.$$

Hieraus folgt

$$r(t) = \left(\frac{3}{2}\sqrt{2\gamma M}\,t + C_2\right)^{\frac{2}{3}} . \tag{1.102}$$

Die Integrationskonstante C_2 bestimmt sich mit $r(0) = R$ zu

$$R = (0 + C_2)^{\frac{2}{3}} = C_2^{\frac{2}{3}} \quad \text{oder} \quad C_2 = R^{\frac{3}{2}} ,$$

so daß wir die gesuchte Lösung

$$r(t) = \left(\frac{3}{2}\sqrt{2\gamma M}\,t + R^{\frac{3}{2}}\right)^{\frac{2}{3}} \tag{1.103}$$

erhalten.

Wir diskutieren noch kurz die beiden anderen Fälle (s. auch [26], Abschn. 5.6.1).

$v_0 < \sqrt{\frac{2\gamma M}{R}}$: (endliche Steighöhe r_s)

Aus (1.100) ergibt sich für $\dot{r} = 0$ die Steighöhe $r = r_s$ zu

$$r_s = \frac{R}{1 - \left(\dfrac{v_0}{\sqrt{\frac{2\gamma M}{R}}}\right)^2} . \tag{1.104}$$

Ebenfalls aus (1.100) erhalten wir

$$\frac{dr}{dt} = (\pm)\sqrt{v_0^2 - \frac{2\gamma M}{R} + \frac{2\gamma M}{r}} \qquad 1)$$

1) Wir beschränken uns dabei auf die positive Wurzel, also auf die Beschreibung des Aufstiegs.

bzw.

$$\frac{dt}{dr} = \frac{\sqrt{r}}{\sqrt{2\gamma M}\sqrt{1-\left(\frac{1}{R}-\frac{v_0^2}{2\gamma M}\right) r}} .$$

Hieraus ergibt sich nach Integration

$$t(r) = \frac{1}{k}\int_R^r \frac{\sqrt{x}\,dx}{\sqrt{1-C^2x}} ,$$

mit den Abkürzungen

$$k := \sqrt{2\gamma M} \quad \text{und} \quad C := \sqrt{\frac{1}{R}-\frac{v_0^2}{2\gamma M}} .$$

Die Substitution $u := C\sqrt{x}$ führt auf

$$t(r) = \frac{2}{k\,C^3}\int_{C\sqrt{R}}^{C\sqrt{r}} u\cdot\frac{u}{\sqrt{1-u^2}}\,du ,$$

woraus sich nach Produktintegration das Bewegungsgesetz

$$t(r) = \frac{1}{k\,C^3}\left[-\sqrt{C^2r-C^4r^2} - \arccos(C\sqrt{r}) + a\right], \quad R \le r < r_s \tag{1.105}$$

mit

$$a := \sqrt{C^2R-C^4R^2} + \arccos(C\sqrt{R})$$

ergibt. Die Auflösung nach r, also die Berechnung von r bei gegebenem t, gelingt nur auf numerischem Weg, z.B. mittels Newton-Verfahren.

$v_0 > \frac{2\gamma M}{R}$: (Schuß ins Weltall)

Die Beziehung (1.100) liefert für $r \to \infty$

$$(\dot{r})^2 = 2\gamma M\left(\frac{1}{r}-\frac{1}{R}\right) + v_0^2 \to -\frac{2\gamma M}{R} + v_0^2 =: v_\infty^2 ,$$

d.h. die Geschwindigkeit des Raumflugkörpers strebt für $r \to \infty$ dem Wert

$$\boxed{v_\infty = \sqrt{v_0^2 - \frac{2\gamma M}{R}}} \tag{1.106}$$

zu. Der Raumflugkörper kehrt also nicht mehr zur Erde zurück. Analog zum vorhergehenden Fall erhalten wir folgenden Zusammenhang zwischen t und r: Setzen wir

$$k := \sqrt{2\gamma M}, \quad B := \sqrt{\frac{v_0^2}{2\gamma M} - \frac{1}{R}}, \quad u := B\sqrt{x},$$

so ergibt sich wie oben

$$t(r) = \frac{2}{kB^3} \int_{B\sqrt{R}}^{B\sqrt{r}} \frac{u^2}{\sqrt{1+u^2}}\, du$$

$$= \frac{1}{kB^3}\left[\sqrt{B^2 r + B^4 r^2} - \operatorname{arsinh}(B\sqrt{r}) + b\right], \quad r \geq R \tag{1.107}$$

mit

$$b := -\sqrt{B^2 R + B^4 R^2} + \operatorname{arsinh}(B\sqrt{R}).$$

(II) Die Pendelgleichung

Eine wichtige Anwendung von DGln der Form $y'' = f(y)$ tritt im Zusammenhang mit der Bewegung eines ebenen mathematischen Pendels auf: Ein Massenpunkt der Masse m sei an einem gewichtslosen Faden der Länge l befestigt (vgl. Fig. 1.28).

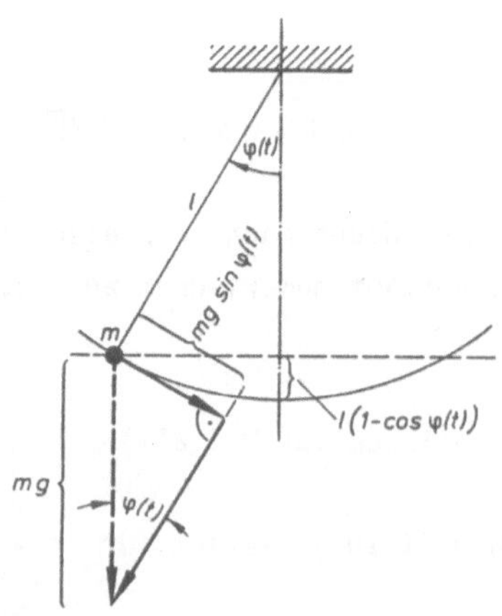

Fig. 1.28: Mathematisches Pendel

Wir wollen den Verlauf des Ausschlagwinkels φ als Funktion der Zeit t bestimmen. Wie üblich, bezeichne g die Erdbeschleunigung. Aus Figur 1.28 entnehmen wir für den Anteil der Schwerkraft tangential zur Bahnkurve des Massenpunktes den Wert

$$mg\sin\varphi(t)\,.$$

Die Trägheitskraft in dieser Richtung lautet

$$ml\,\ddot{\varphi}(t)\,.$$

Aus der Kräftegleichgewichtsbedingung erhalten wir

$$ml\,\ddot{\varphi}(t) + mg\sin\varphi(t) = 0$$

und hieraus die DGl der Pendelbewegung

$$\boxed{\ddot{\varphi} + \frac{g}{l}\sin\varphi = 0} \qquad (1.108)$$

Für kleine Auslenkungen φ kann $\sin\varphi$ näherungsweise durch φ ersetzt werden. Dadurch geht die Pendelgleichung in die einfacher zu behandelnde "linearisierte" DGl

$$\boxed{\ddot{\varphi} + \frac{g}{l}\varphi = 0} \qquad (1.109)$$

über. Dies ist die DGl der "harmonischen Schwingungen", die wir in Abschnitt 3.1 mit den dort bereitgestellten Hilfsmitteln sehr einfach behandeln können. Wir wenden uns wieder der nichtlinearen DGl (1.103), die von der Form $y'' = f(y)$ ist, zu und erläutern zunächst die bei der Behandlung dieses Typs angewandte Lösungsmethode anhand des Energiesatzes der Mechanik: Wir multiplizieren beide Seiten der Gleichung

$$ml\,\ddot{\varphi} = -mg\sin\varphi$$

mit $\dot{\varphi}$:

$$ml\,\ddot{\varphi}\dot{\varphi} = -mg\sin\varphi\cdot\dot{\varphi}\,.$$

Nun integrieren wir und erhalten

$$\frac{m}{2} l \cdot \dot{\varphi}^2 = mg \cos \varphi + C_1$$

bzw. nach Multiplikation mit l

$$\frac{m}{2} l^2 \dot{\varphi}^2 - mg\, l \cos \varphi = C , \qquad (C := C_1 l) .$$

Diese DGl läßt sich als Energiesatz interpretieren. Hierzu setzen wir $E := mg\, l + C$. Damit folgt die Beziehung

$$\boxed{\frac{m}{2} l^2 \dot{\varphi}^2 + mg\, l(1 - \cos\varphi) = mg\, l + C = E} \tag{1.110}$$

also der Energiesatz. Dem ersten Summanden auf der linken Seite entspricht die kinetische Energie

$$E_{kin} = \frac{m}{2} l^2 \dot{\varphi}^2 , \tag{1.111}$$

dem zweiten die potentielle Energie

$$E_{pot} = mg\, l(1 - \cos\varphi) \tag{1.112}$$

(vgl. auch Fig. 1.28), während die rechte Seite die Gesamtenergie

$$E_{ges} = E = \text{const.} \tag{1.113}$$

der Pendelbewegung darstellt. Der Energiesatz besagt nun gerade, daß die Summe aus kinetischer und potentieller Energie zu jedem Zeitpunkt t denselben Wert hat. Aus dem Energiesatz ersehen wir überdies, daß die Pendelgleichung je nach Größe der Anfangsgeschwindigkeit $\varphi(0)$ drei verschiedene Bewegungstypen beschreibt:

Ein extremaler Ausschlag kann nur im Fall

$$\dot{\varphi}(t) = 0 , \quad \text{also für} \quad mg\, l(1 - \cos\varphi) = E ,$$

auftreten, d.h. für $E \leq 2\,mg\,l$. Damit ergeben sich die folgenden Möglichkeiten:

$E < 2\,mg\,l$: Das Pendel besitzt einen maximalen Ausschlag mit $|\varphi_{max}| < \pi$;

$E = 2\,mg\,l$: das Pendel nimmt die Grenzlage $\varphi_0 = \pi$ ein;

$E > 2\,mg\,l$: das Pendel überschlägt sich.

Wir begnügen uns mit der Betrachtung des ersten Falles [1)]

$$0 < E < 2\,mg\,l \tag{1.114}$$

und beschränken uns dabei auf eine Pendelauslenkung nach links ($\varphi \geq 0$) . Wegen (1.114) besitzt die Gleichung $mg\,l(1-\cos\varphi) = E$ genau eine Lösung φ_{max}, wir bezeichnen sie α, mit $0 < \alpha < \pi$. Aus der Energiegleichung (1.110) folgt mit $\dot{\varphi} = 0$ für $\varphi = \alpha$

$$\dot{\varphi}^2 + \frac{2g}{l}(\cos\alpha - \cos\varphi) = 0$$

und hieraus, unter Verwendung der Identität

$$\cos\alpha - \cos\varphi = -2\left(\sin^2\frac{\alpha}{2} - \sin^2\frac{\varphi}{2}\right),$$

die DGl

$$\dot{\varphi}^2 - 4\frac{g}{l}\left(\sin^2\frac{\alpha}{2} - \sin^2\frac{\varphi}{2}\right) = 0,$$

also

$$\dot{\varphi} = \underset{(-)}{+}\, 2\sqrt{\frac{g}{l}}\,\sqrt{\sin^2\frac{\alpha}{2} - \sin^2\frac{\varphi}{2}}\;. \tag{1.115}$$

Das negative Vorzeichen muß nicht berücksichtigt werden, da wir nur den Ausschlag nach links betrachten. Wir lösen diese DGl nach der Methode der Trennung der Veränderlichen:

$$\frac{d\varphi}{\sqrt{\sin^2\frac{\alpha}{2} - \sin^2\frac{\varphi}{2}}} = 2\sqrt{\frac{g}{l}}\,dt\;. \tag{1.116}$$

---

1) Zum Fall $E > 2\,mg\,l$ vgl. Üb. 1.18

Integrieren wir diese Gleichung, so tritt auf der linken Seite ein Integral auf, das sich nicht elementar berechnen läßt. Mit Hilfe der nachfolgenden Umformung (1.117) können wir es jedoch in eine Form bringen, die eine tabellarische Auswertung gestattet. Hierzu drücken wir φ durch u aus, wobei u durch die Beziehung

$$\sin\frac{\varphi}{2} = \sin\frac{\alpha}{2}\cdot\sin u \tag{1.117}$$

erklärt ist. Nach der Substitutionsregel der Integralrechnung (vgl. Bd. I, Abschn. 4.2.2) gilt dann mit

$$d\varphi = 2\,\frac{\sin\frac{\alpha}{2}\cos u}{\cos\frac{\varphi}{2}}\,du$$

und

$$\frac{d\varphi}{\sqrt{\sin^2\frac{\alpha}{2}-\sin^2\frac{\varphi}{2}}} = \frac{2\sin\frac{\alpha}{2}\cos u}{\cos\frac{\varphi}{2}\sqrt{\sin^2\frac{\alpha}{2}(1-\sin^2 u)}}\,du$$

$$= \frac{2\cos u\,du}{\cos\frac{\varphi}{2}\sqrt{\cos^2 u}} = \frac{2\,du}{\cos\frac{\varphi}{2}} = \frac{2\,du}{\sqrt{1-\sin^2\frac{\varphi}{2}}}$$

$$= \frac{2\,du}{\sqrt{1-\sin^2\frac{\alpha}{2}\sin^2 u}}\,,$$

wenn wir die Anfangsbedingung $\varphi(0) = 0$ bzw. $u(0) = 0$ wählen:

$$\int_0^u \frac{dv}{\sqrt{1-\sin^2\frac{\alpha}{2}\sin^2 v}} = \sqrt{\frac{g}{l}}\,t\,. \tag{1.118}$$

Man nennt

$$F(\tfrac{\alpha}{2},u) := \int_0^u \frac{dv}{\sqrt{1-\sin^2\frac{\alpha}{2}\sin^2 v}} \tag{1.119}$$

ein elliptisches Integral 1. Gattung in Normalform. F ist als Funktion von $\frac{\alpha}{2}$ und u tabelliert und findet sich z.B. in [32], Kap. VI. Ihre Umkehrfunktion F^{-1} nennt man Amplitude und schreibt dafür: am. Aus (1.118) folgt durch Integration unter Berücksichtigung von (1.114)

$$F(\tfrac{\alpha}{2},u) = \sqrt{\tfrac{g}{l}}\, t \tag{1.120}$$

und hieraus durch Übergang zur Umkehrfunktion

$$u = \operatorname{am}(\tfrac{\alpha}{2}, \sqrt{\tfrac{g}{l}}\, t)\,. \tag{1.121}$$

Wir drücken nun u wieder durch φ aus und setzen noch

$$k := \sin\tfrac{\alpha}{2} \qquad (k \text{ heißt Modul}). \tag{1.122}$$

Dadurch ergibt sich aus (1.117) und (1.121)

$$\sin\tfrac{\varphi}{2} = k\sin u = k\sin\operatorname{am}\left(\tfrac{\alpha}{2}, \sqrt{\tfrac{g}{l}}\, t\right),$$

also für den gesuchten Ausschlag $\varphi(t)$

$$\boxed{\varphi(t) = 2\arcsin\left[k\sin\operatorname{am}\left(\tfrac{\alpha}{2}, \sqrt{\tfrac{g}{l}}\, t\right)\right]} \tag{1.123}$$

Diese Lösung hängt vom maximalen Ausschlag α ab, enthält also noch einen "Freiheitsgrad". Dies erklärt sich daraus, daß wir nur eine Anfangsbedingung, nämlich $\varphi(0) = 0$, für unsere DGl 2-ter Ordnung verwendet haben.

Von großer praktischer Bedeutung ist die Schwingungsdauer T (= Zeitdauer für eine volle Schwingung) des Pendels. Wir wollen T berechnen:

Wegen $\varphi(0) = 0$ wird der maximale Ausschlag $\varphi = \alpha$ nach einer viertel Schwingung erreicht, d.h. wegen (1.117) für $u = \frac{\pi}{2}$. Damit gilt

$$K := \int_0^{\frac{\pi}{2}} \frac{dv}{\sqrt{1 - k^2\sin^2 v}} = \sqrt{\tfrac{g}{l}}\cdot\tfrac{T}{4}\,, \tag{1.124}$$

also

$$T = 4\sqrt{\frac{l}{g}}\, K . \qquad (1.125)$$

Wir beachten: K hängt von k $(= \sin\frac{\alpha}{2})$ und damit von α ab, und es gilt

$$K \to \frac{\pi}{2} \quad \text{für} \quad k \to 0 \quad \text{bzw.} \quad \alpha \to 0$$

$$K \to +\infty \quad \text{für} \quad k \to 1 \quad \text{bzw.} \quad \alpha \to \pi .$$

Wir geben abschließend noch die Potenzreihenentwicklung von K nach Potenzen von α bzw. $\sin\frac{\alpha}{2}$ an:

Nach der binomischen Formel (vgl. Bd. I, Abschn. 3.2.3, Beisp. 3.28)

$$(1+x)^{\alpha} = 1 + \binom{\alpha}{1}x + \binom{\alpha}{2}x^2 + \ldots = \sum_{n=0}^{\infty} \binom{\alpha}{n}x^n , \quad x > -1, \quad \alpha \in \mathbb{R} , \qquad (1.126)$$

mit

$$\binom{\alpha}{n} := \frac{\alpha(\alpha-1)\ldots(\alpha-n+1)}{n!} , \qquad (1.127)$$

gilt

$$\frac{1}{\sqrt{1-k^2\sin^2 v}} = \left(1-k^2\sin^2 v\right)^{-\frac{1}{2}} = \sum_{n=0}^{\infty} \binom{-\frac{1}{2}}{n} (-1)^n k^{2n} \sin^{2n} v , \qquad (1.128)$$

wobei $k^2 < 1$ wegen $0 < \alpha < \pi$ ist. Die Reihe (1.128) konvergiert daher gleichmäßig für $0 \le v \le \frac{\pi}{2}$ und darf somit gliedweise integriert werden. Dadurch ergibt sich

$$K(k) = \sum_{n=0}^{\infty} \binom{-\frac{1}{2}}{n} (-1)^n k^{2n} \int_0^{\frac{\pi}{2}} \sin^{2n} v \, dv$$

und hieraus wegen

$$\int_0^{\frac{\pi}{2}} \sin^{2n} v \, dv = \frac{\pi}{2} \cdot \frac{1}{2}\,\frac{3}{4} \cdot \ldots \cdot \frac{2n-3}{2n-2}\,\frac{2n-1}{2n} \quad \text{(s. Bd. I, Abschn. 4.2.3, (4.82))}$$

und

$$\binom{-\frac{1}{2}}{n} = \frac{1}{n!}\left(-\frac{1}{2}\right)\left(-\frac{3}{2}\right)\cdot\ldots\cdot\left(-\frac{2n-1}{2}\right) = (-1)^n\,\frac{1\cdot 3\cdot\ldots\cdot(2n-1)}{2\cdot 4\cdot\ldots\cdot 2n}\ :$$

$$K(k) = \frac{\pi}{2}\sum_{n=0}^{\infty}\left(\frac{1\cdot 3\cdot\ldots\cdot(2n-1)}{2\cdot 4\cdot\ldots\cdot(2n)}\right)^2 k^{2n}\,, \qquad k < 1\,.$$

Mit (1.122) und (1.125) folgt für T damit die Reihenentwicklung

$$T = T(\alpha) = 2\pi\sqrt{\frac{l}{g}}\left[1 + \left(\frac{1}{2}\right)^2\sin^2\frac{\alpha}{2} + \left(\frac{1\cdot 3}{2\cdot 4}\right)^2\sin^4\frac{\alpha}{2} + \ldots\right], \qquad 0 < \alpha < \pi \tag{1.129}$$

Für kleine Ausschläge erhalten wir für die Schwingungsdauer T die Näherungsformel

$$T_0 = 2\pi\sqrt{\frac{l}{g}}\ , \tag{1.130}$$

d.h. in diesem Fall ist die Schwingungsdauer von der Größe des Ausschlages unabhängig. Man sagt, die Pendelschwingung verhält sich isochron.

Astronomische Uhren bestehen aus Pendeln mit $\alpha \leq 1{,}5^0$. Das erste Korrekturglied in der Reihenentwicklung (1.129) besitzt die Größenordnung $5\cdot 10^{-5}$ (vgl. z.B. [48], Kap. III, § 15).

Bemerkung: Die Pendelgleichung steht formal in einem engen Zusammenhang mit einer entsprechenden DGl für die Knickung eines dünnen Stabes und stellt daher für die Behandlung dieses Fragenkreises ein wertvolles Hilfsmittel dar (vgl. Abschn. 5.3).

Übungen

1.16* Man löse die folgenden Anfangswertprobleme:

a) $y'' + (x-1)(y')^3 = 0\,,\quad y(0) = 0\,,\quad y'(0) = 1\;;$

b) $y''\cdot y' = 4x\,,\quad y(1) = 2\,,\quad y'(1) = 1\,.$

1.17* Wie lautet die Lösung des Anfangswertproblems

$$y'' = y' \cdot (y+1)\,, \quad y(0) = 0\,, \quad y'(0) = \frac{1}{2}\ ?$$

1.18* Sei $\varphi(t)$ die zu den Anfangsbedingungen $\varphi(0) = 0$, $\varphi'(0) = \varphi_1 > 0$ gehörende Lösung der Pendelgleichung

$$ml\,\varphi''(t) = -mg\sin\varphi(t)$$

und $E = \frac{m}{2} l^2 \varphi_1^2$ die zugehörige (kinetische) Energie des Pendels zum Zeitpunkt $t = 0$. Zu einem beliebigen Zeitpunkt t ergibt sich E als Summe aus kinetischer und potentieller Energie der Pendelmasse:

$$E = \frac{m}{2} l^2 [\varphi'(t)]^2 + mg\,l\,[1 - \cos\varphi(t)]$$

(s. Abschn. 1.3.3, Anwendung II). Für den Fall, daß die Gesamtenergie größer ist als die maximale potentielle Energie (d.h. $E > 2mgl$) beweise man

a) Die Lösung $\varphi(t)$ der Pendelgleichung existiert für alle t und ist eine ungerade Funktion. Ferner gilt $\varphi'(t) > 0$ für alle t und $\lim\limits_{t\to\pm\infty} \varphi(t) = \pm\infty$.

b) Es gibt genau eine reelle Zahl τ mit $\varphi(\tau) = 2\pi$ (man benutze a)). Welchen Wert besitzt $\varphi'(\tau)$?

c) Für alle t gilt: $\varphi(t+\tau) = \varphi(t) + 2\pi$.

Anleitung: Man zeige, daß sowohl $\varphi_0(t) := \varphi(t+\tau)$ als auch $\psi_0(t) := \varphi(t) + 2\pi$ der Pendelgleichung mit gemeinsamen Anfangsdaten genügt.

d) Die Bewegung

$$\begin{bmatrix} x(t) \\ y(t) \end{bmatrix} = \begin{bmatrix} l\cos\varphi(t) \\ l\sin\varphi(t) \end{bmatrix}$$

der Pendelmasse ist periodisch mit der Periode τ (man benutze c)). Man gebe einen Integralausdruck für τ an.

1.19* Man löse das Anfangswertproblem

$$y'' = \frac{1}{y^2}\,, \quad y(0) = -2\,, \quad y'(0) = 1\,.$$

Welchen Definitionsbereich besitzt die Lösung?

2 LINEARE DIFFERENTIALGLEICHUNGEN

In diesem Abschnitt betrachten wir lineare DGln n-ter Ordnung:

$$y^{(n)}(x) = -a_{n-1}(x)\,y^{(n-1)}(x) - a_{n-2}(x)\,y^{(n-2)}(x) - \ldots - a_0(x)\,y(x) + g(x)$$

bzw.

$$y^{(n)}(x) + a_{n-1}(x)\,y^{(n-1)}(x) + \ldots + a_0(x)\,y(x) = g(x) \qquad (2.1)$$

und Systeme von linearen DGln 1-ter Ordnung:

$$\begin{aligned} y_1'(x) &= a_{11}(x)\,y_1(x) + \ldots + a_{1n}(x)\,y_n(x) + b_1(x) \\ y_2'(x) &= a_{21}(x)\,y_1(x) + \ldots + a_{2n}(x)\,y_n(x) + b_2(x) \\ &\vdots \\ y_n'(x) &= a_{n1}(x)\,y_1(x) + \ldots + a_{nn}(x)\,y_n(x) + b_n(x) \end{aligned}$$

bzw. kürzer

$$y_i'(x) = \sum_{k=1}^{n} a_{ik}(x)\,y_k(x) + b_i(x)\,, \qquad i=1,\ldots,n\,. \qquad (2.2)$$

Offensichtlich sind dies Spezialfälle der in Abschnitt 1.3 untersuchten DGln höherer Ordnung bzw. der Systeme 1-ter Ordnung. Den linearen Problemen kommt eine große praktische Bedeutung zu, da zahlreiche Anwendungen auf diese Typen führen.

Beispiel 2.1 Die kugelsymmetrischen Lösungen der Helmholtzschen Schwingungsgleichung

$$\Delta U(\underline{x}) + \kappa^2 U(\underline{x}) = 0$$

mit dem Laplace-Operator Δ, der Schwingungszahl κ und $\underline{x} \in \mathbb{R}^3$ lassen sich mit $|\underline{x}| =: r$ und $U(|\underline{x}|) =: z(r)$ aus der linearen DGl 2-ter Ordnung für $z(r)$

$$z''(r) + \frac{2}{r}z'(r) + \kappa^2 z(r) = 0, \qquad r \neq 0$$

bestimmen (vgl. Abschn. 4.2.2).

Häufig gelangt man auch aufgrund von "Linearisierungen" zu solchen Problemen:

Beispiel 2.2 Wir haben in Abschnitt 1.3.3 die (nichtlineare) Pendelgleichung

$$\ddot{\varphi} + \frac{g}{l}\sin\varphi = 0$$

für den Ausschlag $\varphi(t)$ eines Pendels hergeleitet. Für den Fall kleiner Ausschläge geht diese DGl wegen $\sin\varphi \approx \varphi$ in die "linearisierte" DGl

$$\ddot{\varphi} + \frac{g}{l}\varphi = 0,$$

also in eine lineare DGl 2-ter Ordnung, über. Hier ist der Koeffizient $\frac{g}{l}$ eine Konstante.

Bemerkung: Die bei linearen DGln bzw. Systemen auftretenden Koeffizienten sind im allgemeinen nicht konstant. Der Sonderfall konstanter Koeffizienten wird in Abschnitt 3 ausführlich behandelt.

2.1 LÖSUNGSVERHALTEN

Wie wir in Abschnitt 1.2.2 am Beispiel der (nichtlinearen) DGl

$$y' = 1 + y^2$$

gesehen haben, kann die Lösung $y(x)$ einer DGl in einem endlichen Intervall gegen unendlich streben, so daß sie sich im allgemeinen nicht auf den ganzen Definitionsbereich der DGl fortsetzen läßt. Die bisher gewonnenen Aussagen über die Lösungen sind daher von lokaler Natur, d.h. sie beziehen sich auf eine gewisse Umgebung des Anfangspunktes. Im linearen Fall lassen sich dagegen globale Existenz- und Eindeutigkeitsaussagen machen, also solche, die für den gesamten Definitionsbereich der in (2.1) bzw. (2.2) auftretenden Funktionen

$$a_j(x)\,,\ g(x)\quad (j=0,1,\dots,n-1)\qquad \text{bzw.}\qquad a_{ik}(x)\,,\ b_i(x)\quad (i,k=1,\dots,n)$$

gelten.

2.1.1 Globale Existenz und Eindeutigkeit bei Systemen 1-ter Ordnung

Mit den Bezeichnungen

$$\underline{y}(x) := \begin{bmatrix} y_1(x) \\ \vdots \\ y_n(x) \end{bmatrix},\quad \underline{b}(x) = \begin{bmatrix} b_1(x) \\ \vdots \\ b_n(x) \end{bmatrix},\quad A(x) := \begin{bmatrix} a_{11}(x) & \dots & a_{1n}(x) \\ \vdots & & \vdots \\ a_{n1}(x) & \dots & a_{nn}(x) \end{bmatrix} \tag{2.3}$$

läßt sich ein lineares System kurz in der Matrizenschreibweise

$$\underline{y}' = A(x)\underline{y} + \underline{b}(x) \tag{2.4}$$

darstellen (vgl. Bd. II, Abschn. 3.6). Diese rationelle Darstellung wird sich im folgenden als besonders hilfreich erweisen.

Die Voraussetzungen des Satzes 1.7 von Picard-Lindelöf sind hier wegen

$$\frac{\partial}{\partial y_k} f_i(x,\underline{y}) = \frac{\partial}{\partial y_k}(a_{i1}(x)\, y_1 + \ldots + a_{ik}(x) y_k + \ldots + a_{in}(x)\, y_n + b_i(x))$$

$$= a_{ik}(x) \qquad (i,k=1,\ldots,n)$$

bereits für stetige Funktionen $a_{ik}(x)$ bzw. $b_i(x)$ erfüllt. Darüber hinaus läßt sich die lokale Existenz- und Eindeutigkeitsaussage dieses Satzes jetzt zu einer globalen verschärfen. Um dies zu zeigen, erinnern wir daran, daß wir uns im Beweis von Satz 1.1 bzw. Satz 1.7 vor allem deshalb auf $U_h(x_0)$ mit $h = \min(a,\frac{b}{M})$ beschränken mußten, um sicher zu sein, daß die Näherungsfolge nicht aus dem Definitionsbereich der Funktion f bzw. $\underline{f}$ hinausführt. Eine solche Einschränkung ist im linearen Fall überflüssig, weil durch die rechte Seite von (2.4) eine für alle $x \in [a,b]$ und alle $y_1,\ldots,y_n$ stetige Funktion $\underline{f}(x, y_1, \ldots, y_n)$ erklärt ist. Daher ist die entsprechende Näherungsfolge $\{\underline{y}_k(x)\}$ in ganz $[a,b]$ wohldefiniert. Dagegen fehlt uns jetzt eine obere Schranke M für $|\underline{f}|$, so daß wir den Nachweis der gleichmäßigen Konvergenz von $\{\underline{y}_k(x)\}$ auf $[a,b]$ modifizieren müssen. Wir skizzieren den Grundgedanken: Für $x \in [a,b]$ gelte

$$|a_{ik}(x)| \leq A \quad (i,k=1,\ldots,n); \qquad |b_i(x)| \leq A \quad (i=1,\ldots n)$$

und für $\underline{y}_0 = [y_{01},\ldots,y_{0n}]^T$ (s. Fußnote auf Seite 99)

$$|y_{0i}| \leq B \qquad (i=1,\ldots,n)\,.$$

Ferner bezeichne $y_{i,k}(x)$ die i-te Koordinate von $\underline{y}_k(x)$. Die Folgen $\{y_{i,k}(x)\}$ lassen sich dann nach dem Verfahren von Picard-Lindelöf berechnen:

$$y_{i,0}(x) = y_{0i}$$

$$y_{i,k}(x) = y_{0i} + \int_{x_0}^{x} \left[\sum_{j=1}^{n} a_{ij}(t)\, y_{j,k-1}(t) + b_i(t)\right] dt\,, \qquad k \in \mathbb{N}$$

$$(i=1,2,\ldots,n)\,.$$

Mittels vollständiger Induktion zeigt man, daß auf [a,b] die Abschätzung

$$|y_{i,k}(x) - y_{i,k-1}(x)| \le (nA)^{k-1} A(nB+1) \frac{|x-x_0|^k}{k!}$$

gilt. Daher liefert die Reihe

$$\sum_{k=1}^{\infty} \frac{A(nB+1)}{nA} \frac{[nA(b-a)]^k}{k!}$$

für $\sum_{k=1}^{\infty} (y_{i,k}(x) - y_{i,k-1}(x))$ auf [a,b] eine konvergente Majorante. Setzen wir

$$y_i(x) := y_{0i} + \sum_{k=1}^{\infty} (y_{i,k}(x) - y_{i,k-1}(x)),$$

so strebt die Folge $\{y_{i,k}(x)\}$ für $k \to \infty$ auf [a,b] gleichmäßig gegen $y_i(x)$. Wie im Beweis von Satz 1.7 folgt dann, daß $y_1(x),\ldots,y_n(x)$ die eindeutig bestimmten Lösungen von (2.4) mit $y_i(x_0) = y_{0i}$ $(i=1,\ldots,n)$ sind. Damit erhalten wir

Satz 2.1 Die Funktionen $a_{ik}(x)$ $(i,k=1,\ldots,n)$, $b_i(x)$ $(i=1,\ldots,n)$ seien auf dem Intervall [a,b] stetig. Ferner seien $x_0 \in [a,b]$ und $\underline{y}_0 = [y_{01},\ldots,y_{0n}]^T$ 1) beliebig vorgegeben. Dann gibt es genau eine Lösung des Anfangswertproblems

$$\underline{y}' = A(x)\underline{y} + \underline{b}(x), \quad \underline{y}(x_0) = \underline{y}_0 \tag{2.5}$$

auf ganz [a,b].

Folgerung Sind die Funktionen $a_{ik}(x)$ und $b_i(x)$ im offenen Intervall (a,b) stetig, wobei $a = -\infty$ und $b = +\infty$ zulässig ist, so gilt die Aussage von Satz 2.1 in (a,b).

---

1) Aus schreibtechnischen Gründen werden die Koordinaten eines Vektors häufig waagerecht angeordnet, wobei ein T (Abkürzung für Transposition) angefügt wird.

Beweis: Wir wählen eine Folge von abgeschlossenen und beschränkten Intervallen $I_n = [\alpha_n, \beta_n]$ mit $I_n \subset (a,b)$, $x_0 \in I_n$, $\alpha_n \to a$ und $\beta_n \to b$ für $n \to \infty$. Nach Satz 2.1 existiert dann für jedes n eine eindeutig bestimmte Lösung in I_n. Zu I_1, I_2 seien $\underline{y}^{(1)}, \underline{y}^{(2)}$ die zugehörigen Lösungen. Wegen der Eindeutigkeitsaussage von Satz 2.1 muß dann

$$\underline{y}^{(1)}(x) = \underline{y}^{(2)}(x) \quad \text{für} \quad x \in I_1 \cap I_2$$

gelten, so daß wir durch

$$\underline{y}(x) := \begin{cases} \underline{y}^{(1)}(x), & \text{für} \quad x \in I_1 \\ \underline{y}^{(2)}(x), & \text{für} \quad x \in I_2 - I_1 \end{cases}$$

eine auf $I_1 \cup I_2$ erklärte eindeutig bestimmte Lösung erhalten. Nun nehmen wir I_3 hinzu usw. Auf diese Weise erhalten wir eine auf der Vereinigungsmenge (a,b) erklärte eindeutig bestimmte Lösung. □

2.1.2 Globale Existenz und Eindeutigkeit bei Differentialgleichungen n-ter Ordnung

Wir benutzen Satz 2.1, um eine globale Existenz- und Eindeutigkeitsaussage für lineare DGln n-ter Ordnung

$$y^{(n)} + a_{n-1}(x)\, y^{(n-1)} + \ldots + a_0(x)\, y = g(x) \tag{2.6}$$

zu gewinnen. Nach Abschnitt 1.3 läßt sich dieser Differentialgleichungstyp als spezielles System 1-ter Ordnung schreiben:

$$\begin{aligned} y_1' &= y_2 \\ y_2' &= y_3 \\ &\vdots \\ y_{n-1}' &= y_n \\ y_n' &= -\left(a_{n-1}(x)\, y_n + a_{n-2}(x)\, y_{n-1} + \ldots + a_0(x)\, y_1\right) + g(x), \end{aligned}$$

wobei wir $y_1 := y$, $y_2 := y'$, ..., $y_n := y^{(n-1)}$ gesetzt haben. Dies ist ein spezielles lineares System, das im allgemeinen Fall von Abschnitt 2.1.1 enthalten ist. Der Anfangsbedingung

$$y(x_0) = y_0, \quad y'(x_0) = y_1^0, \quad \dots, \quad y^{(n-1)}(x_0) = y_{n-1}^0$$

für die DGl n-ter Ordnung entspricht dabei die Anfangsbedingung

$$y_1(x_0) = y_0, \quad y_2(x_0) = y_1^0, \quad \dots, \quad y_n(x_0) = y_{n-1}^0$$

für das System. Wir erhalten damit

Satz 2.2 Die Funktionen $a_j(x)$ $(j=0,1,\dots,n-1)$ und $g(x)$ seien auf dem Intervall $[a,b]$ stetig. Außerdem seien $x_0 \in [a,b]$ und $(y_0, y_1^0, \dots, y_{n-1}^0) \in \mathbb{R}^n$ beliebig vorgegeben. Dann gibt es genau eine Lösung des Anfangswertproblems

$$\begin{aligned} &y^{(n)} + a_{n-1}(x)\,y^{(n-1)} + \dots + a_0(x)\,y = g(x) \\ &y(x_0) = y_0, \quad y'(x_0) = y_1^0, \quad \dots, \quad y^{(n-1)}(x_0) = y_{n-1}^0 \end{aligned} \tag{2.7}$$

auf ganz $[a,b]$.

2.2 Homogene lineare Systeme 1-ter Ordnung

Das lineare System

$$\underline{y}' = A(x)\underline{y} + \underline{b}(x) \tag{2.8}$$

heißt homogen, falls $\underline{b}(x) \equiv \underline{0}$; andernfalls nennt man das System inhomogen.

Wir haben in Abschnitt 1.2.5 bei der Behandlung von linearen DGln 1-ter Ordnung (Typ D) gesehen, daß sich ihre allgemeine Lösung als Summe der allgemeinen Lösung der zugehörigen homogenen DGl und (irgend-) einer speziellen Lösung der inhomogenen DGl ergibt. Wir erwarten daher, daß bei der Untersuchung von inhomogenen linearen Systemen den zugehörigen homogenen Systemen eine entsprechende Bedeutung zukommt.

2.2.1 Fundamentalsystem

Wir wollen uns einen Überblick über sämtliche Lösungen des homogenen linearen Systems

$$\underline{y}' = A(x)\underline{y} \tag{2.9}$$

verschaffen und außerdem der Frage nachgehen, wie diese Lösungen gewonnen werden können. Offensichtlich ist die triviale Lösung, also $\underline{y}(x) \equiv \underline{0}$, bereits eine Lösung von (2.9). Außerdem gilt

Hilfssatz 2.1 Seien $\underline{y}_1(x)$, $\underline{y}_2(x)$ zwei Lösungen des homogenen Systems $\underline{y}' = A(x)\underline{y}$ und $c_1, c_2 \in \mathbb{R}$ beliebig. Dann ist auch

$$c_1 \underline{y}_1(x) + c_2 \underline{y}_2(x) =: \tilde{\underline{y}}(x)$$

eine Lösung des Systems.

Beweis: Wir zeigen: $\tilde{y}' = A(x)\tilde{y}$. Es gilt

$$\tilde{y}' = (c_1 y_1 + c_2 y_2)' = c_1 y_1' + c_2 y_2' .$$

Da y_1 und y_2 Lösungen des Systems sind, folgt hieraus

$$\tilde{y}' = c_1 A(x) y_1 + c_2 A(x) y_2 ,$$

also, nach den Regeln der Matrizenrechnung,

$$\tilde{y}' = A(x)(c_1 y_1 + c_2 y_2) = A(x)\tilde{y} . \qquad \square$$

Allgemein gilt:

> Mit k Lösungen $y_1,\dots,y_k$ des homogenen linearen Systems ist auch jede Linearkombination $c_1 y_1 + c_2 y_2 + \dots + c_k y_k$ eine Lösung des Systems.

Von besonderem Interesse sind "linear unabhängige Lösungen" des Systems. In Erweiterung der entsprechenden Begriffsbildung "linear unabhängige Vektoren" im $\mathbb{R}^n$ (vgl. Bd. II, Abschn. 2.1.3) nennen wir ein Funktionensystem $y_1(x),\dots,y_k(x)$ auf einem Intervall $I \subset \mathbb{R}$ linear unabhängig, falls aus

$$\alpha_1 y_1(x) + \dots + \alpha_k y_k(x) = 0 \quad \text{für alle} \quad x \in I \tag{2.10}$$

stets

$$\alpha_1 = \alpha_2 = \dots = \alpha_k = 0 \tag{2.11}$$

folgt. Anderenfalls heißt das Funktionensystem linear abhängig auf I.

Bemerkung: Die lineare Abhängigkeit bzw. Unabhängigkeit eines Funktionensystems kann von der Wahl des Intervalls I abhängen. Dies zeigt das Beispiel mit $y_1(x) = x$, $y_2(x) = |x|$. Dieses Funktionensystem ist z.B.

linear unabhängig im Intervall $[-1, 1]$;
linear abhängig in den Intervallen $[-1, 0)$, $(0, 1]$.

Wir zeigen jetzt

> <u>Satz 2.3</u> Die Elemente der Matrix $A(x)$, nämlich die Funktionen $a_{ik}(x)$ $(i,k=1,\dots,n)$, seien im Intervall $[a,b]$ stetig. Dann besitzt das homogene System $\underline{y}' = A(x)\underline{y}$ n auf $[a,b]$ linear unabhängige Lösungen.

<u>Beweis</u>: Sei $\{\underline{e}_k\}_{k=1}^n$ das System der n Einheitsvektoren im $\mathbb{R}^n$ und $x_0 \in [a,b]$ beliebig. Nach Satz 2.1 besitzt dann das Anfangswertproblem

$$\underline{y}' = A(x)\underline{y}\,, \quad \underline{y}(x_0) = \underline{e}_k$$

für jedes k $(k = 1,\dots,n)$ genau eine Lösung. Wir bezeichnen diese mit $\underline{y}_k(x)$ und zeigen, daß das Funktionensystem $\underline{y}_1(x),\dots,\underline{y}_n(x)$ auf $[a,b]$ linear unabhängig ist: Aus der Beziehung

$$\alpha_1\,\underline{y}_1(x) + \dots + \alpha_n\underline{y}_n(x) = \underline{0} \quad \text{für alle} \quad x \in [a,b]$$

folgt für $x = x_0$

$$\alpha_1\,\underline{y}_1(x_0) + \dots + \alpha_n\underline{y}_n(x_0) = \underline{0}$$

und hieraus unter Beachtung der Anfangsbedingungen

$$\alpha_1\,\underline{e}_1 + \dots + \alpha_n\underline{e}_n = \underline{0}\,.$$

Wegen der linearen Unabhängigkeit der Einheitsvektoren im $\mathbb{R}^n$ ergibt sich hieraus

$$\alpha_1 = \alpha_2 = \dots = \alpha_n = 0\,,$$

d.h. das Funktionensystem $\underline{y}_1(x),\dots,\underline{y}_n(x)$ leistet das Gewünschte. □

<u>Definition 2.1</u> Ein Funktionensystem von n linear unabhängigen Lösungen

des homogenen linearen Systems $\underline{y}' = A(x)\underline{y}$ heißt ein Fundamentalsystem (oder Hauptsystem) von Lösungen. Aufgrund von Satz 2.5 (s. S. 107) wird diese Bezeichnung einsichtig.

2.2.2 Wronski-Determinante

Satz 2.3 sichert uns im Fall stetiger Funktionen $a_{ik}(x)$ die Existenz eines Fundamentalsystems von Lösungen von $\underline{y}' = A(x)\underline{y}$. Wir sind nun an einem Kriterium interessiert, mit dessen Hilfe wir die Frage entscheiden können, ob n (bekannte) Lösungen $\underline{y}_1,\dots,\underline{y}_n$ ein Fundamentalsystem bilden oder nicht. Hierzu bilden wir mit diesen n Lösungen eine Matrix $Y(x)$, indem wir für die 1. Spalte den Spaltenvektor $\underline{y}_1$ nehmen usw. Wir schreiben dafür

$$Y(x) := [\underline{y}_1(x), \underline{y}_2(x), \dots, \underline{y}_n(x)] \tag{2.12}$$

und bilden die Determinante dieser Matrix: $\det Y(x)$.

Definition 2.2 $W(x) := \det Y(x)$ heißt die Wronski-Determinante des Funktionensystems $\underline{y}_1,\dots,\underline{y}_n$ von Lösungen des Systems $\underline{y}' = A(x)\underline{y}$.

Mit Hilfe der Wronski-Determinante läßt sich für ein vorliegendes System von n Lösungen von $\underline{y}' = A(x)\underline{y}$ entscheiden, ob dieses ein Fundamentalsystem bildet. Hierzu zeigen wir

Satz 2.4 Seien $\underline{y}_1,\dots,\underline{y}_n$ Lösungen von $\underline{y}' = A(x)\underline{y}$ auf dem Intervall $[a,b]$. Dann gilt, falls $A(x)$ in $[a,b]$ stetig ist,

(1) $W(x) \equiv 0$ oder $W(x) \neq 0$ für alle $x \in [a,b]$.

(2) Die Lösungen $\underline{y}_1,\dots,\underline{y}_n$ bilden ein Fundamentalsystem auf $[a,b]$ genau dann, wenn $W(x) \neq 0$ ist.

Beweis: Zu (1): Sei $x_0 \in [a,b]$ mit $W(x_0) = \det Y(x_0) = 0$. Dann besitzt das homogene lineare Gleichungssystem

$$\alpha_1 \underline{y}_1(x_0) + \ldots + \alpha_n \underline{y}_n(x_0) = \underline{0} \tag{2.13}$$

nichttriviale Lösungen $\alpha_1,\ldots,\alpha_n$ (vgl. Bd. II, Abschn. 3.6.2), d.h. in (2.13) verschwinden nicht alle α_i. Wir setzen

$$\underline{w}(x) := \alpha_1 \underline{y}_1(x) + \ldots + \alpha_n \underline{y}_n(x) .$$

Dann gilt wegen Hilfssatz 2.1 und (2.13)

$$\underline{w}' = A(x)\underline{w} \quad \text{und} \quad \underline{w}(x_0) = \underline{0} . \tag{2.14}$$

Nach Satz 2.1 ist $\underline{w}(x) \equiv \underline{0}$ die einzige Lösung des Anfangswertproblems (2.14) auf $[a,b]$. Daher sind die Lösungen $\underline{y}_1(x),\ldots,\underline{y}_n(x)$ auf $[a,b]$ linear abhängig. Hieraus folgt aber

$$\det[\underline{y}_1,\ldots,\underline{y}_n] = W(x) = 0 \quad \text{für alle} \quad x \in [a,b] ,$$

woraus sich Behauptung (1) ergibt.

Zu (2): Die Behauptung folgt unmittelbar aus der Theorie der linearen Gleichungssysteme. □

Bemerkung: Zum Nachweis, daß ein System von n Lösungen von $\underline{y}' = A(x)\underline{y}$ ein Fundamentalsystem bildet, genügt es nach Satz 2.4 zu zeigen, daß $W(x_0) \neq 0$ für irgendein $x_0 \in [a,b]$ gilt. Man wählt für diesen Nachweis ein möglichst bequemes x_0.

Beispiel 2.3 Wir betrachten das lineare System

$$\left.\begin{aligned} y_1' &= -\frac{1}{x(x^2+1)}\,y_1 + \frac{1}{x^2(x^2+1)}\,y_2 \\ y_2' &= -\frac{x^2}{x^2+1}\,y_1 + \frac{2x^2+1}{x(x^2+1)}\,y_2 \end{aligned}\right\} \tag{2.15}$$

für $x > 0$. Durch Einsetzen in das Differentialgleichungssystem bestätigt man (nachrechnen!):

$$\underline{y}_1(x) = \begin{bmatrix} 1 \\ x \end{bmatrix}, \quad \underline{y}_2(x) = \begin{bmatrix} -\frac{1}{x} \\ x^2 \end{bmatrix} \qquad (x > 0) \tag{2.16}$$

sind Lösungen des Systems. Wir bilden die Wronsky-Determinante von $\underline{y}_1, \underline{y}_2$:

$$W(x) = \det \begin{bmatrix} 1 & -\frac{1}{x} \\ x & x^2 \end{bmatrix} = x^2 + 1 ,$$

d.h. $W(x) \neq 0$ für alle $x > 0$.[1] Daher bilden die Lösungen (2.16) ein Fundamentalsystem von Lösungen des Differentialgleichungssystems (2.15) auf $[\varepsilon, R]$, $\varepsilon, R > 0$ beliebig. Die Bedeutung eines Fundamentalsystems besteht in der folgenden Tatsache:

Ist ein Fundamentalsystem von $\underline{y}' = A(x)\underline{y}$ bekannt, so kennt man damit die allgemeine Lösung dieses Differentialgleichungssystems.

Es gilt nämlich

Satz 2.5 Durch $\underline{y}_1, \ldots, \underline{y}_n$ sei auf $[a,b]$ ein Fundamentalsystem von $\underline{y}' = A(x)\underline{y}$ gegeben. Dann läßt sich jede Lösung $\underline{y}$ auf $[a,b]$ in der Form

$$\underline{y} = c_1 \underline{y}_1 + \ldots + c_n \underline{y}_n \tag{2.17}$$

mit geeigneten Konstanten $c_1, \ldots, c_n$ darstellen.

Beweis: Wir zeigen: Für eine beliebige Lösung $\tilde{\underline{y}}$ gibt es stets Konstanten $\tilde{c}_1, \ldots, \tilde{c}_n$, so daß für $\tilde{\underline{y}}$ die Darstellung (2.17) gilt. Sei $x_0 \in [a,b]$

---

1) In diesem Fall ist es unnötig, $W(x)$ an einer speziellen Stelle $x_0 > 0$ zu untersuchen, da man sofort erkennt, daß $W(x)$ für kein x verschwinden kann.

beliebig. Wir fassen das lineare Gleichungssystem

$$\tilde{\underline{y}}(x_0) = c_1\,\underline{y}_1(x_0) + \ldots + c_n\,\underline{y}_n(x_0) \tag{2.18}$$

als Bestimmungsgleichung für $c_1,\ldots,c_n$ auf. Da $\underline{y}_1,\ldots,\underline{y}_n$ nach Voraussetzung ein Fundamentalsystem bilden, gilt nach Satz 2.4 $W(x_0) \neq 0$; das heißt aber, daß die Determinante des (inhomogenen) linearen Gleichungssystems (2.18) ungleich 0 ist. Daher besitzt (2.18) eine eindeutig bestimmte Lösung $(\tilde{c}_1,\ldots,\tilde{c}_n)$. Ferner stimmen $\tilde{\underline{y}}(x)$ und $\tilde{c}_1\,\underline{y}_1(x) + \ldots + \tilde{c}_n\,\underline{y}_n(x)$ für $x = x_0$ überein. Nach der Eindeutigkeitsaussage von Satz 2.1 sind somit $\tilde{\underline{y}}(x)$ und $\tilde{c}_1\,\underline{y}_1(x) + \ldots + \tilde{c}_n\,\underline{y}_n(x)$ auf $[a,b]$ identisch. □

2.3 Inhomogene lineare Systeme 1-ter Ordnung

Wir wenden uns der Untersuchung der inhomogenen Systeme

$$\underline{y}' = A(x)\underline{y} + \underline{b}(x) \tag{2.19}$$

zu.

2.3.1 Inhomogene Systeme und Superposition

Bei der Lösung des inhomogenen Systems (2.19) spielt das Fundamentalsystem des zugehörigen homogenen Systems (vgl. Abschn. 2.2)

$$\underline{y}' = A(x)\underline{y} \tag{2.20}$$

eine entscheidende Rolle. Es gilt nämlich der folgende

Satz 2.6 Sei $\underline{y}_p(x)$ irgendeine Lösung des inhomogenen linearen Systems $\underline{y}' = A(x)\underline{y} + \underline{b}(x)$ und sei $\underline{y}_1(x),\ldots,\underline{y}_n(x)$ ein Fundamentalsystem des homogenen linearen Systems $\underline{y}' = A(x)\underline{y}$. Dann besteht die Menge aller Lösungen des inhomogenen linearen Systems aus Elementen der Form

$$\underline{y}_p(x) + c_1\,\underline{y}_1(x) + \ldots + c_n\underline{y}_n(x)\,, \tag{2.21}$$

mit Konstanten $c_1,\ldots,c_n$.

Beweis: Sei $\underline{z}(x)$ eine Lösung von (2.19). Dann löst $\underline{z}(x) - \underline{y}_p(x)$ das homogene System (2.20) und läßt sich daher wegen Satz 2.5 in der Form

$$\underline{z}(x) - \underline{y}_p(x) = c_1\,\underline{y}_1(x) + \ldots + c_n\underline{y}_n(x)$$

darstellen. Für $\underline{z}(x)$ gilt also

$$\underline{z}(x) = \underline{y}_p(x) + c_1 \underline{y}_1(x) + \ldots + c_n \underline{y}_n(x) .$$

Der Nachweis, daß umgekehrt durch (2.21) eine Lösung des inhomogenen Systems gegeben ist, folgt sofort aufgrund der Linearität des Systems. □

Die allgemeine Lösung eines inhomogenen linearen Systems läßt sich somit durch Superposition der allgemeinen Lösung $c_1 \underline{y}_1(x) + \ldots + c_n \underline{y}_n(x)$ des zugehörigen homogenen Systems und einer speziellen Lösung $\underline{y}_p(x)$ des inhomogenen Systems gewinnen. Damit zerfällt das Problem der Lösung eines inhomogenen Systems in zwei Teilprobleme:

(I) Ermittlung eines Fundamentalsystems des zugehörigen homogenen Systems.

(II) Bestimmung einer speziellen (= partikulären) Lösung des inhomogenen Systems.

2.3.2 Spezielle Lösungen und Variation der Konstanten

Zur Berechnung einer speziellen Lösung $\underline{y}_p(x)$ des inhomogenen linearen Systems

$$\underline{y}' = A(x)\underline{y} + \underline{b}(x) \tag{2.22}$$

verwenden wir, analog zu Abschnitt 1.2.5 (Typ D), die Methode der *Variation der Konstanten*. Es gilt

Satz 2.7 Durch $\underline{y}_1,\dots,\underline{y}_n$ sei ein Fundamentalsystem von $\underline{y}' = A(x)\underline{y}$ auf dem Intervall [a,b] gegeben. Ferner sei $Y(x)$ die Matrix $[\underline{y}_1,\dots,\underline{y}_n]$ (vgl. Abschn. 2.2.2) und $Y^{-1}(x)$ ihre inverse Matrix. Ist dann $\underline{b}(x)$ stetig in $[a,b]$, so ist

$$\underline{y}_p(x) = Y(x)\int Y^{-1}(x)\,\underline{b}(x)\,dx \;{}^{1)}, \quad x \in [a,b] \tag{2.23}$$

eine spezielle Lösung des inhomogenen linearen Systems (2.22).

Beweis: Die allgemeine Lösung des homogenen linearen Systems $\underline{y}' = A(x)\underline{y}$ ist nach Satz 2.5 durch $c_1\underline{y}_1(x) + \dots + c_n\underline{y}_n(x)$ gegeben. Mit $\underline{c} = [c_1,\dots,c_n]^T$ können wir hierfür auch $Y(x)\cdot\underline{c}$ schreiben (Produkt einer Matrix mit einem Vektor!).

Zur Bestimmung einer speziellen Lösung des inhomogenen Systems gehen wir von dem Ansatz

$$\boxed{\underline{y}_p(x) = Y(x)\cdot\underline{c}(x)} \tag{2.24}$$

aus und versuchen, $\underline{c}(x)$ so zu bestimmen, daß $\underline{y}_p(x)$ dem inhomogenen System genügt. Mit $Y' := [\underline{y}_1',\dots,\underline{y}_n']$ erhalten wir aus

$$\underline{y}_p' = Y'\underline{c} + Y\underline{c}' = A\,Y\,\underline{c} + Y\,\underline{c}' = A\,Y\,\underline{c} + \underline{b}$$

die Bedingung

$$Y(x)\underline{c}'(x) = \underline{b}(x)\,.$$

---

1) Wir erinnern daran, daß für

$$\underline{v}(x) = \begin{bmatrix} v_1(x) \\ \vdots \\ v_n(x) \end{bmatrix} \quad \text{gilt:} \quad \int \underline{v}(x)\,dx = \begin{bmatrix} \int v_1(x)\,dx \\ \vdots \\ \int v_n(x)\,dx \end{bmatrix}$$ (vgl. Bd.I, Abschn.7.2).

Da $\underline{y}_1,\ldots,\underline{y}_n$ ein Fundamentalsystem auf $[a,b]$ bilden, ist die Wronski-Determinante $W(x) = \det Y(x)$ nach Satz 2.4 in $[a,b]$ nirgends Null. Also existiert in $[a,b]$ die inverse Matrix $Y^{-1}(x)$ und ist dort stetig (d.h. ihre Elemente sind stetig). Wir multiplizieren nun $Y(x)\underline{c}'(x) = \underline{b}(x)$ von links mit $Y^{-1}(x)$ und erhalten

$$\underline{c}'(x) = Y^{-1}(x)\,Y(x)\,\underline{c}'(x) = Y^{-1}(x)\,\underline{b}(x)\,.$$

Integration dieser Gleichung liefert

$$\underline{c}(x) = \int Y^{-1}(x)\,\underline{b}(x)\,dx\,,$$

woraus sich aufgrund von Ansatz (2.24) die spezielle Lösung (2.23) ergibt. □

Beispiel 2.4 Wir betrachten das inhomogene System

$$\underline{y}' = A(x)\underline{y} + \underline{b}(x)\,,$$

mit

$$A(x) = \begin{bmatrix} -\dfrac{1}{x(1+x^2)} & \dfrac{1}{x^2(1+x^2)} \\ -\dfrac{x^2}{1+x^2} & \dfrac{1+2x^2}{x(1+x^2)} \end{bmatrix}, \quad \underline{b}(x) = \begin{bmatrix} \dfrac{1}{x} \\ 1 \end{bmatrix} \quad (x > 0)\,.$$

Mit Hilfe der Wronski-Determinante (vgl. Abschn. 2.2.2) läßt sich leicht nachprüfen, daß durch

$$\underline{y}_1(x) = \begin{bmatrix} 1 \\ x \end{bmatrix}, \quad \underline{y}_2(x) = \begin{bmatrix} -\dfrac{1}{x} \\ x^2 \end{bmatrix}$$

ein Fundamentalsystem von $\underline{y}' = A(x)\underline{y}$ gegeben ist. Wir bestimmen nun mit (2.23) eine spezielle Lösung $\underline{y}_p(x)$ des inhomogenen Systems: Für

$$Y(x) = [\underline{y}_1(x),\ \underline{y}_2(x)] = \begin{bmatrix} 1 & -\dfrac{1}{x} \\ x & x^2 \end{bmatrix} \quad (x > 0)$$

ergibt sich die inverse Matrix (vgl. hierzu Bd. II, Abschn. 3.3.2) zu

$$Y^{-1}(x) = \frac{1}{\det Y(x)} \operatorname{adj} Y(x)$$

$$= \frac{1}{x^2+1}\begin{bmatrix} x^2 & \frac{1}{x} \\ -x & 1 \end{bmatrix} = \begin{bmatrix} \frac{x^2}{1+x^2} & \frac{1}{x(1+x^2)} \\ -\frac{x}{1+x^2} & \frac{1}{1+x^2} \end{bmatrix} .$$

Aus

$$Y^{-1}(x)\,\underline{b}(x) = \begin{bmatrix} \frac{x^2}{1+x^2} & \frac{1}{x(1+x^2)} \\ -\frac{x}{1+x^2} & \frac{1}{1+x^2} \end{bmatrix} \begin{bmatrix} \frac{1}{x} \\ 1 \end{bmatrix} = \begin{bmatrix} \frac{x}{1+x^2} + \frac{1}{x(1+x^2)} \\ 0 \end{bmatrix}$$

folgt für $x > 0$

$$\int Y^{-1}(x)\,\underline{b}(x)\,dx = \begin{bmatrix} \int \frac{x^2+1}{x(1+x^2)}\,dx \\ 0 \end{bmatrix} = \begin{bmatrix} \int \frac{dx}{x} \\ 0 \end{bmatrix} = \begin{bmatrix} \ln x \\ 0 \end{bmatrix} .$$

Nach (2.23) erhalten wir daher die spezielle Lösung

$$\underline{y}_p(x) = \begin{bmatrix} 1 & -\frac{1}{x} \\ x & x^2 \end{bmatrix} \begin{bmatrix} \ln x \\ 0 \end{bmatrix} = \begin{bmatrix} \ln x \\ x \ln x \end{bmatrix} \qquad (x > 0) .$$

2.4 Lineare Differentialgleichungen n-ter Ordnung

Die linearen DGln der Ordnung n

$$y^{(n)} + a_{n-1}(x)\,y^{(n-1)} + \ldots + a_0(x)\,y = g(x) \tag{2.25}$$

lassen sich nach Abschnitt 2.1.2 als spezielle lineare Systeme 1-ter Ordnung auffassen:

$$\begin{aligned} y_1' &= y_2 \\ y_2' &= y_3 \\ &\vdots \\ y_{n-1}' &= y_n \\ y_n' &= -a_0(x)\,y_1 - \ldots - a_{n-1}(x)\,y_n + g(x), \end{aligned}$$

mit $y_1 := y$, $y_2 := y'$, ..., $y_n := y^{(n-1)}$. Daher gelten die Resultate von Abschnitt 2.2 bzw. 2.3 auch für diesen Fall.

2.4.1 Fundamentalsystem und Wronski-Determinante

Wir betrachten die homogene DGl

$$y^{(n)} + a_{n-1}(x)\,y^{(n-1)} + \ldots + a_0(x)\,y = 0, \tag{2.26}$$

die äquivalent zum homogenen System

$$\begin{aligned} y_1' &= y_2 \\ &\vdots \\ y_{n-1}' &= y_n \\ y_n' &= -a_0(x)\,y_1 - \ldots - a_{n-1}(x)\,y_n \end{aligned} \tag{2.27}$$

ist. Daher ist $y(x)$ Lösung der homogenen DGl (2.26) genau dann, wenn

$$\underline{y}(x) = \begin{bmatrix} y(x) \\ y'(x) \\ \vdots \\ y^{(n-1)}(x) \end{bmatrix} \tag{2.28}$$

Lösung des homogenen Systems (2.27) ist.

Wir wollen nun die Begriffe Fundamentalsystem und Wronski-Determinante auf lineare DGln n-ter Ordnung übertragen, dabei jedoch nicht mit den Lösungen des entsprechenden Systems, sondern mit den Lösungen der DGl selbst, arbeiten. Seien also $y_1(x),\ldots,y_n(x)$ n Lösungen der homogenen DGl (2.26). Sind diese linear unabhängig, d.h. folgt aus der Beziehung

$$\alpha_1 y_1(x) + \ldots + \alpha_n y_n(x) = 0 \quad \text{auf} \quad [a,b] \tag{2.29}$$

das Verschwinden sämtlicher Koeffizienten: $\alpha_1 = \alpha_2 = \ldots = \alpha_n = 0$, so nennen wir $y_1,\ldots,y_n$ ein Fundamentalsystem der homogenen DGl (2.26) auf $[a,b]$. Durch k-fache Differentiation von (2.29) folgt:

$$\alpha_1 y_1^{(k)}(x) + \ldots + \alpha_n y_n^{(k)}(x) = 0 \quad \text{auf} \quad [a,b]\,, \quad (k=1,\ldots,n-1)\,. \tag{2.30}$$

Daher sind die Lösungen $y_1(x),\ldots,y_n(x)$ genau dann linear unabhängig, falls die n Vektoren $\underline{y}_1(x),\ldots,\underline{y}_n(x)$ mit

$$\underline{y}_i(x) := \begin{bmatrix} y_i(x) \\ y_i'(x) \\ \vdots \\ y_i^{(n-1)}(x) \end{bmatrix} \qquad (i=1,\ldots,n) \tag{2.31}$$

linear unabhängig sind. Dies führt zu

Definition 2.3 Seien $y_1(x),\ldots,y_n(x)$ n beliebige Lösungen der homogenen linearen DGl n-ter Ordnung. Dann heißt

$$W(x) := \det \begin{bmatrix} y_1 & y_2 & \dots & y_n \\ y_1' & y_2' & \dots & y_n' \\ \vdots & & & \\ y_1^{(n-1)} & y_2^{(n-1)} & \dots & y_n^{(n-1)} \end{bmatrix} \tag{2.32}$$

die Wronski-Determinante dieser n Lösungen.

Durch Verwendung der Ergebnisse, die wir für Systeme in Abschnitt 2.2 gewonnen haben, erhalten wir für DGln höherer Ordnung sofort

Satz 2.8 Die Funktionen $a_j(x)$ $(j=0,1,\dots,n-1)$ seien stetig auf $[a,b]$.

(a) Dann gibt es ein Fundamentalsystem $y_1,\dots,y_n$ von

$$y^{(n)} + a_{n-1}(x)\,y^{(n-1)} + \dots + a_0(x)\,y = 0\,, \tag{2.33}$$

und jede Lösung dieser DGl besitzt die Darstellung

$$c_1\,y_1(x) + \dots + c_n y_n(x)\,, \tag{2.34}$$

mit geeigneten Konstanten $c_1,\dots,c_n$.

(b) Je n Lösungen der homogenen DGl (2.33) bilden ein Fundamentalsystem, wenn ihre Wronski-Determinante $W(x)$ nirgends auf $[a,b]$ verschwindet. Gilt $W(x_0) = 0$ für ein $x_0 \in [a,b]$, so folgt daraus $W(x) = 0$ in ganz $[a,b]$.

Ferner

Satz 2.9 Die Funktionen $a_j(x)$ $(j=0,1,\dots n-1)$ und $g(x)$ seien stetig auf $[a,b]$. Ferner sei $y_p(x)$ eine spezielle Lösung von

$$y^{(n)} + a_{n-1}(x)\,y^{(n-1)} + \dots + a_0(x)\,y = g(x)\,. \tag{2.35}$$

Ist dann $y_1,\dots,y_n$ ein Fundamentalsystem der zugehörigen homogenen DGl, so sind durch

$$y_p(x) + c_1\,y_1(x) + \dots + c_n y_n(x) \tag{2.36}$$

mit geeigneten Konstanten $c_1,\dots,c_n$ sämtliche Lösungen der inhomogenen DGl (2.35) erfaßt.

Beispiel 2.5 Seien $y_1(x) = 1$, $y_2(x) = x$, $y_3(x) = x^2$ $(x \in \mathbb{R})$ Lösungen einer homogenen linearen DGl 3-ter Ordnung. Wir prüfen, ob diese ein Fundamentalsystem bilden und bestimmen gegebenenfalls die allgemeine Lösung der DGl. Hierzu rechnen wir die Wronski-Determinante aus:

$$W(x) = \det\begin{bmatrix} y_1 & y_2 & y_3 \\ y_1' & y_2' & y_3' \\ y_1'' & y_2'' & y_3'' \end{bmatrix} = \det\begin{bmatrix} 1 & x & x^2 \\ 0 & 1 & 2x \\ 0 & 0 & 2 \end{bmatrix}$$

bzw. mit $x_0 = 0$ (bequem gewählt!)

$$W(0) = \det\begin{bmatrix} 1 & 0 & 0 \\ 0 & 1 & 0 \\ 0 & 0 & 2 \end{bmatrix} = 2 \neq 0\,.$$

Wegen Satz 2.8 bilden diese Funktionen also tatsächlich ein Fundamentalsystem, und die allgemeine Lösung der DGl lautet

$$\begin{aligned} y(x) &= c_1\,y_1(x) + c_2 y_2(x) + c_3\,y_3(x) \\ &= c_1 + c_2\,x + c_3 x^2\,, \qquad\qquad x \in \mathbb{R}\,. \end{aligned}$$

2.4.2 Reduktionsprinzip

Im Fall von linearen DGln mit konstanten Koeffizienten läßt sich stets ein Fundamentalsystem in geschlossener Form angeben (vgl. Abschn. 3.1.1). Dies ist bei nicht konstanten Koeffizienten im allgemeinen nicht möglich. Häufig kann jedoch das sogenannte Reduktionsprinzip angewandt werden:

Ist eine Lösung (etwa durch Informationen aus einem Anwendungsgebiet, durch Probieren usw.) bekannt, so läßt sich die Ordnung der DGl erniedrigen. Dadurch gelangt man häufig zu wesentlich einfacheren Problemen.

Satz 2.10 (Reduktionsprinzip). Sei $u(x) \not\equiv 0$ eine Lösung der homogenen linearen DGl der Ordnung n

$$y^{(n)} + a_{n-1}(x)\, y^{(n-1)} + \ldots + a_0(x)\, y = 0 . \tag{2.37}$$

Dann führt der Produktansatz

$$y(x) = v(x) \cdot u(x) \tag{2.38}$$

auf eine homogene lineare DGl der Ordnung $n-1$ für $w := v'$:

$$w^{(n-1)} + b_{n-1}(x)\, w^{(n-2)} + \ldots + b_1(x)\, w = 0 . \tag{2.39}$$

Ist $w_1,\ldots,w_{n-1}$ ein Fundamentalsystem der reduzierten DGl (2.39) und sind $v_1,\ldots,v_{n-1}$ Stammfunktionen von $w_1,\ldots,w_{n-1}$, so bilden

$$u,\, u v_1 ,\ldots ,\, u v_{n-1} \tag{2.40}$$

ein Fundamentalsystem der DGl (2.37).

Beweis: Mit dem Ansatz $y(x) = v(x)\, u(x)$ folgt aus (2.37)

$$(v\, u)^{(n)} + a_{n-1}(v\, u)^{(n-1)} + \ldots + a_0\, v\, u = 0$$

bzw. durch Anwendung der Produktregel

$$v\left[u^{(n)} + a_{n-1}u^{(n-1)} + \ldots + a_0 u\right] + p_1 v' + \ldots + p_{n-1} v^{(n-1)} + u\,v^{(n)} = 0 . \qquad (2.41)$$

Dabei sind $p_1,\ldots,p_{n-1}$ bekannte Funktionen von x, die wir zur Abkürzung eingeführt haben. Nach Voraussetzung verschwindet der Klammerausdruck in (2.41). In der Umgebung eines jeden Punktes x, für den $u(x) \neq 0$ ist, ergibt sich daher

$$v^{(n)} + \frac{p_{n-1}}{u} v^{(n-1)} + \ldots + \frac{p_1}{u} v' = 0 ,$$

bzw. mit $w := v'$ und $b_i := \frac{p_i}{u}$ $(i=1,\ldots,n-1)$

$$w^{(n-1)} + b_{n-1} w^{(n-2)} + \ldots + b_1 w = 0 ,$$

also eine homogene lineare DGl der Ordnung $n-1$ für w. Ist $w_1,\ldots,w_{n-1}$ ein Fundamentalsystem dieser DGl und sind $v_1,\ldots,v_{n-1}$ zugehörige Stammfunktionen, so erhalten wir mit

$$u\,,\,u\,v_1\,,\,\ldots,\,u\,v_{n-1}$$

n Lösungen der Ausgangsgleichung. Diese bilden ein Fundamentalsystem. Denn: Aus der Beziehung

$$c_1 u + c_2(u\,v_1) + \ldots + c_n(u\,v_{n-1}) = 0 \qquad (2.42)$$

folgt nach Division durch u

$$c_1 + c_2 v_1 + \ldots + c_n v_{n-1} = 0 .$$

Differenzieren wir diese Gleichung, so ergibt sich mit $v_k' = w_k$ die Gleichung

$$c_2 w_1 + \ldots + c_n w_{n-1} = 0$$

und hieraus, da $w_1,\ldots,w_{n-1}$ nach Voraussetzung linear unabhängig sind:

$c_2 = \ldots = c_n = 0$ und daher auch $c_1 = 0$. Damit ist gezeigt, daß $u, u v_1, \ldots, u v_{n-1}$ linear unabhängig sind, also ein Fundamentalsystem bilden. □

Bemerkung 1: Für lineare Systeme gilt ein entsprechendes Reduktionsprinzip (s. hierzu z.B. [50], § 15 (IV)).

Beispiel 2.6 Wir betrachten die DGl

$$y'' - (1 + 2\tan^2 x)y = 0, \quad -\frac{\pi}{2} < x < \frac{\pi}{2}. \tag{2.43}$$

Eine Lösung dieser DGl ist durch

$$u(x) = \frac{1}{\cos x} \tag{2.44}$$

gegeben (nachprüfen!). Wir bestimmen ein Fundamentalsystem von Lösungen: Der Ansatz $y(x) = v(x)\,u(x)$ liefert

$$y'' - (1 + 2\tan^2 x)y$$

$$= v''u + 2v'u' + u''v - (1 + 2\tan^2 x)\,vu = 0,$$

also, da $u(x)$ der DGl (2.43) genügt,

$$v''u + v'\,2u' = 0.$$

Mit $w := v'$ folgt daher

$$w'u + 2u' \cdot w = 0.$$

Diese DGl 1-ter Ordnung für w läßt sich sofort durch Trennung der Veränderlichen lösen:

$$\frac{w'}{w} = -2\frac{u'}{u} \quad \text{bzw.} \quad \ln|w| = -2\ln|u| + C_1,$$

d.h. wir erhalten für w unter Beachtung von (2.44)

$$w(x) = C\frac{1}{u^2} = \frac{1}{u^2} = \cos^2 x \qquad (C = 1 \text{ gesetzt}).$$

Wegen $v' = w$ folgt damit für v

$$v(x) = \int \cos^2 x \, dx = \frac{1}{2}(x + \sin x \cdot \cos x) \quad \text{(Integrationskonstante Null gesetzt).}$$

Hieraus ergibt sich aufgrund des Ansatzes

$$y_1(x) = v(x)\, u(x) = \frac{1}{2}\left(\frac{x}{\cos x} + \sin x\right),$$

und unser Fundamentalsystem lautet

$$\frac{1}{2}\left(\frac{x}{\cos x} + \sin x\right), \quad \frac{1}{\cos x}.$$

Die allgemeine Lösung der DGl ist also durch

$$y(x) = \tilde{c}_1\, u(x) + \tilde{c}_2 y_1(x) = \frac{\tilde{c}_1}{\cos x} + c_2\left(\frac{x}{\cos x} + \sin x\right)$$

mit beliebigen Konstanten $\tilde{c}_1, c_2$ gegeben.

Bemerkung 2: In manchen Fällen erwartet man eine gewisse Lösungsstruktur, so daß man sich aus diesen Informationen eine Lösung verschaffen kann.

Beispiel 2.7 Wir gehen von der DGl

$$(1 + x^2)y'' - 2y = 0 \quad \text{bzw.} \quad y'' - \frac{2}{1 + x^2} y = 0, \quad x \in \mathbb{R},$$

aus und zeigen: Eine Lösung $u(x)$ hat "Polynomstruktur". Wir setzen für $u(x)$ ein Polynom vom Grad 2 in x an:

$$u(x) = a_0 + a_1 x + a_2 x^2.$$

Mit diesem Ansatz gehen wir in die DGl ein und erhalten

$$(1 + x^2)\, 2a_2 - 2(a_0 + a_1 x + a_2 x^2) = 0$$

bzw.

$$a_1 x + (a_0 - a_2) = 0 \quad \text{für alle} \quad x \in \mathbb{R}.$$

Koeffizientenvergleich ergibt: $a_1 = 0$, $a_0 - a_2 = 0$, d.h. $a_1 = 0$, $a_2 = a_0$ beliebig. Wir setzen $a_2 = a_0 = 1$ und erhalten die Lösung

$$u(x) = 1 + x^2 .$$

Ein Fundamentalsystem von Lösungen verschafft man sich dann wieder mit Hilfe des Reduktionsprinzips. Wir überlassen dem Leser die Durchführung dieses Schritts.

2.4.3 Variation der Konstanten

Eine spezielle Lösung der inhomogenen linearen DGl

$$y^{(n)} + a_{n-1}(x)\,y^{(n-1)} + \ldots + a_0(x)\,y = g(x) \tag{2.45}$$

läßt sich wieder nach der Methode der Variation der Konstanten gewinnen. Ein allgemeines Programm hierfür finden wir z.B. in [50], § 19 (IV).

Wir begnügen uns an dieser Stelle mit dem Hinweis, daß wir uns eine spezielle Lösung stets auf folgende Weise verschaffen können:

(1) Wir schreiben die DGl als System erster Ordnung (vgl. Abschn. 1.3).

(2) Wir wenden anschließend das Variationsprinzip für Systeme (Satz 2.7) an.

Beispiel 2.8 Gegeben sei die DGl

$$y'' + y = \frac{1}{\cos x} . \tag{2.46}$$

Mit den Substitutionen $y_1 := y$, $y_2 := y'$ läßt sich diese DGl als System

$$\begin{aligned} y_1' &= y_2 \\ y_2' &= -y_1 + \frac{1}{\cos x} \end{aligned} \qquad (2.47)$$

schreiben. Ein Fundamentalsystem des zugehörigen homogenen Systems ist durch

$$\underline{y}_1(x) = \begin{bmatrix} \cos x \\ -\sin x \end{bmatrix}, \quad \underline{y}_2(x) = \begin{bmatrix} \sin x \\ \cos x \end{bmatrix}$$

gegeben (nachprüfen!). Dies liefert

$$\underline{Y}(x) = [\underline{y}_1(x), \underline{y}_2(x)] = \begin{bmatrix} \cos x & \sin x \\ -\sin x & \cos x \end{bmatrix}$$

mit der inversen Matrix

$$Y^{-1}(x) = \begin{bmatrix} \cos x & -\sin x \\ \sin x & \cos x \end{bmatrix} .$$

Setzen wir noch

$$\underline{b}(x) = \begin{bmatrix} 0 \\ \frac{1}{\cos x} \end{bmatrix},$$

so folgt

$$Y^{-1}(x)\,\underline{b}(x) = \begin{bmatrix} \cos x & -\sin x \\ \sin x & \cos x \end{bmatrix} \begin{bmatrix} 0 \\ \frac{1}{\cos x} \end{bmatrix} = \begin{bmatrix} -\frac{\sin x}{\cos x} \\ 1 \end{bmatrix} .$$

Mit Satz 2.7 erhalten wir daher die spezielle Lösung

$$\underline{y}_p(x) = Y(x) \int Y^{-1}(x)\, \underline{b}(x)\, dx$$

$$= \begin{bmatrix} \cos x & \sin x \\ -\sin x & \cos x \end{bmatrix} \begin{bmatrix} -\int \frac{\sin x}{\cos x}\, dx \\ \int dx \end{bmatrix} = \begin{bmatrix} \cos x \cdot \ln|\cos x| + x \sin x \\ -\sin x \cdot \ln|\cos x| + x \cos x \end{bmatrix}$$

des Systems (2.47). Die erste Koordinate $y_p(x)$ von $\underline{y}_p(x)$ liefert uns dann eine spezielle Lösung für unsere ursprüngliche DGl (2.46):

$$y_p(x) = \cos x \cdot \ln|\cos x| + x \sin x .$$

Wir beschließen Abschnitt 2 mit einem Hinweis auf Abschnitt 4, wo wir lineare DGln mit nichtkonstanten Koeffizienten mit Hilfe von Potenzreihenentwicklungen lösen werden. Dieser Weg empfiehlt sich häufig dann, wenn es mit den in diesem Abschnitt behandelten Methoden nicht gelingt, ein Fundamentalsystem zu bestimmen.

Übungen

2.1 Man prüfe, ob das Funktionensystem

$$\underline{y}_1(x) = \begin{bmatrix} x^2 \\ -x \end{bmatrix}, \quad \underline{y}_2(x) = \begin{bmatrix} -x^2 \ln x \\ x + x \cdot \ln x \end{bmatrix} \qquad (x > 0)$$

ein Fundamentalsystem des homogenen DGl-Systems

$$\underline{y}' = A(x)\underline{y} \quad \text{mit} \quad A(x) = \begin{bmatrix} \frac{1}{x} & -1 \\ \frac{1}{x^2} & \frac{2}{x} \end{bmatrix} \qquad (x > 0)$$

bildet.

2.2* Es sei $A(x)$ die Matrix aus Aufgabe 2.1 und

$$\underline{b}(x) = \begin{bmatrix} x \\ -x^2 \end{bmatrix} .$$

Man löse das Anfangswertproblem

$$\underline{y}' = A(x)\underline{y} + \underline{b}(x) , \quad \underline{y}(1) = \underline{0} .$$

2.3* Mit Hilfe des Reduktionsverfahrens bestimme man die allgemeine Lösung der DGl

$$y'' - x^2 y' - \left(x + \frac{2}{x^2}\right) y = 0 \qquad (x > 0) ,$$

wenn eine Lösung durch $y_1(x) = \frac{1}{x}$ gegeben ist.

2.4* Man zeige: Die DGl

$$x y'' - (x+3) y' + y = 0$$

besitzt ein Polynom vom Grad kleiner oder gleich 2 als Lösung. Man bestimme ein Fundamentalsystem der DGl und gebe ihre allgemeine Lösung an.

2.5 Die DGl des dickwandigen Rohres unter innerem Druck lautet (vgl. W. Horst und A. Thoma: Die DGln der Technik u. Physik. 5. Auflage, I.A. Barth, Leipzig 1950, S. 163):

$$u'' + \frac{1}{x} u' - \frac{u}{x^2} = 0 \qquad (x > 0) .$$

Man suche eine Lösung der DGl und bestimme anschließend ein Fundamentalsystem. Wie lautet die allgemeine Lösung?

2.6* Bei Laufrädern von Strömungsmaschinen tritt häufig die folgende Situation auf: Eine Scheibe der Dicke s mit dem Innenradius r und dem Außenradius R rotiere mit konstanter Winkelgeschwindigkeit ω. Infolge der Zentrifugalkräfte treten in der Scheibe Radialspannungen $\sigma_x(x)$ und Tantentialspannungen $\sigma_\varphi(x)$ auf, für die folgender Zusammenhang besteht:

$$x \sigma_x' + \sigma_x - \sigma_\varphi = - \rho \omega^2 x^2$$

$$x(\sigma_\varphi' - \gamma \sigma_x') + (1+\gamma)(\sigma_\varphi - \sigma_x) = 0$$

(ρ: Dichte der Scheibe, γ: Querkontraktionszahl).

a) Man bestimme die allgemeine Lösung des Systems.

Anleitung: Man leite für σ_x eine DGl 2-ter Ordnung her und löse zunächst diese.

b) Man berechne die Spannungen σ_x, σ_φ in der Laufradscheibe einer Turbine, für die Welle und Scheibe aus einem Stück gefertigt seien, d.h.

(α) σ_x und σ_φ seien für $x = 0$ endlich;

(β) für $x = R$ sei $\sigma_x = \sigma_R \neq 0$ (infolge der Zentrifugalkräfte von Radkranz und Turbinenschaufeln treten am Außenrand Zugspannungen σ_R auf).

Welche maximalen Spannungen σ_x, σ_φ ergeben sich allgemein?

3 LINEARE DIFFERENTIALGLEICHUNGEN MIT KONSTANTEN KOEFFIZIENTEN

In den Technik- und Naturwissenschaften treten lineare DGln mit konstanten Koeffizienten besonders häufig auf. Wir werden in diesem Abschnitt verschiedene Anwendungen behandeln.

Dabei verstehen wir

(a) unter einer linearen DGl n-ter Ordnung mit konstanten Koeffizienten einen Ausdruck der Form

$$y^{(n)} + a_{n-1}\, y^{(n-1)} + \ldots + a_0 y = g\,, \qquad a_i = \text{const.}, \quad (i=0,\ldots,n-1) \tag{3.1}$$

bzw.

(b) unter einem linearen System 1-ter Ordnung mit konstanten Koeffizienten einen Ausdruck der Form

$$\underline{y}' = A\underline{y} + \underline{g}\,, \qquad A = [a_{jk}]_{j,k=1,\ldots,n} \quad \text{mit} \quad a_{jk} = \text{const.} \tag{3.2}$$

Beispiele (aus den Anwendungen)

Zu (a): Gleichungen (1.1) bis (1.3) und (1.5) bis (1.8) in Abschnitt 1.1.1.

Zu (b): Beispiel 1.28 in Abschnitt 1.3.

Bemerkung: Die Sätze aus Abschnitt 2 gelten insbesondere auch für den Fall konstanter Koeffizienten. Es existieren daher eindeutig bestimmte Lösungen der entsprechenden Anfangswertprobleme auf dem ganzen Stetigkeitsbereich von g bzw. $\underline{g}$.

3.1 LINEARE DIFFERENTIALGLEICHUNGEN HÖHERER ORDNUNG

3.1.1 Homogene Differentialgleichungen und Konstruktion eines Fundamentalsystems

Im Gegensatz zu Abschnitt 2.4 lassen sich im Fall konstanter Koeffizienten stets n linear unabhängige Lösungen (und damit ein Fundamentalsystem) der homogenen DGl

$$y^{(n)} + a_{n-1} y^{(n-1)} + \dots + a_0 y = 0 \tag{3.3}$$

konstruieren. Zusammen mit geeigneten Methoden zur Bestimmung einer speziellen Lösung von

$$y^{(n)} + a_{n-1} y^{(n-1)} + \dots + a_0 y = g \tag{3.4}$$

ist daher eine vollständige Lösung dieser DGl möglich. Zur Konstruktion eines Fundamentalsystems der homogenen DGl gehen wir vom Ansatz

$$\boxed{y(x) = e^{\lambda x}} \tag{3.5}$$

aus. Aufgrund der Beziehungen

$$\left(\frac{d}{dx}\right)^k e^{\lambda x} = \lambda^k e^{\lambda x} \quad \text{und} \quad e^{\lambda x} \neq 0 \quad \text{für alle} \quad x \in \mathbb{R}$$ [1)]

gilt: $y(x) = e^{\lambda x}$ ist eine Lösung von (3.3) genau dann, falls λ eine Nullstelle von

$$P(\lambda) := \lambda^n + a_{n-1} \lambda^{n-1} + \dots + a_0 \tag{3.6}$$

ist, d.h. falls $P(\lambda) = 0$ erfüllt ist.

---

1) Wir verwenden hier und häufig auch im folgenden anstelle von $\frac{d^k}{dx^k}$ die Operatorschreibweise $\left(\frac{d}{dx}\right)^k$.

Definition 3.1 $P(\lambda)$ heißt *charakteristisches Polynom* der homogenen DGl und $P(\lambda) = 0$ die zugehörige *charakteristische Gleichung*.

Wir wollen das Nullstellenverhalten von $P(\lambda)$ untersuchen und müssen hierzu einige Fallunterscheidungen durchführen:

(i) $P(\lambda)$ besitze n verschiedene reelle Nullstellen $\lambda_1,\ldots,\lambda_n$. Dann besitzt die homogene DGl die n Lösungen

$$e^{\lambda_1 x}, \ldots, e^{\lambda_n x}. \tag{3.7}$$

(ii) $P(\lambda)$ besitze eine komplexe Nullstelle λ_k. Aus der Tatsache, daß $e^{\lambda x}$ auch für komplexe λ sinnvoll ist und

$$\frac{d}{dx} e^{\lambda x} = \lambda e^{\lambda x}, \qquad \lambda \in \mathbb{C}$$

gilt (vgl. Bd. I, Abschn. 4.4.1), folgt, daß $e^{\lambda_k x}$ die homogene DGl auch für $\lambda_k \in \mathbb{C}$ löst. Da wir im Rahmen unserer Betrachtungen davon ausgehen, daß sämtliche Koeffizienten a_j $(j=0,1,\ldots,n-1)$ reell sind, läßt sich aus der "komplexwertigen" Lösung $e^{\lambda_k x}$ ein Paar reeller Lösungen gewinnen. Wir skizzieren den Grundgedanken:

Für $x \in \mathbb{R}$ seien $y_1(x)$, $y_2(x)$ reellwertige Funktionen und die komplexwertige Funktion $y(x)$ durch $y(x) := y_1(x) + i\,y_2(x)$ (i : imaginäre Einheit) erklärt. Dann gilt für die Ableitung von y

$$y'(x) = y_1'(x) + i\,y_2'(x)$$

bzw. allgemein für höhere Ableitungen

$$y^{(l)}(x) = y_1^{(l)}(x) + i\,y_2^{(l)}(x), \qquad l \in \mathbb{N}.$$

Daher gilt für reelle Koeffizienten a_j $(j=0,1,\ldots,n-1)$

$$y^{(n)} + a_{n-1}y^{(n-1)} + \ldots + a_0 y = \left(y_1^{(n)} + a_{n-1}y_1^{(n-1)} + \ldots + a_0 y_1\right) + \\ + i\left(y_2^{(n)} + a_{n-1}y_2^{(n-1)} + \ldots + a_0 y_2\right) = 0.$$

Dies ist nur möglich, wenn sowohl Realteil als auch Imaginärteil dieser Gleichung verschwinden:

$$y_1^{(n)} + a_{n-1}y_1^{(n-1)} + \dots + a_0y_1 = 0$$

$$y_2^{(n)} + a_{n-1}y_2^{(n-1)} + \dots + a_0y_2 = 0 .$$

Somit gilt: Mit $y(x)$ sind auch $y_1(x) = \mathrm{Re}\, y(x)$ und $y_2(x) = \mathrm{Im}\, y(x)$ Lösungen von $y^{(n)} + a_{n-1}\, y^{(n-1)} + \dots + a_0 y = 0$.

Unter Verwendung der Eulerschen Formel

$$e^{i\varphi} = \cos\varphi + i\sin\varphi \ , \quad \varphi \in \mathbb{R}$$

und des Additionstheorems der Exponentialfunktion

$$e^{(a+i\,b)} = e^a \cdot e^{ib}, \quad a,b \in \mathbb{R},$$

(vgl. Bd. I, Abschn. 2.5.3) erhalten wir für $\lambda_k = \sigma_k + i\,\tau_k$ $(\sigma_k, \tau_k \in \mathbb{R})$

$$y_k(x) = e^{\lambda_k x} = e^{(\sigma_k + i\tau_k)x} = e^{\sigma_k x} \cdot e^{i\tau_k x} = e^{\sigma_k x}(\cos\tau_k x + i\sin\tau_k x) ,$$

woraus sich die beiden reellen Lösungen

$$e^{\sigma_k x}\cos\tau_k x \quad \text{und} \quad e^{\sigma_k x}\sin\tau_k x \tag{3.8}$$

ergeben. Da die Koeffizienten a_j reell sind, ist mit $\lambda_k = \sigma_k + i\,\tau_k$ auch $\bar{\lambda}_k = \sigma_k - i\,\tau_k$ eine Nullstelle von $P(\lambda)$ (vgl. Üb. 3.2), d.h. $e^{\bar{\lambda}_k x}$ ist eine Lösung der homogenen DGl. Zu dieser erhalten wir die beiden reellen Lösungen

$$e^{\sigma_k x}\cos\tau_k x \quad \text{und} \quad -\,e^{\sigma_k x}\sin\tau_k x \ ,$$

also - bis auf das Vorzeichen - dieselben Lösungen wie oben. Zu jedem Paar konjugiert komplexer Nullstellen $\lambda_k, \bar{\lambda}_k$ von $P(\lambda)$ gehört also ein Paar reeller Lösungen der Form

$$e^{\sigma_k x} \cos \tau_k x \quad \text{und} \quad e^{\sigma_k x} \sin \tau_k x .$$

Diese lassen sich für $\sigma_k < 0$ als gedämpfte Schwingungen (vgl. Fig. 3.1) bzw. für $\sigma_k > 0$ als aufschaukelnde Schwingungen (vgl. Fig. 3.2) mit exponentiell fallender bzw. wachsender Amplitude interpretieren.

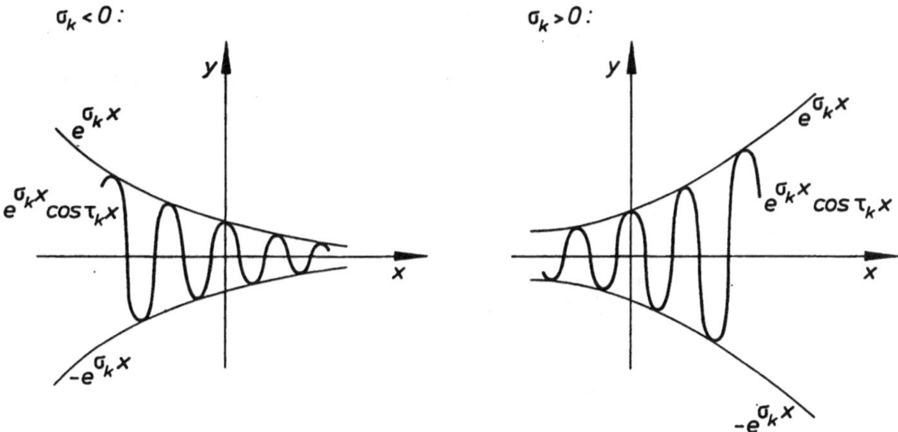

Fig. 3.1: Gedämpfte Schwingung

Fig. 3.2: Aufschaukelnde Schwingung

(iii) $P(\lambda)$ besitze eine (reelle oder komplexe) r-fache Nullstelle λ_k. Wir zeigen: Die r Funktionen

$$e^{\lambda_k x}, \; x\, e^{\lambda_k x}, \; x^2 e^{\lambda_k x}, \; \dots, \; x^{r-1} e^{\lambda_k x} \tag{3.9}$$

sind Lösungen der homogenen DGl. Zur Abkürzung führen wir den "Differentialoperator" L durch

$$L[y] := y^{(n)} + a_{n-1} y^{(n-1)} + \dots + a_0 y$$

ein und zeigen:

$$L\left[x^m e^{\lambda_k x}\right] = 0\,, \qquad m = 0,1,\dots,r-1\,.$$

Wegen

$$x^m e^{\lambda_k x} = \left(\frac{\partial}{\partial\lambda_k}\right)^m e^{\lambda_k x}$$

ist hierzu gleichbedeutend:

$$L\left[\left(\frac{\partial}{\partial\lambda_k}\right)^m e^{\lambda_k x}\right] = 0\,, \qquad m = 0,1,\dots,r-1\,.$$

Nach dem Satz von Schwarz über die Vertauschbarkeit von partiellen Ableitungen (vgl. Bd.I, Abschn. 6.3.5, Satz 6.10) gilt die Beziehung:

$$L\left[\left(\frac{\partial}{\partial\lambda}\right)^m e^{\lambda x}\right] = \left(\frac{\partial}{\partial\lambda}\right)^m L\left[e^{\lambda x}\right] = \left(\frac{\partial}{\partial\lambda}\right)^m e^{\lambda x} P(\lambda)$$

$$= \sum_{l=0}^{m} \binom{m}{l} P^{(l)}(\lambda) \frac{\partial^{m-l}}{\partial\lambda^{m-l}} e^{\lambda x}$$

$$= e^{\lambda x} \sum_{l=0}^{m} \binom{m}{l} x^{m-l} P^{(l)}(\lambda)\,.$$

Nach Voraussetzung ist λ_k eine r-fache Nullstelle von $P(\lambda)$. Daher läßt sich $P(\lambda)$ durch

$$P(\lambda) = (\lambda - \lambda_k)^r P_1(\lambda)$$

darstellen, wobei $P_1(\lambda)$ ein Polynom vom Grad $n - r$ mit $P_1(\lambda_k) \neq 0$ ist. Hieraus folgt

$$P^{(l)}(\lambda_k) = 0 \quad \text{für} \quad l = 0,1,\dots,r-1$$

und damit

$$L\left[\left(\frac{\partial}{\partial\lambda_k}\right)^m e^{\lambda_k x}\right] = 0 \quad \text{für} \quad m = 0,1,\dots,r-1\,,$$

was zu zeigen war. Ist $\lambda_k = \sigma_k + i\,\tau_k$ eine r-fache komplexe Nullstelle von $P(\lambda)$, so erhalten wir durch Zerlegung in Real- und Imaginärteil $2r$ reelle Lösungen

$$\begin{aligned} &e^{\sigma_k x}\cos\tau_k x\,,\quad x\,e^{\sigma_k x}\cos\tau_k x\,,\quad \ldots,\quad x^{r-1}e^{\sigma_k x}\cos\tau_k x\,,\\ &e^{\sigma_k x}\sin\tau_k x\,,\quad x\,e^{\sigma_k x}\sin\tau_k x\,,\quad \ldots,\quad x^{r-1}e^{\sigma_k x}\sin\tau_k x\,. \end{aligned} \tag{3.10}$$

Satz 3.1 Seien a_j $(j=0,1,\ldots,n-1)$ reelle konstante Koeffizienten der homogenen DGl

$$y^{(n)} + a_{n-1}\,y^{(n-1)} + \ldots + a_0\,y = 0 \tag{3.11}$$

und

$$P(\lambda) = \lambda^n + a_{n-1}\,\lambda^{n-1} + \ldots + a_0 \tag{3.12}$$

das zugehörige charakteristische Polynom. Dann gilt:

1. Ist λ_k eine r-fache reelle Nullstelle von $P(\lambda)$, so sind die r Funktionen

$$e^{\lambda_k x}\,,\quad x\,e^{\lambda_k x}\,,\quad \ldots,\quad x^{r-1}e^{\lambda_k x} \tag{3.13}$$

Lösungen der homogenen DGl.

2. Sind $\lambda_k = \sigma_k + i\,\tau_k$ und $\bar{\lambda}_k = \sigma_k - i\,\tau_k$ ein Paar von konjugiert komplexen r-fachen Nullstellen von $P(\lambda)$, so sind die $2r$ Funktionen

$$x^m e^{\sigma_k x}\cos\tau_k x \quad \text{und} \quad x^m e^{\sigma_k x}\sin\tau_k x \quad (m=0,1,\ldots,r-1) \tag{3.14}$$

Lösungen der homogenen DGl. Insgesamt erhalten wir so n Lösungen. Diese bilden ein Fundamentalsystem der homogenen DGl.

Beweis: Wir haben noch die letzte Behauptung des Satzes zu beweisen. Hierzu sei

$$P(\lambda) = (\lambda - \lambda_1)^{r_1} (\lambda - \lambda_2)^{r_2} \dots (\lambda - \lambda_s)^{r_s}$$

mit $r_1 + r_2 + \dots + r_s = n$, und $\lambda_1, \dots, \lambda_s$ seien alle verschieden.

Wir zeigen:

$$x^m e^{\lambda_k x} \quad (k=1,\dots,s\ ;\ m=0,1,\dots,r_k-1)$$

bilden ein Fundamentalsystem. Dies genügt auch im Fall komplexer λ_k. (Warum?)

Jede Linearkombination aus den Lösungen $x^m e^{\lambda_k x}$ hat die Form

$$\sum_{k=1}^{s} p_k(x)\, e^{\lambda_k x} = 0\,,$$

wobei $p_k(x)$ $(k=1,\dots,s)$ Polynome sind. Wir zeigen, daß aus dem Bestehen dieser Beziehung für alle x notwendig $p_k(x) \equiv 0$ für $k=1,\dots,s$ folgt. Den Nachweis führen wir mittels vollständiger Induktion nach der Anzahl s der verschiedenen Nullstellen von $P(\lambda)$:

Die Aussage ist für $s = 1$ richtig. Wegen

$$p_1(x)\, e^{\lambda_1 x} \equiv 0 \quad \text{und} \quad e^{\lambda_1 x} \neq 0$$

folgt nämlich $p_1(x) \equiv 0$. Wir nehmen an, die Behauptung sei für $s-1$ Summanden nachgewiesen, d.h. aus der Beziehung $\sum_{k=1}^{s-1} p_k(x)\, e^{\lambda_k x} \equiv 0$ folge $p_k(x) \equiv 0$ für $k=1,\dots,s-1$. Sei nun $\sum_{k=1}^{s} p_k(x)\, e^{\lambda_k x} \equiv 0$. Dann folgt hieraus

$$p_s(x)\, e^{\lambda_s x} \equiv -\sum_{k=1}^{s-1} p_k(x)\, e^{\lambda_k x}\,, \tag{3.15}$$

bzw. wenn wir mit $e^{-\lambda_s x}$ durchmultiplizieren,

$$p_s(x) \equiv -\sum_{k=1}^{s-1} p_k(x)\, e^{(\lambda_k - \lambda_s)x}\,.$$

Ist $r-1$ der Grad des Polynoms $p_s(x)$, so folgt durch r-fache Differentiation

$$0 \equiv -\sum_{k=1}^{s-1} q_k(x)\, e^{(\lambda_k-\lambda_s)x} ,$$

wobei $q_k(x)$ Polynome vom selben Grad wie die $p_k(x)$ sind. Letzteres folgt wegen

$$\frac{d}{dx}\left[p_k(x)\, e^{(\lambda_k-\lambda_s)x}\right] = \left[p_k'(x) + \underbrace{(\lambda_k - \lambda_s)}_{\neq 0}\, p_k(x)\right] e^{(\lambda_k-\lambda_s)x} \qquad \text{usw.}$$

Nach der Induktionsvoraussetzung gilt: $q_k(x) \equiv 0$ für $k=1,\ldots,s-1$ und daher aufgrund des Zusammenhangs zwischen den Polynomen $p_k(x)$ und $q_k(x)$ auch $p_k(x) \equiv 0$ für $k=1,\ldots,s-1$. Aus der Beziehung (3.15) folgt dann $p_s(x) \equiv 0$. □

Mit Hilfe von Satz 3.1 lassen sich homogene lineare DGln mit konstanten Koeffizienten sehr einfach lösen.

Beispiel 3.1 Die DGl

$$y'' - 4y = 0$$

besitzt das charakteristische Polynom

$$P(\lambda) = \lambda^2 - 4$$

mit den Nullstellen $\lambda_1 = 2$, $\lambda_2 = -2$. Nach Satz 3.1 bilden die Lösungen e^{2x}, e^{-2x} ein Fundamentalsystem der DGl. Ihre allgemeine Lösung lautet daher

$$y(x) = c_1 e^{2x} + c_2 e^{-2x} .$$

Beispiel 3.2 Gegeben sei die DGl

$$y''' - y = 0 .$$

Das zugehörige charakteristische Polynom

$$P(\lambda) = \lambda^3 - 1$$

hat die Nullstellen $\lambda_1 = 1$, $\lambda_{2/3} = -\frac{1}{2} \pm i\frac{\sqrt{3}}{2}$, und wir erhalten nach Satz 3.1 das Fundamentalsystem

$$e^{1x}, \quad e^{-\frac{1}{2}x}\cos\frac{\sqrt{3}}{2}x, \quad e^{-\frac{1}{2}x}\sin\frac{\sqrt{3}}{2}x .$$

Die allgemeine Lösung der DGl ist dann durch

$$y(x) = c_1 e^x + c_2 e^{-\frac{x}{2}}\cos\frac{\sqrt{3}}{2}x + c_3 e^{-\frac{x}{2}}\sin\frac{\sqrt{3}}{2}x$$

gegeben.

Beispiel 3.3 Wir betrachten die DGl

$$y^{(4)} + 2y'' + y = 0$$

mit dem zugehörigen charakteristischen Polynom

$$P(\lambda) = \lambda^4 + 2\lambda^2 + 1 = (\lambda^2 + 1)^2 .$$

Dieses besitzt die Nullstellen $\lambda_{1/2} = i$, $\lambda_{3/4} = -i$ (d.h. i und $-i$ sind Nullstellen mit Vielfachheit 2). Nach Satz 3.1 erhalten wir somit das Fundamentalsystem

$$\cos x, \quad x\cos x, \quad \sin x, \quad x\sin x .$$

(Man beachte, daß die Realteile der Nullstellen Null sind!) Die allgemeine Lösung der DGl lautet also

$$\begin{aligned} y(x) &= c_1\cos x + c_2 x\cos x + c_3\sin x + c_4 x\sin x \\ &= (c_1 + c_2 x)\cos x + (c_3 + c_4 x)\sin x . \end{aligned}$$

3.1.2 Inhomogene Differentialgleichungen und Grundzüge der Operatorenmethode

Wir wenden uns der inhomogenen DGl

$$y^{(n)} + a_{n-1}\,y^{(n-1)} + \ldots + a_0 y = g \tag{3.16}$$

mit konstanten Koeffizienten a_j $(j=0,1,\ldots,n-1)$ zu. Ihre allgemeine Lösung erhalten wir nach Satz 2.9, indem wir zur allgemeinen Lösung der homogenen DGl

$$y^{(n)} + a_{n-1}\,y^{(n-1)} + \ldots + a_0 y = 0\,,$$

die wir mit Hilfe von Satz 3.1 lösen, eine spezielle Lösung der inhomogenen DGl addieren. Eine solche spezielle Lösung können wir uns etwa nach der Methode der Variation der Konstanten verschaffen (s. Abschn. 2.4.3). Damit ist im Grunde das Problem, die allgemeine Lösung der inhomogenen DGl zu bestimmen, gelöst.

Wir wollen noch eine andere rechnerisch einfachere Methode diskutieren, die auf inhomogene DGln mit konstanten Koeffizienten anwendbar ist, falls g eine ganze rationale Funktion (= Polynom) von

$$x\,,\quad e^{\alpha x}\ (\alpha \in \mathbb{C})\,,\quad \cos\beta x\ (\beta \in \mathbb{R})\,,\quad \sin\gamma x\ (\gamma \in \mathbb{R})$$

ist.

Grundzüge der Operatorenmethode

Sei

$$y^{(n)} + a_{n-1}\,y^{(n-1)} + \ldots + a_0 y = g(x) \tag{3.17}$$

die vorgegebene DGl und $p(x)$ das Polynom

$$p(x) = x^n + a_{n-1}\,x^{n-1} + \ldots + a_0\,. \tag{3.18}$$

Wir ordnen $p(x)$ das "Differentialpolynom"

$$p\left(\frac{d}{dx}\right) = \left(\frac{d}{dx}\right)^n + a_{n-1}\left(\frac{d}{dx}\right)^{n-1} + \ldots + a_0 \tag{3.19}$$

zu. Damit können wir (3.17) kurz in der Form

$$\left[p\left(\frac{d}{dx}\right)\right]y = g \tag{3.20}$$

schreiben. Von $p\left(\frac{d}{dx}\right)$ lassen sich sofort zwei Eigenschaften angeben: Wegen

$$\left(\frac{d}{dx}\right)^k \left[\left(\frac{d}{dx}\right)^j f\right] = \left(\frac{d}{dx}\right)^{k+j} f$$

gilt

$$p\left(\frac{d}{dx}\right)\cdot\left(\left[q\left(\frac{d}{dx}\right)\right]y\right) = \left[p\left(\frac{d}{dx}\right)\cdot q\left(\frac{d}{dx}\right)\right]y\,,$$

d.h. der Hintereinanderschaltung zweier Differentialpolynome entspricht die Multiplikation der zugehörigen Polynome. Mit Hilfe des Fundamentalsatzes der Algebra (vgl. Bd. I, Abschn. 2.5.5, Satz 2.15) kann daher jedes Differentialpolynom in Linearfaktoren zerlegt werden. Dies liefert die Regel

$$\boxed{\left[p\left(\frac{d}{dx}\right)\right]y = \left(\frac{d}{dx}-\lambda_1\right)\cdot\ldots\cdot\left(\frac{d}{dx}-\lambda_n\right)y}\;, \tag{3.21}$$

wobei die Reihenfolge der Faktoren beliebig ist. Jede Lösung y der inhomogenen DGl (3.20) schreiben wir formal in der Form

$$y = \left[p\left(\frac{d}{dx}\right)\right]^{-1} g\,. \tag{3.22}$$

Der "inverse Differentialoperator" $\left[p\left(\frac{d}{dx}\right)\right]^{-1}$ ist nach Satz 2.9 nur bis auf eine additive Lösung der homogenen DGl

$$\left[p\left(\frac{d}{dx}\right)\right]y = 0 \tag{3.23}$$

bestimmt. Da wir die allgemeine Lösung von (3.23) aufgrund von Abschnitt 3.1.1 als bekannt ansehen können, genügt es im folgenden, irgendeine Lösung $\left[p\left(\frac{d}{dx}\right)\right]^{-1} g$ der inhomogenen DGl (3.20) zu bestimmen. Dies gelingt sehr einfach, falls g die Form

$$g(x) = q(x) \cdot e^{\alpha x} \tag{3.24}$$

besitzt, wobei $q(x)$ ein Polynom und $\alpha \in \mathbb{R}$ oder $\mathbb{C}$ ist.

(I) Wir betrachten zunächst den Fall

$$g(x) = q(x) = \text{Polynom in } x . \tag{3.25}$$

$$\text{Mit } r(x) := -\frac{a_1}{a_0}x - \frac{a_2}{a_0}x^2 - \ldots - \frac{a_{n-1}}{a_0}x^{n-1} - \frac{1}{a_0}x^n \tag{3.26}$$

läßt sich (3.18) in der Form $p(x) = a_0 [1 - r(x)]$ schreiben. Dem inversen Polynom

$$[p(x)]^{-1} = \frac{1}{p(x)} = \frac{1}{a_0}\,\frac{1}{1 - r(x)} = \frac{1}{a_0}\sum_{j=0}^{\infty} [r(x)]^j \tag{3.27}$$

(formale Entwicklung in eine geometrische Reihe) ordnen wir den inversen Differentialoperator

$$\left[p\left(\frac{d}{dx}\right)\right]^{-1} = \frac{1}{a_0}\,\frac{1}{1 - r\left(\frac{d}{dx}\right)} = \frac{1}{a_0}\sum_{j=0}^{\infty}\left[r\left(\frac{d}{dx}\right)\right]^j \tag{3.28}$$

zu. Wir zeigen:

$$\tilde{y}(x) := \frac{1}{a_0}\sum_{j=0}^{\infty}\left[r\left(\frac{d}{dx}\right)\right]^j q(x) \tag{3.29}$$

löst die inhomogene DGl

$$\left[p\left(\frac{d}{dx}\right)\right] y(x) = q(x) . \tag{3.30}$$

Da $q(x)$ ein Polynom ist, treten in (3.29) nur endlich viele von Null verschiedene Summanden auf, so daß von einer Stelle $n_0 \in \mathbb{N}$ ab alle weiteren verschwinden. Damit gilt

$$\left[p\left(\frac{d}{dx}\right)\right]\tilde{y}(x) = \left[p\left(\frac{d}{dx}\right)\right]\left\{\frac{1}{a_0}\sum_{j=0}^{n_0}\left[r\left(\frac{d}{dx}\right)\right]^j q(x)\right\}$$

$$= a_0\left[1 - r\left(\frac{d}{dx}\right)\right]\left\{\frac{1}{a_0}\sum_{j=0}^{n_0}\left[r\left(\frac{d}{dx}\right)\right]^j q(x)\right\} =$$

$$= \sum_{j=0}^{n_0} \left[r\left(\frac{d}{dx}\right)\right]^j q(x) - \sum_{j=1}^{n_0} \left[r\left(\frac{d}{dx}\right)\right]^j q(x)$$

$$= q(x) ,$$

d.h. $\tilde{y}$ ist eine Lösung von (3.30), und es gilt die Regel

$$\left[p\left(\frac{d}{dx}\right)\right]^{-1} q(x) = \frac{1}{p\left(\frac{d}{dx}\right)} q(x) = \frac{1}{a_0} \frac{1}{1 - r\left(\frac{d}{dx}\right)} q(x) = \frac{1}{a_0} \sum_{j=0}^{\infty} \left[r\left(\frac{d}{dx}\right)\right]^j q(x) \qquad (3.31)$$

Beispiel 3.4 Wir bestimmen eine spezielle Lösung der DGl

$$y''' - 3y' - 2y = 4x^2 - 2 .$$

Hier ist also $g(x) = q(x) = 4x^2 - 2$. Nach Regel (3.31) erhalten wir eine spezielle Lösung $y_p(x)$ durch

$$y_p(x) = \frac{1}{p\left(\frac{d}{dx}\right)} q(x) = \frac{1}{\left(\frac{d}{dx}\right)^3 - 3\left(\frac{d}{dx}\right) - 2} (-2 + 4x^2)$$

$$= -\frac{1}{2} \frac{1}{1 - \left[-\frac{3}{2}\left(\frac{d}{dx}\right) + \frac{1}{2}\left(\frac{d}{dx}\right)^3\right]} (-2 + 4x^2)$$

$$= -\frac{1}{2} \left\{1 + [\ldots] + [\ldots]^2 + \ldots\right\} (-2 + 4x^2)$$

$$= -\frac{1}{2} \left\{1 - \frac{3}{2}\left(\frac{d}{dx}\right) + \frac{1}{2}\left(\frac{d}{dx}\right)^3 + \frac{9}{4}\left(\frac{d}{dx}\right)^2 + \ldots\right\} (-2 + 4x^2)$$

$$= -\frac{1}{2} \left\{1 - \frac{3}{2}\left(\frac{d}{dx}\right) + \frac{9}{4}\left(\frac{d}{dx}\right)^2\right\} (-2 + 4x^2)$$

$$= -\frac{1}{2} \left(-2 + 4x^2 - \frac{3}{2} \cdot 8x + \frac{9}{4} \cdot 8\right) = -8 + 6x - 2x^2 .$$

(II) Wir betrachten jetzt den Fall

$$g(x) = q(x) \cdot e^{\alpha x}, \quad \alpha \in \mathbb{C}. \tag{3.32}$$

Wegen Regel (3.21) können wir DGl (3.20) in der Form

$$\left(\frac{d}{dx} - \lambda_1\right) \cdots \left(\frac{d}{dx} - \lambda_n\right) y = q(x) \cdot e^{\alpha x}$$

schreiben. Wir betrachten zunächst den Spezialfall

$$y' - \lambda_1 y = \left(\frac{d}{dx} - \lambda_1\right) y = q(x)\, e^{\alpha x}$$

und versuchen, die Lösung dieser DGl auf die Lösung einer DGl zurückzuführen, die nur die Inhomogenität $q(x)$ (also nicht mehr den Faktor $e^{\alpha x}$!) enthält. Hierzu zeigen wir: Ist $z(x)$ eine Lösung der DGl

$$z'(x) + (\alpha - \lambda_1)\, z(x) = \left(\frac{d}{dx} + \alpha - \lambda_1\right) z(x) = q(x),$$

so löst

$$y(x) = e^{\alpha x}\, z(x)$$

die DGl

$$y'(x) - \lambda_1\, y(x) = \left(\frac{d}{dx} - \lambda_1\right) y(x) = q(x)\, e^{\alpha x}.$$

Es gilt nämlich

$$\begin{aligned}\left(\frac{d}{dx} - \lambda_1\right) y(x) &= \left(\frac{d}{dx} - \lambda_1\right) e^{\alpha x}\, z(x) = \frac{d}{dx}\left(e^{\alpha x}\, z(x)\right) - \lambda_1\, e^{\alpha x}\, z(x) \\ &= e^{\alpha x}\left[z'(x) + (\alpha - \lambda_1)\, z(x)\right] = e^{\alpha x}\, q(x).\end{aligned}$$

Wegen

$$y(x) = e^{\alpha x}\, z(x) = \left(\frac{d}{dx} - \lambda_1\right)^{-1}\left[q(x)\, e^{\alpha x}\right]$$

und

$$z(x) = \left(\frac{d}{dx} + \alpha - \lambda_1\right)^{-1} q(x) \quad .$$

folgt daher

$$\left(\frac{d}{dx} - \lambda_1\right)^{-1} \left[q(x) \cdot e^{\alpha x}\right] = e^{\alpha x} \left(\frac{d}{dx} + \alpha - \lambda_1\right)^{-1} q(x) \, .$$

Durch n-fache Anwendung ergibt sich dann für ein beliebiges Polynom $p(x)$ vom Grad n (man beachte hierbei Regel 3.21) die Regel

$$\boxed{\left[p\left(\frac{d}{dx}\right)\right]^{-1} \left[e^{\alpha x} q(x)\right] = e^{\alpha x} \left[p\left(\frac{d}{dx} + \alpha\right)\right]^{-1} q(x)} \qquad (3.33)$$

Regel 3.33 ermöglicht es, Exponentialfaktoren vor den inversen Differentialoperator zu ziehen, wodurch Fall (II) auf Fall (I) zurückgeführt ist.

Bemerkung: Der zum Differentialoperator $\left(\frac{d}{dx}\right)$ inverse Operator $\left(\frac{d}{dx}\right)^{-1}$ bedeutet: Ermittlung einer Stammfunktion. Zur Bestimmung von $\left(\frac{d}{dx}\right)^{-j} f(x)$ ist die Funktion f daher j-mal zu integrieren.

Beispiel 3.5 Wir betrachten die DGl

$$y'' - 2y' + y = e^x \cdot (1 + 2x + 3x^2) \, .$$

Diese ist vom Typ (II): $g(x) = e^{\alpha x} q(x)$, mit $\alpha = 1$ und $q(x) = 1 + 2x + 3x^2$. Wir wenden zur Bestimmung einer speziellen Lösung zunächst Regel (3.31) an:

$$y_p(x) = \frac{1}{\left(\frac{d}{dx}\right)^2 - 2\left(\frac{d}{dx}\right) + 1} \left[e^x (1 + 2x + 3x^2)\right]$$

$$= \frac{1}{\left(\frac{d}{dx} - 1\right)^2} \left[e^x (1 + 2x + 3x^2)\right] .$$

Mit Hilfe von Regel (3.33) ziehen wir den Faktor e^x vor den Operator und erhalten

$$y_p(x) = e^x \frac{1}{\left(\frac{d}{dx}+1-1\right)^2} [1+2x+3x^2]$$

$$= e^x \left(\frac{d}{dx}\right)^{-2}\left(1+2x+3x^2\right) = e^x\left(\frac{x^2}{2}+\frac{x^3}{3}+\frac{x^4}{4}\right).$$

Beispiel 3.6 Wir berechnen eine spezielle Lösung der DGl

$$y^{(4)} + 2y'' + y = 24x\sin x .$$

Für die Nullstellen des charakteristischen Polynoms der homogenen DGl $y^{(4)} + 2y'' + y = 0$ gilt (s. Abschn. 3.1.1, Beisp. 3.3): $\lambda_{1/2} = i$, $\lambda_{3/4} = -i$, so daß wir unsere DGl in der Form

$$\left[\left(\frac{d}{dx}\right)^4 + 2\left(\frac{d}{dx}\right)^2 + 1\right]y = \left[\left(\frac{d}{dx}+i\right)^2\left(\frac{d}{dx}-i\right)^2\right]y = 24x\sin x$$

schreiben können. Beachten wir noch die Eulersche Formel

$$e^{ix} = \cos x + i\sin x ,$$

so läßt sich die rechte Seite durch

$$24x \cdot \operatorname{Im} e^{ix}$$

darstellen, und mit Regel (3.31) ergibt sich

$$y_p(x) = \frac{1}{\left(\frac{d}{dx}+i\right)^2\left(\frac{d}{dx}-i\right)^2}\left[24x \operatorname{Im} e^{ix}\right]$$

$$= 24 \operatorname{Im}\left\{\frac{1}{\left(\frac{d}{dx}+i\right)^2\left(\frac{d}{dx}-i\right)^2}\left[x e^{ix}\right]\right\} .$$

Nach Regel (3.33) folgt hieraus

$$y_p(x) = 24 \operatorname{Im}\left\{e^{ix}\frac{1}{\left(\frac{d}{dx}+i+i\right)^2\left(\frac{d}{dx}+i-i\right)^2}[x]\right\} =$$

$$= 24\,\mathrm{Im}\left\{e^{ix}\left(\frac{d}{dx}\right)^{-2}\frac{1}{\left(\frac{d}{dx}\right)^2+4i\left(\frac{d}{dx}\right)-4}[x]\right\}$$

$$= -6\,\mathrm{Im}\left\{e^{ix}\left(\frac{d}{dx}\right)^{-2}\frac{1}{1-i\left(\frac{d}{dx}\right)-\frac{1}{4}\left(\frac{d}{dx}\right)^2}[x]\right\}$$

$$= -6\,\mathrm{Im}\left\{e^{ix}\left(\frac{d}{dx}\right)^{-2}\left[1+i\left(\frac{d}{dx}\right)\right][x]\right\}$$

$$= -6\,\mathrm{Im}\left\{e^{ix}\left[\left(\frac{d}{dx}\right)^{-2}+i\left(\frac{d}{dx}\right)^{-1}\right][x]\right\}$$

$$= -6\,\mathrm{Im}\left\{e^{ix}\left(\frac{x^3}{6}+i\frac{x^2}{2}\right)\right\}$$

$$= -6\,\mathrm{Im}\left\{(\cos x+i\sin x)\left(\frac{x^3}{6}+i\frac{x^2}{2}\right)\right\}$$

$$= -6\,\mathrm{Im}\left\{\left(\frac{x^3}{6}\cos x-\frac{x^2}{2}\sin x\right)+i\left(\frac{x^3}{6}\sin x+\frac{x^2}{2}\cos x\right)\right\}$$

$$= -x^3\sin x-3x^2\cos x\,.$$

Bemerkung: Treten als "Inhomogenitäten" ganze rationale Funktionen mit $\sin\alpha x$ - (bzw. $\cos\beta x$ -) Anteilen auf, so sind die Darstellungen

$$\sin\alpha x = \mathrm{Im}\,e^{i\alpha x} \quad \text{bzw.} \quad \cos\beta x = \mathrm{Re}\,e^{i\beta x} \tag{3.34}$$

zweckmäßig. Auch Anteile mit $\sinh x$ bzw. $\cosh x$ lassen sich aufgrund der Beziehungen

$$\sinh x = \frac{e^x - e^{-x}}{2} \quad \text{bzw.} \quad \cosh x = \frac{e^x + e^{-x}}{2} \tag{3.35}$$

erfassen.

3.1.3 Inhomogene Differentialgleichungen und Grundlösungsverfahren

Wir wollen eine weitere Methode zur Berechnung einer speziellen Lösung der DGl

$$y^{(n)} + a_{n-1}\, y^{(n-1)} + \dots + a_0 y = g(x) \qquad (3.36)$$

kennenlernen, die häufig noch zum Ziel führt, wenn $g(x)$ nicht die für die Anwendung der Operatorenmethode erforderliche Form besitzt.

Das Grundlösungsverfahren

Wir betrachten auf dem Intervall $[a,b]$ das homogene Anfangswertproblem mit der DGl

$$w^{(n)} + a_{n-1}\, w^{(n-1)} + \dots + a_0 w = 0 \qquad (3.37)$$

und den Anfangsbedingungen

$$w(a) = w'(a) = \dots = w^{(n-2)}(a) = 0\,, \quad w^{(n-1)}(a) = 1\,. \qquad (3.38)$$

Sei nun $w(x)$ die Lösung dieses Anfangswertproblems und g eine auf $[a,b]$ stetige Funktion. Wir zeigen, daß

$$\boxed{y_p(x) := \int_a^x w(x-t+a)\, g(t)\, dt} \qquad (3.39)$$

auf $[a,b]$ der inhomogenen DGl (3.36) genügt. Hierzu bilden wir die Ableitungen von y_p und benutzen die Formel

$$\frac{d}{dx}\int_{\varphi(x)}^{\psi(x)} f(x,t)\, dt = \int_{\varphi(x)}^{\psi(x)} \frac{\partial}{\partial x} f(x,t)\, dt + \psi'(x)\cdot f(x,\psi(x)) - \varphi'(x)\cdot f(x,\varphi(x)) \qquad (3.40)$$

(s. Bd. I, Abschn. 7.3.2). Wir erhalten damit unter Beachtung der Anfangsbedingungen (3.38)

$$y_p'(x) = \int_a^x \frac{\partial}{\partial x} w(x-t+a) \cdot g(t)\,dt + 1 \cdot w(x-x+a) \cdot g(x)$$

$$= \int_a^x \frac{\partial}{\partial x} w(x-t+a)\, g(t)\,dt\,,$$

bzw. allgemein

$$y_p^{(k)}(x) = \int_a^x \frac{\partial^k}{\partial x^k} w(x-t+a)\, g(t)\,dt\,, \qquad k=1,2,\dots,n-1\,.$$

Für die n-te Ableitung ergibt sich mit $w^{(n-1)}(a) = 1$

$$y_p^{(n)}(x) = \int_a^x \frac{\partial^n}{\partial x^n} w(x-t+a) \cdot g(t)\,dt + w^{(n-1)}(a) \cdot g(x)$$

$$= \int_a^x \frac{\partial^n}{\partial x^n} w(x-t+a)\, g(t)\,dt + g(x)\,.$$

Setzen wir diese Ausdrücke in die DGl ein, so erhalten wir, da w an der Stelle $x-t+a$ der homogenen DGl genügt,

$$y_p^{(n)} + a_{n-1}\, y_p^{(n-1)} + \dots + a_0\, y_p$$

$$= \int_a^x \left[\frac{\partial^n}{\partial x^n} w(x-t+a) + a_{n-1} \frac{\partial^{n-1}}{\partial x^{n-1}} w(x-t+a) + \dots + a_0\, w(x-t+a)\right] g(t)\,dt + g(x) = g(x)\,,$$

was zu zeigen war.

Bemerkung: Dieses Verfahren ist auch unter dem Namen "Greensche Methode" bekannt. Man nennt $w(x-t+a) =: G(x,t)$ Grundlösung bzw. Greensche Funktion. Sie hat den in Figur 3.3 schraffiert dargestellten Definitionsbereich.

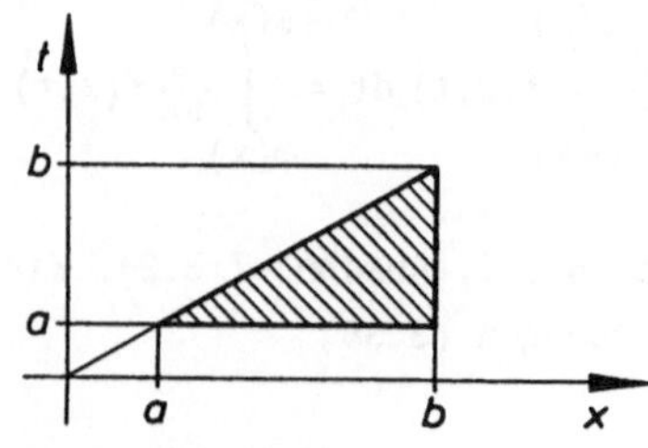

Fig. 3.3: Definitionsbereich der Greenschen Funktion für das Anfangswertproblem (3.37), (3.38)

Beispiel 3.7 Wir betrachten die DGl

$$y'' - 2y' + y = \frac{e^x}{x^2}, \qquad x \in [1,\infty)$$

und lösen zunächst das homogene Anfangswertproblem

$$w'' - 2w' + w = 0 ; \qquad w(1) = 0, \qquad w'(1) = 1 .$$

Das charakteristische Polynom

$$P(\lambda) = \lambda^2 - 2\lambda + 1 = (\lambda - 1)^2$$

besitzt die doppelte Nullstelle $\lambda_{1/2} = 1$, so daß die allgemeine Lösung der homogenen DGl durch

$$w(x) = c_1 e^x + c_2 x e^x$$

gegeben ist. Mit $w(1) = 0$, $w'(1) = 1$ ergeben sich die Konstanten c_1, c_2 aus dem linearen Gleichungssystem

$$0 = c_1 e + c_2 e$$

$$1 = c_1 e + 2c_2 e$$

zu $c_1 = -\frac{1}{e}$, $c_2 = \frac{1}{e}$. Damit lautet die Lösung $w(x)$ des homogenen Anfangswertproblems

$$w(x) = -\frac{1}{e}e^x + \frac{1}{e}x e^x = e^{x-1}(x-1) .$$

Eine spezielle Lösung erhalten wir dann wegen (3.39) durch

$$y_p(x) = \int_1^x e^{x-t+1-1}(x-t+1-1)\frac{e^t}{t^2}dt = e^x \int_1^x \frac{x-t}{t^2}dt$$

$$= e^x \left(x \int_1^x \frac{dt}{t^2} - \int_1^x \frac{dt}{t} \right) = e^x(-1 + x - \ln x) .$$

3.1.4 Anwendungen

Mit Hilfe der in Abschnitt 3.1 bereitgestellten Methoden und Resultate lassen sich zahlreiche Anwendungen behandeln. Wir diskutieren im folgenden einige davon.

(I) Mechanische und elektrische Schwingungssysteme

Wir betrachten das mechanische Schwingungssystem aus Abschnitt 1.1.1, Beispiel 1.5 (s. Fig. 3.4),

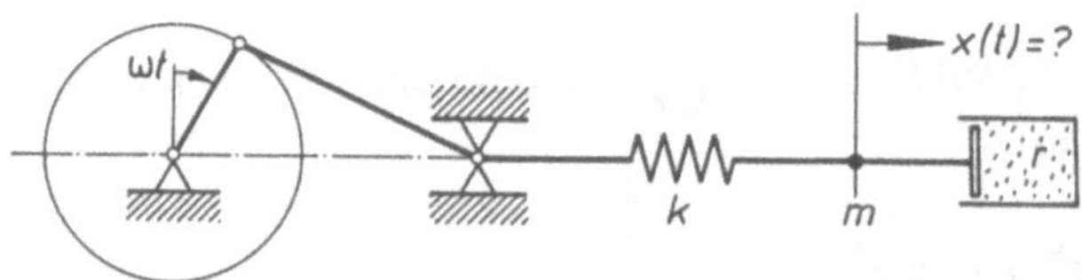

Fig. 3.4: Mechanisches Schwingungssystem

das durch die DGl

$$m\ddot{x}(t) + r\dot{x}(t) + k\,x(t) = K_0 \cos \omega t \tag{3.41}$$

beschrieben wird, sowie den elektrischen Schwingkreis aus Abschnitt 1.1.1, Beispiel 1.6 (s. Fig. 3.5),

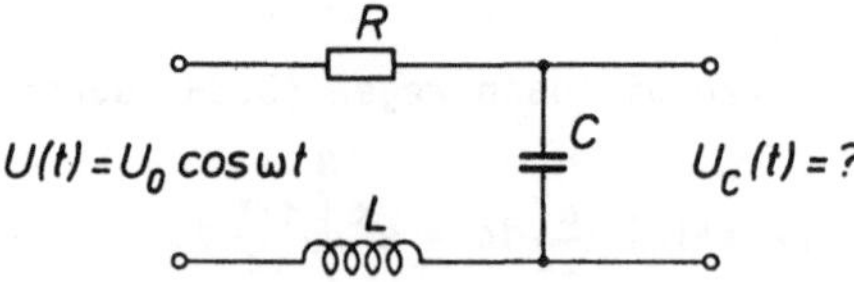

Fig. 3.5: Elektrischer Schwingkreis

dessen Spannungsverlauf am Kondensator der DGl

$$\boxed{L U_C''(t) + R U_C'(t) + \frac{1}{C} U_C(t) = \frac{U_0}{C} \cos\omega t} \qquad (3.42)$$

genügt. Aufgrund der formalen Übereinstimmung der DGln (3.41) und (3.42) reicht es aus, eine der beiden, etwa (3.41), zu lösen. Die Lösung der zweiten ergibt sich dann, indem wir die mechanischen Größen durch die entsprechenden elektrischen Größen ausdrücken.

(a) <u>Untersuchung der homogenen DGl</u>

$$m\ddot{x} + r\dot{x} + kx = 0 \quad \text{bzw.} \quad \ddot{x} + \frac{r}{m}\dot{x} + \frac{k}{m}x = 0 . \qquad (3.42)$$

Ihr zugehöriges charakteristisches Polynom lautet

$$P(\lambda) = \lambda^2 + \frac{r}{m}\lambda + \frac{k}{m}$$

und besitzt die Nullstellen

$$\lambda_{1/2} = \frac{1}{2m}\left(-r \pm \sqrt{r^2 - 4mk}\right) ,$$

so daß wir drei verschiedene Fälle unterscheiden müssen:

$$r^2 > 4mk , \quad r^2 = 4mk \quad \text{und} \quad r^2 < 4mk . \qquad (3.44)$$

<u>Fall 1</u> (Starke Dämpfung)

Sei $r^2 > 4mk$. Dann ergeben sich die beiden reellen Nullstellen

$$\lambda_1 = \frac{1}{2m}\left(-r + \sqrt{r^2 - 4mk}\right), \quad \lambda_2 = \frac{1}{2m}\left(-r - \sqrt{r^2 - 4mk}\right) ,$$

und wir erhalten als allgemeine Lösung der homogenen DGl

$$\boxed{x(t) = c_1 e^{\frac{1}{2m}(-r+\sqrt{r^2-4mk})t} + c_2 e^{\frac{1}{2m}(-r-\sqrt{r^2-4mk})t}} \qquad (3.45)$$

Wegen $\lambda_1, \lambda_2 < 0$ liegt für $t \to \infty$ exponentielles Abklingen gegen Null vor.

Im Fall 1 sind die in Figur 3.6 dargestellten drei Situationen möglich.

Fall 2 (Aperiodischer Grenzfall)

Sei $r^2 = 4mk$. Es ergibt sich dann die 2-fache Nullstelle

$$\lambda_1 = \lambda_2 = \lambda = -\frac{r}{2m}$$

und als allgemeine Lösung der homogenen DGl

$$x(t) = c_1 e^{\lambda t} + c_2 t e^{\lambda t} = c_1 e^{-\frac{r}{2m}t} + c_2 t e^{-\frac{r}{2m}t}$$

bzw.

$$\boxed{x(t) = (c_1 + c_2 t) e^{-\frac{r}{2m}t}} \tag{3.46}$$

Auch hier strebt $x(t)$ (c_1, c_2 beliebig) für $t \to \infty$ gegen Null (warum?) [1].

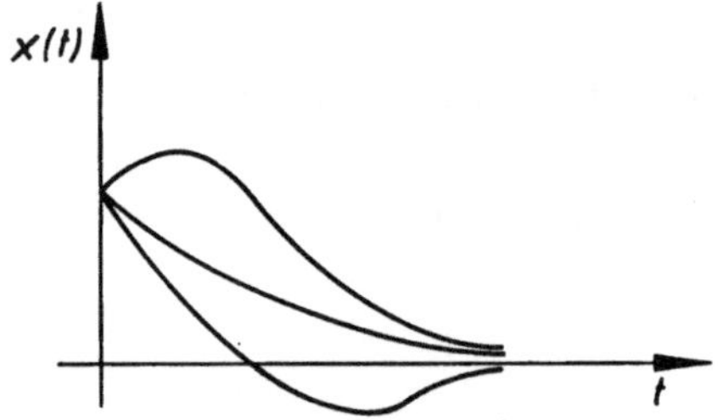

Fig. 3.6: Kriechbewegungen bei starker Dämpfung

Fall 3 (Schwache Dämpfung)

Sei $r^2 < 4mk$. Wir erhalten ein Paar konjugiert komplexer Nullstellen

$$\lambda_{1/2} = \frac{1}{2m}\left(-r \pm i\sqrt{4mk - r^2}\right).$$

---

1) Im aperiodischen Grenzfall ergeben sich im wesentlichen dieselben Kurven wie im Fall starker Dämpfung (vgl. Fig. 3.6).

Setzen wir

$$\omega_e := \frac{1}{2m}\sqrt{4mk - r^2} = \sqrt{\frac{k}{m} - \frac{r^2}{4m^2}}, \qquad \delta := \frac{r}{2m},$$

so ergibt sich die allgemeine Lösung der homogenen DGl zu

$$x(t) = c_1 e^{-\delta t}\cos\omega_e t + c_2 e^{-\delta t}\sin\omega_e t$$

$$= e^{-\delta t}(c_1 \cos\omega_e t + c_2 \sin\omega_e t)$$

bzw. wenn wir ω_e und δ einsetzen

$$\boxed{x(t) = e^{-\frac{r}{2m}t}\left(c_1 \cos\sqrt{\frac{k}{m} - \frac{r^2}{4m^2}}\,t + c_2 \sin\sqrt{\frac{k}{m} - \frac{r^2}{4m^2}}\,t\right)} \tag{3.47}$$

Diese Lösung stellt für $r > 0$ und beliebige Konstanten c_1, c_2 gedämpfte Schwingungen dar, deren Amplituden für $t \to \infty$ gegen Null streben (s. Fig. 3.7). Im dämpfungsfreien Fall $(r = 0)$ treten die harmonischen Schwingungen

$$x(t) = c_1 \cos\sqrt{\frac{k}{m}}\,t + c_2 \sin\sqrt{\frac{k}{m}}\,t = c_1 \cos\omega_0 t + c_2 \sin\omega_0 t \tag{3.48}$$

mit $\omega_0 := \sqrt{\frac{k}{m}}$ als Lösungen auf. Man nennt

$\omega_0 = \sqrt{\frac{k}{m}}$ Eigenfrequenz des ungedämpften Systems,

$\omega_e = \sqrt{\frac{k}{m} - \frac{r^2}{4m^2}}$ Eigenfrequenz des gedämpften Systems und

$\delta = \frac{r}{2m}$ Abklingkonstante.

Zwischen ω_e und ω_0 besteht der Zusammenhang

$$\boxed{\omega_e = \sqrt{\omega_0^2 - \delta^2}} \tag{3.49}$$

Bemerkung 1: Der Ausdruck $c_1 \cos\omega_e t + c_2 \sin\omega_e t$ läßt sich mit $A := \sqrt{c_1^2 + c_2^2}$ und $\sin\omega_e t_0 := -\frac{c_1}{A}$ bzw. $\cos\omega_e t_0 := \frac{c_2}{A}$ übersichtlicher in der Form

$$A \sin\omega_e (t - t_0)$$

schreiben. Die Lösung (3.47) kann dann in der Form

$$x(t) = A e^{-\delta t} \sin\omega_e (t - t_0)$$

dargestellt werden (vgl. Fig. 3.7).

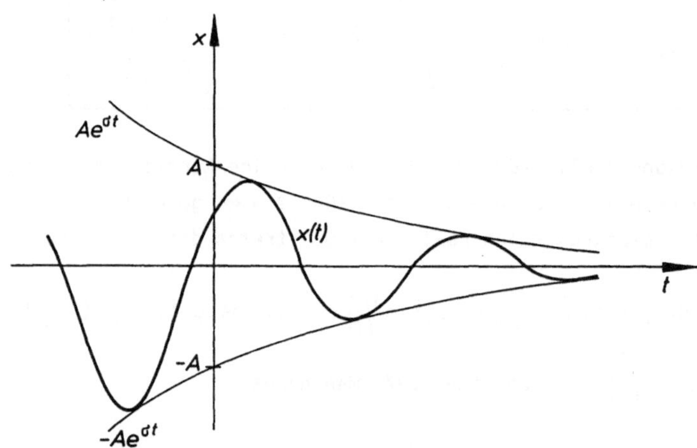

Fig. 3.7: Gedämpfte Schwingung

Bemerkung 2: Man nennt die Lösungen $x(t)$ der homogenen DGl $m\ddot{x} + r\dot{x} + kx = 0$ freie Schwingungen des Massenpunktes. Entsprechend heißen die Lösungen $x(t)$ der inhomogenen DGl $m\ddot{x} + r\dot{x} + kx = K_0 \cos\omega t$ erzwungene Schwingungen.

(b) Wir betrachten nun die inhomogene DGl

$$m\ddot{x} + r\dot{x} + kx = K_0 \cos\omega t \quad \text{bzw.} \quad \ddot{x} + \frac{r}{m}\dot{x} + \frac{k}{m}x = \frac{K_0}{m} \cos\omega t \tag{3.50}$$

und bestimmen mittels der Operatorenmethode (vgl. Abschn. 3.1.2) eine spezielle Lösung. Wenden wir die Regeln (3.31) und (3.33) dieser Methode an, so folgt

$$x_p(t) = \frac{1}{\left(\frac{d}{dt}\right)^2 + \frac{r}{m}\left(\frac{d}{dt}\right) + \frac{k}{m}} \left[\frac{K_0}{m} \cos\omega t\right]$$

$$= \frac{K_0}{m} \operatorname{Re}\left\{e^{i\omega t} \frac{1}{\left(\frac{d}{dt} + i\omega\right)^2 + \frac{r}{m}\left(\frac{d}{dt} + i\omega\right) + \frac{k}{m}} [1]\right\}$$

$$= \frac{K_0}{m} \operatorname{Re}\left\{e^{i\omega t} \frac{1}{\left(\frac{d}{dt}\right)^2 + \left(\frac{r}{m} + i2\omega\right)\left(\frac{d}{dt}\right) + \left[\left(\frac{k}{m} - \omega^2\right) + i\frac{r\omega}{m}\right]} [1]\right\}$$

$$= K_0 \operatorname{Re}\left\{e^{i\omega t} \frac{1}{(k - m\omega^2) + ir\omega} \cdot \frac{1}{1+q} [1]\right\}$$

$$\left(q := \frac{r + i\,2m\omega}{(k - m\omega^2) + ir\omega}\left(\frac{d}{dt}\right) + \frac{m}{(k - m\omega^2) + ir\omega}\left(\frac{d}{dt}\right)^2\right)$$

$$= K_0 \operatorname{Re}\left\{e^{i\omega t} \frac{1}{(k - m\omega^2) + ir\omega} [1 - \underset{\text{kein Beitrag}}{\ldots}] [1]\right\}$$

$$= K_0 \operatorname{Re}\left\{(\cos\omega t + i\sin\omega t) \cdot \frac{(k - m\omega^2) - ir\omega}{(k - m\omega^2)^2 + r^2\omega^2}\right\} ,$$

woraus sich die spezielle Lösung

$$\boxed{x_p(t) = \frac{K_0\,(k - m\omega^2)}{(k - m\omega^2)^2 + r^2\omega^2} \cos\omega t + \frac{K_0\, r\,\omega}{(k - m\omega^2)^2 + r^2\omega^2} \sin\omega t} \qquad (3.51)$$

ergibt. Dies ist eine harmonische Schwingung mit derselben Frequenz wie die der äußeren periodischen Kraft. Addieren wir zu $x_p(t)$ die in Teil (a) je nach vorliegendem Fall gewonnene allgemeine Lösung der homogenen DGl, so erhalten wir jeweils die allgemeine Lösung der inhomogenen DGl. In allen drei Fällen streben, wie wir gesehen haben, die homogenen Lösungen für $t \to \infty$ gegen Null, so daß sich jede Lösung der inhomogenen DGl nach einem gewissen Einschwingprozess an die harmonische Schwingung $x_p(t)$ annähert. Nach hinreichend langer Zeit schwingt der Massenpunkt also mit der Frequenz ω der äußeren Kraft $K(t) = K_0 \cos \omega t$.

Resonanzfälle

Schreiben wir (3.51) in der Form

$$x_p(t) = A \cos(\omega t + \varphi) \quad , \tag{3.52}$$

so ergibt sich für die Amplitude A die Beziehung

$$A = A(\omega) = \frac{K_0}{\sqrt{(k - m\omega^2)^2 + r^2 \omega^2}} = \frac{K_0}{\sqrt{m^2(\omega_0^2 - \omega^2)^2 + r^2 \omega^2}} \, , \tag{3.53}$$

mit der Eigenfrequenz $\omega_0 = \sqrt{\frac{k}{m}}$. Wir wollen untersuchen, für welche Werte ω die Amplitude $A(\omega)$ maximal wird. Wir sprechen dann von Resonanzfällen. Diese treten offensichtlich auf, wenn die Radikanden im Nenner von (3.53) minimal sind.

1. Es gelte: $m^2 (\omega_0^2 - \omega^2)^2 + r^2\omega^2 = 0$. Dies ist nur möglich, wenn sowohl $r\omega$ als auch $m(\omega_0^2 - \omega^2)$ verschwinden. Da wir $\omega \neq 0$ voraussetzen, muß $r = 0$ sein und somit ein dämpfungsfreies System vorliegen:

$$\ddot{x} + \omega_0^2 x = \frac{K_0}{m} \cos \omega t \, , \quad \omega_0^2 = \frac{k}{m} \, . \tag{3.54}$$

Aus der Beziehung $m(\omega_0^2 - \omega^2) = 0$ folgt, daß Resonanz für

$$\boxed{\omega = \omega_0 = \sqrt{\frac{k}{m}}} \tag{3.55}$$

eintritt, d.h. wenn die Frequenz ω der äußeren Kraft mit der Eigenfrequenz ω_0 des ungedämpften Systems übereinstimmt. Eine spezielle Lösung von (3.54) ist durch

$$x_p(t) = \frac{K_0}{2m\omega_0} t \sin \omega_0 t \tag{3.56}$$

gegeben. (Diese läßt sich z.B. mit Hilfe der Operatorenmethode analog zur Herleitung von (3.51) gewinnen.) Wir haben es hier mit einer Schwingung zu tun, deren Amplitude mit wachsendem t beliebig groß wird (s. Fig. 3.8).

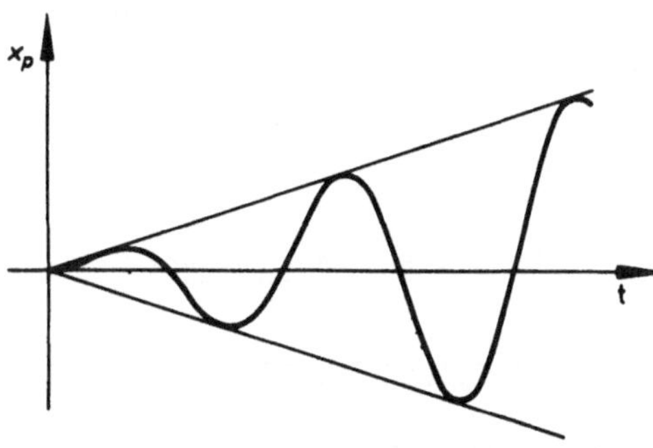

Fig. 3.8: Lösungsverhalten im Resonanzfall

Mit (3.48) und (3.51) bzw. (3.56) gewinnen wir die allgemeine Lösung von (3.54). Sie lautet wegen $r = 0$

$$x(t) = c_1 \cos \omega_0 t + c_2 \sin \omega_0 t + \frac{K_0}{m(\omega_0^2 - \omega^2)} \cos \omega t \tag{3.57}$$

für den Fall $\omega \neq \omega_0$ bzw.

$$x(t) = c_1 \cos \omega_0 t + c_2 \sin \omega_0 t + \frac{K_0}{2m\omega_0} t \sin \omega_0 t \tag{3.58}$$

im Resonanzfall $\omega = \omega_0$.

2. Sei nun $r \neq 0$ (d.h. es liege ein gedämpftes mechanisches System vor). Dann ist aber stets

$$N(\omega) := m^2 (\omega_0^2 - \omega^2)^2 + r^2 \omega^2 > 0$$

und damit die durch (3.53) erklärte Funktion $A(\omega)$ für alle ω beschränkt. Wir untersuchen, für welche ω die Funktion $N(\omega)$ minimal wird. Eine notwendige Bedingung hierfür ist

$$0 = N'(\omega) = 2\,m^2\,(\omega_0^2 - \omega^2)(-2\,\omega) + 2\,r^2\omega \quad .$$

Wenn wir $\omega = 0$ ausschließen (liefert ein Minimum für $A(\omega)$!), so folgt hieraus

$$0 = -\,2m^2\,(\omega_0^2 - \omega^2) + r^2 \, ,$$

woraus sich die Resonanzfrequenz

$$\boxed{\omega = \sqrt{\omega_0^2 - \frac{r^2}{2\,m^2}} = \sqrt{\omega_0^2 - 2\,\delta^2} =: \omega_r} \tag{3.59}$$

ergibt. Dabei ist $\delta = \frac{r}{2m}$ die Abklingkonstante. Man kann leicht nachprüfen, daß für $\omega = \omega_r$ die Nennerfunktion $N(\omega)$ minimal und damit die Amplitude $A(\omega)$ maximal wird (zeige: $N''(\omega_r) > 0$) . In Figur 3.9 sind einige Resonanzkurven dargestellt.

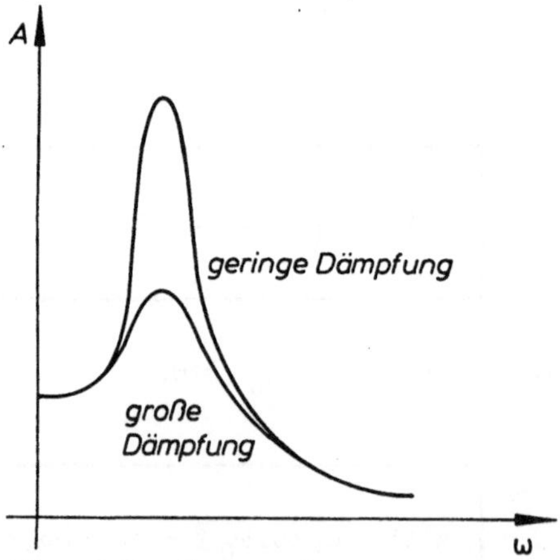

Fig. 3.9: Resonanzkurven

(II) Durchbiegung eines Trägers

Wir untersuchen die Durchbiegung eines auf zwei Stützen gelagerten Trägers der Länge l mit konstanter Streckenlast q (vgl. Fig. 3.10). Für die Auflagerkräfte gilt

$$Q_A = Q_B = \frac{q \cdot l}{2} \tag{3.60}$$

und für das Moment an der Stelle x daher

$$M(x) = \frac{ql}{2}\,x - \frac{qx}{2}\,x = \frac{q}{2}\,(lx - x^2)\,. \tag{3.61}$$

Die DGl der elastischen Linie lautet für den Fall kleiner Durchbiegungen (vgl. Abschn. 1.1.1, Gleichung 1.4))

$$y''(x) = -\frac{M(x)}{E\cdot I} \qquad (3.62)$$

mit der Biegesteifigkeit $E\cdot I$, so daß sich für die Durchbiegung des Trägers die DGl

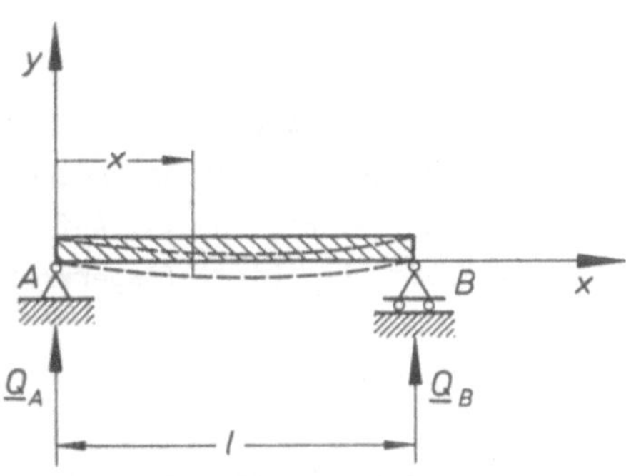

Fig. 3.10: Durchbiegung eines Trägers bei konstanter Streckenlast

$$y'' = -\frac{q}{2EI}(lx - x^2) \qquad (3.63)$$

ergibt. Diese ist von der besonders einfachen Form $y'' = g(x)$ und kann unmittelbar durch zweimalige Integration gelöst werden. Wir erhalten

$$y(x) = c_1 + c_2 x - \frac{q}{2EI}\left(l\frac{x^3}{6} - \frac{x^4}{12}\right) \qquad (3.64)$$

als allgemeine Lösung der DGl. Setzen wir voraus, daß die Durchbiegung an den Auflagern A bzw. B Null ist, d.h. $y(0) = y(l) = 0$, so lassen sich die Integrationskonstanten c_1, c_2 zu

$$c_1 = 0, \quad c_2 = \frac{ql^3}{24EI}$$

bestimmen, und wir erhalten die uns interessierende Lösung

$$y(x) = \frac{q}{24EI}\left(x^4 - 2lx^3 + l^3 x\right) \qquad (3.65)$$

Bemerkung: Anstelle von Anfangswerten haben wir hier zur eindeutigen Charakterisierung einer Lösung "Randwerte", d.h. das Lösungsverhalten an den "Rändern" $x = 0$ und $x = l$, vorgeschrieben (vgl. hierzu auch Abschn. 5).

(III) Ein Knickproblem

Wir betrachten einen Stab der Länge l, der an einem Ende frei geführt und am anderen Ende fest eingespannt ist (s. Fig. 3.11). Auf den Stab wirke eine Kraft K. Die Auflagerkräfte seien

$$K_A = K_B = K_0 , \qquad (3.66)$$

so daß sich für das Moment an der Stelle x

$$M(x) = K \cdot y - K_0 \cdot x \qquad (3.67)$$

ergibt. Die DGl der elastischen Linie lautet für kleine Durchbiegungen nach (3.62)

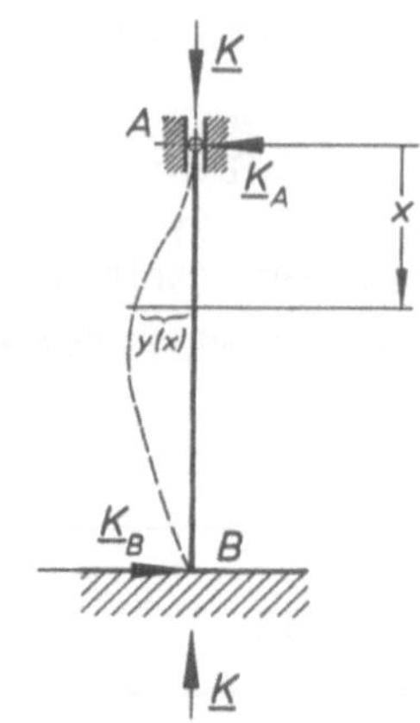

Fig. 3.11: Stabknickung

$$y''(x) = -\frac{M(x)}{EI} .$$

Die Auslenkung y des Stabes genügt daher der DGl

$$y'' = -\frac{Ky - K_0 x}{EI}$$

bzw.

$$\boxed{y'' + \frac{K}{EI} y = \frac{K_0}{EI} x} \qquad (3.68)$$

Dies ist eine inhomogene lineare DGl 2-ter Ordnung mit konstanten Koeffizienten. Zur Bestimmung ihrer allgemeinen Lösung berechnen wir zunächst die allgemeine Lösung y_h der homogenen DGl

$$y'' + \frac{K}{EI} y = 0 .$$

Die Nullstellen des charakteristischen Polynoms $P(\lambda) = \lambda^2 + \frac{K}{EI}$ lauten: $\lambda_{1/2} = \pm i\sqrt{\frac{K}{EI}}$, und wir erhalten

$$y_h(x) = c_1 \sin \sqrt{\frac{K}{EI}}\,x + c_2 \cos \sqrt{\frac{K}{EI}}\,x \quad .$$

Eine spezielle Lösung y_p der inhomogenen DGl ermitteln wir mit Hilfe der Operatorenmethode. Danach gilt

$$y_p(x) = \frac{1}{\left(\frac{d}{dx}\right)^2 + \frac{K}{EI}} \left[\frac{K_0}{EI}\,x\right] = \frac{K_0}{EI} \cdot \frac{EI}{K} \,\{1 \mp \underset{\substack{\uparrow \\ \text{kein Beitrag}}}{\ldots}\}\; [x] = \frac{K_0}{K}\,x \quad .$$

Damit lautet die allgemeine Lösung der inhomogenen DGl:

$$\boxed{y(x) = c_1 \sin \sqrt{\frac{K}{EI}}\,x + c_2 \cos \sqrt{\frac{K}{EI}}\,x + \frac{K_0}{K}\,x} \tag{3.69}$$

Die Konstanten c_1, c_2 lassen sich wieder z.B. aufgrund der "Randbedingungen" $y(0) = y(l) = 0$ bestimmen.

(IV) Die Eulersche DGl. Anwendung auf ein Problem der Potentialtheorie.

Wir betrachten die Eulersche DGl

$$x^n y^{(n)} + a_{n-1} x^{n-1} y^{(n-1)} + \ldots + a_1 x y' + a_0 y = f(x) \,, \tag{3.70}$$

mit $a_j \in \mathbb{R}$ $(j=0,1,\ldots,n-1)$. Diese läßt sich durch die Substitution

$$x = \begin{cases} e^t & \text{für} \quad x > 0 \\ -e^t & \text{für} \quad x < 0 \end{cases} \qquad \text{bzw.} \quad t = \ln|x| \tag{3.71}$$

auf eine lineare DGl n-ter Ordnung mit konstanten Koeffizienten für die Funktion

$$z(t) = y(\pm e^t) \tag{3.72}$$

zurückführen. So gilt etwa für $x > 0$ nach der Kettenregel

$$\frac{d}{dt} z(t) = e^t y'(e^t) \quad \text{bzw.} \quad x\, y' = \frac{d}{dt} z(t) .$$

Für die 2. Ableitung erhalten wir

$$\frac{d^2}{dt^2} z(t) = e^t y'(e^t) + (e^t)^2 y''(e^t) \quad \text{bzw.} \quad x^2 y'' = \frac{d^2}{dt^2} z(t) - \frac{d}{dt} z(t) .$$

Für die 3. Ableitung zeigt man entsprechend

$$x^3 y''' = \frac{d^3}{dt^3} z(t) - 3 \frac{d^2}{dt^2} z(t) + 2 \frac{d}{dt} z(t)$$

usw. Die Koeffizienten der durch Einsetzen in die Eulersche DGl (3.70) entstehenden DGl für $z(t)$ sind konstant. Wir verzichten auf den allgemeinen Nachweis und begnügen uns damit, die Methode anhand eines Beispiels zu verdeutlichen:

Beispiel 3.8 Die homogene Eulersche DGl

$$x^2 y'' + 2 x y' - y = 0 , \quad x > 0$$

geht mit der Substitution $x = e^t$ wegen

$$x\, y' = \frac{d}{dt} z(t) , \quad x^2 y'' = \frac{d^2}{dt^2} z(t) - \frac{d}{dt} z(t)$$

in die DGl

$$z'' - z' + 2 z' - z = 0 \quad \text{bzw.} \quad z'' + z' - z = 0$$

für $z(t)$ über. Das charakteristische Polynom dieser linearen DGl mit konstanten Koeffizienten hat die Nullstellen

$$\lambda_{1/2} = - \frac{1}{2} \pm \frac{\sqrt{5}}{2} ,$$

so daß sich als allgemeine Lösung

$$z(t) = c_1 e^{\left(-\frac{1}{2} + \frac{\sqrt{5}}{2}\right)t} + c_2 e^{\left(-\frac{1}{2} - \frac{\sqrt{5}}{2}\right)t}$$

Beispiel 3.9 Die 2-dimensionale Potentialgleichung in Polarkoordinaten (r,φ) lautet:

$$\boxed{\frac{\partial^2 U(r,\varphi)}{\partial r^2} + \frac{1}{r}\frac{\partial U(r,\varphi)}{\partial r} + \frac{1}{r^2}\frac{\partial^2 U(r,\varphi)}{\partial \varphi^2} = 0} \tag{3.73}$$

Wir fragen nach Lösungen von (3.73), die sich in der Form

$$U(r,\varphi) = v(r) \cdot w(\varphi) \tag{3.74}$$

darstellen lassen, bei denen also die Variablen r und φ getrennt sind (vgl. hierzu auch Abschn. 5.2). Mit den Beziehungen

$$\frac{\partial U}{\partial r} = v'(r) \cdot w(\varphi), \quad \frac{\partial^2 U}{\partial r^2} = v''(t) \cdot w(\varphi)$$

$$\frac{\partial U}{\partial \varphi} = v(r) \cdot w'(\varphi), \quad \frac{\partial^2 U}{\partial \varphi^2} = v(r) \cdot w''(\varphi)$$

geht die Potentialgleichung in die Gleichung

$$v''(r)\, w(\varphi) + \frac{1}{r} v'(r)\, w(\varphi) + \frac{1}{r^2} v(r)\, w''(\varphi) = 0$$

über. Hieraus ergibt sich für $v(r) \neq 0$

$$\frac{r^2 v''(r)}{v(r)} + \frac{r\, v'(r)}{v(r)} = -\frac{w''(\varphi)}{w(\varphi)} =: \lambda = \text{const.},$$

da die linke Seite dieser Gleichung von φ und ihre rechte Seite von r unabhängig ist; damit müssen beide von r und φ unabhängig sein. Dies führt auf zwei gewöhnliche DGln für $w(\varphi)$ bzw. $v(r)$:

$$w''(\varphi) + \lambda\, w(\varphi) = 0 \quad \text{bzw.} \quad r^2 v''(r) + r v'(r) - \lambda\, v(r) = 0,$$

also auf eine DGl 2-ter Ordnung mit konstanten Koeffizienten für $w(\varphi)$ und auf eine Eulersche DGl für $v(r)$. Die allgemeine Lösung von

$$w''(\varphi) + \lambda\, w(\varphi) = 0$$

lautet, wenn wir $\lambda > 0$ annehmen,

$$w(\varphi) = a\cos\sqrt{\lambda}\,\varphi + b\sin\sqrt{\lambda}\,\varphi \qquad (a,b \in \mathbb{R}). \tag{3.75}$$

Zur Lösung der Eulerschen DGl

$$r^2 v''(r) + r v'(r) - \lambda v(r) = 0$$

setzen wir $r = e^t$ und erhalten damit für $z(t) := v(e^t)$ die DGl

$$z''(t) - z'(t) + z'(t) - \lambda z(t) = 0 \;,$$

also

$$z''(t) - \lambda z(t) = 0, \qquad \lambda > 0 .$$

Diese besitzt die allgemeine Lösung

$$z(t) = c\,e^{+\sqrt{\lambda}\,t} + d\,e^{-\sqrt{\lambda}\,t} \qquad (c,d \in \mathbb{R}).$$

Hieraus gewinnen wir mit $t = \ln r$:

$$v(r) = c\,e^{\sqrt{\lambda}\ln r} + d\,e^{-\sqrt{\lambda}\ln r} = c\,r^{\sqrt{\lambda}} + d\,r^{-\sqrt{\lambda}}. \tag{3.76}$$

Nach (3.74) folgt mit (3.75) und (3.76)

$$\boxed{U(r,\varphi) = (c\,r^{\sqrt{\lambda}} + d\,r^{-\sqrt{\lambda}})(a\cos\sqrt{\lambda}\,\varphi + b\sin\sqrt{\lambda}\,\varphi)} \tag{3.77}$$

Übungen

3.1 Für die folgenden DGln gebe man jeweils ein Fundamentalsystem sowie die allgemeine Lösung an:

a) $y'' - 4y' + 13y = 0$; b) $y''' - 6y'' + 11y' - 6y = 0$;

c) $y''' - 3y'' + 3y' - y = 0$; d) $y^{(4)} + 8y'' + 16y = 0$.

3.2 Sei $P(\lambda)$ das zur DGl

$$y^{(n)} + a_{n-1}\,y^{(n-1)} + \ldots + a_0 y = 0\,, \qquad a_j \in \mathbb{R} \quad (j=0,1,\ldots,n-1)$$

gehörende charakteristische Polynom. Man zeige: Mit $\lambda = \sigma + i\tau$ ist auch $\bar{\lambda} = \sigma - i\tau$ eine Nullstelle von $P(\lambda)$.

3.3* Eine Scheibe (Trägheitsmoment J) sei an einem Draht (Länge l, Radius r, Gleitmodul G) aufgehängt. Die kleinen Drehschwingungen $\varphi = \varphi(t)$ dieser Scheibe werden durch die DGl

$$J\ddot{\varphi} + k\varphi = 0$$

beschrieben. Dabei ist $k = \frac{\pi}{2l} G r^4$ die Federkonstante. Für die Anfangsdaten

$$\varphi(0) = \varphi_0\,, \quad \dot{\varphi}(0) = 0$$

ermittle man den zeitlichen Verlauf der Drehschwingungen $\varphi(t)$ sowie die Periode T.

3.4* Mit Hilfe der Operatorenmethode berechne man die allgemeinen Lösungen der DGln

a) $y^{(4)} - 2y'' + y = 3x^3 e^{-x}$;

b) $y'' + y' - 6y = x e^{2x} \cos x$;

c) $y'' + 6y' + 9y = e^{3x} \cosh x$.

3.5* Unter Verwendung des Grundlösungsverfahrens bestimme man die allgemeine Lösung der DGl

$$y'' + y = \tan x\ .$$

3.6* In einem Übertragungssystem 2-ter Stufe mit den Zeitkonstanten T_1, T_2 ($T_2^2 > 4T_1 > 0$) und dem Übertragungsfaktor K werde der Zusammenhang zwischen der Eingangsgröße $x_e(t)$ (t : Zeitvariable) und der Ausgangsgröße $x_a(t)$ durch die DGl

$$T_1 \ddot{x}_a + T_2 \dot{x}_a + x_a = K x_e$$

beschrieben. Man berechne $x_a(t)$, wenn

$$x_e(t) = \begin{cases} 0\,, & \text{für } t \leq 0 \\ 1\,, & \text{für } t > 0 \end{cases}$$

ist. Wie lautet die Lösung mit

$$\lim_{t \to 0+} x_a(t) = 0 \quad \text{und} \quad \lim_{t \to 0+} \dot{x}_a(t) = 0 \ ?$$

3.7* Man bestimme die allgemeine Lösung der Eulerschen DGl

$$y''' + \frac{2}{x} y'' - \frac{4}{x^3} y = 0 \quad (x > 0)\,.$$

3.8 Die homogene lineare DGl

$$y^{(n)} + a_{n-1} y^{(n-1)} + \ldots + a_0 y = 0$$

heißt stabil, falls jede Lösung $y(x)$ für $x \to \infty$ beschränkt bleibt; sie heißt streng stabil, falls sie stabil ist und jede Lösung für $x \to \infty$ gegen Null strebt. Man untersuche die DGl

$$\ddot{u} + p\dot{u} + qu = 0 \qquad (p,q \in \mathbb{R},\ \text{fest})$$

auf Stabilität.

3.2 LINEARE SYSTEME 1-TER ORDNUNG

Wir untersuchen Systeme der Form

$$\underline{y}' = A\,\underline{y} + \underline{g} \tag{3.78}$$

mit

$$A = [a_{jk}]_{j,k=1,\dots,n}\ , \quad a_{jk} = \text{const.}$$

Da wir uns mit Hilfe von Satz 2.7 (Methode der Variation der Konstanten) stets eine spezielle Lösung des inhomogenen Systems verschaffen können, reduziert sich das Problem der Bestimmung der allgemeinen Lösung des inhomogenen Systems (3.78) auf die Ermittlung eines Fundamentalsystems von $\underline{y}' = A\,\underline{y}$. Im folgenden geben wir dazu ein Konstruktionsverfahren an, das im Fall symmetrischer Matrizen A besonders einfach und übersichtlich ist.

3.2.1 Eigenwerte und -vektoren bei symmetrischen Matrizen

Wir wiederholen kurz einige Resultate aus der linearen Algebra über reelle symmetrische Matrizen. Eine ausführliche Behandlung findet sich in Band II, Abschnitt 3.7.5.

Eine Matrix $A = [a_{jk}]_{j,k=1,\dots,n}$, $a_{j,k} \in \mathbb{R}$, heißt *symmetrisch*, falls $a_{jk} = a_{kj}$ gilt. (Vertauschung von Zeilen- und Spaltenindizes ändert die Matrix nicht.) Unter einem *Eigenwert* λ einer Matrix A versteht man einen solchen Wert λ, für den das lineare Gleichungssystem

$$A\,\underline{x} = \lambda\,\underline{x} \quad \text{bzw.} \quad (A - \lambda E)\,\underline{x} = \underline{0} \tag{3.79}$$

eine nichttriviale Lösung $\underline{x}$ besitzt. Dabei ist E die Einsmatrix. Jede zugehörige nichttriviale Lösung $\underline{x}$ heißt *Eigenvektor*. Die Eigenwerte bzw. Eigenvektoren von A lassen sich mit Hilfe der Beziehungen

$$\det(A - \lambda E) = 0 \quad \text{bzw.} \quad (A - \lambda E)\,\underline{x} = \underline{0} \tag{3.80}$$

bestimmen.

Für den Fall symmetrischer Matrizen sind alle Eigenwerte reell, die zugehörigen Eigenvektoren linear unabhängig und paarweise orthogonal. Außerdem lassen sich symmetrische Matrizen stets auf Hauptachsenform transformieren, d.h. zu A gibt es eine orthogonale Matrix T (diese transformiert ein linear unabhängiges System von Vektoren wieder in ein linear unabhängiges) mit

$$\theta := T^{-1} AT = \begin{bmatrix} \lambda_1 & 0 & \dots & 0 \\ 0 & \lambda_2 & \ddots & \vdots \\ \vdots & \ddots & \ddots & 0 \\ 0 & \dots & 0 & \lambda_n \end{bmatrix}. \tag{3.81}$$

Hierbei ist T^{-1} die zu T inverse Matrix. Die Werte $\lambda_1,\dots,\lambda_n$ sind gerade die Eigenwerte von A, während sich T aus den zugehörigen Eigenvektoren $\underline{x}_1,\dots,\underline{x}_n$ ergibt:

$$T = [\underline{x}_1,\dots,\underline{x}_n] . \tag{3.82}$$

3.2.2 Systeme mit symmetrischen Matrizen

Für den Fall, daß A eine symmetrische Matrix ist, läßt sich auf einfache Weise ein Fundamentalsystem von

$$\underline{y}' = A\,\underline{y} \tag{3.83}$$

angeben. Hierzu legen wir die Bezeichnungen aus dem vorhergehenden Abschnitt zugrunde und setzen

$$\underline{z} := T^{-1}\underline{y} \quad \text{bzw.} \quad \underline{y} = T\,\underline{z} . \tag{3.84}$$

Damit erhalten wir für $\underline{z}(x)$ das homogene System

$$\underline{z}' = T^{-1}\underline{y}' = T^{-1}A\,\underline{y} = T^{-1}A\,T\,\underline{z} = \theta\,\underline{z} \tag{3.85}$$

bzw. ausgeschrieben

$$\begin{bmatrix} z_1' \\ z_2' \\ \vdots \\ z_n' \end{bmatrix} = \begin{bmatrix} \lambda_1 & 0 & \dots & 0 \\ 0 & \lambda_2 & & \vdots \\ \vdots & \ddots & \ddots & 0 \\ 0 & \dots & 0 & \lambda_n \end{bmatrix} \begin{bmatrix} z_1 \\ z_2 \\ \vdots \\ z_n \end{bmatrix} . \tag{3.86}$$

Dieses System zerfällt in n voneinander unabhängige DGln

$$z_1' = \lambda_1 z_1 , \dots , z_n' = \lambda_n z_n$$

mit den Lösungen

$$c_1 e^{\lambda_1 x} , \dots , c_n e^{\lambda_n x} ,$$

und es ergibt sich für $\underline{y}$

$$\underline{y} = T \underline{z} = [\underline{x}_1, \dots, \underline{x}_n] \begin{bmatrix} c_1 e^{\lambda_1 x} \\ \vdots \\ c_n e^{\lambda_n x} \end{bmatrix}$$

$$= c_1 \underline{x}_1 e^{\lambda_1 x} + \dots + c_n \underline{x}_n e^{\lambda_n x} .$$

Wir zeigen, daß die Lösungen

$$\underline{x}_1 e^{\lambda_1 x} , \dots , \underline{x}_n e^{\lambda_n x}$$

ein Fundamentalsystem von $\underline{y}' = A \underline{y}$ bilden: Für $x = 0$ sind diese Lösungen linear unabhängig, da $\underline{x}_1, \dots, \underline{x}_n$ Eigenvektoren einer symmetrischen Matrix sind. Nach Satz 2.4, Abschnitt 2.2.1, sind sie es daher für alle $x \in \mathbb{R}$. Damit stellt

$$\underline{y}(x) = c_1 \underline{x}_1 e^{\lambda_1 x} + \dots + c_n \underline{x}_n e^{\lambda_n x} \tag{3.87}$$

die allgemeine Lösung des homogenen Systems $y' = A y$ dar. Hierbei sind $\lambda_1, \dots, \lambda_n$ die (reellen) Eigenwerte der Matrix A und $\underline{x}_1, \dots, \underline{x}_n$ die zugehörigen Eigenvektoren.

Bemerkung: In der Menge $\{\lambda_1,\dots,\lambda_n\}$ der Eigenwerte können dieselben λ-Werte mehrfach (entsprechend ihrer Vielfachheit) auftreten.

Beispiel 3.10 Wir betrachten das System

$$\begin{aligned} y_1' &= y_2 + y_3 \\ y_2' &= y_1 + y_3 \\ y_3' &= y_1 + y_2 \ , \end{aligned}$$

das wir mit

$$\underline{y} = \begin{bmatrix} y_1 \\ y_2 \\ y_3 \end{bmatrix} \quad \text{und} \quad A = \begin{bmatrix} 0 & 1 & 1 \\ 1 & 0 & 1 \\ 1 & 1 & 0 \end{bmatrix}$$

in der Form $\underline{y}' = A\,\underline{y}$ schreiben können. Die Matrix A ist offensichtlich symmetrisch. Wir bestimmen ihre Eigenwerte aus der Beziehung

$$0 = \det(A - \lambda E) = \det \begin{bmatrix} -\lambda & 1 & 1 \\ 1 & -\lambda & 1 \\ 1 & 1 & -\lambda \end{bmatrix} = -\lambda^3 + 3\lambda + 2$$

und erhalten: $\lambda_1 = 2$, $\lambda_{2/3} = -1$. Zugehörige Eigenvektoren (wir berechnen diese mit Hilfe der Beziehung $(A - \lambda E)\underline{x} = \underline{0}$) :

Zu $\lambda_1 = 2$: Es gilt

$$\begin{bmatrix} -2 & 1 & 1 \\ 1 & -2 & 1 \\ 1 & 1 & -2 \end{bmatrix} \begin{bmatrix} x_{1/1} \\ x_{1/2} \\ x_{1/3} \end{bmatrix} = \begin{bmatrix} 0 \\ 0 \\ 0 \end{bmatrix} ,$$

also

$$\begin{aligned} -2x_{1/1} + x_{1/2} + x_{1/3} &= 0 \\ x_{1/1} - 2x_{1/2} + x_{1/3} &= 0 \\ x_{1/1} + x_{1/2} - 2x_{1/3} &= 0 \ , \end{aligned}$$

mit der Lösung $x_{1/1} = x_{1/2} = x_{1/3}$ beliebig. Wir wählen daher den bequemen Wert $x_{1/1} = 1$ und erhalten den zu $\lambda_1 = 2$ gehörenden Eigenvektor
$\underline{x}_1 = [1,1,1]^T$.

Zu $\lambda_{2/3} = -1$: Für den Eigenvektor $\underline{x}_2$ gilt

$$\begin{bmatrix} 1 & 1 & 1 \\ 1 & 1 & 1 \\ 1 & 1 & 1 \end{bmatrix} \begin{bmatrix} x_{2/1} \\ x_{2/2} \\ x_{2/3} \end{bmatrix} = \begin{bmatrix} 0 \\ 0 \\ 0 \end{bmatrix} .$$

Dies sind drei Gleichungen der Form $x_{2/1} + x_{2/2} + x_{2/3} = 0$. Wir wählen $x_{2/1} = 1$, $x_{2/2} = 0$. Für $x_{2/3}$ folgt dann $x_{2/3} = -x_{2/1} - x_{2/2} = -1$, woraus sich der Eigenvektor $\underline{x}_2 = [1,0,-1]^T$ ergibt. Den zweiten Eigenvektor $\underline{x}_3$ zu $\lambda = -1$ bestimmen wir aus der Gleichung $x_{3/1} + x_{3/2} + x_{3/3} = 0$ und unter Ausnutzung der Tatsache, daß die Eigenvektoren von symmetrischen Matrizen paarweise orthogonal sind, aus der Gleichung

$$0 = \underline{x}_2 \cdot \underline{x}_3 = \begin{bmatrix} 1 \\ 0 \\ -1 \end{bmatrix} \cdot \begin{bmatrix} x_{3/1} \\ x_{3/2} \\ x_{3/3} \end{bmatrix} = 1 \cdot x_{3/1} + 0 \cdot x_{3/2} + (-1)\, x_{3/3}$$ [1].

Beide Gleichungen zusammen sind etwa für $x_{3/1} = 1$, $x_{3/2} = -2$, $x_{3/3} = 1$ erfüllt, und es ergibt sich $\underline{x}_3 = [1,-2,1]^T$. Damit haben wir sämtliche Eigenvektoren bestimmt, und unser Fundamentalsystem lautet

$$e^{2x} \begin{bmatrix} 1 \\ 1 \\ 1 \end{bmatrix}, \quad e^{-x} \begin{bmatrix} 1 \\ 0 \\ -1 \end{bmatrix}, \quad e^{-x} \begin{bmatrix} 1 \\ -2 \\ 1 \end{bmatrix},$$

so daß sich als allgemeine Lösung des DGl-Systems

---

1) $\underline{x} \cdot \underline{y}$ bezeichnet das innere Produkt (= Skalarprodukt) der Vektoren $\underline{x}$ und $\underline{y}$ (s. Bd. I, Abschn. 6.1.2).

$$\underline{y}(x) = c_1 \begin{bmatrix} 1 \\ 1 \\ 1 \end{bmatrix} e^{2x} + c_2 \begin{bmatrix} 1 \\ 0 \\ -1 \end{bmatrix} e^{-x} + c_3 \begin{bmatrix} 1 \\ -2 \\ 1 \end{bmatrix} e^{-x}$$

ergibt.

3.2.3 Hauptvektoren. Jordansche Normalform

Aus der linearen Algebra (vgl. Bd. II, Abschn. 3.7.6) ist bekannt, daß es im Fall beliebiger nxn-Matrizen im allgemeinen kein System von n linear unabhängigen Eigenvektoren gibt [1]. Dies führt zu Schwierigkeiten bei der Konstruktion eines Fundamentalsystems von

$$\underline{y}' = A\,\underline{y}\,. \tag{3.88}$$

Die Aufgabe besteht nun darin, das für symmetrische Matrizen erfolgreiche Verfahren der Hauptachsentransformation auf den Fall beliebiger Matrizen zu verallgemeinern. Das entsprechende Verfahren ist das der Transformation auf Jordansche Normalform (wir erinnern an Bd. II, Abschn. 3.7.6). Hierzu führt man zunächst folgende Erweiterung des Begriffs Eigenvektor durch:

Ist A eine nxn-Matrix, λ_k ein (im allgemeinen komplexer) Eigenwert von A und $q \in \mathbb{N}$ beliebig, so heißt $\underline{x}_k$ *Hauptvektor von A*, falls $\underline{x}_k$ der Gleichung

$$(A - \lambda_k E)^q \underline{x}_k = \underline{0} \tag{3.89}$$

genügt. Insbesondere heißt $\underline{x}_k$ *Hauptvektor q-ter Stufe* - wir schreiben $\underline{x}_k^{(q)}$ -, falls

---

1) Für ein mechanisches Schwingungssystem bedeutet dies z.B.: Es gibt nicht genügend viele Eigenbewegungen, um durch deren Überlagerung den allgemeinen Zustand des Systems beschreiben zu können.

$$(A-\lambda_k E)^q \underline{x}_k^{(q)} = \underline{0} \quad \text{und} \quad (A-\lambda_k E)^{q-1} \underline{x}_k^{(q)} \neq \underline{0} \quad . \tag{3.90}$$

gilt. In dieser Sprechweise sind also Eigenvektoren Hauptvektoren 1-ter Stufe.

In Band II wurde gezeigt: Jede reelle Matrix A besitzt n linear unabhängige Hauptvektoren, wobei sich die zum Eigenwert λ_j gehörenden Hauptvektoren aus den Beziehungen

$$\begin{array}{lll} (A-\lambda_j E)\underline{x}_j & = \underline{0} & \text{(Eigenvektoren)} \\ (A-\lambda_j E)\underline{x}_j^{(2)} & = \underline{x}_j & \text{(Hauptvektoren 2-ter Stufe)} \\ (A-\lambda_j E)\underline{x}_j^{(3)} & = \underline{x}_j^{(2)} & \text{(Hauptvektoren 3-ter Stufe)} \\ \vdots & & \\ (A-\lambda_j E)\underline{x}_j^{(q)} & = \underline{x}_j^{(q-1)} & \text{(Hauptvektoren q-ter Stufe)} \end{array} \tag{3.91}$$

(Lineare Gleichungssysteme!)

bestimmen lassen. Ferner existiert zu A eine Matrix J mit Halbdiagonalform, so daß

$$J := T^{-1}AT = \begin{bmatrix} \boxed{J_1} & & & 0 \cdots 0 \\ & \boxed{J_2} & & \\ 0 & & \boxed{J_3} & 0 \\ \vdots & & & \ddots \\ 0 \cdots 0 & & & \boxed{J_m} \end{bmatrix} \tag{3.92}$$

gilt, J also Jordansche Normalform besitzt. Die Jordanzellen J_j $(j=1,\ldots,m)$ haben die Form

$$J_j = \begin{bmatrix} \lambda_j & 1 & 0 & \dots & 0 \\ 0 & \lambda_j & 1 & \ddots & \vdots \\ \vdots & \ddots & \ddots & \ddots & 0 \\ \vdots & & \ddots & \ddots & 1 \\ 0 & \dots & \dots & 0 & \lambda_j \end{bmatrix}, \quad j=1,\dots,m, \quad ^{1)} \tag{3.93}$$

mit r_j Zeilen und Spalten. In der Hauptdiagonalen von J_j - und damit von J - stehen also die Eigenwerte der Matrix A. Für die r_j gilt hierbei

$$\det(A - \lambda E) = (-1)^n (\lambda - \lambda_1)^{r_1} \dots (\lambda - \lambda_k)^{r_k} \tag{3.94}$$

mit

$$r_1 + r_2 + \dots + r_k = n. \tag{3.95}$$

Beispiel 3.11

$$\text{(a)} \begin{bmatrix} \lambda_1 & 1 & 0 & 0 & 0 & 0 \\ 0 & \lambda_1 & 0 & 0 & 0 & 0 \\ 0 & 0 & \lambda_2 & 1 & 0 & 0 \\ 0 & 0 & 0 & \lambda_2 & 1 & 0 \\ 0 & 0 & 0 & 0 & \lambda_2 & 0 \\ 0 & 0 & 0 & 0 & 0 & \lambda_3 \end{bmatrix}; \quad \text{(b)} \begin{bmatrix} \lambda & 0 & 0 & 0 \\ 0 & \lambda & 1 & 0 \\ 0 & 0 & \lambda & 0 \\ 0 & 0 & 0 & \lambda \end{bmatrix}.$$

Die Matrix T in (3.92) ergibt sich, wenn A die l verschiedenen Eigenwerte λ_j $(j=1,\dots,l)$ besitzt, aus den Eigen- bzw. Hauptvektoren zu

$$T = [T_1, T_2, \dots, T_l] \tag{3.96}$$

---

1) In verschiedenen Jordanzellen können dieselben Eigenwerte stehen (s. auch Beisp. 3.11, (b)).

mit den Matrizen

$$T_j = \left[\underline{x}_{j,1}^{(1)}, \ldots, \underline{x}_{j,1}^{(r_1)}, \underline{x}_{j,2}^{(1)}, \ldots, \underline{x}_{j,2}^{(r_2)}, \ldots, \underline{x}_{j,\alpha_j}^{(1)}, \ldots, \underline{x}_{j,\alpha_j}^{(r_{\alpha_j})} \right] \qquad (3.97)$$

$$(j=1,\ldots,l) .$$

Dabei sind $\underline{x}_{j,1}^{(r_1)}$, $\underline{x}_{j,2}^{(r_2)}$, ..., $\underline{x}_{j,\alpha_j}^{(r_{\alpha_j})}$ zum Eigenwert λ_j gehörende linear unabhängige Hauptvektoren von höchster Stufe.

3.2.4 Systeme mit beliebigen Matrizen

Wir betrachten das System

$$\underline{y}' = A\,\underline{y} \qquad (3.98)$$

mit der reellen nxn-Matrix A. Mit den Bezeichnungen des vorigen Abschnitts setzen wir

$$\underline{z} := T^{-1}\underline{y} \quad \text{bzw.} \quad \underline{y} = T\,\underline{z} \qquad (3.99)$$

und erhalten für $\underline{z}(x)$ das homogene System

$$\underline{z}' = T^{-1} A T\,\underline{z} = J\,\underline{z} , \qquad (3.100)$$

wobei J Jordansche Normalform besitzt. Dieses System läßt sich einfach lösen, indem man es für jede Jordanzelle separat löst, z.B. für die erste ($\lambda = \lambda_1$, Vielfachheit $r = r_1$) :

$$\begin{bmatrix} z_1' \\ z_2' \\ \vdots \\ z_r' \end{bmatrix} = \begin{bmatrix} \lambda & 1 & 0 & \cdots & 0 \\ 0 & \lambda & 1 & \ddots & 0 \\ \vdots & \ddots & \ddots & \ddots & 1 \\ 0 & \cdots & & 0 & \lambda \end{bmatrix} \begin{bmatrix} z_1 \\ z_2 \\ \vdots \\ z_r \end{bmatrix} , \qquad (3.101)$$

also

$$\begin{aligned} z_1' &= \lambda z_1 + z_2 \\ z_2' &= \lambda z_2 + z_3 \\ &\vdots \\ z_{r-1}' &= \lambda z_{r-1} + z_r \\ z_r' &= \lambda z_r \quad . \end{aligned}$$

Wir lösen zunächst die letzte Gleichung und erhalten $z_r = c_1 e^{\lambda x}$. Mit dieser Lösung gehen wir in die vorletzte Gleichung ein:

$$z_{r-1}' = \lambda z_{r-1} + z_r = \lambda z_{r-1} + c_1 e^{\lambda x} \ .$$

Die Lösung dieser Gleichung lautet: $z_{r-1} = c_1 x e^{\lambda x} + c_2 e^{\lambda x}$ usw. Insgesamt ergibt sich für das Teilsystem (3.101) der Lösungsvektor

$$\begin{bmatrix} c_1 \frac{x^{r-1}}{(r-1)!} e^{\lambda x} + c_2 \frac{x^{r-2}}{(r-2)!} e^{\lambda x} + \dots + c_r e^{\lambda x} \\ c_1 \frac{x^{r-2}}{(r-2)!} e^{\lambda x} + \dots + c_{r-1} e^{\lambda x} \\ \vdots \\ c_1 e^{\lambda x} \end{bmatrix} \qquad (3.102)$$

(vgl. hierzu auch Abschn. 3.2.5). Wenn wir nun die Konstanten $c_1,\dots,c_r$ so bestimmen, daß

$$\begin{bmatrix} z_1(0) \\ z_2(0) \\ \vdots \\ z_{i-1}(0) \\ z_i(0) \\ z_{i+1}(0) \\ \vdots \\ z_r(0) \end{bmatrix} = \begin{bmatrix} 0 \\ 0 \\ \vdots \\ 0 \\ 1 \\ 0 \\ \vdots \\ 0 \end{bmatrix} = \underline{e}_i \quad (i=1,2,\dots,r) \qquad (3.103)$$

ist, so erhalten wir das Fundamentalsystem

$$\begin{bmatrix} e^{\lambda x} \\ 0 \\ 0 \\ \vdots \\ 0 \end{bmatrix}, \begin{bmatrix} x\,e^{\lambda x} \\ e^{\lambda x} \\ 0 \\ \vdots \\ 0 \end{bmatrix}, \ldots, \begin{bmatrix} \frac{x^{r-1}}{(r-1)!} e^{\lambda x} \\ \frac{x^{r-2}}{(r-2)!} e^{\lambda x} \\ \vdots \\ e^{\lambda x} \end{bmatrix}. \tag{3.104}$$

Aus der Beziehung $\underline{y} = T\,\underline{z}$ gewinnen wir dann (vgl. Abschn. 3.2.3) Lösungen der Form

$$\underline{x}^{(1)} \frac{x^{q-1}}{(q-1)!} e^{\lambda x} + \underline{x}^{(2)} \frac{x^{q-2}}{(q-2)!} e^{\lambda x} + \ldots + \underline{x}^{(q-1)} \frac{x}{1} e^{\lambda x} + \underline{x}^{(q)} e^{\lambda x}, \tag{3.105}$$

wobei $\underline{x}^{(q)}$ ein Hauptvektor der höchsten Stufe q zum Eigenwert λ ist. Auf diese Weise ergeben sich n linear unabhängige Lösungen (und damit ein Fundamentalsystem) für unsere Ausgangsgleichung. Wir verdeutlichen die Methode anhand eines Schemas:

Sei λ_0 z.B. ein 6-facher Eigenwert. Zu λ_0 gebe es 3 linear unabhängige Eigenvektoren (EV) : $\underline{x}_1^{(1)}$, $\underline{x}_2^{(1)}$, $\underline{x}_3^{(1)}$, zu $\underline{x}_1^{(1)}$ keinen Hauptvektor (HV) höherer Stufe, zu $\underline{x}_2^{(1)}$ und $\underline{x}_3^{(1)}$ je einen Hauptvektor 2-ter Stufe: $\underline{x}_2^{(2)}$, $\underline{x}_3^{(2)}$, und zu $\underline{x}_3^{(1)}$ einen Hauptvektor 3-ter Stufe: $\underline{x}_3^{(3)}$.
Linear unabhängige Lösungsvektoren lassen sich dann bequem aus der folgenden Tabelle 3.1 bestimmen (wir beachten, daß $x^0 = 1$, $x^1 = x$ ist) :

Nummer des EV bzw. HV / Stufe	1	2		3			
Eigenvektor	$\underline{x}_1^{(1)} \cdot x^0$	$\underline{x}_2^{(1)} \cdot x^0$	$\cdot \frac{x^1}{1!}$	$\underline{x}_3^{(1)} \cdot x^0$	$\cdot \frac{x^1}{1!}$	$\cdot \frac{x^2}{2!}$	
Hauptvektor 2. Stufe	-	$\underline{x}_2^{(2)}$	$\cdot x^0$	$\underline{x}_3^{(2)}$	$\cdot x^0$	$\cdot \frac{x^1}{1!}$	$\cdot e^{\lambda_0 x}$
Hauptvektor 3. Stufe	-	-		$\underline{x}_3^{(3)}$		$\cdot x^0$	

Tabelle 3.1

Wir multiplizieren

$\underline{x}_1^{(1)}$ mit x^0 und $e^{\lambda_0 x}$;

dann $\underline{x}_2^{(1)}$ mit x^0 und $e^{\lambda_0 x}$;

dann $\underline{x}_2^{(2)}$ mit x^0 und $e^{\lambda_0 x}$, $\underline{x}_2^{(1)}$ mit $\frac{x^1}{1!}$ und $e^{\lambda_0 x}$ und addieren beide

usw.

Es ergeben sich so die 6 linear unabhängigen Lösungsvektoren

$\underline{x}_1^{(1)} e^{\lambda_0 x}$,

$\underline{x}_2^{(1)} e^{\lambda_0 x}$,

$\underline{x}_2^{(2)} e^{\lambda_0 x} + \underline{x}_2^{(1)} x\, e^{\lambda_0 x}$,

$\underline{x}_3^{(1)} e^{\lambda_0 x}$,

$\underline{x}_3^{(2)} e^{\lambda_0 x} + \underline{x}_3^{(1)} x\, e^{\lambda_0 x}$

$\underline{x}_3^{(3)} e^{\lambda_0 x} + \underline{x}_3^{(2)} x\, e^{\lambda_0 x} + \underline{x}_3^{(1)} \frac{x^2}{2} e^{\lambda_0 x}$.

Bemerkung: Ist λ ein nichtreeller Eigenwert der Matrix A, so erhält man aus den λ entsprechenden Anteilen des komplexen Fundamentalsystems durch Bildung von Real- bzw. Imaginärteil doppelt so viele reelle Lösungen. Der Beitrag des konjugiert-komplexen Eigenwerts $\bar{\lambda}$ ist dadurch "automatisch" erfaßt, so daß wir die zu $\bar{\lambda}$ gehörenden Lösungen streichen dürfen. (Siehe hierzu auch Abschnitt 3.2.7, Anwendung (I) (a).)

Beispiel 3.12 Wir bestimmen die allgemeine Lösung $x(t)$, $y(t)$, $z(t)$ des homogenen Systems

$$\begin{aligned} \dot{x} &= x - 2y + z \\ \dot{y} &= -y - z \\ \dot{z} &= 4y + 3z \,. \end{aligned}$$

Mit

$$\underline{x} = \begin{bmatrix} x \\ y \\ z \end{bmatrix} \quad \text{und} \quad A = \begin{bmatrix} 1 & -2 & 1 \\ 0 & -1 & -1 \\ 0 & 4 & 3 \end{bmatrix}$$

läßt sich dieses System in der Form $\dot{\underline{x}} = A\,\underline{x}$ schreiben.

(a) Bestimmung der Eigenwerte aus der Beziehung $\det(A - \lambda_j E) = 0$:

$$\det \begin{bmatrix} 1-\lambda & -2 & 1 \\ 0 & -1-\lambda & -1 \\ 0 & 4 & 3-\lambda \end{bmatrix} = (1-\lambda)[(-1-\lambda)(3-\lambda)+4] = (1-\lambda)^3 = 0$$

liefert den 3-fachen Eigenwert $\lambda_1 = \lambda_2 = \lambda_3 = 1 =: \lambda$.

(b) Bestimmung der Eigenvektoren aus der Beziehung $(A - \lambda E)\underline{x} = \underline{0}$:

$$\begin{bmatrix} 0 & -2 & 1 \\ 0 & -2 & -1 \\ 0 & 4 & 2 \end{bmatrix} \begin{bmatrix} x_1 \\ y_1 \\ z_1 \end{bmatrix} = \begin{bmatrix} 0 \\ 0 \\ 0 \end{bmatrix} \quad \text{bzw.} \quad \begin{aligned} -2y_1 + z_1 &= 0 \\ -2y_1 - z_1 &= 0 \\ 4y_1 + 2z_1 &= 0 \end{aligned}$$

ergibt, wenn wir $x_1 = 1$ wählen, wegen $y_1 = z_1 = 0$ den Eigenvektor $\underline{x}_1 = [1,0,0]^T$. Es gibt keine weiteren zu $\underline{x}_1$ linear unabhängige Eigenvektoren (warum?).

(c) Bestimmung der Hauptvektoren [1] 2-ter Stufe zu $\underline{x}_1$ aus der Beziehung $(A - \lambda E)\,\underline{x}_1^{(2)} = \underline{x}_1$:

$$\begin{bmatrix} 0 & -2 & 1 \\ 0 & -2 & -1 \\ 0 & 4 & 2 \end{bmatrix} \begin{bmatrix} x_1^{(2)} \\ y_1^{(2)} \\ z_1^{(2)} \end{bmatrix} = \begin{bmatrix} 1 \\ 0 \\ 0 \end{bmatrix} \quad \text{bzw.} \quad \begin{aligned} -2\,y_1^{(2)} + z_1^{(2)} &= 0 \\ -2\,y_1^{(2)} - z_1^{(2)} &= 0 \\ 4\,y_1^{(2)} + 2\,z_1^{(2)} &= 0 \end{aligned}$$

ergibt $y_1^{(2)} = -\frac{1}{4}$, $z_1^{(2)} = \frac{1}{2}$ und, wenn wir $x_1^{(2)} = 0$ wählen, den (einzigen) Hauptvektor 2-ter Stufe $\underline{x}_1^{(2)} = \left[0\,,\,-\frac{1}{4},\,\frac{1}{2}\right]^T$.

(d) Bestimmung des Hauptvektors 3-ter Stufe zu $\underline{x}_1$ aus der Beziehung $(A - \lambda E)\,\underline{x}_1^{(3)} = \underline{x}_1^{(2)}$:

$$\begin{bmatrix} 0 & -2 & 1 \\ 0 & -2 & -1 \\ 0 & 4 & 2 \end{bmatrix} \begin{bmatrix} x_1^{(3)} \\ y_1^{(3)} \\ z_1^{(3)} \end{bmatrix} = \begin{bmatrix} 0 \\ -\frac{1}{4} \\ \frac{1}{2} \end{bmatrix} \quad \text{bzw.} \quad \begin{aligned} -2\,y_1^{(3)} + z_1^{(3)} &= 0 \\ -2\,y_1^{(3)} - z_1^{(3)} &= -\frac{1}{4} \\ 4\,y_1^{(3)} + 2\,z_1^{(3)} &= \frac{1}{2} \end{aligned}$$

ergibt $y_1^{(3)} = \frac{1}{16}$, $z_1^{(3)} = \frac{1}{8}$ und, wenn wir $x_1^{(3)} = 0$ wählen, den Hauptvektor 3-ter Stufe $\underline{x}_1^{(3)} = \left[0\,,\frac{1}{16},\,\frac{1}{8}\right]^T$.

Mit den Vektoren

$$\underline{x}_1 = \underline{x}_1^{(1)} = \begin{bmatrix} 1 \\ 0 \\ 0 \end{bmatrix}, \quad \underline{x}_1^{(2)} = \begin{bmatrix} 0 \\ -\frac{1}{4} \\ \frac{1}{2} \end{bmatrix}, \quad \underline{x}_1^{(3)} = \begin{bmatrix} 0 \\ \frac{1}{16} \\ \frac{1}{8} \end{bmatrix}$$

---

1) Zur Berechnung der Hauptvektoren benutzen wir die Rekursionsformel

$$(A - \lambda E)\,\underline{x}_1^{(q)} = \underline{x}_1^{(q-1)} ,$$

die aus der Definitionsgleichung (3.90) folgt (vgl. (3.91)).

haben wir ein System von 3 linear unabhängigen Hauptvektoren zum Eigenwert $\lambda = 1$ gefunden.

(e) Wir bestimmen die allgemeine Lösung unseres Systems mit Hilfe des folgenden Schemas (vgl. Tab. 3.1).

Nummer des EV bzw. HV / Stufe	1				
Eigenvektor	$\underline{x}_1^{(1)}$	$\cdot t^0$	$\cdot \frac{t^1}{1!}$	$\cdot \frac{t^2}{2!}$	
Hauptvektor 2.Stufe	$\underline{x}_1^{(2)}$		$\cdot t^0$	$\cdot \frac{t^1}{1!}$	$\cdot e^t$
Hauptvektor 3. Stufe	$\underline{x}_1^{(3)}$			$\cdot t^0$	

Tabelle 3.2

Es ergibt sich ein Fundamentalsystem von Lösungen:

$$e^t \cdot \underline{x}_1^{(1)}, \quad e^t\left[\underline{x}_1^{(2)} + t\,\underline{x}_1^{(1)}\right], \quad e^t\left[\underline{x}_1^{(3)} + t\,\underline{x}_1^{(2)} + \frac{t^2}{2!}\,\underline{x}_1^{(1)}\right],$$

und damit die gesuchte allgemeine Lösung des Systems:

$$\underline{x}(t) = C_1\, e^t\left[\underline{x}_1^{(3)} + t\,\underline{x}_1^{(2)} + \frac{t^2}{2}\,\underline{x}_1^{(1)}\right] + C_2\, e^t\left[\underline{x}_1^{(2)} + t\,\underline{x}_1^{(1)}\right] + C_3\, e^t \cdot \underline{x}_1^{(1)}$$

$$= e^t\left\{C_1 \begin{bmatrix} 0 \\ \frac{1}{16} \\ \frac{1}{8} \end{bmatrix} + (C_1 t + C_2) \begin{bmatrix} 0 \\ -\frac{1}{4} \\ \frac{1}{2} \end{bmatrix} + \left(C_1 \frac{t^2}{2} + C_2 t + C_3\right) \begin{bmatrix} 1 \\ 0 \\ 0 \end{bmatrix}\right\}.$$

3.2.5 Systeme und Matrix-Funktionen

Wir wollen kurz auf eine weitere Methode zur Lösung des homogenen Systems

$$\underline{y}' = A\,\underline{y} \tag{3.106}$$

eingehen, die im Gegensatz zum vorhergehenden Abschnitt keine Informationen über die Eigenwerte von A benötigt. Diese Methode besteht in der Verwendung von Matrix-Funktionen: In Band II (Abschn. 3.8.7) wurde die Matrix-Exponentialfunktion $\exp A$ durch

$$\exp A = \sum_{k=0}^{\infty} \frac{1}{k!} A^k \tag{3.107}$$

($A^0 = E$ = Einsmatrix) bzw. die parameterabhängige Matrix-Exponentialfunktion $\exp(x\,A)$ durch

$$\exp(x\,A) = \exp(A\,x) = \sum_{k=0}^{\infty} \frac{x^k}{k!} A^k \tag{3.108}$$

erklärt. Ferner wurde gezeigt, daß diese Reihen für jede nxn-Matrix A und für alle $x \in \mathbb{R}$ konvergieren und daß die Beziehung

$$\frac{d}{dx}[\exp(A\,x)] = A \quad \exp(A\,x) \tag{3.109}$$

gilt. Setzen wir

$$X := \exp(A\,x) \quad \text{und} \quad X' := \frac{d}{dx} X \;, \tag{3.110}$$

so stellt X also eine Lösung der Matrix-Gleichung

$$X' = A\,X \tag{3.111}$$

dar. Wir sind an einem Fundamentalsystem von (3.106) interessiert. Wir wissen bereits, daß sich ein solches Fundamentalsystem als Lösung der n Anfangswertprobleme

$$\underline{y}_k' = A\underline{y}_k\,, \quad \underline{y}_k(0) = \underline{e}_k \qquad (k=1,\dots,n)$$

mit den Einheitsvektoren $\underline{e}_k$ gewinnen läßt. Fassen wir die Lösungen $\underline{y}_k(x)$ zu der nxn-Matrix

$$Y(x) := [\underline{y}_1(x)\,,\dots,\underline{y}_n(x)] \qquad \text{kurz:}\quad Y = [\underline{y}_1,\dots,\underline{y}_n]$$

zusammen, so können wir diese Anfangswertprobleme (äquivalent) in der Form

$$Y' = A\,Y\,,\quad Y(0) = E\,, \tag{3.112}$$

also als Anfangswertproblem für eine Matrixgleichung mit dem Fundamentalsystem $Y(x)$ schreiben. Nach unseren obigen Überlegungen genügt $Y = \exp(A\,x)$ der Matrixgleichung (3.111). Ferner folgt aus (3.108) sofort $Y(0) = E$, d.h. wir haben mit

$$Y(x) = \exp(A\,x) \tag{3.113}$$

bereits ein Fundamentalsystem der Matrixgleichung $Y' = A\,Y$ gefunden. Die allgemeine Lösung des Systems $\underline{y}' = A\,\underline{y}$ lautet dann

$$\underline{y}(x) = Y(x)\underline{c} = \exp(A\,x)\underline{c}\,, \tag{3.114}$$

mit einem beliebigen konstanten Vektor $\underline{c}$.

Für die praktische Anwendung dieser Methode ergibt sich das Problem der Berechnung von $\exp(A\,x)$. Diese ist im allgemeinen nur näherungsweise mit Hilfe der Reihendarstellung der Matrix-Exponentialfunktion möglich.

<u>Beispiel 3.13</u> Wir berechnen $\exp(A\,x)$ für den Fall, daß A eine Jordanzelle, d.h. eine rxr-Matrix der Gestalt

$$A = \begin{bmatrix} \lambda & 1 & 0 & \cdots & 0 \\ 0 & \lambda & 1 & \ddots & \vdots \\ \vdots & \ddots & \ddots & \ddots & 0 \\ \vdots & & \ddots & \ddots & 1 \\ 0 & \cdots & \cdots & 0 & \lambda \end{bmatrix},$$

ist. Die Matrix A läßt sich dann wie folgt zerlegen:

$$A = \begin{bmatrix} \lambda & 0 & \cdots & 0 \\ 0 & \ddots & \ddots & \vdots \\ \vdots & \ddots & \ddots & 0 \\ 0 & \cdots & 0 & \lambda \end{bmatrix} + \begin{bmatrix} 0 & 1 & 0 & \cdots & 0 \\ \vdots & \ddots & \ddots & \ddots & 0 \\ \vdots & & \ddots & \ddots & 1 \\ 0 & \cdots & \cdots & \cdots & 0 \end{bmatrix} =: \lambda E + B .$$

Wir bestimmen zunächst $\exp(B\,x)$. Wegen

$$B^k = \begin{bmatrix} 0 & \cdots & 0 & 1 & 0 & \cdots & 0 \\ \vdots & & \vdots & & \ddots & \ddots & 0 \\ \vdots & & \vdots & & & \ddots & 1 \\ \vdots & & \vdots & & & & 0 \\ \vdots & & \vdots & & & & \vdots \\ 0 & \cdots & 0 & \cdots & \cdots & \cdots & 0 \end{bmatrix} \begin{matrix} \\ \\ \\ \left.\begin{matrix} \\ \\ \end{matrix}\right\} k \text{ Zeilen} \end{matrix}$$

(die ersten k Spalten: $\underbrace{0 \cdots 0}_{k \text{ Spalten}}$)

für $k < r$ bzw.

$$B^k = 0 \text{ (Nullmatrix) für } k \geq r$$

(vgl. Üb. 3.15) gilt

$$\exp(B\,x) = \sum_{k=0}^{r-1} \frac{x^k}{k!} B^k = \begin{bmatrix} 1 & x & \frac{x^2}{2!} & \cdots & \frac{x^{r-1}}{(r-1)!} \\ 0 & 1 & x & \cdots & \frac{x^{r-2}}{(r-2)!} \\ \vdots & \ddots & \ddots & \ddots & \vdots \\ 0 & \cdots & \cdots & 0 & 1 \end{bmatrix} ,$$

woraus sich aufgrund der Beziehung

$$\exp[(\lambda\,E + B)\,x] = \exp(\lambda\,x) \cdot \exp(B\,x)$$

für den gesuchten Ausdruck

$$\exp(A\,x) = \begin{bmatrix} e^{\lambda x} & x\,e^{\lambda x} & \cdots & \frac{x^{r-1}}{(r-1)!}\,e^{\lambda x} \\ 0 & e^{\lambda x} & \cdots & \frac{x^{r-2}}{(r-2)!}\,e^{\lambda x} \\ \vdots & \ddots & \ddots & \vdots \\ 0 & \cdots & 0 & e^{\lambda x} \end{bmatrix}$$

ergibt (vgl. hierzu auch Abschn. 3.2.4).

Mit den Methoden dieses Abschnitts behandeln wir noch die folgende

Anwendung

Die Bewegung eines Massenpunktes in Erdnähe unter Berücksichtigung der Erddrehung wird durch die DGl

$$\boxed{\dot{\underline{v}} = \underline{g} - 2\,\underline{\omega} \times \underline{v}\ ^{1)}} \qquad (3.115)$$

beschrieben. Dabei ist $\underline{v}(t)$ die Geschwindigkeit des Massenpunktes, $\underline{g}$ die (konstante) Erdbeschleunigung und $\underline{\omega}$ die (konstante) Rotationsgeschwindigkeit der Erde. Setzen wir

$$A = -2 \begin{bmatrix} 0 & -\omega_3 & \omega_2 \\ \omega_3 & 0 & -\omega_1 \\ -\omega_2 & \omega_1 & 0 \end{bmatrix}, \qquad (3.116)$$

wobei $\omega_1, \omega_2, \omega_3$ die Koordinaten von $\underline{\omega}$ sind, so läßt sich (3.115) in der Form

$$\dot{\underline{v}} = A\,\underline{v} + \underline{g} \qquad (3.117)$$

schreiben, also als ein inhomogenes lineares DGl-System.

1) $\underline{\omega} \times \underline{v}$ bezeichnet das äußere Produkt (= Vektorprodukt) der Vektoren $\underline{\omega}$ und $\underline{v}$ (s. Bd. I, Abschn. 6.1.2).

Mit den Anfangsbedingungen

$$\underline{x}(0) = \underline{x}_0 \quad \text{und} \quad \dot{\underline{x}}(0) = \underline{v}(0) = \underline{v}_0 \tag{3.118}$$

erhalten wir mit der oben behandelten Methode

$$\underline{v}(t) = [\exp(A\,t)]\underline{v}_0 + \int_0^t [\exp(A\,\tau)]\underline{g}\,d\tau \tag{3.119}$$

und durch Integration von (3.119) für die Bewegung $\underline{x}(t)$ des Massenpunktes

$$\underline{x}(t) = \underline{x}_0 + \int_0^t \left[\exp(A\,\sigma)\right]\underline{v}_0\,d\sigma + \int_0^t \left\{\int_0^\sigma [\exp(A\,\tau)]\underline{g}\,d\tau\right\}d\sigma \quad . \tag{3.120}$$

Wir wollen die Integrale in (3.120) genauer untersuchen. Hierzu berechnen wir zunächst $\exp(A\,\tau)$: Nach (3.108) gilt

$$\exp(A\,\tau) = E + A\frac{\tau}{1!} + A^2\frac{\tau^2}{2!} + \ldots + A^k\frac{\tau^k}{k!} + \ldots \quad . \tag{3.121}$$

Zur Bestimmung von A^k $(k=1,2,\ldots)$ betrachten wir das charakteristische Polynom von A.

$$\chi(A;\lambda) = \det(A - \lambda E) = \det\begin{bmatrix} -\lambda & 2\,\omega_3 & -2\,\omega_2 \\ -2\,\omega_3 & -\lambda & 2\,\omega_1 \\ 2\,\omega_2 & -2\,\omega_1 & -\lambda \end{bmatrix}$$

$$= -\lambda(\lambda^2 + 4\,|\underline{\omega}|^2) = -\lambda^3 - 4\,|\underline{\omega}|^2\,\lambda \;. \tag{3.122}$$

Nach Band II, Abschnitt 3.8.3, gilt daher

$$-A^3 - 4\,|\underline{\omega}|^2 A = 0 \quad \text{oder} \quad A^3 = -4\,|\underline{\omega}|^2 A\,.$$

Dies hat zur Folge, daß wir alle Potenzen von A durch A bzw. A^2 ausdrücken können:

$$A^4 = A \cdot A^3 = -4\,|\underline{\omega}|^2 A^2$$

$$A^5 = A \cdot A^4 = -4\,|\underline{\omega}|^2 A^3 = 16\,|\underline{\omega}|^4 A$$

$$A^6 = A \cdot A^5 = 16\,|\underline{\omega}|^4 A^2$$

usw. Damit ergibt sich aus (3.121)

$$\begin{aligned}
\exp(A\,\tau) &= E + A\,\frac{\tau}{1!} + A^2\,\frac{\tau^2}{2!} + \left(-4\,|\underline{\omega}|^2\,\frac{\tau^3}{3!}\right)A + \left(-4\,|\underline{\omega}|^2\,\frac{\tau^4}{4!}\right)A^2 \\
&\quad + \left(16\,|\underline{\omega}|^2\,\frac{\tau^5}{5!}\right)A + \left(16\,|\underline{\omega}|^4\,\frac{\tau^6}{6!}\right)A^2 + \ldots \\
&= E + \left[\frac{\tau}{1!} - \frac{4\,|\underline{\omega}|^2\,\tau^3}{3!} + \frac{16\,|\underline{\omega}|^4\,\tau^5}{5!} \mp \ldots\right]A \\
&\quad + \left[\frac{\tau^2}{2!} - \frac{4\,|\underline{\omega}|^2\,\tau^4}{4!} + \frac{16\,|\underline{\omega}|^4\,\tau^6}{6!} \mp \ldots\right]A^2 \\
&= E + \frac{1}{2|\underline{\omega}|}\left[\frac{2\,|\underline{\omega}|\,\tau}{1!} - \frac{8\,|\underline{\omega}|^3\,\tau^3}{3!} + \frac{32\,|\underline{\omega}|^5\,\tau^5}{5!} \mp \ldots\right]A \\
&\quad + \frac{1}{4\,|\underline{\omega}|^2}\left[\frac{4\,|\underline{\omega}|^2\,\tau^2}{2!} - \frac{16\,|\underline{\omega}|^4\,\tau^4}{4!} + \frac{64\,|\underline{\omega}|^6\,\tau^6}{6!} \mp \ldots\right]A^2 \,.
\end{aligned}$$

Beachten wir, daß die beiden letzten Klammerausdrücke im wesentlichen die Reihenentwicklungen der Funktionen sin und cos sind, so gewinnen wir eine besonders einfache Darstellung von $\exp(A\,\tau)$, nämlich

$$\exp(A\,\tau) = E + \frac{\sin(2\,|\underline{\omega}|\,\tau)}{2\,|\underline{\omega}|}\,A + \frac{1-\cos(2\,|\underline{\omega}|\,\tau)}{4\,|\underline{\omega}|^2}\,A^2 \,. \tag{3.123}$$

Damit ergibt sich mit (3.120)

$$\begin{aligned}
\underline{x}(t) &= \underline{x}_0 + \underline{v}_0\,t + \frac{1}{2\,|\underline{\omega}|}\int_0^t \sin(2\,|\underline{\omega}|\sigma)\,d\sigma \cdot A\,\underline{v}_0 \\
&\quad + \frac{1}{4\,|\underline{\omega}|^2}\int_0^t [1-\cos(2\,|\underline{\omega}|\sigma)]\,d\sigma \cdot A^2\,\underline{v}_0 \;+
\end{aligned}$$

$$+\int_0^t \left\{ \int_0^\sigma \left[g + \frac{\sin(2\,|\underline{\omega}|\tau)}{2\,|\underline{\omega}|} A + \frac{1-\cos(2\,|\underline{\omega}|\tau)}{4\,|\underline{\omega}|^2} A^2 \right] d\tau \right\} d\sigma \;.$$

Wir rechnen diese Integrale aus und erhalten die gesuchte Bahnkurve des Massenpunktes:

$$\boxed{\begin{aligned} \underline{x}(t) = \underline{x}_0 + t\,\underline{v}_0 &+ \frac{1-\cos(2\,|\underline{\omega}|t)}{4\,|\underline{\omega}|^2} A\,\underline{v}_0 + \frac{2\,|\underline{\omega}|^2 t - \cos(2\,|\underline{\omega}|t)}{8\,|\underline{\omega}|^3} A^2\,\underline{v}_0 \\ &+ \frac{t^2}{2}\underline{g} + \frac{t - 2\,|\underline{\omega}|\sin(2\,|\underline{\omega}|t)}{4\,|\underline{\omega}|^2} A\underline{g} + \frac{|\underline{\omega}|t^2 - 2\,|\underline{\omega}|\sin(2\,|\underline{\omega}|t)}{8\,|\underline{\omega}|^3} A^2\,\underline{g} \end{aligned}}$$

(3.124)

Bemerkung: Mit Hilfe von Matrix-Funktionen, insbesondere bei Verwendung der Matrix-Sinusfunktion bzw. -Cosinusfunktion lassen sich entsprechend auch Systeme höherer Ordnung behandeln. Wir verzichten jedoch auf die Durchführung dieses Programms und verweisen auf die Fachliteratur (s. z.B. [50], § 18). Stattdessen beschränken wir uns im folgenden auf solche Systeme höherer Ordnung, die sich auf Systeme 1-ter Ordnung zurückführen lassen und dann mit Hilfe des Eliminationsverfahrens (vgl. Abschn. 3.2.6) behandelt werden können.

3.2.6 Zurückführung auf Differentialgleichungen höherer Ordnung. Systeme höherer Ordnung.

Lineare Systeme 1-ter Ordnung mit konstanten Koeffizienten lassen sich durch geeignete Eliminationen auf lineare DGln höherer Ordnung mit konstanten Koeffizienten zurückführen. Dies macht jedoch unsere bisherigen Überlegungen aus Abschnitt 3.2 keineswegs überflüssig, da es oft zweckmäßiger ist, ein System direkt zu untersuchen. Wir erläutern das sogenannte Eliminationsverfahren anhand eines Beispiels. Dabei beschränken wir uns auf den homogenen Fall; der inhomogene kann entsprechend behandelt werden.

<u>Beispiel 3.14</u> Wir lösen das System

$$y_1' = 5y_1 + y_2 \tag{3.125}$$

$$y_2' = -4y_1 + y_2 \tag{3.126}$$

durch Elimination von y_2 : Aus (3.125) folgt

$$y_2 = y_1' - 5y_1 \quad \text{bzw.} \quad y_2' = y_1'' - 5y_1' . \tag{3.127}$$

Setzen wir diese Beziehungen in (3.126) ein, so ergibt sich
$y_1'' - 5y_1' = -4y_1 + y_1' - 5y_1$, also

$$y_1'' - 6y_1' + 9y_1 = 0 . \tag{3.128}$$

Für die Nullstellen des charakteristischen Polynoms von (3.128) erhalten wir

$$0 = \lambda^2 - 6\lambda + 9 = (\lambda - 3)^2, \quad \text{d.h.} \quad \lambda_{1/2} = 3 .$$

Daher gilt

$$y_1(x) = c_1 e^{3x} + c_2 x e^{3x} .$$

Für $y_2(x)$ ergibt sich dann mit (3.127)

$$\begin{aligned} y_2(x) &= y_1'(x) - 5y_1(x) \\ &= 3c_1 e^{3x} + c_2 e^{3x} + 3c_2 x e^{3x} - 5c_1 e^{3x} - 5c_2 x e^{3x} \\ &= (-2c_1 + c_2)e^{3x} - 2c_2 x e^{3x} . \end{aligned}$$

Die allgemeine Lösung unseres Systems lautet somit

$$\underline{y}(x) = \begin{bmatrix} y_1(x) \\ y_2(x) \end{bmatrix} = \begin{bmatrix} c_1 e^{3x} + c_2 x e^{3x} \\ (-2c_1 + c_2)e^{3x} - 2c_2 x e^{3x} \end{bmatrix} .$$

Ein Fundamentalsystem von Lösungen ist aufgrund der Darstellung

$$\underline{y}(x) = c_1 \begin{bmatrix} 1 \\ -2 \end{bmatrix} e^{3x} + c_2 \begin{bmatrix} x \\ 1-2x \end{bmatrix} e^{3x}$$

sofort erkennbar (z.B. gilt für die Wronski-Determinante $W(0) = 1$):

$$\begin{bmatrix} 1 \\ -2 \end{bmatrix} e^{3x} , \quad \begin{bmatrix} x \\ 1-2x \end{bmatrix} e^{3x} .$$

Wir können daraus schließen, daß die Koeffizientenmatrix unseres Systems nur den Eigenvektor $\begin{bmatrix} 1 \\ -2 \end{bmatrix}$ zum Eigenwert $\lambda_{1/2} = 3$ besitzt.

Das Eliminationsverfahren läßt sich auch auf Systeme höherer Ordnung mit konstanten Koeffizienten ausdehnen. Dabei müssen wir beachten, daß die in Abschnitt 2.2 erzielten Resultate auf Systeme der Form

$$\underline{y}' = A\,\underline{y} + \underline{g}(x) \tag{3.129}$$

beschränkt sind. Lassen sich Systeme höherer Ordnung auf diese Form zurückführen, so gelten entsprechende Aussagen. So kann z.B. das System

$$\begin{aligned} y_1'' - y_1 + y_2 &= 0 \\ y_2'' + y_1 + y_2 &= 0 \end{aligned}$$

durch $y_1' =: y_3$, $y_2' =: y_4$ in der Form

$$\begin{aligned} y_1' &= y_3 \\ y_2' &= y_4 \\ y_3' &= y_1 - y_2 \\ y_4' &= -y_1 - y_2 \end{aligned}$$

geschrieben werden, und Satz 2.3 garantiert uns die Existenz von vier linear unabhängigen Lösungen.

Die Zurückführung von Systemen höherer Ordnung auf solche 1-ter Ordnung ist im allgemeinen jedoch nicht möglich. Dies zeigt uns das Beispiel (vgl. [18], Bd. 3, Kap. IX)

$$y_1'' + y_1 + y_2'' + y_2' + y_2 = 0 \tag{3.130}$$

$$y_1' + y_2' + y_2 = 0 . \tag{3.131}$$

Aus (3.130) folgt durch Differentiation

$$y_1''' + y_1' + y_2''' + y_2'' + y_2' = 0$$

und aus (3.131)

$$y_1' = -y_2' - y_2 \quad \text{bzw.} \quad y_1''' = -y_2''' - y_2'' .$$

Für $y_2(x)$ ergibt sich damit

$$(-y_2''' - y_2'') + (-y_2' - y_2) + y_2'' + y_2''' + y_2' = 0 ,$$

also

$$y_2(x) = 0 . \tag{3.132}$$

Aus (3.131) folgt dann $y_1'(x) = 0$. Daher ist $y_1(x)$ konstant,und wir erhalten aus (3.130) und (3.132)

$$0 = y_1'' + y_1 + y_2'' + y_2' + y_2 = y_1 ,$$

so daß unser System nur die triviale Lösung besitzt und nicht, wie erwartet, vier linear unabhängige Lösungen. Dieses System kann also nicht auf die Form $\underset{\sim}{y}' = A\,\underset{\sim}{y}$ gebracht werden.

3.2.7 Anwendungen

Wir wollen mit den bereitgestellten Lösungsverfahren einige Anwendungen diskutieren. Unser erstes Beispiel behandelt die Koppelung von zwei schwingungsfähigen Massen. Dieses Beispiel ist aufgrund der zwischen mechanischen und elektrischen Größen bestehenden Analogien (s. Abschn. 1.1.1) für Anwendungen aus der Elektrotechnik (gekoppelte Schwingkreise) gleichermaßen von Bedeutung.

(I) (a) Ungedämpfte gekoppelte Pendel

Zwei Pendel von gleicher Länge l und gleicher Masse m seien durch eine Feder (Federkonstante k) gemäß Figur 3.12 verbunden. Wir interessieren uns für das Schwingungsverhalten dieses mechanischen Systems; g bezeichne die Erdbeschleunigung.

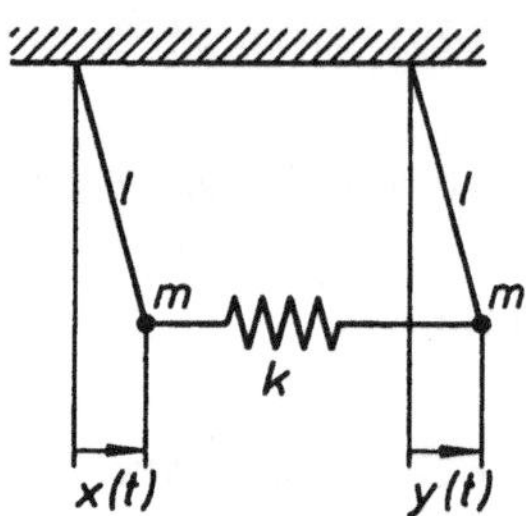

Fig. 3.12: Ungedämpfte gekoppelte Pendel

Zur Vereinfachung gehen wir davon aus, daß nur kleine Auslenkungen aus der Ruhelage (linearisierte Theorie) stattfinden. Dadurch gelangen wir für $x(t)$, $y(t)$ auf das folgende DGl-System (s. hierzu auch Abschn. 1.3.3, Pendelgleichung):

$$\begin{aligned} m\ddot{x} &= -\frac{mg}{l}x - k\cdot(x-y) \\ m\ddot{y} &= -\frac{mg}{l}y - k\cdot(y-x) \end{aligned} \tag{3.133}$$

also, wenn wir $\omega_0 := \sqrt{\frac{g}{l}}$ und $k_0 := \frac{k}{m}$ setzen,

$$\boxed{\begin{aligned} \ddot{x} + \omega_0^2 x &= -k_0\cdot(x-y) \\ \ddot{y} + \omega_0^2 y &= -k_0\cdot(y-x) \end{aligned}} \tag{3.134}$$

Wir lösen dieses System durch Zurückführung auf ein System 1-ter Ordnung. Hierzu setzen wir

$$\dot{x} =: u\,, \quad \dot{y} =: v \tag{3.135}$$

und erhalten damit das System

$$\begin{aligned} \dot{x} &= u \\ \dot{y} &= v \\ \dot{u} &= -(\omega_0^2 + k_0)\,x + k_0\,y \\ \dot{v} &= k_0\,x - (\omega_0^2 + k_0)\,y\,, \end{aligned} \tag{3.136}$$

das wir mit den Abkürzungen

$$\underline{z} := \begin{bmatrix} x \\ y \\ u \\ v \end{bmatrix}, \quad A := \begin{bmatrix} 0 & 0 & 1 & 0 \\ 0 & 0 & 0 & 1 \\ -(\omega_0^2+k_0) & k_0 & 0 & 0 \\ k_0 & -(\omega_0^2+k_0) & 0 & 0 \end{bmatrix} \tag{3.137}$$

in der Form

$$\dot{\underline{z}} = A\,\underline{z} \tag{3.138}$$

schreiben können. Wir bestimmen ein Fundamentalsystem von (3.138). Die Nullstellen des charakteristischen Polynoms $\det(A - \lambda E)$ ergeben sich aus

$$\lambda^4 + 2\,\lambda^2\,(\omega_0^2 + k_0) + (\omega_0^2 + k_0)^2 - k_0^2 = 0\,. \tag{3.139}$$

Setzen wir $s := \lambda^2$, so geht (3.139) in die quadratische Gleichung

$$s^2 + 2\,s\,(\omega_0^2 + k_0) + (\omega_0^2 + k_0)^2 - k_0^2 = 0$$

mit den Lösungen

$$s_{1/2} = -\,(\omega_0^2 + k_0) \pm \tfrac{1}{2}\sqrt{4(\omega_0^2 + k_0)^2 - 4\left[(\omega_0^2 + k_0)^2 - k_0^2\right]} = -\omega_0^2 - k_0 \pm k_0\,,$$

also

$$s_1 = -\,\omega_0^2, \quad s_2 = -\,(\omega_0^2 + 2\,k_0)\,,$$

über. Die gesuchten Nullstellen lauten damit

$$\lambda_{1/2} = \pm i\omega_0 , \quad \lambda_{3/4} = \pm i\sqrt{\omega_0^2 + 2k_0} .$$

Wir bestimmen nun die zugehörigen Eigenvektoren: Zu $\lambda_1 = i\omega_0$ gehört der Eigenvektor $\underline{z}_1^{(1)}$ mit $(A - \lambda_1 E)\underline{z}_1^{(1)} = \underline{0}$, d.h. die Koordinaten x_1, y_1, u_1, v_1 von $\underline{z}_1^{(1)}$ ergeben sich aus dem linearen Gleichungssystem

$$\begin{bmatrix} -i\omega_0 & 0 & 1 & 0 \\ 0 & -i\omega_0 & 0 & 1 \\ -(\omega_0^2+k_0) & k_0 & -i\omega_0 & 0 \\ k_0 & -(\omega_0^2+k_0) & 0 & -i\omega_0 \end{bmatrix} \begin{bmatrix} x_1 \\ y_1 \\ u_1 \\ v_1 \end{bmatrix} = \begin{bmatrix} 0 \\ 0 \\ 0 \\ 0 \end{bmatrix}$$

bzw.

$$\begin{aligned} -i\omega_0 x_1 \qquad\qquad + u_1 \qquad &= 0 \\ - i\omega_0 y_1 \qquad + v_1 &= 0 \\ -(\omega_0^2 + k_0)x_1 + k_0 y_1 - i\omega_0 u_1 \qquad &= 0 \\ k_0 x_1 - (\omega_0^2 + k_0) y_1 \qquad - i\omega_0 v_1 &= 0 \end{aligned} \tag{3.140}$$

Aus den ersten beiden Gleichungen folgt

$$u_1 = i\omega_0 x_1 , \quad v_1 = i\omega_0 y_1 .$$

Setzen wir dies in die letzten beiden Gleichungen von (3.140) ein, so ergibt sich $x_1 = y_1$, $x_1 \in \mathbb{C}$ beliebig. Wählen wir $x_1 = 1$, so erhalten wir den Eigenvektor

$$\underline{z}_1^{(1)} = \begin{bmatrix} 1 \\ 1 \\ i\omega_0 \\ i\omega_0 \end{bmatrix} .$$

Entsprechend gewinnen wir Eigenvektoren, die zu den Eigenwerten

$$\lambda_2 = -i\omega_0 , \quad \lambda_3 = i\sqrt{\omega_0^2 + 2k_0} \quad \text{und} \quad \lambda_4 = -i\sqrt{\omega_0^2 + 2k_0}$$

gehören:

$$\underline{z}_2^{(1)} = \begin{bmatrix} 1 \\ 1 \\ -i\omega_0 \\ -i\omega_0 \end{bmatrix}, \quad \underline{z}_3^{(1)} = \begin{bmatrix} 1 \\ -1 \\ i\sqrt{\omega_0^2 + 2k_0} \\ -i\sqrt{\omega_0^2 + 2k_0} \end{bmatrix} \quad \text{und} \quad \underline{z}_4^{(1)} = \begin{bmatrix} 1 \\ -1 \\ -i\sqrt{\omega_0^2 + 2k_0} \\ i\sqrt{\omega_0^2 + 2k_0} \end{bmatrix} .$$

Die zugehörigen reellen Lösungen von (3.138) gewinnt man (vgl. Abschn. 3.2.4, Bemerkung) aus den Beziehungen

$$\mathrm{Re}\left(\underline{z}_\nu^{(1)} \cdot e^{\lambda_\nu t}\right) \quad \text{und} \quad \mathrm{Im}\left(\underline{z}_\nu^{(1)} \cdot e^{\lambda_\nu t}\right), \qquad \nu = 1{,}3 .$$

Damit erhalten wir das folgende reelle Fundamentalsystem, bestehend aus den Eigenlösungen von (3.138):

$$\underline{z}_1(t) = \begin{bmatrix} 1 \\ 1 \\ 0 \\ 0 \end{bmatrix} \cos\omega_0 t - \begin{bmatrix} 0 \\ 0 \\ \omega_0 \\ \omega_0 \end{bmatrix} \sin\omega_0 t , \quad \underline{z}_2(t) = \begin{bmatrix} 1 \\ 1 \\ 0 \\ 0 \end{bmatrix} \sin\omega_0 t + \begin{bmatrix} 0 \\ 0 \\ \omega_0 \\ \omega_0 \end{bmatrix} \cos\omega_0 t ,$$

$$\underline{z}_3(t) = \begin{bmatrix} 1 \\ -1 \\ 0 \\ 0 \end{bmatrix} \cos \sqrt{\omega_0^2 + 2\,k_0}\; t - \begin{bmatrix} 0 \\ 0 \\ \sqrt{\omega_0^2 + 2\,k_0} \\ -\sqrt{\omega_0^2 + 2\,k_0} \end{bmatrix} \sin \sqrt{\omega_0^2 + 2\,k_0}\; t \;,$$

$$\underline{z}_4(t) = \begin{bmatrix} 1 \\ -1 \\ 0 \\ 0 \end{bmatrix} \sin \sqrt{\omega_0^2 + 2\,k_0}\; t + \begin{bmatrix} 0 \\ 0 \\ \sqrt{\omega_0^2 + 2\,k_0} \\ -\sqrt{\omega_0^2 + 2\,k_0} \end{bmatrix} \cos \sqrt{\omega_0^2 + 2\,k_0}\; t \;.$$

Diesen Eigenlösungen (= Eigenbewegungen) entsprechen die in Figur 3.13 dargestellten Konstellationen.

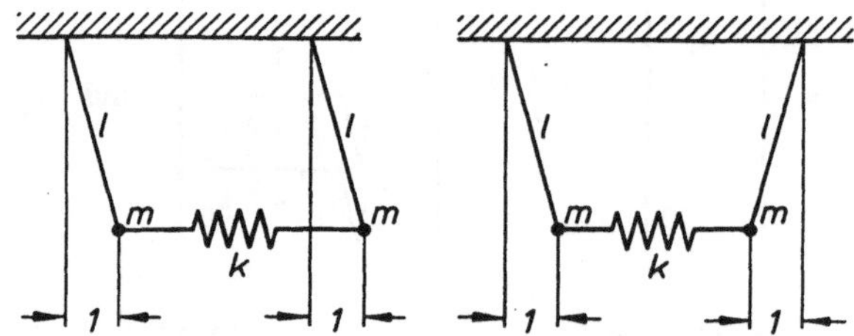

Fig. 3.13: Eigenbewegungen bei gekoppelten Pendeln

Die allgemeine Lösung unseres DGl-Systems (3.138) ergibt sich dann durch Überlagerung der Eigenbewegung zu

$$\underline{z}(t) = c_1\,\underline{z}_1(t) + c_2\,\underline{z}_2(t) + c_3\,\underline{z}_3(t) + c_4\,\underline{z}_4(t) \;,$$

mit beliebigen reellen Konstanten $c_1,\ldots,c_4$.

Wählen wir die Anfangsbedingungen

$$x(0) = x_0 \,, \quad \dot{x}(0) = 0 \,, \quad y(0) = 0 \,, \quad \dot{y}(0) = 0 \qquad (3.141)$$

(das erste Pendel wird also ausgelenkt, während sich das zweite im Ruhezustand befindet), so berechnen sich die Konstanten aus

$$\underline{z}(0) = \begin{bmatrix} x(0) \\ y(0) \\ \dot{x}(0) \\ \dot{y}(0) \end{bmatrix} = \begin{bmatrix} x_0 \\ 0 \\ 0 \\ 0 \end{bmatrix} = c_1 \begin{bmatrix} 1 \\ 1 \\ 0 \\ 0 \end{bmatrix} + c_2 \begin{bmatrix} 0 \\ 0 \\ \omega_0 \\ \omega_0 \end{bmatrix} + c_3 \begin{bmatrix} 1 \\ -1 \\ 0 \\ 0 \end{bmatrix} + c_4 \begin{bmatrix} 0 \\ 0 \\ \sqrt{\omega_0^2 + 2\,k_0} \\ -\sqrt{\omega_0^2 + 2\,k_0} \end{bmatrix} ,$$

also aus

$$\begin{aligned} x_0 &= c_1 + c_3 \\ 0 &= c_1 - c_3 \\ 0 &= c_2\,\omega_0 + c_4\sqrt{\omega_0^2 + 2\,k_0} \\ 0 &= c_2\,\omega_0 - c_4\sqrt{\omega_0^2 + 2\,k_0} \end{aligned}$$

zu $c_1 = c_3 = \frac{x_0}{2}$, $c_2 = c_4 = 0$. Dies liefert die spezielle Lösung

$$\begin{bmatrix} x(t) \\ y(t) \\ u(t) \\ v(t) \end{bmatrix} = \frac{x_0}{2} \left\{ \begin{bmatrix} 1 \\ 1 \\ 0 \\ 0 \end{bmatrix} \cos\omega_0 t - \begin{bmatrix} 0 \\ 0 \\ \omega_0 \\ \omega_0 \end{bmatrix} \sin\omega_0 t + \begin{bmatrix} 1 \\ -1 \\ 0 \\ 0 \end{bmatrix} \cos\sqrt{\omega_0^2 + 2\,k_0}\; t \; - \right.$$

$$\left. - \begin{bmatrix} 0 \\ 0 \\ \sqrt{\omega_0^2 + 2\,k_0} \\ -\sqrt{\omega_0^2 + 2\,k_0} \end{bmatrix} \sin\sqrt{\omega_0^2 + 2\,k_0}\; t \right\} .$$

Für unsere Pendelauslenkungen folgt daher

$$\begin{aligned} x(t) &= \frac{x_0}{2} \left(\cos\omega_0 t + \cos\sqrt{\omega_0^2 + 2\,k_0}\; t\right) \\ y(t) &= \frac{x_0}{2} \left(\cos\omega_0 t - \cos\sqrt{\omega_0^2 + 2\,k_0}\; t\right) . \end{aligned}$$

Mit den Additionstheoremen für die cos-Funktion erhalten wir hieraus schließlich

$$\boxed{\begin{aligned} x(t) &= x_0 \cos\frac{\omega_0 - \omega}{2}t \cdot \cos\frac{\omega_0 + \omega}{2}\,t \\ y(t) &= -\,x_0 \sin\frac{\omega_0 - \omega}{2}\,t \cdot \sin\frac{\omega_0 + \omega}{2}\,t \end{aligned}} \tag{3.142}$$

(s. Fig. 3.14). Dabei haben wir

$$\omega := \sqrt{\omega_0^2 + 2\,k_0} \tag{3.143}$$

gesetzt. Wir wollen das Schwingungsverhalten unserer Pendel für den Fall einer losen Koppelung der beiden Pendel, d.h. bei schwach gespannter Feder, diskutieren. Wegen

$$\omega = \sqrt{\omega_0^2 + 2\,k_0} = \omega_0\sqrt{1 + 2\,\frac{k_0}{\omega_0^2}} = \omega_0\left(1 + \frac{k_0}{\omega_0^2} - \frac{k_0^2}{2\,\omega_0^4} \pm \ldots\right) \approx \omega_0 + \frac{k_0}{\omega_0} \tag{3.144}$$

gilt dann die Beziehung

$$\frac{\omega - \omega_0}{2} \approx \frac{k_0}{2\,\omega_0} \ll 1\,.$$

Dies hat zur Folge, daß sich die Anteile

$$\cos\frac{\omega_0 - \omega}{2}\,t \quad \text{bzw.} \quad \sin\frac{\omega_0 - \omega}{2}\,t$$

in (3.142) nur langsam mit t ändern. Dies erklärt die von den beiden Pendeln ausgeführten Schwebungen (s. Fig. 3.14). Dabei überträgt sich die Energie jeweils vom einen zum anderen Pendel: Maximales Auslenken des ersten hat Ruhezustand des zweiten Pendels zur Folge und umgekehrt.

Unser Beispiel zeigt: Obgleich unser Schwingungsproblem durch eine nichtsymmetrische Matrix beschrieben wird, läßt sich der allgemeine Bewegungszustand dennoch durch Überlagerung aus Eigenbewegungen gewinnen. Dies ist für sogenannte normalisierbare Matrizen stets der Fall (vgl. z.B. [36], Kap. II, § 7 (26)).

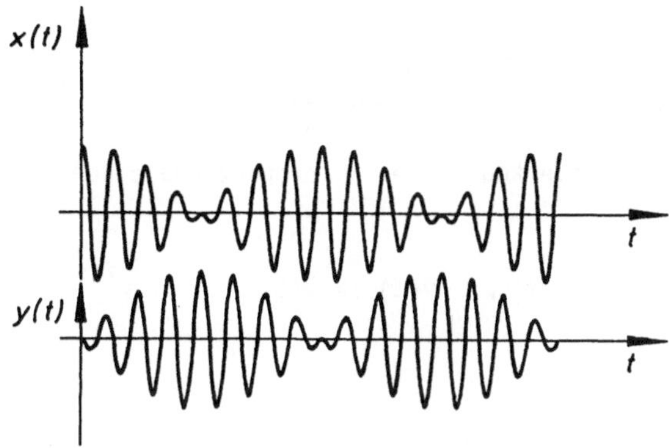

Fig. 3.14: Schwebungscharakter von lose gekoppelten Pendeln

(b) Gedämpfte gekoppelte Pendel

In diesem Beispiel zeigen wir, daß schon bei einfachen Schwingungssystemen der Fall eintreten kann, daß die Eigenbewegungen zur Beschreibung des allgemeinen Bewegungszustandes nicht mehr ausreichen und zusätzlich zu den Eigenvektoren noch Hauptvektoren herangezogen werden müssen.

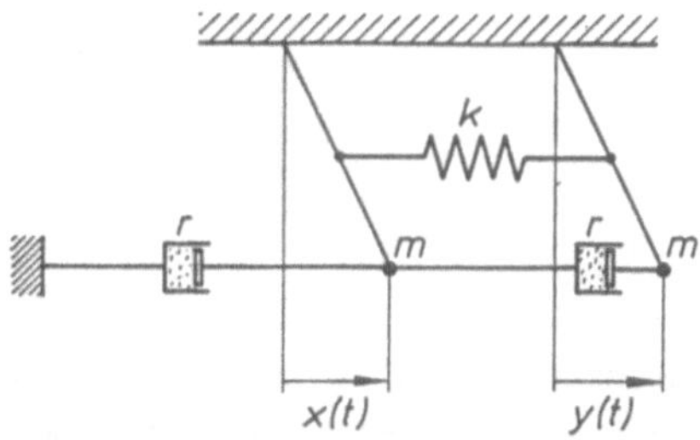

Fig. 3.15: Gedämpfte gekoppelte Pendel

Wir gehen wieder von einem gekoppelten Pendel aus, berücksichtigen diesmal jedoch eine geschwindigkeitsabhängige Dämpfung (s. Fig. 3.15). Die Dämpfungskonstante bezeichnen wir mit r .

Für kleine Auslenkungen $x(t)$, $y(t)$ der Pendel erhalten wir dann das System

$$\boxed{\begin{aligned} m\ddot{x} &= -\frac{mg}{l}x - \tilde{k}\cdot(x-y) - r\dot{x} + r(\dot{y}-\dot{x}) \\ m\ddot{y} &= -\frac{mg}{l}y - \tilde{k}\cdot(y-x) + r(\dot{x}-\dot{y}) \end{aligned}} \tag{3.145}$$

Hierbei ist $\tilde{k}$ eine zur Federkonstante k proportionale Konstante. Setzen wir

$$\omega_0^2 := \frac{g}{l}, \quad u(t) := \dot{x}(t), \quad v(t) := \dot{y}(t), \tag{3.146}$$

sowie

$$\underline{z}(t) = \begin{bmatrix} x(t) \\ y(t) \\ u(t) \\ v(t) \end{bmatrix}, \quad A = \begin{bmatrix} 0 & 0 & 1 & 0 \\ 0 & 0 & 0 & 1 \\ -\omega_0^2 - \frac{\tilde{k}}{m} & \frac{\tilde{k}}{m} & -\frac{2r}{m} & \frac{r}{m} \\ \frac{\tilde{k}}{m} & -\omega_0^2 - \frac{\tilde{k}}{m} & \frac{r}{m} & -\frac{r}{m} \end{bmatrix}, \tag{3.147}$$

so ergibt sich für $\underline{z}(t)$ das System 1-ter Ordnung

$$\dot{\underline{z}} = A\,\underline{z}. \tag{3.148}$$

Um den Rechenaufwand zu verringern, vereinfachen wir in folgender Weise: Wir vernachlässigen den Einfluß der Erdbeschleunigung und nehmen ferner $\frac{\tilde{k}}{m} = \frac{r}{m} = 1$ an. Damit erhält unsere Matrix A die spezielle Form

$$\tilde{A} = \begin{bmatrix} 0 & 0 & 1 & 0 \\ 0 & 0 & 0 & 1 \\ -1 & 1 & -2 & 1 \\ 1 & -1 & 1 & -1 \end{bmatrix}. \tag{3.149}$$

Nach Übung 3.10 lauten die Eigenwerte dieser Matrix

$\lambda_1 = 0$, $\lambda := \lambda_2 = \lambda_3 = \lambda_4 = -1$. Zu $\lambda_1 = 0$ bzw. $\lambda = -1$ gehörende Eigenvektoren sind

$$\underline{z}_1^{(1)} = \begin{bmatrix} 1 \\ 1 \\ 0 \\ 0 \end{bmatrix} \quad \text{bzw.} \quad \underline{z}_2^{(1)} = \begin{bmatrix} 1 \\ 0 \\ -1 \\ 0 \end{bmatrix};$$

zu $\lambda = -1$ gehörende Hauptvektoren 2-ter bzw. 3-ter Stufe sind

$$\underline{z}_2^{(2)} = \begin{bmatrix} 0 \\ 1 \\ 1 \\ -1 \end{bmatrix} \quad \text{bzw.} \quad \underline{z}_2^{(3)} = \begin{bmatrix} 0 \\ 1 \\ 0 \\ 0 \end{bmatrix}.$$

Ein Fundamentalsystem von $\dot{\underline{z}} = \tilde{\underline{A}}\,\underline{z}$ ergibt sich dann nach der in Abschnitt 3.2.4 entwickelten Methode zu

$$\underline{z}_1^{(1)}, \quad \underline{z}_2^{(1)} e^{-t}, \quad \left(\underline{z}_2^{(2)} + t\,\underline{z}_2^{(1)}\right) e^{-t}, \quad \left(\underline{z}_2^{(3)} + t\,\underline{z}_2^{(2)} + \frac{t^2}{2}\,\underline{z}_2^{(1)}\right) e^{-t}.$$

Damit lautet die allgemeine Lösung des Systems

$$\underline{z}(t) = \begin{bmatrix} x(t) \\ y(t) \\ u(t) \\ v(t) \end{bmatrix} = c_1\,\underline{z}_1^{(1)} + c_2\,\underline{z}_2^{(1)} e^{-t} + c_3\left(\underline{z}_2^{(2)} + t\,\underline{z}_2^{(1)}\right) e^{-t} + $$
$$+ c_4\left(\underline{z}_2^{(3)} + t\,\underline{z}_2^{(2)} + \frac{t^2}{2}\,\underline{z}_2^{(1)}\right) e^{-t}$$

$$= c_1 \begin{bmatrix} 1 \\ 1 \\ 0 \\ 0 \end{bmatrix} + \begin{bmatrix} c_2 + c_3 t + c_4 \frac{t^2}{2} \\ c_3 + c_4 + c_4 t \\ -c_2 + c_3 + (-c_3 + c_4)t - c_4 \frac{t^2}{2} \\ -c_3 - c_4 t \end{bmatrix} e^{-t}, \tag{3.150}$$

woraus sich allgemein für unsere gesuchten Pendelbewegungen

$$\begin{aligned} x(t) &= c_1 + \left(c_2 + c_3 t + c_4 \frac{t^2}{2}\right) e^{-t} \\ y(t) &= c_1 + \left(c_3 + c_4 + c_4 t\right) e^{-t} \end{aligned} \tag{3.151}$$

mit beliebigen Konstanten $c_1,\ldots,c_4$ ergibt. Durch Vorgabe der Anfangsdaten lassen sich diese Konstanten aus (3.150) bestimmen.

(II) Ein zweimaschiges Netzwerk

Wir wollen das in Abschnitt 1.3, Beispiel 1.28, betrachtete Netzwerk mit Hilfe des Eliminationsverfahrens behandeln. Nach Schliessen des Schalters S ergibt sich, wie wir gesehen haben, für $i_1(t)$, $i_2(t)$ das System

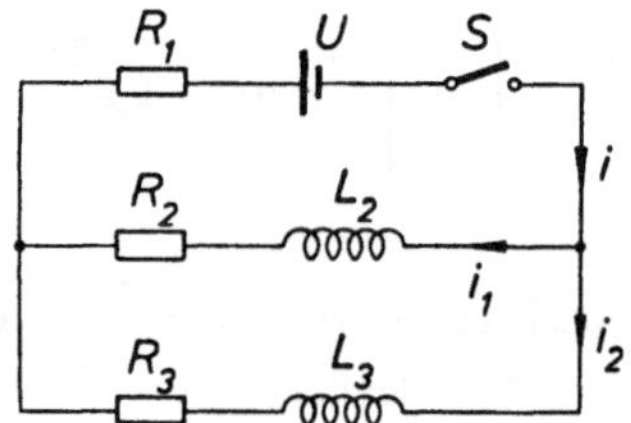

Fig. 3.16: Zweimaschiges Netzwerk

$$\begin{aligned} &L_2 \frac{d\,i_1}{dt} + R_2\, i_1 - L_3 \frac{d\,i_2}{dt} - R_3\, i_2 = 0 \\ &L_2 \frac{d\,i_1}{dt} + R_2\, i_1 + i_1 R_1 + i_2 R_1 - U = 0 \end{aligned} \tag{3.152}$$

mit den Anfangsbedingungen

$$i_1(0) = i_2(0) = 0\,. \tag{3.153}$$

Wir behandeln dieses Anfangswertproblem als Zahlenbeispiel mit der Gleichspannung $U = 110$, den Ohmschen Widerständen $R_1 = 30$, $R_2 = 10$, $R_3 = 20$ und den Induktivitäten $L_2 = 2$, $L_3 = 4$. Damit lautet unser System

$$\frac{d\,i_1}{dt} + 5\, i_1 - 2 \frac{d\,i_2}{dt} - 10\, i_2 = 0 \tag{3.154}$$

$$\frac{d\,i_1}{dt} + 20\,i_1 + 15\,i_2 - 55 = 0\,. \tag{3.155}$$

Wir lösen (3.155) nach i_2 auf und erhalten

$$i_2 = \frac{11}{3} - \frac{4}{3}\,i_1 - \frac{1}{15}\,\frac{d\,i_1}{dt}\,, \tag{3.156}$$

woraus durch Differentiation

$$\frac{d\,i_2}{dt} = -\,\frac{4}{3}\,\frac{d\,i_1}{dt} - \frac{1}{15}\,\frac{d^2 i_1}{dt^2} \tag{3.157}$$

folgt. Setzen wir (3.156) und (3.157) in (3.154) ein, so ergibt sich für i_1

$$\frac{d^2 i_1}{dt^2} + \frac{65}{2}\,\frac{d\,i_1}{dt} + \frac{275}{2}\,i_1 = 275\,,$$

also eine lineare DGl 2-ter Ordnung mit konstanten Koeffizienten. Die Nullstellen des charakteristischen Polynoms

$$P(\lambda) = \lambda^2 + \frac{65}{2}\,\lambda + \frac{275}{2}$$

lauten: $\lambda_1 = -\frac{55}{2}$, $\lambda_2 = -5$. Beachten wir, daß eine spezielle Lösung der inhomogenen DGl durch $i_{1,p}(t) \equiv 2$ gegeben ist, so ergibt sich die allgemeine Lösung $i_1(t)$ zu

$$i_1(t) = c_1\,e^{-\frac{55}{2}t} + c_2\,e^{-5t} + 2\,.$$

Mit (3.156) erhalten wir hieraus dann $i_2(t)$ zu

$$i_2(t) = \frac{1}{2}\,c_1\,e^{-\frac{55}{2}t} - c_2\,e^{-5t} + 1\,.$$

Aufgrund der Anfangsbedingungen $i_1(0) = i_2(0) = 0$ lassen sich die Konstanten c_1, c_2 zu $c_1 = -2$, $c_2 = 0$ berechnen, und wir erhalten für unser Anfangswertproblem die Stromstärken

$$i_1(t) = -2e^{-\frac{55}{2}t} + 2, \quad i_2(t) = -e^{-\frac{55}{2}t} + 1$$

bzw.

$$i(t) = i_1(t) + i_2(t) = -3e^{-\frac{55}{2}t} + 3 .$$

Übungen

3.9* Man bestimme die allgemeinen Lösungen der folgenden DGl-Systeme (Typ?)

a) $y_1' = -y_1 + y_2 + y_3$
$y_2' = y_1 - y_2 + y_3$
$y_3' = y_1 + y_2 + y_3$;

b) $\dot{x}_1 = 3x_1 + 2x_2 + 4x_3 + 2e^{8t}$
$\dot{x}_2 = 2x_1 + 2x_3 + e^{8t}$
$\dot{x}_3 = 4x_1 + 2x_2 + 3x_3 + 2e^{8t}$.

3.10* Man berechne sämtliche Eigenwerte, Eigenvektoren und Hauptvektoren der Matrix

$$A = \begin{bmatrix} 0 & 0 & 1 & 0 \\ 0 & 0 & 0 & 1 \\ -1 & 1 & -2 & 1 \\ 1 & -1 & 1 & -1 \end{bmatrix}$$

und gebe ein Fundamentalsystem des DGl-Systems $\dot{\underline{z}} = A\,\underline{z}$ an.

3.11* Welche allgemeinen Lösungen besitzen die folgenden DGl-Systeme

a) $y_1' = -y_1 + y_2$
$y_2' = -y_1 - 3y_2$
$y_3' = y_1 - y_2 + y_3$;

b) $y_1' = y_1 + 2y_2 - 3y_3$
$y_2' = y_1 + y_2 + 2y_3$
$y_3' = y_1 - y_2 + 4y_3$?

3.12* Sei

$$A = \begin{bmatrix} 2 & 0 & 1 \\ 0 & 2 & 0 \\ 0 & 1 & 3 \end{bmatrix} \quad \text{und} \quad \underline{b}(x) = \begin{bmatrix} e^{2x} \\ 0 \\ e^{2x} \end{bmatrix} .$$

Man bestimme die Lösung des Anfangswertproblems

$$\underline{y}' = A\,\underline{y} + \underline{b}(x) , \quad \underline{y}(0) = \begin{bmatrix} 1 \\ 1 \\ 1 \end{bmatrix} .$$

3.13* Durch Zurückführung auf eine DGl höherer Ordnung löse man das inhomogene DGl-System

$$\dot{x} + y = \sin 2t$$
$$\dot{y} - x = \cos 2t .$$

3.14* Zwei Massenpunkte P_1, P_2 mit den Massen m_1, m_2 seien elastisch verbunden (Federkonstante c). Mit $\underline{x}_1(t)$, $\underline{x}_2(t)$ bezeichnen wir die zugehörigen Ortsvektoren, die von der Zeit t abhängen. Man berechne die Bewegung der Punkte P_1, P_2 unter den Anfangsbedingungen

$$\underline{x}_1(0) = \dot{\underline{x}}_1(0) = \underline{0}$$

und

$$\underline{x}_2(0) = \begin{bmatrix} 1 \\ 0 \\ 0 \end{bmatrix} , \quad \dot{\underline{x}}_2(0) = \begin{bmatrix} 0 \\ 1 \\ 0 \end{bmatrix} .$$

Insbesondere diskutiere man das Ergebnis für den Fall $m_1 = 3$, $m_2 = 1$, $c = 3$.

Anleitung: (a) Die gesuchten Funktionen genügen dem DGl-System

$$m_1 \ddot{\underline{x}}_1 = c(\underline{x}_2 - \underline{x}_1)$$
$$m_2 \ddot{\underline{x}}_2 = c(\underline{x}_1 - \underline{x}_2) . \quad \text{(Begründung!)}$$

(b) Man untersuche die Bewegung des Schwerpunkts S mit

$$\underline{s} = \frac{m_1 \underline{x}_1 + m_2 \underline{x}_2}{m_1 + m_2} .$$

(c) Man setze $\overrightarrow{SP_1} := \underline{y}_1$, $\overrightarrow{SP_2} := \underline{y}_2$ und leite ein DGl-System für $\underline{y}_1(t)$, $\underline{y}_2(t)$ her.

(d) Man entkopple das in (c) gewonnene System mit Hilfe der Beziehung $m_1 \underline{y}_1 + m_2 \underline{y}_2 = \underline{0}$ und bestimme eine Lösung des entkoppelten Systems.

3.15 Sei $B = [b_{ij}]$ eine rxr-Matrix mit

$$b_{ij} = \begin{cases} 1, & \text{für } j = i + 1 \\ 0, & \text{sonst.} \end{cases}$$

Man zeige: Für $k < r$ ist $B^k =: A = [a_{ij}]$ eine rxr-Matrix mit

$$a_{ij} = \begin{cases} 1, & \text{für } j = i + k \\ 0, & \text{sonst;} \end{cases}$$

für $k \geq r$ gilt $B^k = 0$.

4 POTENZREIHENANSÄTZE UND ANWENDUNGEN

In vielen Fällen ist es möglich, Lösungen von DGln in Form von *Potenzreihen* anzugeben. Dies ist vor allem dann von Interesse, wenn sich die DGln nicht explizit integrieren lassen, wie das häufig bereits bei linearen DGln mit nichtkonstanten Koeffizienten der Fall ist. Wir beschränken uns im folgenden auf die Betrachtung von linearen DGln 2-ter Ordnung und auf den reellen Fall.

4.1 POTENZREIHENANSÄTZE

4.1.1 Differentialgleichungen mit regulären Koeffizienten

In der DGl

$$y'' + f(x)\,y' + g(x)\,y = h(x) \tag{4.1}$$

seien die Koeffizienten *regulär*, d.h. in einer Umgebung $U_r(0)$ des Nullpunktes als Potenzreihen darstellbar:

$$f(x) = \sum_{k=0}^{\infty} f_k x^k\,, \qquad g(x) = \sum_{k=0}^{\infty} g_k x^k\,, \qquad h(x) = \sum_{k=0}^{\infty} h_k x^k \tag{4.2}$$

mit $x \in U_r(0)$. Für die gesuchte Lösung $y(x)$ machen wir auf $U_r(0)$ den

$$\text{Potenzreihenansatz:} \quad y(x) = \sum_{k=0}^{\infty} a_k x^k \tag{4.3}$$

und versuchen, die Koeffizienten a_k zu ermitteln. Durch Differenzieren ergibt sich formal

$$y'(x) = \sum_{k=1}^{\infty} k\, a_k\, x^{k-1} = \sum_{k=0}^{\infty} (k+1)\, a_{k+1}\, x^k$$

und

$$y''(x) = \sum_{k=2}^{\infty} k(k-1)\, a_k\, x^{k-2} = \sum_{k=0}^{\infty} (k+2)(k+1)\, a_{k+2}\, x^k \; .$$

Mit diesen Ausdrücken gehen wir in die DGl (4.1) ein und erhalten

$$\sum_{k=0}^{\infty} (k+2)(k+1)\, a_{k+2}\, x^k + \left(\sum_{k=0}^{\infty} f_k\, x^k\right)\left(\sum_{k=0}^{\infty} (k+1)\, a_{k+1}\, x^k\right) +$$

$$+ \left(\sum_{k=0}^{\infty} g_k\, x^k\right)\left(\sum_{k=0}^{\infty} a_k\, x^k\right) = \sum_{k=0}^{\infty} h_k\, x^k , \qquad x \in U_r(0) \; .$$

Zur Berechnung der Produkte der Reihen benötigen wir das Cauchy-Produkt von zwei unendlichen Reihen (s. Bd. I, Abschn. 1.5.3, (1.70)):

$$\sum_{k=0}^{\infty} a_k \cdot \sum_{k=0}^{\infty} b_k = \sum_{k=0}^{\infty} \left(\sum_{j=0}^{k} a_j\, b_{k-j}\right) .$$

Wir erhalten damit

$$\sum_{k=0}^{\infty} (k+2)(k+1)\, a_{k+2}\, x^k + \sum_{k=0}^{\infty} \left(\sum_{j=0}^{k} (j+1)\, f_{k-j}\, a_{j+1}\right) x^k +$$

$$+ \sum_{k=0}^{\infty} \left(\sum_{j=0}^{k} g_{k-j}\, a_j\right) x^k = \sum_{k=0}^{\infty} h_k\, x^k , \qquad x \in U_r(0) \; .$$

Koeffizientenvergleich liefert die folgende Rekursionsformel zur Berechnung der Koeffizienten a_k :

$$(k+2)(k+1)\, a_{k+2} + \sum_{j=0}^{k} (j+1)\, f_{k-j}\, a_{j+1} + \sum_{j=0}^{k} g_{k-j}\, a_j = h_k$$

bzw.

$$a_{k+2} = \frac{1}{(k+2)(k+1)} \left[h_k - \sum_{j=0}^{k} (j+1)\, f_{k-j}\, a_{j+1} - \sum_{j=0}^{k} g_{k-j}\, a_j \right], \quad (k=0,1,2,\ldots) \tag{4.4}$$

Dabei lassen sich die Koeffizienten a_0, a_1 beliebig vorgeben. Die weiteren a_k $(k \geq 2)$ sind dann durch die Rekursionsformel eindeutig bestimmt.

Es ist noch zu prüfen, ob die von uns durchgeführten Vertauschungen der Reihenfolge von Summation und Differentiation erlaubt sind. Es läßt sich zeigen (ein Beweis findet sich z.B. in [8], Bd. III, Abschn. 11.1), daß die Potenzreihe

$$\sum_{k=0}^{\infty} a_k x^k$$

mit den aus (4.4) rekursiv gewonnenen Koeffizienten a_k $(k=2,3,\ldots)$ und mit beliebigen Koeffizienten a_0, a_1 den Konvergenzradius $\rho = r$ besitzt, so daß die bisher formal durchgeführten Schritte legitim sind. (Man vergleiche hierzu auch Bd. I, Abschn. 5.2.2).

Zwischen den Koeffizienten a_0, a_1 und den Anfangsbedingungen

$$y(0) = y_0, \quad y'(0) = y_1^0 \tag{4.5}$$

besteht der folgende Zusammenhang:

$$y(0) = a_0 = y_0$$

$$y'(x) = \sum_{k=0}^{\infty} (k+1)\, a_{k+1} x^k \quad \text{bzw.} \quad y'(0) = a_1 = y_1^0 .$$

Die Anfangsbedingungen sind also genau dann erfüllt, falls

$$a_0 = y_0 \quad \text{und} \quad a_1 = y_1^0 \tag{4.6}$$

ist. Damit gilt

<u>**Satz 4.1**</u> Mit $a_0 = y_0$, $a_1 = y_1^0$ und den aus der Rekursionsformel (4.4) bestimmten Koeffizienten a_k (k=2,3,...) ist

$$y(x) = \sum_{k=0}^{\infty} a_k x^k \tag{4.7}$$

die eindeutig bestimmte Lösung der DGl

$$y'' + f(x)\,y' + g(x)\,y = h(x)\,, \tag{4.8}$$

die den Anfangsbedingungen

$$y(0) = y_0\,, \quad y'(0) = y_1^0 \tag{4.9}$$

genügt.

Ein Fundamentalsystem von Lösungen der homogenen DGl

$$y'' + f(x)\,y' + g(x)\,y = 0 \tag{4.10}$$

gewinnen wir, wenn wir die Anfangsbedingungen

$$y(0) = 1\,, \quad y'(0) = 0 \tag{4.11}$$

bzw.

$$y(0) = 0\,, \quad y'(0) = 1 \tag{4.12}$$

vorschreiben. Die Rekursionsformel (4.4) liefert uns dann zwei Koeffizientenfolgen $\{a_k\}$, $\{\tilde{a}_k\}$, aus denen sich die beiden Lösungen

$$y_1(x) = 1 + \sum_{k=2}^{\infty} a_k x^k, \quad y_2(x) = x + \sum_{k=2}^{\infty} \tilde{a}_k x^k \tag{4.13}$$

ergeben. Diese sind wegen

$$W(0) = \det \begin{bmatrix} 1 & 0 \\ 0 & 1 \end{bmatrix} = 1 \neq 0$$

nach Abschnitt 2.4.1 linear unabhängig.

Bemerkungen:

1. Falls die Koeffizienten $f(x)$, $g(x)$ und $h(x)$ der DGl (4.8) Polynome in x sind (d.h. ihre Potenzreihenentwicklungen konvergieren in ganz $\mathbb{R}$), so löst

$$y(x) = \sum_{k=0}^{\infty} a_k x^k$$

die DGl (4.8) für alle $x \in \mathbb{R}$.

2. Wir haben bisher Potenzreihenentwicklungen um den Punkt $x = 0$ betrachtet. Natürlich kann auch jeder andere Entwicklungspunkt, etwa $x = x_0$, genommen werden. Allgemein läßt sich zeigen, daß jede Lösung einer linearen DGl n-ter Ordnung

$$y^{(n)} + a_{n-1}(x)\, y^{(n-1)} + \ldots + a_0(x)\, y = h(x)$$

in der Umgebung eines Punktes x_0 in eine Potenzreihe nach Potenzen von $(x - x_0)$ entwickelt werden kann, falls die Funktionen $h(x)$, $a_j(x)$ $(j=0,1,\ldots,n-1)$ diese Eigenschaft besitzen.

3. Ein entsprechendes Resultat gilt auch für nichtlineare DGln, doch treten dort zusätzliche Schwierigkeiten auf, die wir hier nicht diskutieren wollen. Wir verweisen stattdessen auf die weiterführende Literatur (s. z.B. [18], Bd. 3, Kap. IV).
Die folgenden DGln sowie ihre Lösungsfunktionen (= "spezielle Funktionen der mathematischen Physik") spielen in den Anwendungen eine große Rolle.

4.1.2 Hermitesche Differentialgleichung

Eine DGl der Form

$$y'' - 2xy' + \lambda y = 0, \quad \lambda \text{ reeller Parameter} \tag{4.14}$$

heißt Hermitesche Differentialgleichung. Sie ist offensichtlich ein Spezialfall der in Abschnitt 4.1.1 behandelten linearen DGl (man setze $f(x) = -2x$, $g(x) = \lambda = \text{const.}$, $h(x) = 0$; die Koeffizienten sind also Polynome!). Die Rekursionsformel (4.4) für die Koeffizienten a_{k+2} $(k \geq 0)$ nimmt dann die spezielle Form

$$a_{k+2} = \frac{1}{(k+2)(k+1)} [0 - k \cdot (-2)a_k - \lambda a_k] = \frac{2k - \lambda}{(k+2)(k+1)} a_k \tag{4.15}$$

an. Nach Abschnitt 4.1.1 ist die allgemeine Lösung von (4.14) bei beliebiger Wahl von a_0, a_1 durch

$$y(x) = \sum_{k=0}^{\infty} a_k x^k, \qquad x \in \mathbb{R}, \tag{4.16}$$

gegeben. Wir bestimmen nun ein Fundamentalsystem $y_1(x;\lambda)$, $y_2(x;\lambda)$ von Lösungen.

Die Forderung $y(0) = 1$, $y'(0) = 0$ hat zur Folge:

$$a_0 = 1, \quad a_1 = 0 \quad \text{und damit} \quad a_{2n+1} = 0 \quad (n=0,1,2,\ldots),$$

also

$$y_1(x;\lambda) = 1 - \frac{\lambda}{2!} x^2 - \frac{(4-\lambda)\lambda}{4!} x^4 - \frac{(8-\lambda)(4-\lambda)\lambda}{6!} x^6 - \ldots. \tag{4.17}$$

Die Forderung $y(0) = 0$, $y'(0) = 1$ hat zur Folge:

$$a_0 = 0, \quad a_1 = 1 \quad \text{und damit} \quad a_{2n} = 0 \quad (n=0,1,2,\ldots),$$

also

$$y_2(x;\lambda) = x + \frac{2-\lambda}{3!} x^3 + \frac{(6-\lambda)(2-\lambda)}{5!} x^5 + \frac{(10-\lambda)(6-\lambda)(2-\lambda)}{7!} x^7 + \ldots. \tag{4.18}$$

Ein Abbrechen der Reihen (4.17) bzw. (4.18) wird durch folgende Spezialisierung von λ erreicht: Wir setzen $\lambda = 2n$ $(n=0,1,2,\ldots)$ und erhalten für

$$\begin{aligned}
\lambda = 0 &: y_1(x;0) = 1 \\
\lambda = 2 &: y_2(x;2) = x \\
\lambda = 4 &: y_1(x;4) = 1 - 2x^2 \\
\lambda = 6 &: y_2(x;6) = x - \tfrac{2}{3}x^3 \\
&\vdots
\end{aligned}$$

also jeweils ein Polynom vom Grad n als Lösung von (4.14). Verlangen wir noch, daß in diesen Polynomen der Koeffizient bei x^n den Wert 2^n besitzt (Normierung), so folgt

$$\boxed{\begin{aligned}
H_0(x) &:= \,y_1(x;0) = 1 \\
H_1(x) &:= 2\,y_2(x;0) = 2x \\
H_2(x) &:= -\,2\,y_1(x;4) = 4x^2 - 2 \\
H_3(x) &:= -12\,y_2(x;6) = 8x^3 - 12x \\
&\vdots
\end{aligned}} \tag{4.19}$$

Die Polynome $H_n(x)$ $(n=0,1,2,\ldots)$ heißen Hermitesche Polynome. Durch sie sind also Lösungen der Hermiteschen DGl gegeben.

Anwendungen auf ein Problem der Quantenmechanik

Wir interessieren uns für die Energieniveaus eines eindimensionalen harmonischen Oszillators.

(I) Klassischer harmonischer Oszillator

Ein einfaches Beispiel für einen harmonischen Oszillator ist durch einen Massenpunkt (Masse m), der an einer Feder (Federkonstante k) schwingt, gegeben (Fig. 4.1).

Aus der Gleichgewichtsbedingung $m\ddot{x}(t) = -k\,x(t)$ folgt für die Schwingungen $x(t)$ des Oszillators die DGl

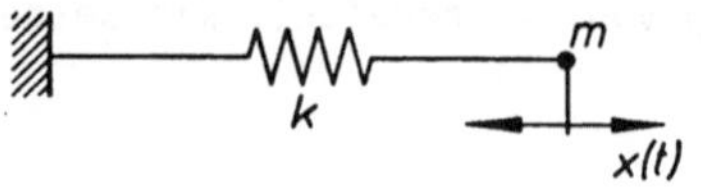

Fig. 4.1: Harmonischer Oszillator

$$\ddot{x} + \frac{k}{m}x = 0$$

bzw. mit der Frequenz $\omega := \sqrt{\frac{k}{m}}$

$$\ddot{x} + \omega^2 x = 0 . \tag{4.20}$$

Die allgemeine Lösung von (4.20) lautet

$$x(t) = c_1 \cos\omega t + c_2 \sin\omega t . \tag{4.21}$$

Der Oszillator führt also harmonische Schwingungen aus. Multiplizieren wir (4.20) mit $m\dot{x}$ und integrieren wir anschließend, so erhalten wir die Energiegleichung (s. hierzu auch Abschn. 1.3.3, Typ C)

$$\frac{m}{2}\dot{x}^2 + \frac{m\omega^2}{2}x^2 = \text{const.} =: E , \tag{4.22}$$

wobei $\frac{m}{2}\dot{x}^2$ die kinetische Energie, $\frac{m\omega^2}{2}x^2$ die potentielle Energie und E die Gesamtenergie des Oszillators darstellen. Mit dem Impuls $p_x = m\dot{x}$ läßt sich (4.22) auch in der Form

$$\frac{p_x^2}{2m} + \frac{m\omega^2}{2}x^2 = E \tag{4.23}$$

schreiben. Die linke Seite von (4.23) definiert eine Funktion H mit

$$\boxed{H(x) = \frac{p_x^2}{2m} + \frac{m\omega^2}{2}x^2} , \tag{4.24}$$

die sogenannte Hamiltonfunktion für den klassischen harmonischen Oszillator.

(II) Quantenmechanischer harmonischer Oszillator

In der Quantenmechanik versteht man unter einem 1-dimensionalen Oszillator ein System, das durch einen "Hamiltonoperator" H mit

$$H = \frac{P_x^2}{2\mu} + \frac{\mu\omega_0^2}{2} X^2 \tag{4.25}$$

beschrieben wird. Dabei ist P_x der Impulsoperator, X der Koordinatenoperator, μ die Masse und ω_0 die Frequenz des Teilchens. Für die stationären Zustände des Oszillators besitzt die "Schrödingergleichung", diesem Hamiltonoperator entsprechend, die Form

$$H(x)\,\psi(x) = E\,\psi(x) \tag{4.26}$$

bzw. ausgeschrieben:

$$-\frac{h^2}{2\mu}\frac{d^2\psi}{dx^2} + \frac{\mu\omega_0^2}{2} x^2\,\psi = E\,\psi \tag{4.27}$$

Dabei ist $\psi(x)$ die Wellenfunktion, $E = \text{const.}$ die Gesamtenergie und h die Plancksche Konstante. Mit den Substitutionen

$$x_0 := \sqrt{\frac{h}{\mu\omega_0}}, \quad \xi := \frac{x}{x_0}, \quad \lambda := \frac{2E}{\hbar\omega_0} \tag{4.28}$$

folgt hieraus

$$\psi''(\xi) + (\lambda - \xi^2)\psi(\xi) = 0 .$$

Der Ansatz

$$\psi(\xi) = e^{-\frac{1}{2}\xi^2}\, v(\xi) \tag{4.29}$$

führt dann auf die DGl

$$v''(\xi) - 2\,\xi\, v'(\xi) + (\lambda - 1)\, v(\xi) = 0 \;, \tag{4.30}$$

also auf eine Hermitesche DGl für $v(\xi)$. Physikalisch interessant sind diejenigen Lösungen von (4.27), die für $x \to \pm\infty$ gegen 0 streben. Wie wir gesehen haben, sind die Hermiteschen Polynome $H_n(\xi)$, $n=0,1,2,\ldots$, Lösungen von (4.30) (man beachte, daß hier $\lambda = 2n+1$, $n=0,1,2,\ldots$, gilt!). Setzen wir diese in (4.29) ein, so gelangen wir zu den Lösungen

$$\boxed{\psi_n(\xi) = e^{-\frac{1}{2}\xi^2} H_n(\xi) \;, \quad n=0,1,2,\ldots} \tag{4.31}$$

von (4.27) (s. Fig. 4.2), die das gewünschte Abklingverhalten haben.

Es läßt sich zeigen, daß es keine weiteren Lösungen mit dieser Eigenschaft gibt. Also: Nur für die "Eigenwerte"

$$\lambda = 2n+1 \;, \quad n=0,1,2,\ldots \tag{4.32}$$

erhalten wir Lösungen der Schrödingergleichung (4.27), die für $x \to \pm\infty$ gegen 0 streben. Aus (4.28) folgt daher für die zugehörigen Energiewerte

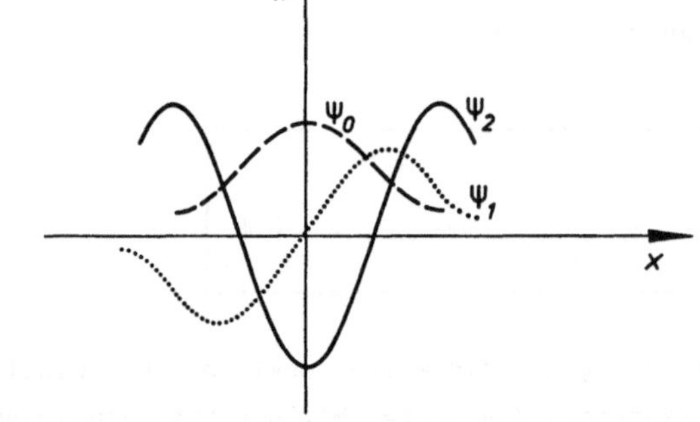

Fig. 4.2: Wellenfunktionen eines Oszillators (n=0,1,2)

$$2n+1 = \lambda = \frac{2E}{\hbar\omega_0}$$

bzw.

$$E = E_n = \hbar\omega_0 (n + \tfrac{1}{2}) , \qquad n=0,1,2,... \tag{4.33}$$

Diese Formel zeigt, daß die Energie E des quantenmechanischen harmonischen Oszillators nur diskrete Werte annehmen kann (Fig. 4.3). Die Zahl n , die die Nummer des Quantenniveaus bestimmt, wird Hauptquantenzahl genannt.

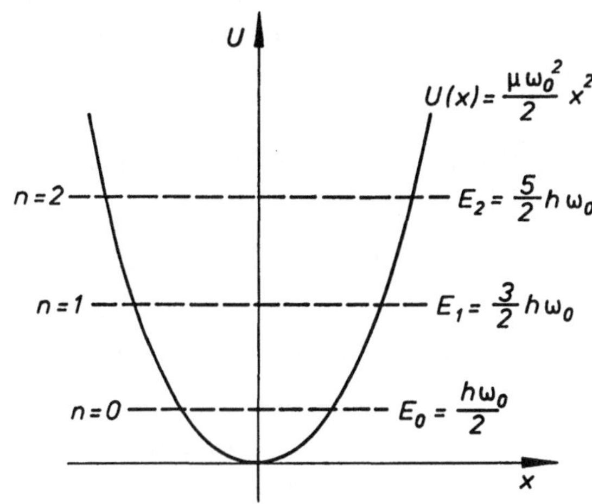

Fig. 4.3: Diskrete Energiewerte beim quantenmechanischen harmonischen Oszillator

Bemerkung: Die Normierung der zu $\lambda = 2n+1$ gehörenden Wellenfunktionen (4.31) ist so gewählt, daß

$$\frac{1}{2^n \, n! \, \sqrt{\pi}} \int_{-\infty}^{\infty} \psi_n^2 (\xi) \, d\xi = 1 , \quad n=0,1,2,... \tag{4.34}$$

ist.

4.2 Verallgemeinerte Potenzreihenansätze

4.2.1 Differentialgleichungen mit singulären Koeffizienten

Häufig tritt der Fall auf, daß die Koeffizienten einer linearen DGl Singularitäten besitzen. Beispiele sind etwa die Legendresche Differentialgleichung

$$y'' - \frac{2x}{1-x^2}\,y' + \frac{\lambda(\lambda+1)}{1-x^2}\,y = 0 \qquad (\lambda \in \mathbb{R}) \tag{4.35}$$

oder auch die Besselsche Differentialgleichung

$$y'' + \frac{1}{x}\,y' + \left(1 - \frac{p^2}{x^2}\right)y = 0 \qquad (p \in \mathbb{R})\ . \tag{4.36}$$

Die Legendresche Differentialgleichung hat Koeffizienten, die an den Stellen $x = 1$ und $x = -1$ singulär sind. Nach Abschnitt 4.1.1 konvergiert der Potenzreihenansatz für $x \in (-1, 1)$. Es empfiehlt sich jedoch, mit diesem Ansatz in die äquivalente DGl

$$(1-x^2)y'' - 2\,x y' + \lambda(\lambda+1)y = 0 \tag{4.37}$$

einzugehen. Ein analoges Vorgehen wie bei der Hermiteschen DGl liefert als Polynomlösungen (vgl. Üb. 4.5) nach entsprechender Normierung die Legendreschen Polynome (= Kugelfunktionen 1. Art):

$$L_0(x) = 1\,,\quad L_1(x) = x\,,\quad L_2(x) = \frac{1}{2}(3x^2-1)\,,\quad L_3(x) = \frac{5x^3-3x}{2}\,,\ \dots\ . \tag{4.38}$$

Diese treten z.B. auf, wenn man nach Lösungen der Potentialgleichung $\Delta U = 0$ fragt, die die Bauart von homogenen Polynomen haben.

Die Besselsche Differentialgleichung besitzt bei $x = 0$ eine Singularität, so daß der bisherige Potenzreihenansatz nicht möglich ist; stattdessen führt ein verallgemeinerter Potenzreihenansatz zum Ziel.

4.2.2 Besselsche Differentialgleichung

Die Besselsche Differentialgleichung der Ordnung p :

$$y'' + \frac{1}{x} y' + \left(1 - \frac{p^2}{x^2}\right) y = 0 , \qquad p \in \mathbb{R} \tag{4.39}$$

die sich auch in der Form

$$x^2 y'' + x y' + (x^2 - p^2) y = 0 \tag{4.40}$$

schreiben läßt, spielt bei vielen Problemen der Technik und Physik eine bedeutende Rolle: etwa im Zusammenhang mit der Wärmeleitung in einem "langen" Kreiszylinder oder dem Schwingungsverhalten einer kreisförmigen Membran; ebenso in der Astronomie. Wir beschränken unsere Untersuchungen auf den reellen Fall $(p \in \mathbb{R})$, weisen jedoch darauf hin, daß eine vollständige Behandlung erst unter Einbeziehung der komplexen Besselschen DGl möglich ist.[1] Wegen der Singularität der Koeffizienten in $x = 0$ gehen wir jetzt von einem *verallgemeinerten Potenzreihenansatz* der Form

$$y(x) = \sum_{k=0}^{\infty} a_k x^{\rho+k} , \qquad a_0 \neq 0 \tag{4.41}$$

aus, der hier und in ähnlichen Fällen zum Ziel führt. Dabei ist der Exponent ρ geeignet zu bestimmen. Wir bilden (formal)

$$x^2 y''(x) = \sum_{k=0}^{\infty} (\rho + k)(\rho + k - 1) a_k x^{\rho+k}$$

$$x y'(x) = \sum_{k=0}^{\infty} (\rho + k) a_k x^{\rho+k}$$

$$(x^2 - p^2) y(x) = \sum_{k=2}^{\infty} a_{k-2} x^{\rho+k} - \sum_{k=0}^{\infty} p^2 a_k x^{\rho+k} .$$

---

1) s. hierzu Bd. IV, Abschn. 10

Gehen wir mit diesen Ausdrücken in (4.40) ein und führen wir anschließend einen Koeffizientenvergleich durch, so erhalten wir für

$$\underline{k=0}: \; [\rho(\rho-1) + \rho - p^2]\, a_0 = (\rho^2 - p^2)\, a_0 = 0 \,,$$

also wegen $a_0 \neq 0$

$$\boxed{\rho = \pm p} \qquad (\text{"Indexgleichung"}) \tag{4.42}$$

Der Ansatz $\sum\limits_{k=0}^{\infty} a_k\, x^{\rho+k}$ ist also nur für $\rho = \pm p$ sinnvoll.

$$\underline{k=1}: \; [(\rho+1)\rho + (\rho+1) - \rho^2]\, a_1 = [(\rho+1)^2 - \rho^2]\, a_1 = 0$$

liefert für $\rho \neq -\frac{1}{2}$: $a_1 = 0$. Für den Fall $\rho = -\frac{1}{2}$ setzen wir $a_1 = 0$.

$$\underline{k>1}: \; [(\rho+k)(\rho+k-1) + (\rho+k) - \rho^2]\, a_k + a_{k-2}$$
$$= [(\rho+k)^2 - \rho^2]\, a_k + a_{k-2} = 0 \,.$$

Hieraus ergibt sich

$$a_k = -\frac{a_{k-2}}{(\rho+k)^2 - \rho^2} \,, \qquad k=2,3,\ldots \,. \tag{4.43}$$

Wegen $a_1 = 0$ gilt daher

$$a_{2k+1} = 0 \,, \qquad k=0,1,2,\ldots \,, \tag{4.44}$$

d.h. sämtliche ungeraden Koeffizienten verschwinden. Wir drücken die geraden Koeffizienten durch $a_0 \neq 0$ aus: Für $\rho \neq -k$ gilt

$$a_{2k} = -\frac{a_{2(k-1)}}{(\rho+2k)^2 - \rho^2} = -\frac{a_{2(k-1)}}{(2\rho+2k)2k} = -\frac{a_{2(k-1)}}{2^2\, k(\rho+k)} = \frac{a_{2(k-2)}}{2^4 k(k-1)(\rho+k)(\rho+k-1)}$$

$$= \ldots = (-1)^k \frac{a_0}{2^{2k}\, k!\, (\rho+k)(\rho+k-1)\ldots(\rho+1)} \,, \quad k=1,2,\ldots \,. \tag{4.45}$$

Die Potenzreihe

$$\sum_{k=1}^{\infty} (-1)^k \frac{x^{2k}}{2^{2k} k!\,(\rho+k)(\rho+k-1)\dots(\rho+1)}$$

läßt sich für beliebige $\rho \neq -1, -2, \dots$ durch ein geeignetes Vielfaches der Exponentialreihe majorisieren, besitzt also den Konvergenzradius $R = \infty$. Insbesondere dürfen wir sie daher beliebig oft gliedweise differenzieren. Durch einfaches Nachrechnen bestätigen wir dann, daß (vgl. (4.41), $a_0 = 1$ gesetzt)

$$y(x) = x^{\rho}\left\{1 + \sum_{k=1}^{\infty} (-1)^k \frac{x^{2k}}{2^{2k} k!\,(\rho+k)(\rho+k-1)\dots(\rho+1)}\right\}, \tag{4.46}$$

für $\rho = \pm p$ eine Lösung der Besselschen Differentialgleichung ist. Dabei müssen wir jedoch die folgenden Fälle unterscheiden:

(I) Sei p nicht ganzzahlig. Nehmen wir ohne Beschränkung der Allgemeinheit $p > 0$ an, so ergeben sich für $\rho = p$ bzw. $\rho = -p$ die Lösungen

$$y_1(x) = x^{p}\left\{1 + \sum_{k=1}^{\infty} (-1)^k \frac{x^{2k}}{2^{2k} k!\,(p+k)(p+k-1)\dots(p+1)}\right\} \tag{4.47}$$

bzw.

$$y_2(x) = \frac{1}{x^p}\left\{1 + \sum_{k=1}^{\infty} (-1)^k \frac{x^{2k}}{2^{2k} k!\,(-p+k)(-p+k-1)\dots(-p+1)}\right\}. \tag{4.48}$$

Während $y_1(x)$ für $x \to 0+$ gegen Null konvergiert, wird $y_2(x)$ für $x \to 0+$ wie $\frac{1}{x^p}$ singulär. Beide Lösungen sind daher linear unabhängig auf $(0, \infty)$ und bilden dort somit ein Fundamentalsystem. Wir wollen $y_1(x)$ und $y_2(x)$ noch geeignet normieren. Hierzu multiplizieren wir sie mit dem Faktor

$$\frac{1}{2^p\,\Gamma(p+1)}, \tag{4.49}$$

wobei Γ die Gammafunktion ist (vgl. Bd. I, Abschn. 4.3.4).

Beachten wir, daß für die Gammafunktion

$$\Gamma(x+k) = x(x+1)\ldots(x+k-1)\,\Gamma(x), \qquad x > 0$$

gilt, so erhalten wir das folgende Fundamentalsystem von Lösungen:

$$\boxed{\begin{aligned} J_p(x) &:= x^p \sum_{k=0}^{\infty} (-1)^k \frac{x^{2k}}{2^{2k+p}\,k!\,\Gamma(p+k+1)} \\ & \qquad\qquad\qquad\qquad\qquad\qquad x \in (0,\infty) \\ J_{-p}(x) &:= \frac{1}{x^p} \sum_{k=0}^{\infty} (-1)^k \frac{x^{2k}}{2^{2k-p}\,k!\,\Gamma(-p+k+1)} \end{aligned}} \tag{4.50}$$

Die Funktionen J_p und J_{-p} heißen Besselsche Funktionen 1. Art (oder Zylinderfunktionen 1. Art). Die allgemeine Lösung der Besselschen DGl lautet in diesem Fall

$$y(x) = C_1 J_p(x) + C_2 J_{-p}(x), \qquad x \in (0,\infty). \tag{4.51}$$

(II) Sei p eine negative ganze Zahl. In diesem Fall ist die Formel (4.46) für $\rho = p$ nicht sinnvoll (Nullstellen im Nenner!). Außerdem ist der Rekursionsprozess zur Bestimmung der Koeffizienten a_k nicht mehr möglich.

(III) Sei $p = 0$ oder eine natürliche Zahl. Der verallgemeinerte Potenzreihenansatz liefert dann nur eine Lösung: $J_p(x)$. Eine zweite linear unabhängige Lösung kann z.B. mit Hilfe der Reduktionsmethode (vgl. Abschn. 2.4.2, Satz 2.10) gewonnen werden: $N_n(x)$ $(n=0,1,2,\ldots)$. Man kann zeigen, daß diese Lösung für $x = 0$ eine logarithmische Singularität hat und aus $J_p(x)$ und $J_{-p}(x)$ durch Grenzübergang $p \to n$ gewonnen werden kann:

$$N_n(x) = \lim_{p\to n} \frac{J_p(x)\cdot\cos\pi p - J_{-p}(x)}{\sin\pi p}. \tag{4.52}$$

Man nennt die Funktionen $N_n(x)$ Besselsche Funktionen 2. Art (oder Neumannsche Funktionen).

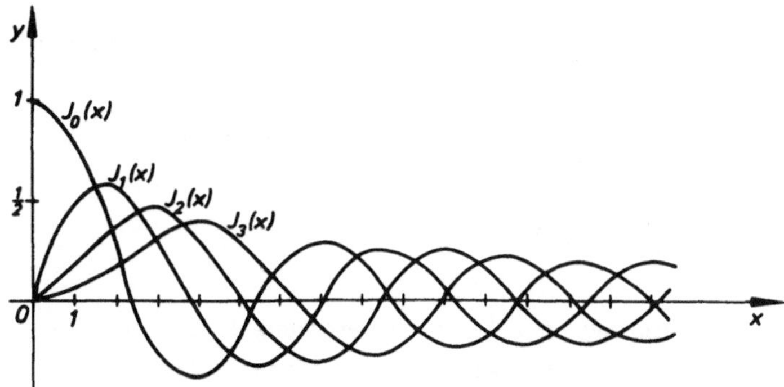

Fig. 4.4: Besselsche Funktionen $J_n(x)$ (n=0,1,2,3)

Bemerkung 1: Im Fall $p = \frac{1}{2}$ lassen sich die Lösungen mittels elementarer Funktionen explizit darstellen. Es gilt

$$J_{\frac{1}{2}}(x) = \sqrt{\frac{2}{\pi}} \frac{\sin x}{\sqrt{x}}, \quad J_{-\frac{1}{2}}(x) = \sqrt{\frac{2}{\pi}} \frac{\cos x}{\sqrt{x}}.$$

Dies folgt aus den Reihendarstellungen von $J_{\frac{1}{2}}(x)$ und $J_{-\frac{1}{2}}(x)$ unter Verwendung der Funktionalgleichung der Gammafunktion: $\Gamma(x+1) = x \cdot \Gamma(x)$ für $x > 0$ und der Tatsache, daß $\Gamma(\frac{1}{2}) = \sqrt{\pi}$ ist (vgl. z.B. Bd. IV, Abschn. 10.2.3).

Anwendung auf die Helmholtzsche Schwingungsgleichung.

Nach Beispiel 2.1 führt die Bestimmung der kugelsymmetrischen Lösungen der Helmholtzschen Schwingungsgleichung

$$\Delta U + \kappa^2 U = 0 \tag{4.53}$$

im $\mathbb{R}^3$ für $U(|x|) = f(r)$, $r = \sqrt{x_1^2 + x_2^2 + x_3^2}$, auf die gewöhnliche DGl

$$f''(r) + \frac{2}{r} f'(r) + \kappa^2 f(r) = 0. \tag{4.54}$$

Setzen wir

$$f(r) =: \frac{1}{\sqrt{r}}\, g(\kappa r) \quad \text{und} \quad \kappa r =: R, \tag{4.55}$$

so ergibt sich für $g(R)$

$$g''(R) + \frac{1}{R} g'(R) + \left(1 - \frac{(\frac{1}{2})^2}{R^2}\right) g(R) = 0,$$

also eine Besselsche DGl der Ordnung $p = \frac{1}{2}$. Nach Bemerkung 1 ist ein Fundamentalsystem von Lösungen durch die Besselschen Funktionen 1. Art

$$J_{\frac{1}{2}}(R) = \sqrt{\frac{2}{\pi}}\,\frac{\sin R}{\sqrt{R}} \quad \text{und} \quad J_{-\frac{1}{2}}(R) = \sqrt{\frac{2}{\pi}}\,\frac{\cos R}{\sqrt{R}}$$

gegeben. Ein Fundamentalsystem der DGl (4.54) lautet wegen (4.55) daher

$$\frac{1}{\sqrt{r}}\,\frac{\sin \kappa r}{\sqrt{r}}, \qquad \frac{1}{\sqrt{r}}\,\frac{\cos \kappa r}{\sqrt{r}},$$

also

$$\frac{1}{r}\sin \kappa r, \qquad \frac{1}{r}\cos \kappa r \tag{4.56}$$

mit der charakteristischen Singularität $\frac{1}{r}$ im $\mathbb{R}^3$. Diese beiden Lösungen, man nennt sie auch Grundlösungen der Helmholtzschen Schwingungsgleichung, spielen beim Aufbau der Theorie der Helmholtzschen Schwingungsgleichung eine große Rolle.

Bemerkung 2: Der verallgemeinerte Potenzreihenansatz

$$y(x) = \sum_{k=0}^{\infty} a_k x^{\rho+k} = x^{\rho} \sum_{k=0}^{\infty} a_k x^k \qquad (a_0 \neq 0) \tag{4.57}$$

kann allgemein bei linearen DGln der Form

$$x^n y^{(n)} + f_{n-1}(x)\, x^{n-1} y^{(n-1)} + \ldots + f_0(x) y = g(x) \tag{4.58}$$

verwendet werden, falls die Koeffizienten $f_i(x)$ $(i=0,1,\ldots,n-1)$ und

$g(x)$ Polynome in x sind oder - allgemeiner - Potenzreihenentwicklungen in einer Umgebung $U_r(0)$ von $x = 0$ besitzen. Koeffizientenvergleich führt dann wegen $a_0 \neq 0$ bei der niedrigsten Potenz auf eine algebraische Gleichung n-ten Grades für ρ, die sogenannte Indexgleichung. Nach dem Fundamentalsatz der Algebra kann es daher höchstens n verschiedene Indexzahlen $\rho_1, \ldots, \rho_n$ geben, für die der Ansatz (4.57) sinnvoll ist.

Übungen

4.1* Unter Verwendung eines geeigneten Potenzreihenansatzes ermittle man für die folgenden DGln ein Fundamentalsystem:

a) $y'' + xy' - 3y = 0$; b) $y'' + x^2 y = 0$.

Wo konvergieren die entsprechenden Potenzreihen?

4.2* Man bestimme mittels Potenzreihenansatz die Lösung des Anfangswertproblems

$$y'' + (\sin x)y = e^{x^2}, \quad y(0) = 1, \quad y'(0) = 0.$$

Für welche $x \in \mathbb{R}$ konvergiert die Potenzreihe? Man berechne die Koeffizienten $a_0, \ldots, a_5$.

4.3* Die Funktionen B_n $(n \in \mathbb{Z})$ seien durch

$$B_n(x) = \frac{1}{\pi} \int_0^{\pi} \cos(nt - x \sin t)\, dt, \quad x \in \mathbb{R},$$

erklärt. Man zeige, daß diese den Besselschen DGln

$$y''(x) + \frac{1}{x} y'(x) + \left(1 - \frac{n^2}{x^2}\right) y(x) = 0$$

genügen.

Anleitung: Man forme $\frac{d}{dx} B_n(x)$ mittels partieller Integration geeignet um.

4.4* a) Man löse die Legendresche DGl

$$y'' - \frac{2x}{1-x^2}y' + \frac{\lambda(\lambda+1)}{1-x^2}y = 0 \quad (\lambda \in \mathbb{R})$$

bzw.

$$(1-x^2)y'' - 2xy' + \lambda(\lambda+1) = 0$$

mit Hilfe des Potenzreihenansatzes $\sum\limits_{k=0}^{\infty} a_k x^k$.

b) Sei $y_1(x;\lambda)$ die Reihe aus a) mit $a_0 = 1$ und $a_1 = 0$ und $y_2(x;\lambda)$ die Reihe mit $a_0 = 0$ und $a_1 = 1$.

Man zeige: Ist $\lambda = n \in \mathbb{N}_0$, so reduziert sich abwechselnd eine der beiden Lösungen auf ein Polynom vom Grad n . Man bestimme diese Polynome für $\lambda = 0,1,\ldots,4$.

c) Normiert man die in b) erhaltenen Polynome so, daß sie an der Stelle $x = 1$ den Wert 1 annehmen, so erhält man die Legendre-Polynome $L_n(x)$:

$$L_n(x) = \begin{cases} \dfrac{y_1(x;n)}{y_1(1;n)}, & \text{falls } n \text{ gerade} , \\[2ex] \dfrac{y_2(x;n)}{y_2(1;n)}, & \text{falls } n \text{ ungerade} . \end{cases}$$

Man berechne $L_0(x),\ldots,L_4(x)$.

5 RAND- UND EIGENWERTPROBLEME, ANWENDUNGEN

Bisher haben wir spezielle Lösungen von DGln fast ausschließlich mit Hilfe von Anfangsbedingungen eindeutig charakterisiert, etwa bei DGln n-ter Ordnung durch die n Bedingungen

$$y(x_0) = y_0 , \quad y'(x_0) = y_1^0 , \quad \ldots , \quad y^{(n-1)}(x_0) = y_{n-1}^0 .$$

Im Fall $n = 2$ verlangen wir also von der gesuchten Lösungskurve, daß sie durch einen vorgegebenen Punkt (x_0, y_0) mit vorgegebener Tangentensteigung verläuft (Fig. 5.1).

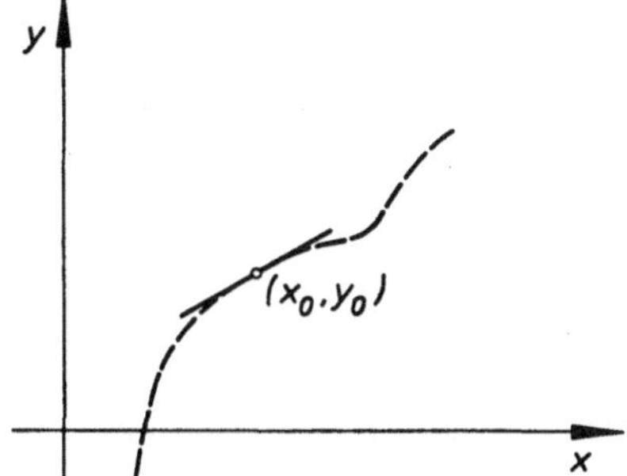

Fig. 5.1: Ein Anfangswertproblem für eine DGl 2-ter Ordnung

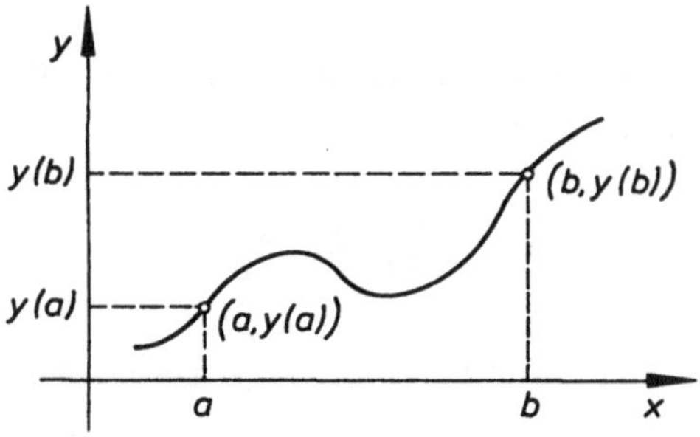

Fig. 5.2: Ein Randwertproblem für eine DGl 2-ter Ordnung

Für viele Anwendungen, insbesondere bei Bewegungsvorgängen, ist die Vorgabe von Anfangsdaten der Problemstellung angemessen. Daneben treten in Technik und Naturwissenschaften vielfach Situationen auf, die zweckmäßiger durch andere Bedingungen erfaßt werden. So sind häufig Vorgaben an verschiedenen Stellen erforderlich. Von einem Randwertproblem sprechen wir, falls eine Lösung einer DGl n-ter Ordnung in einem Intervall $a \le x \le b$ gesucht wird, die n algebraischen Bedingungen unterworfen wird, in die die Werte der Lösung und ihrer Ableitungen an den Randstellen $x = a$ und $x = b$ eingehen: Im Fall $n = 2$ z.B. durch Vorgabe von $y(a)$ und $y(b)$ (s. Fig. 5.2).

Beispiel 5.1 Wir wollen die Durchbiegung eines auf zwei Stützen gelagerten Balkens der Länge l mit linear veränderlicher Streckenlast

$q(x) = q_0 \cdot \frac{x}{l}$ untersuchen. Für das Moment an der Stelle x gilt

$$M(x) = \frac{q_0 l}{6} x \cdot \left(1 - \frac{x^2}{l^2}\right).$$

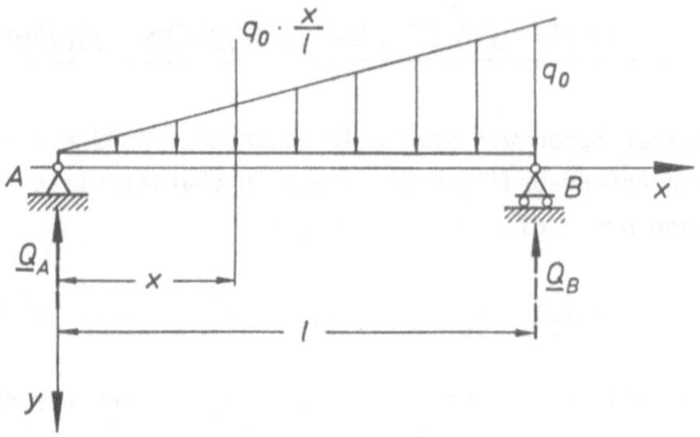

Die DGl der elastischen Linie für kleine Durchbiegungen lautet (vgl. 1.5))

$$y''(x) = -\frac{M(x)}{EI}$$

Fig. 5.3: Durchbiegung eines Trägers bei linear veränderlicher Streckenlast

mit der Biegesteifigkeit $E \cdot I$. Für die Durchbiegung des Trägers ergibt sich damit die DGl

$$y''(x) = -\frac{q_0 l}{6EI} x\left(1 - \frac{x^2}{l^2}\right), \qquad 0 \leq x \leq l.$$

Wir bestimmen ihre allgemeine Lösung durch zweimalige Integration und erhalten

$$y(x) = -\frac{q_0 l}{6EI}\left(c_1 + c_2 x + \frac{x^3}{6} - \frac{x^5}{20\, l^2}\right), \qquad 0 \leq x \leq l.$$

Die gesuchte Durchbiegung berechnen wir hieraus durch Vorgabe der Randwerte

$$y(0) = 0, \quad y(l) = 0.$$

Für die Koeffizienten c_1, c_2 folgt hieraus

$$0 = \frac{q_0 l}{6EI} c_1 \quad \text{oder} \quad c_1 = 0$$

und

$$0 = -\frac{q_0 l}{6EI}\left(c_2 l + \frac{l^3}{6} - \frac{l^5}{20\, l^2}\right),$$

d.h. $c_2 = -\frac{7}{60} l^2$,

so daß sich die Lösung

$$y(x) = \frac{q_0 l}{6EI}\left(\frac{7}{60} l^2 x - \frac{x^3}{6} + \frac{x^5}{20 l^2}\right)$$

ergibt.

5.1 Rand- und Eigenwertprobleme

5.1.1 Beispiele zur Orientierung

Die bisher diskutierten Beispiele für Randwertprobleme führten zu eindeutig bestimmten Lösungen dieser Probleme. Wir wollen uns anhand von weiteren Beispielen einen Einblick in das Lösungsverhalten bei Randwertproblemen verschaffen.

Beispiel 5.2 Wir untersuchen das Randwertproblem

$$y'' - y = 0\,, \qquad x \in [0,1] \qquad \text{(DGl)}$$

$$y'(0) + y(0) = 1\,, \quad y'(1) = 0 \qquad \text{(Randbedingungen)}.$$

Das charakteristische Polynom $P(\lambda) = \lambda^2 - 1$ besitzt die Nullstellen $\lambda_{1/2} = \pm 1$, so daß die allgemeine Lösung der DGl

$$y(x) = c_1 e^x + c_2 e^{-x}$$

lautet. Wir bestimmen daraus die Koeffizienten c_1, c_2 anhand der Randbedingungen:

$$1 = y'(0) + y(0) = c_1 - c_2 + c_1 + c_2 \quad \text{bzw.} \quad c_1 = \frac{1}{2}$$

$$0 = y'(1) = c_1 e - c_2 \cdot \frac{1}{e} \quad \text{bzw.} \quad c_2 = \frac{1}{2} e^2 .$$

Damit ergibt sich die eindeutig bestimmte Lösung

$$y(x) = \frac{1}{2}\left(e^x + e^{2-x}\right) .$$

Beispiel 5.3 Nun betrachten wir das Randwertproblem

$$y'' = 0\,, \qquad x \in [0,1] \qquad \text{(DGl)}$$

$$y(0) = 0\,, \quad y'(1) - y(1) = 0 \qquad \text{(Randbedingungen)}.$$

Die allgemeine Lösung von $y'' = 0$ ist durch

$$y(x) = c_1 x + c_2$$

gegeben. Die Konstanten c_1, c_2 ergeben sich aus

$$0 = y(0) = c_2$$

$$0 = y'(1) - y(1) = c_1 - c_1 \cdot 1 - c_2$$

zu $c_2 = 0$ und $c_1 \in \mathbb{R}$ beliebig. Damit folgt für die "Lösung" des Randwertproblems

$$y(x) = c_1 x \quad \text{mit beliebigem} \quad c_1 \in \mathbb{R},$$

d.h. das Randwertproblem ist nicht eindeutig lösbar.

Beispiel 5.4 Schließlich untersuchen wir noch das Randwertproblem

$$y'' = 1, \qquad x \in [0,1] \quad \text{(DGl)}$$

$$y(0) = 0, \quad y'(1) - y(1) = 0 \quad \text{(Randbedingungen).}$$

Die allgemeine Lösung von $y'' = 1$ ist durch

$$y(x) = \frac{x^2}{2} + c_1 x + c_2$$

gegeben. Für c_1, c_2 folgt aufgrund der Randbedingungen

$$0 = y(0) = c_2 \quad \text{bzw.} \quad c_2 = 0$$

$$0 = y'(1) - y(1) = 1 + c_1 - \frac{1}{2} - c_1 = \frac{1}{2} \quad \text{für alle} \quad c_1 .$$

Dies ist ein Widerspruch. Das Randwertproblem besitzt daher keine Lösung.

Im Gegensatz zu Anfangswertproblemen, für die alle bisher gewonnenen Sätze gelten, können wir also bei Randwertproblemen im allgemeinen nicht mit einer (eindeutigen) Lösung rechnen.

5.1.2 Randwertprobleme

Wir wollen uns nun von speziellen Beispielen lösen und zu allgemeineren Aussagen kommen. Dabei beschränken wir uns auf die Behandlung linearer Randwertprobleme 2-ter Ordnung. Randwertprobleme höherer Ordnung werden z.B. in [43], Abschn. 4, VIII, behandelt. Wir gehen von dem folgenden Randwertproblem aus: Von der DGl

$$L[y] := y'' + f_1(x)\, y' + f_2(x)\, y = g(x)\,, \qquad x \in [a,b] \quad (5.1)$$

und von den beiden Randbedingungen

$$R_j[y] := \alpha_j\, y(a) + \beta_j\, y'(a) + \gamma_j\, y(b) + \delta_j\, y'(b) = \varepsilon_j\,, \quad j=1,2 \quad (5.2)$$

mit den konstanten Koeffizienten $\alpha_j, \ldots, \varepsilon_j$.

Nach Abschnitt 2.4.1 hat die allgemeine Lösung der DGl (5.1) die Form

$$y(x) = y_0(x) + c_1\, y_1(x) + c_2 y_2(x)\,, \quad (5.3)$$

wobei $y_0(x)$ eine spezielle Lösung von (5.1) ist und $y_1(x)$, $y_2(x)$ ein Fundamentalsystem des zugehörigen homogenen Problems $L[y] = 0$ bilden. Die Konstanten c_1, c_2 bestimmen sich nach (5.2) aus den Gleichungen

$$R_j[y] = R_j[y_0 + c_1\, y_1 + c_2 y_2] = \varepsilon_j\,, \qquad (j=1,2)\,,$$

die wir auch in der Form

$$\begin{aligned} c_1\, R_1[y_1] + c_2\, R_1[y_2] &= \varepsilon_1 - R_1[y_0] \\ c_1\, R_2[y_1] + c_2\, R_2[y_2] &= \varepsilon_2 - R_2[y_0] \end{aligned} \quad (5.4)$$

schreiben können, was sich durch Nachrechnen leicht bestätigen läßt. Damit haben wir ein lineares Gleichungssystem zur Bestimmung von c_1, c_2 vorliegen. Dieses ist bekanntlich eindeutig lösbar (vgl. Bd. II, Abschn. 3.6.2), falls das zugehörige homogene System

$$\tilde{c}_1 R_1[y_1] + \tilde{c}_2 R_1[y_2] = 0$$
$$\tilde{c}_1 R_2[y_1] + \tilde{c}_2 R_2[y_2] = 0 \tag{5.5}$$

nur die triviale Lösung $\tilde{c}_1 = \tilde{c}_2 = 0$ besitzt, also falls

$$D := \det \begin{bmatrix} R_1[y_1] & R_1[y_2] \\ R_2[y_1] & R_2[y_2] \end{bmatrix} \neq 0 \tag{5.6}$$

ist. Damit erhalten wir

<u>Satz 5.1</u> Die Funktionen $f_1(x), f_2(x), g(x)$ seien in $[a,b]$ stetig. Dann ist das inhomogene Randwertproblem (5.1), (5.2) genau dann eindeutig lösbar, falls $D \neq 0$ ist. Im Fall $D = 0$ besitzt das homogene Randwertproblem nichttriviale Lösungen, während das inhomogene Randwertproblem entweder nicht oder nicht eindeutig lösbar ist.

<u>Beispiel 5.5</u> Wir berechnen D für das Randwertproblem

$$L[y] := y'' - y = 0\,, \qquad x \in [0,1]$$

$$R_1[y] := y'(0) + y(0) = 1\,, \quad R_2[y] := y'(1) = 0$$

(vgl. Beisp. 5.2). Ein Fundamentalsystem von $L[y] = 0$ ist durch

$$y_1(x) = e^x\,, \quad y_2(x) = e^{-x}$$

gegeben. Hieraus folgt

$$R_1[y_1] = y_1'(0) + y_1(0) = 1 + 1 = 2\,,$$

$$R_1[y_2] = y_2'(0) + y_2(0) = -1 + 1 = 0\,,$$

$$R_2[y_1] = y_1'(1) = e\,, \qquad R_2[y_2] = y_2'(1) = -\frac{1}{e}\,.$$

Mit (5.6) erhalten wir daher

$$D = \det \begin{bmatrix} R_1[y_1] & R_1[y_2] \\ R_2[y_1] & R_2[y_2] \end{bmatrix} = \det \begin{bmatrix} 2 & 0 \\ e & -\frac{1}{e} \end{bmatrix} = -\frac{2}{e} \neq 0 .$$

Nach Satz 5.1 ist unser Randwertproblem also eindeutig lösbar.

5.1.3 Eigenwertprobleme

Bei einem Eigenwertproblem wird eine von einem Parameter λ abhängige Schar homogener Randwertprobleme betrachtet, z.B.

$$\begin{aligned} L[y] - \lambda y &= 0 \qquad \text{in } [a,b] \\ R_j[y] &= 0, \qquad j=1,2, \end{aligned} \tag{5.7}$$

wobei wir für L bzw. R_j die Abbildungen aus Abschnitt 5.1.2 verwendet haben. Gesucht sind diejenigen Werte λ, für die das Randwertproblem nichttriviale Lösungen besitzt. Jeden solchen Wert nennt man Eigenwert des homogenen Differentialoperators L zu den Randbedingungen $R_j[y] = 0$ $(j=1,2)$, jede zugehörige nichttriviale Lösung Eigenlösung (oder Eigenfunktion).

Beispiel 5.6 Wir betrachten das Eigenwertproblem

$$\begin{aligned} y'' + \lambda y &= 0 \qquad \text{in } [0,1] \\ y(0) = 0, & \qquad y(1) = 0, \end{aligned} \tag{5.8}$$

und lösen zunächst die DGl $y'' + \lambda y = 0$. Für die Nullstellen der charakteristischen Gleichung $P(\tau) = \tau^2 + \lambda = 0$ ergibt sich $\tau_{1/2} = \pm\sqrt{-\lambda}$, so daß wir für $\lambda < 0$ das Fundamentalsystem $e^{\tau_1 x}$, $e^{\tau_2 x}$ und für $\lambda > 0$

das Fundamentalsystem $\cos\sqrt{\lambda}\,x$, $\sin\sqrt{\lambda}\,x$ erhalten. Das Eigenwertproblem (5.8) besitzt damit folgendes Lösungsverhalten:

Für $\lambda < 0$ folgt aus der allgemeinen Lösung $y(x) = c_1 e^{\tau_1 x} + c_2 e^{\tau_2 x}$ aufgrund der Randbedingungen

$$y(0) = c_1 + c_2 = 0$$

$$y(1) = c_1 e^{\tau_1 1} + c_2 e^{\tau_2 1} = 0\,,$$

also $c_1 = c_2 = 0$; d.h. für $\lambda < 0$ tritt nur die triviale Lösung auf.

Für $\lambda = 0$ ergibt sich aus $y(x) = c_1 x + c_2$ wegen $y(0) = y(1) = 0$ für c_1, c_2 : $c_1 = c_2 = 0$; damit besitzt das Eigenwertproblem ebenfalls nur die triviale Lösung.

Für $\lambda > 0$ folgt aus der allgemeinen Lösung $y(x) = c_1 \cos\sqrt{\lambda}\,x + c_2 \sin\sqrt{\lambda}\,x$ aufgrund der Randbedingungen

$$y(0) = c_1 + c_2 \cdot 0 = c_1 = 0$$

$$y(1) = c_2 \sin\sqrt{\lambda}\,1 = 0\,.$$

Die letzte Beziehung ist erfüllt, falls entweder $c_2 = 0$ (führt wieder zur trivialen Lösung!) oder $\sin\sqrt{\lambda}\,1 = 0$ bzw. $\sqrt{\lambda}\,1 = k\pi$, $k \in \mathbb{Z}$, ist, also für die Eigenwerte

$$\boxed{\lambda_k = \frac{k^2\pi^2}{1^2}\,, \quad k = \pm 1, \pm 2, \ldots} \tag{5.9}$$

Die zugehörigen Eigenfunktionen ergeben sich dann, mit $c_2 = c$ beliebig, zu

$$\boxed{y_k(x) = c \sin\sqrt{\lambda_k}\,x = c \sin\frac{k\pi}{1}x\,, \quad k = \pm 1, \pm 2, \ldots} \tag{5.10}$$

Da die Sinusfunktion eine ungerade Funktion ist, unterscheiden sich die Eigenfunktionen y_k von y_{-k} nur im Vorzeichen, so daß wir uns in (5.9) bzw. (5.10) auf die Indexmenge $\mathbb{N}$ beschränken können.

5.2 Anwendung auf eine partielle Differentialgleichung

Wir haben bisher gewöhnliche DGln, also Gleichungen der Form

$$F\,[x, y(x),\ y'(x),\ \ldots, y^{(n)}(x)] = 0 \qquad (5.11)$$

untersucht. Bei partiellen DGln hängt die Lösung von mehr als einer Veränderlichen ab, und die Gleichung enthält partielle Ableitungen der gesuchten Lösung. So ist z.B. allgemein eine partielle DGl 2-ter Ordnung bei drei Veränderlichen x,y,z von der Form

$$F\,[x, y, z, w(x,y,z), w_x, w_y, w_{xx}, w_{xy}, \ldots, w_{zz}] = 0\ , \qquad (5.12)$$

mit $w_x := \frac{\partial w}{\partial x}$, $w_{xy} = \frac{\partial^2 w}{\partial x\, \partial y}$ usw. Im folgenden beschränken wir uns auf die Behandlung eines Schwingungsproblems, das sich auf zwei Eigenwertprobleme für gewöhnliche DGln zurückführen läßt. Weitere partielle DGln werden im Abschnitt "Integraltransformationen" diskutiert.

5.2.1 Die schwingende Saite

Wir betrachten die an den Stellen $x = 0$ und $x = l$ eingespannte Saite (Fig. 5.4). Mit x bezeichnen wir die Ortsvariable, mit t die Zeitvariable und mit $y(x,t)$ die Auslenkung der Saite zum Zeitpunkt t an der Stelle x.

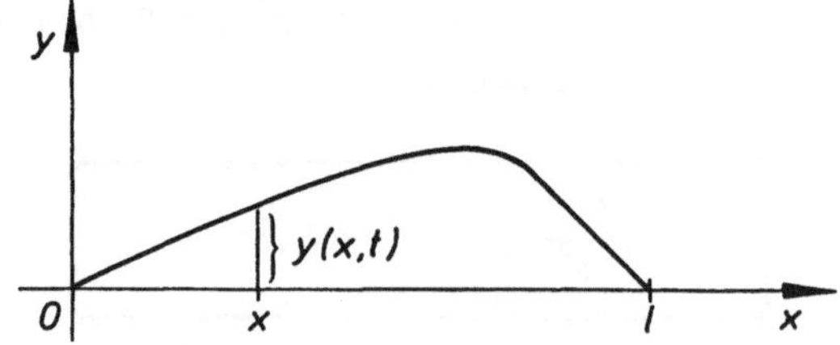

Fig. 5.4: Die schwingende Saite

(Fig. 5.4 ist als Momentaufnahme zum Zeitpunkt t zu verstehen.) Wir gehen davon aus, daß nur kleine Auslenkungen auftreten (vereinfachte linearisierte Theorie). Diese werden durch die Wellengleichung [1])

---

1) s. z.B. [24], Teil II, Kap. VII/1.

$$\frac{\partial^2 y(x,t)}{\partial x^2} = a(x)\frac{\partial^2 y(x,t)}{\partial t^2}, \quad 0 \le x \le 1, \quad t > 0 \tag{5.13}$$

beschrieben, also durch eine lineare partielle DGl 2-ter Ordnung. Die Funktion $a(x)$ ist hierbei durch

$$a(x) = \frac{\rho(x)}{p(x)} \tag{5.14}$$

gegeben, wobei

$p(x)$ = Elastizitätsmodul · Querschnitt der Saite

$\rho(x)$ = Dichte der Saite (im Ruhezustand)

ist. In $a(x)$ sind also geometrische Eigenschaften und Materialeigenschaften der Saite berücksichtigt. Zur Vereinfachung nehmen wir an:

$$a(x) = \text{const.} = 1 . \tag{5.15}$$

Um eine sinnvoll gestellte Aufgabe zu erhalten, formulieren wir das folgende Rand- und Anfangswertproblem: Gesucht ist eine (noch zu präzisierende) Funktion $y(x,t)$, die der Wellengleichung

$$\frac{\partial^2 y(x,t)}{\partial x^2} = \frac{\partial^2 y(x,t)}{\partial t^2}, \quad 0 \le x \le 1, \quad t > 0, \tag{5.16}$$

den Randbedingungen

$$y(0,t) = y(1,t) = 0, \qquad t \ge 0, \tag{5.17}$$

(d.h. an den Einspannstellen soll keine Auslenkung stattfinden) und den Anfangsbedingungen

$$\begin{aligned} &y(x,0) = g(x) && \text{(Auslenkung zum Zeitpunkt } t = 0\text{)} \\ &\left.\frac{\partial y(x,t)}{\partial t}\right|_{t=0} = h(x) && \text{(Anfangsgeschwindigkeit)} \end{aligned} \tag{5.18}$$

genügt. Hierbei ergeben sich wegen (5.17) für die Funktionen g,h die Verträglichkeitsbedingungen

$$g(0) = g(1) = 0\,, \qquad h(0) = h(1) = 0\,. \tag{5.19}$$

Zur Bestimmung einer Lösung des Rand- und Anfangswertproblems gehen wir vom Separationsansatz

$$\boxed{y(x,t) = \varphi(x) \cdot \psi(t)} \tag{5.20}$$

aus, wobei $\varphi(x)$ nur vom Ort x und $\psi(t)$ nur von der Zeit t abhängt. Setzen wir diesen Ansatz in die Wellengleichung ein, so erhalten wir

$$\frac{\partial^2}{\partial x^2}(\varphi(x) \cdot \psi(t)) = \frac{\partial^2}{\partial t^2}(\varphi(x) \cdot \psi(t))$$

bzw. durch Differentiation der Produkte

$$\varphi''(x) \cdot \psi(t) = \varphi(x) \cdot \psi''(t)\,.$$

Falls $\varphi,\psi \neq 0$ ist, folgt hieraus die Beziehung

$$\frac{\varphi''(x)}{\varphi(x)} = \frac{\psi''(t)}{\psi(t)}\,.$$

Da die linke Seite dieser Gleichung nur von x und die rechte Seite nur von t abhängt, muß also gelten

$$\frac{\varphi''(x)}{\varphi(x)} = \frac{\psi''(t)}{\psi(t)} = \text{const.} =: -\lambda. \tag{5.21}$$

Unsere partielle DGl (5.16) zerfällt damit in die beiden gewöhnlichen DGln

$$\varphi''(x) + \lambda\,\varphi(x) = 0\,, \qquad \psi''(t) + \lambda\,\psi(t) = 0\,. \tag{5.22}$$

Wir wollen jetzt die Randbedingungen (5.17) berücksichtigen. Wegen $y(0,t) = 0 = \varphi(0) \cdot \psi(t)$ für alle $t > 0$ folgt $\varphi(0) = 0$. Die Möglichkeit $\psi(t) \equiv 0$ scheidet aus, da sie zur identisch verschwindenden Lösung des Problems führen würde. Entsprechend zeigt man: $\varphi(l) = 0$, und wir erhalten zur Bestimmung von $\varphi(x)$ das Eigenwertproblem

$$\begin{aligned} &\varphi''(x) + \lambda\,\varphi(x) = 0\,, \qquad x \in [0,l] \\ &\varphi(0) = 0\,, \quad \varphi(l) = 0\,. \end{aligned} \tag{5.23}$$

Nach Beispiel 5.6 erhalten wir für (5.23) die Eigenwerte

$$\lambda_n = \frac{n^2\pi^2}{l^2}\,, \qquad n \in \mathbb{N}\,, \tag{5.24}$$

und die Eigenfunktionen

$$\varphi_n(x) = c\sin\sqrt{\lambda_n}\,x = c\sin\frac{n\pi}{l}x\,, \qquad n \in \mathbb{N}\,, \qquad x \in [0,l] \quad (c \in \mathbb{R} \text{ beliebig})\,. \tag{5.25}$$

Mit den Eigenwerten (5.24) läßt sich die allgemeine Lösung von $\psi''(t) + \lambda\,\psi(t) = 0$ für $t > 0$ in der Form

$$\psi_n(t) = A_n\cos\frac{n\pi}{l}t + B_n\sin\frac{n\pi}{l}t\,, \qquad n \in \mathbb{N}\,, \tag{5.26}$$

schreiben, wobei wir jetzt die Konstanten A_n, B_n nicht mehr aus den Randbedingungen ermitteln können. Durch

$$y_n(x,t) := \varphi_n(x)\cdot\psi_n(t)\,, \qquad n \in \mathbb{N}\,, \tag{5.27}$$

ist dann eine Folge von Lösungen der Wellengleichung (5.16) gegeben, die alle den Randbedingungen (5.17) genügen. Wir drücken y_n durch die nach (5.25) und (5.26) bestimmten Funktionen φ_n, ψ_n aus und erhalten ($c = 1$ gesetzt)

$$y_n(x,t) = \sin\frac{n\pi}{l}x\left(A_n\cos\frac{n\pi}{l}t + B_n\sin\frac{n\pi}{l}t\right) \tag{5.28}$$

Es ergibt sich nun das Problem, die Konstanten A_n, B_n so zu bestimmen, daß auch die Anfangsbedingungen erfüllt sind. Aufgrund der Linearität der Wellengleichung ist jede endliche Linearkombination von Lösungen wieder eine Lösung von (5.16) (zeigen!). Dies reicht jedoch zur Bestimmung von A_n und B_n nicht aus. Daher überlagern wir die unendlich vielen Lösungen y_n : Durch Superposition erhalten wir damit den formalen Lösungsansatz

$$\boxed{y(x,t) = \sum_{n=1}^{\infty} y_n(x,t) = \sum_{n=1}^{\infty} \sin\frac{n\pi}{l}x \left(A_n \cos\frac{n\pi}{l}t + B_n \sin\frac{n\pi}{l}t\right)} \tag{5.29}$$

Aus den Anfangsbedingungen (5.18) folgt (formal!)

$$y(x,0) = g(x) = \sum_{n=1}^{\infty} A_n \sin\frac{n\pi}{l}x \tag{5.30}$$

bzw.

$$\frac{\partial y(x,t)}{\partial t}\Big|_{t=0} = h(x) = \sum_{n=1}^{\infty} \frac{\partial}{\partial t}\left[\sin\frac{n\pi}{l}x \cdot (\ldots)\right]_{t=0} = \sum_{n=1}^{\infty} \frac{n\pi}{l} B_n \cdot \sin\frac{n\pi}{l}x \,. \tag{5.31}$$

Wir setzen nun die Funktionen g,h durch die Vorschriften

$$g(-x) = -g(x)\,, \qquad h(-x) = -h(x) \tag{5.32}$$

zunächst ungerade auf das Intervall $[-l, l]$ fort und anschließend durch

$$g(x+2l) = g(x)\,, \quad h(x+2l) = h(x) \tag{5.33}$$

$2l$-periodisch auf ganz $\mathbb{R}$ (vgl. Fig. 5.5).

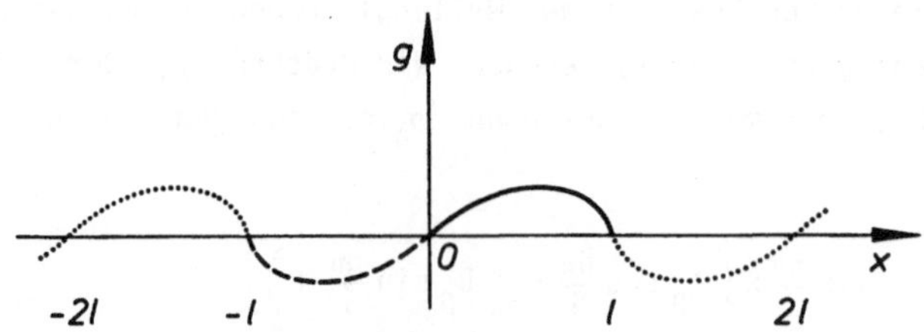

Fig. 5.5: Fortsetzung der Funktion g (bzw. h)

Dadurch lassen sich die Ausdrücke (5.30) bzw. (5.31) als Fourierentwicklungen dieser Funktionen auffassen (vgl. hierzu Bd. I, Abschn. 5.3), und wir können die gesuchten Konstanten A_n, B_n als Fourierkoeffizienten von g bzw. h berechnen:

$$\boxed{\begin{aligned} A_n &= \frac{2}{l}\int_0^l g(s)\sin\frac{n\pi}{l}s\,ds \\ \frac{n\pi}{l}B_n &= \frac{2}{l}\int_0^l h(s)\sin\frac{n\pi}{l}s\,ds \end{aligned} \qquad n \in \mathbb{N}} \tag{5.34}$$

Setzen wir die so gewonnenen Konstanten A_n, B_n in den Lösungsansatz (5.29) ein, so ergibt sich eine formale Lösung für unser Problem in Form einer unendlichen Reihe.

Bemerkung 1: Für den Nachweis, daß diese formale Lösung tatsächlich unser Problem eindeutig löst, sind die Funktionen g und h in (5.18) zu präzisieren und Konvergenzuntersuchungen nötig (etwa um die Vertauschung von Differentiation und Summation zu gewährleisten). Wir verzichten auf diese Untersuchungen und verweisen auf die einschlägige Literatur (z.B. [35], Chapt. 7, p. 126-134).

Bemerkung 2: Die Wärmeausbreitung in einem homogenen Stab von endlicher Länge läßt sich nach dieser Methode entsprechend behandeln (s. z.B. [24], Teil II, Kap. VII/5).

5.2.2 Physikalische Interpretation

Wir wollen die gewonnenen Resultate physikalisch deuten und sie zuvor noch etwas erweitern, um den Einfluß von Geometrie und Materialeigenschaften der Saite deutlicher zu machen. Lassen wir anstelle von (5.15) den allgemeineren Fall

$$a(x) = \frac{\rho(x)}{p(x)} = \text{const.} =: a \tag{5.35}$$

zu, so ergeben sich anstelle von (5.28) die Funktionen

$$y_n(x,t) = \sin\frac{n\pi}{l}x \cdot \left(A_n \cos\frac{n\pi a}{l}t + B_n \sin\frac{n\pi a}{l}t \right), \tag{5.36}$$

die wir auch in der Form

$$y_n(x,t) = D_n \sin\frac{n\pi}{l}x \cdot \sin\left(\frac{n\pi a}{l}t + \varphi_n\right) \tag{5.37}$$

schreiben können (vgl. Abschn. 3.1.4, Bemerk. 1). Durch Superposition dieser Funktionen erhalten wir dann statt (5.29) die Lösung

$$y(x,t) = \sum_{n=1}^{\infty} y_n(x,t) = \sum_{n=1}^{\infty} D_n \sin\frac{n\pi}{l}x \cdot \left(\sin\frac{n\pi a}{l}t + \varphi_n \right), \tag{5.38}$$

wobei sich die Koeffizienten A_n, B_n bzw. D_n aus (5.34) entsprechenden Formeln bestimmen lassen. Wir wollen den Einfluß der als Lösung von Eigenwertproblemen aus (5.36) gewonnenen Funktionen $y_n(x,t)$ untersuchen. Diese stellen offensichtlich harmonische Schwingungen mit

Amplitude $D_n \sin\frac{n\pi}{l}x$ (abhängig von x)

Phase φ_n (unabhängig von x)

Frequenz $\omega_n = \frac{n\pi a}{l}$

dar. Sie werden _stehende Wellen_ genannt: Die Punkte der Saite führen harmonische Schwingungen mit gleichen Phasen φ_n und vom Ort x abhängigen Amplituden $D_n \sin\frac{n\pi}{l}x$ aus. Die Saite erzeugt dabei einen Ton, dessen Intensität (= Lautstärke) von der maximalen Amplitude

$$D_n \cdot \max_x \left(\sin\frac{n\pi}{l}x \right) = D_n \tag{5.39}$$

abhängt. Die Stellen x, für die maximale Amplitude eintritt, also für

$$x = \frac{l}{2n}\,, \quad \frac{3l}{2n}\,, \quad \ldots, \quad \frac{(2n-1)l}{2n}\,, \tag{5.40}$$

heißen Bäuche, solche mit verschwindender Amplitude, also für

$$x = 0\,, \quad \frac{l}{n}\,, \quad \ldots, \quad \frac{(n-1)l}{n}\,, \quad l\,, \tag{5.41}$$

nennt man Knoten der stehenden Wellen. Die Tonhöhe der n-ten harmonischen Schwingung hängt von der Frequenz

$$\omega_n = \frac{n\pi a}{l} = \frac{n\pi\rho}{l p} \tag{5.42}$$

ab. Für $n = 1$ erhalten wir den Grundton, für $n = 2,3,\ldots$ die entsprechenden Obertöne. Nach (5.38) setzt sich also ein durch unsere Saite erzeugter Ton durch Überlagerung aus Grund- und Obertönen zusammen. Formel (5.42) zeigt uns, wie sich die Tonhöhe ändert, wenn wir Geometrie bzw. Materialeigenschaften der Saite ändern.

Zusammenfassung der Methode:

(I) Bestimmung sämtlicher stehender Wellen
(Lösung von Eigenwertproblemen),

(II) Bestimmung der Saitenschwingung durch Überlagerung aus stehenden Wellen
(durch Fourieranalyse der Anfangswerte $g(x)$ und $h(x)$) .

Bemerkung 3: Man nennt dieses wichtige Verfahren auch "Methode der stehenden Wellen" oder "Fourier-Methode".

5.3 ANWENDUNG AUF EIN NICHTLINEARES PROBLEM (STABKNICKUNG)

Die Untersuchung von nichtlinearen Problemen gewinnt in zunehmendem Maße an Bedeutung. Ziel dieses Abschnitts ist es, anhand eines einfachen Beispiels einen Zusammenhang zwischen nichtlinearen Problemen und ihren Linearisierungen aufzuzeigen. Hierbei soll ein für nichtlineare Vorgänge typisches Phänomen, das der Lösungsverzweigung, verdeutlicht werden.

5.3.1 Aufgabenstellung

Wir betrachten einen Stab der Länge l . Ein Ende sei fest eingespannt; das andere längs der Stabachse frei beweglich. Auf den Stab wirke in Achsenrichtung eine Kraft P . Wir interessieren uns für die Durchbiegung des Stabes.

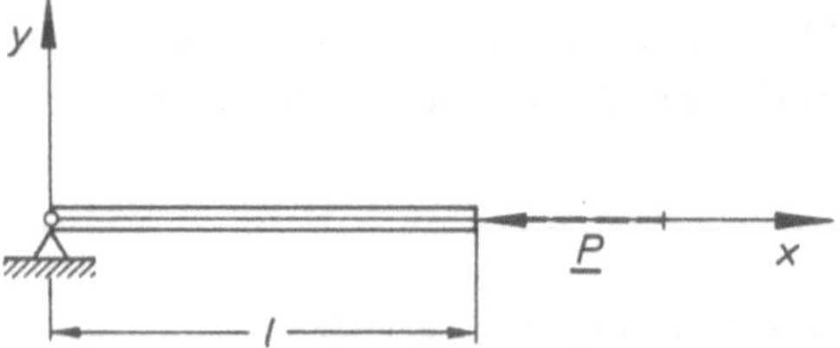

Fig. 5.6: Stabknickung bei Belastung in Achsenrichtung

Zur Vereinfachung gehen wir von einem dünnen, homogenen, nicht kompressiblen Stab aus. Mit s bezeichnen wir die vom eingespannten Stabende aus gemessene Bogenlänge und mit $\eta(s)$ den Winkel zwischen Tangente an den (ausgelenkten) Stab und der positiven x-Achse in Abhängigkeit von s (vgl. Fig. 5.7). Die Größen M,E,I seien wie in Abschnitt 1.1.1 erklärt. Benutzen wir s als Parameter, so erhalten wir aus den physikalischen Beziehungen

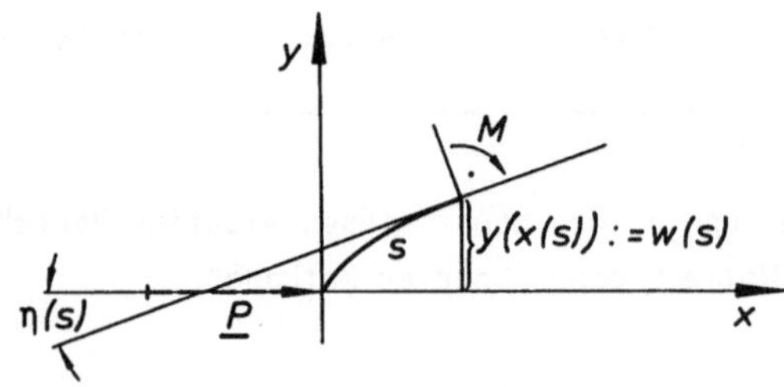

Fig. 5.7: Auslenkung des Stabes als Funktion der Bogenlänge

$$-\frac{M(s)}{EI} = \frac{d\eta(s)}{ds}, \quad M(s) = P \cdot w(s)$$

und der geometrischen Beziehung

$$\frac{dw(s)}{ds} = \sin\eta(s)$$

für $\eta(s)$, $w(s)$ $(0 \leq s \leq 1)$ ein System von nichtlinearen DGln 1-ter Ordnung:

$$\begin{aligned} \frac{d\eta}{ds} &= -\lambda w \quad \left(\lambda := \frac{P}{EI}\right) \\ \sin\eta &= \frac{dw}{ds} . \end{aligned} \tag{5.43}$$

Wir fordern noch, daß in den Endpunkten des Stabes keine (vertikale) Auslenkung erfolgen soll. Dies führt zu den Randbedingungen

$$w(0) = 0 , \quad w(1) = 0 . \tag{5.44}$$

Insgesamt ergibt sich damit ein Eigenwertproblem für $\eta(s)$ und $w(s)$, das im Fall $\lambda = 0$ (d.h. $P = 0$) nur die trivialen Lösungen

$$\eta(s) = w(s) = 0 \tag{5.45}$$

liefert (warum?). Für $\lambda \neq 0$ läßt sich $\eta(s)$ aus dem Eigenwertproblem

$$\frac{d^2\eta}{ds^2} = -\lambda\frac{dw}{ds} = -\lambda\sin\eta , \quad 0 \leq s \leq 1 ,$$

$$\eta'(0) = -\lambda w(0) , \quad \eta'(1) = -\lambda w(1) = 0$$

bzw.

$$\boxed{\begin{aligned} &\eta'' + \lambda\sin\eta = 0 , \quad 0 \leq s \leq 1 \\ &\eta'(0) = \eta'(1) = 0 \end{aligned}} \tag{5.46}$$

bestimmen, während sich $w(s)$ aus

$$\boxed{-\frac{1}{\lambda}\frac{d\eta}{ds} = w(s)} \qquad (5.47)$$

berechnet.

5.3.2 Das linearisierte Problem

Für kleine Auslenkungen des Stabes können wir in (5.43) näherungsweise $\sin\varphi$ durch φ ersetzen, und wir erhalten das lineare Eigenwertproblem

$$\frac{d\eta}{ds} = -\lambda w, \qquad \eta = \frac{dw'}{ds}$$

$$w(0) = w(l) = 0\,.$$

Hieraus ergibt sich für w wegen $\dfrac{d^2 w}{d s^2} = \dfrac{d\eta}{ds} = -\lambda w$ das Eigenwertproblem

$$\begin{aligned} & w'' + \lambda w = 0 \\ & w(0) = w(l) = 0\,, \end{aligned} \qquad (5.48)$$

und η läßt sich aus $\eta = \frac{dw}{ds}$ bestimmen. Nach Abschnitt 5.1.3, Beispiel 5.6, besitzt (5.48) die Eigenwerte

$$\lambda_k = \frac{k^2\pi^2}{l^2}, \qquad k \in \mathbb{N}, \qquad (5.49)$$

und die zugehörigen Eigenfunktionen

$$w_k(s) = c\cdot\sin\sqrt{\lambda_k}\,s = c\cdot\sin\frac{k\pi}{l}s \qquad (k \in \mathbb{N},\ c \in \mathbb{R} \text{ beliebig}). \qquad (5.50)$$

Physikalische Interpretation: Wegen $\lambda = \frac{P}{EI}$ gilt mit (5.49)

$$P_k = EI\,\frac{k^2\pi^2}{l^2}, \qquad k \in \mathbb{N}, \qquad (5.51)$$

und die Eigenfunktionen lassen sich in der Form

$$w_k(s) = c \cdot \sin\sqrt{\frac{P_k}{EI}}s = c \cdot \sin\frac{k\pi}{l}s \quad (k \in \mathbb{R} \quad \text{beliebig}) \tag{5.52}$$

darstellen. Für $0 < P < P_1$ ist nur die triviale Lösung $w(s) = 0$ vorhanden, d.h. es findet keine Auslenkung des Stabes statt. Für

$$\boxed{P = P_1 = EI\frac{\pi^2}{l^2}} \quad \text{(Eulersche Knicklast)} \tag{5.53}$$

treten neben die triviale Lösung noch nichttriviale Lösungen

$$w_1(s) = c \cdot \sin\frac{\pi}{l}s\,, \quad c \in \mathbb{R} \quad \text{beliebig;} \tag{5.54}$$

entsprechend für $P_k = EI\frac{k^2\pi^2}{l^2}$ $(k=2,3,\ldots)$ die nichttrivialen Lösungen $w_k(s) = c \cdot \sin\frac{k\pi}{l}s$ $(k=2,3,\ldots)$ mit $c \in \mathbb{R}$ beliebig. Man spricht von instabilen Auslenkungsformen.

Wir beachten, daß $w(s) \equiv 0$ für alle Werte von P eine Lösung unseres Eigenwertproblems (5.47) ist, während nichttriviale Lösungen (und damit Auslenkungen des Stabes) nur unter den (diskreten) Belastungen P_k auftreten können. Zur Veranschaulichung stellen wir den Betrag der maximalen Auslenkung von $w(s)$ als Funktion von P_k dar und erhalten damit ein sogenanntes Verzweigungsdiagramm (s. Fig. 5.9).

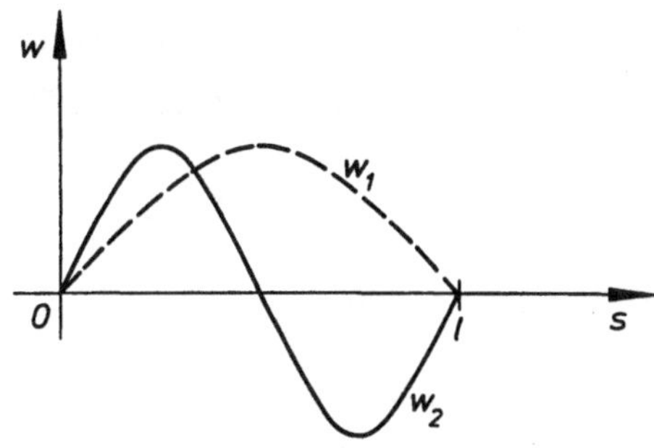

Fig. 5.8: Stabile und instabile Auslenkungsformen

Man spricht in diesem Fall von senkrechter Verzweigung. Für $P_k < P < P_{k+1}$ $(k=1,2,\ldots)$ müßte der Stab also wieder in die Ruhelage zurückschnellen. Dies trifft in Wirklichkeit nicht zu. Das linearisierte Problem stellt offensichtlich ein zu grobes Modell für die Stabknickung dar.

Fig. 5.9: Senkrechte Lösungsverzweigung im linearen Fall

5.3.3 Das nichtlineare Problem. Verzweigungslösungen

Wir wenden uns wieder dem nichtlinearen Eigenwertproblem

$$\frac{d^2\eta}{ds^2} + \lambda \sin\eta = 0\,, \quad 0 \le s \le 1\,, \qquad \eta'(0) = \eta'(1) = 0 \tag{5.55}$$

zu. Zur Ermittlung der nichttrivialen Lösungen betrachten wir anstelle dieser Randwertaufgabe das Anfangswertproblem

$$\frac{d^2\varphi}{ds^2} + \lambda \sin\varphi = 0\,, \quad 0 \le s \le 1\,, \qquad \varphi(0) = \alpha\,, \quad \varphi'(0) = 0 \tag{5.56}$$

mit $\lambda > 0$ und $\alpha \in (0,\pi)$. Genauer gesagt, handelt es sich hier um eine Schar von Anfangswertproblemen mit dem Scharparameter α. Für unsere Belange wesentlich ist, daß sämtliche Lösungen von (5.56), für die $\varphi'(1) = 0$ gilt, auch Lösungen von (5.55) sind. Wir wollen dies durch geeignete Wahl von α erreichen.

Anfangswertprobleme der Form (5.55) haben wir bereits in Abschnitt 1.3.3, Anwendung (II), im Zusammenhang mit dem Schwingungsverhalten eines ebenen Pendels diskutiert. Demnach besitzt (5.56) die eindeutig bestimmte Lösung

$$\varphi(s) = 2\arcsin\left[k \,\mathrm{sin\,am}\left(\frac{\alpha}{2}, \sqrt{\lambda}\, s + K\right)\right]$$ 1)

mit

$$k = \sin\frac{\alpha}{2}, \qquad K = K(k) = \int_0^{\pi/2} \frac{dv}{\sqrt{1-k^2\sin^2 v}}$$

und der Schwingungsdauer

$$\tau = \frac{4}{\sqrt{\lambda}} K .$$

Wir interessieren uns nun für diejenigen Lösungen φ, für die $\varphi'(1) = 0$ erfüllt ist (wir nennen sie wieder η) : Wegen $\varphi'(0) = 0$, $\varphi(0) = \alpha$ und der τ-Periodizität von φ ist diese Bedingung genau dann erfüllt, falls

$$1 = \frac{\tau}{2} n = \frac{2}{\sqrt{\lambda}} K \cdot n , \qquad n \in \mathbb{N},$$

also

$$K = K(k) = \frac{1}{2n}\sqrt{\lambda}, \qquad n \in \mathbb{N}, \tag{5.57}$$

ist.

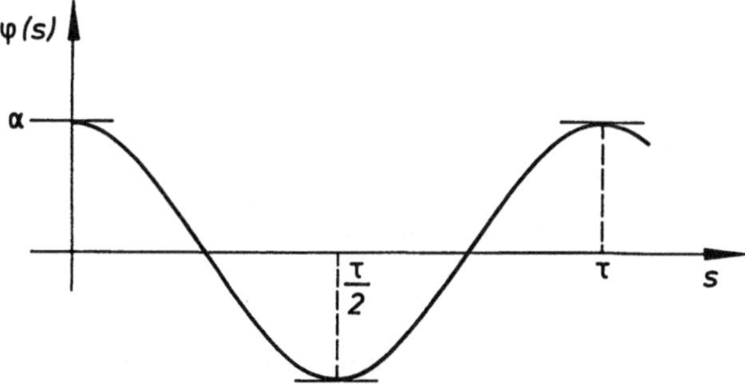

Fig. 5.10: Zur Bestimmung von Funktionen φ mit $\varphi'(1) = 0$

---

1) Man beachte die geringfügige Abweichung der Lösung gegenüber Abschnitt 1.3.3 aufgrund der unterschiedlichen Anfangsbedingungen.

Zwischen den Werten K und α besteht eine umkehrbar eindeutige Zuordnung (vgl. Abschn. 1.3.3): Durchläuft K die Werte zwischen $\frac{\pi}{2}$ und $+\infty$, so durchläuft α die Werte zwischen 0 und π und umgekehrt. Nichttriviale Lösungen $\eta(s)$ existieren nur für $\alpha > 0$, d.h. für $K > \frac{\pi}{2}$. Aus (5.57) folgt daher

$$\lambda = \lambda_n(k) = \left(\frac{2n}{l}\right)^2 \cdot K^2(k) > \left(\frac{2n}{l}\right)^2 \cdot \left(\frac{\pi}{2}\right)^2 , \quad n \in \mathbb{N},$$

also

$$\lambda = \lambda_n(k) > \left(\frac{n\pi}{l}\right)^2 . \tag{5.58}$$

Für solche λ-Werte treten also nichttriviale Lösungen $\eta(s)$ auf, und zwar so viele, als es natürliche Zahlen n mit $\frac{l}{2n}\sqrt{\lambda} > \frac{\pi}{2}$ gibt:

Für

$$\left(\frac{\pi}{l}\right)^2 < \lambda \leq \left(\frac{2\pi}{l}\right)^2 \qquad \text{eine nichttriviale Lösung}$$

und allgemein für

$$\left(\frac{n\pi}{l}\right)^2 < \lambda \leq \left(\frac{(n+1)\pi}{l}\right)^2 \qquad n \ \text{nichttriviale Lösungen}$$

$\eta_n(s)$ mit $0 < \eta_n(s) < \pi$. Mit der Beziehung

$$w(s) = -\frac{1}{\lambda}\frac{d\eta}{ds}$$

erhalten wir dann die gesuchten Lösungen $w_n(s)$ bzw. $y_n(x)$ für die Durchbiegung des Stabes.

Wir stellen die Abhängigkeit der maximalen Durchbiegung wie im linearisierten Fall durch ein Verzweigungsdiagramm dar (s. Fig. 5.11).

Hierbei ist $P_n = \lambda_n EI = \left(\frac{n\pi}{l}\right)^2 EI$, $n \in \mathbb{N}$. Wir beachten, daß dies dieselben Stellen P_n wie im linearen Fall sind. Man nennt diese Stellen P_n Verzweigungspunkte, die von der P-Achse (= triviale Lösung) abzweigenden Kurven Verzweigungslösungen der trivialen Lösung. Dieses Verzweigungsdiagramm entspricht der Realität bedeutend besser als das für den linearen Fall gewonnene: Für Kräfte $P < P_1$ findet keine Durchbiegung statt. Wird die Eulersche Knicklast P_1 überschritten, so ist (neben der trivialen Lösung) eine Durchbiegung des Stabes möglich, die bis auf das Vorzeichen eindeutig bestimmt ist. Oberschreitet P den Wert P_2, so ist eine weitere (bis auf das Vorzeichen eindeutig bestimmte) Durchbiegung möglich usw. Diese lassen sich alle experimentell nachweisen.

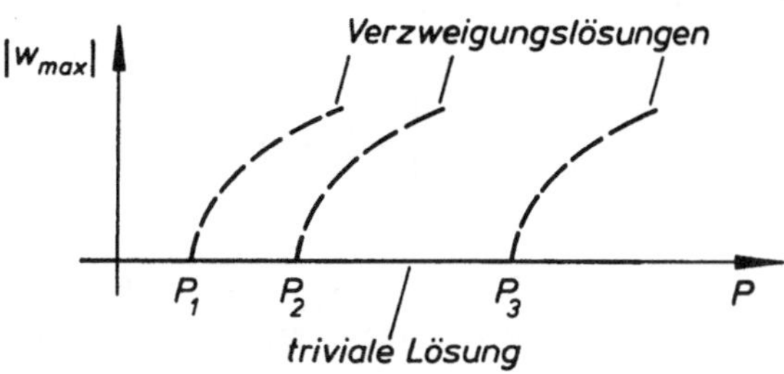

Fig. 5.11: Lösungsverzweigung im nichtlinearen Fall

Wie wir gesehen haben, stimmen in unserem Beispiel die Verzweigungspunkte des nichtlinearen Problems mit den Eigenwerten des zugehörigen linearisierten Problems überein. Dies gibt Anlaß zu der Frage: Lassen sich die Verzweigungspunkte bei nichtlinearen Problemen stets als Eigenwerte ihrer Linearisierungen gewinnen? Das Beispiel

$$\begin{aligned} x + y^3 &= \lambda x \\ -x^3 + y &= \lambda y \end{aligned} \tag{5.59}$$

zeigt, daß nicht jeder Eigenwert des zugehörigen linearen Problems auch Verzweigungspunkt des nichtlinearen Problems sein muß: Das zu (5.59) gehörende lineare Problem

$$\begin{aligned} x &= \lambda x \\ y &= \lambda y , \end{aligned}$$

das wir auch in der Form

$$\begin{bmatrix} 1 & 0 \\ 0 & 1 \end{bmatrix} \begin{bmatrix} x \\ y \end{bmatrix} = \lambda \begin{bmatrix} x \\ y \end{bmatrix}$$

schreiben können, besitzt wegen

$$\det \begin{bmatrix} 1-\lambda & 0 \\ 0 & 1-\lambda \end{bmatrix} = (1-\lambda)^2 = 0$$

den zweifachen Eigenwert $\lambda_{1/2} = 1$, d.h. die Ordnung der Nullstelle ist 2, also gerade. Wir zeigen, daß $\lambda = 1$ kein Verzweigungspunkt des nichtlinearen Problems ist. Hierzu multiplizieren wir die erste der Gleichungen (5.59) mit y, die zweite mit x und subtrahieren anschließend diese Gleichungen. Dadurch erhalten wir, unabhängig von λ,

$$y^4 + x^4 = 0$$

oder $x = y = 0$. Für alle $\lambda \in \mathbb{R}$ liegt daher nur die triviale Lösung vor.

Dagegen kann mit Hilfsmitteln, die uns hier nicht zur Verfügung stehen, unter gewissen Voraussetzungen gezeigt werden: [1)]

> Verzweigungspunkte der nichtlinearen Probleme sind notwendig aus der Menge der Eigenwerte ihrer Linearisierungen.

Unser obiges Beispiel zeigt, daß diese Bedingung nicht hinreichend ist. Kann für einen Eigenwert λ_0 nachgewiesen werden, daß seine "algebraische Vielfachheit" (dies ist bei einer quadratischen Matrix die Ordnung der Nullstelle λ_0 von $\det(A - \lambda E)$) ungerade ist, so ist damit sichergestellt, daß λ_0 Verzweigungspunkt des zugehörigen nichtlinearen Problems ist. Bei gerader Vielfachheit sind zusätzliche Untersuchungen nötig.

---

1) Vgl. hierzu [46], Kap. IV, § 2.

Übungen

5.1* Man untersuche die folgenden Randwertprobleme auf Lösbarkeit und bestimme gegebenenfalls ihre Lösungen:

$$y'' + y = x\,, \qquad x \in [0,\pi];$$

Randbedingungen: a) $y(0) = 0\,,\quad y(\pi) = 0\,;$
b) $y(0) = 0\,,\quad y(\pi) = \pi\,;$
c) $y(0) = 2\,,\quad y(\frac{\pi}{2}) = -3\,.$

5.2* Für welche $s \in \mathbb{R}$ ist das Randwertproblem

$$y'' = x^2, \qquad x \in [0,1]$$

$$s\,y(0) + y'(0) = 1\,, \quad y(1) + s\,y'(1) = s$$

eindeutig lösbar? Für diese Fälle berechne man die Lösung.

5.3* Gegeben sei das Randwertproblem

$$y'' = f(x)\,, \qquad x \in [0,\pi]$$

$$y(0) = 0\,, \qquad y'(\pi) = 0\,,$$

mit einer in $[0,\pi]$ stetigen Funktion f.

a) Man gebe eine spezielle Lösung von $y'' = f(x)$ an (Integralausdruck) sowie die allgemeine Lösung dieser DGl. Welche Lösung ergibt sich für das Randwertproblem?

b) Die Funktion $G : \mathbb{R}^2 \to \mathbb{R}$ sei durch

$$G(x,z) = \begin{cases} -z\,, & \text{falls } z \le x \\ -x\,, & \text{falls } z > x \end{cases}$$

erklärt (*Greensche Funktion* des Randwertproblems). Man zeige: Die in a) gewonnene Lösung läßt sich in der Form

$$\int_0^{\pi} G(x,z)\, f(z)\, dz\,, \qquad x \in [0,\pi]$$

darstellen.

5.4* Das Eigenwertproblem

$$y'' + \frac{1}{x}y' + \frac{\lambda}{x^2}y = 0\,, \quad x \in [1, e^{2\pi}]\,, \quad \lambda \in \mathbb{R}\,,$$

$$y'(1) = y'(e^{2\pi}) = 0$$

sei vorgegeben.

a) In Abhängigkeit von λ bestimme man Fundamentalsysteme der DGl.

b) Man ermittle sämtliche Eigenwerte und -funktionen des Eigenwertproblems.

Distributionen

6 VERALLGEMEINERUNG DES KLASSISCHEN FUNKTIONSBEGRIFFS

In diesem Abschnitt erweitern wir den klassischen Funktionsbegriff auf Distributionen und zeigen, wie diese mit den stetigen Funktionen zusammenhängen.

6.1 MOTIVIERUNG UND DEFINITION

6.1.1 Einführende Betrachtungen

In zahlreichen Fällen zeigt es sich, daß der klassische Funktionsbegriff, wie wir ihn in Band I kennengelernt haben, nicht ausreicht, so daß eine geeignete Erweiterung erforderlich ist. Wir wollen dies anhand eines Beispiels aus den Anwendungen begründen: Die Wärmeausbreitung in einem unendlich langen Stab bei vorgegebener Anfangstemperaturverteilung wird durch das folgende Anfangswertproblem in idealisierter Form beschrieben: Gesucht ist eine Temperaturfunktion $u(x,t)$ ($x \in \mathbb{R}$: Ortsvariable, $t \geq 0$: Zeitvariable) mit

$$\frac{\partial^2 u(x,t)}{\partial x^2} = \frac{\partial u(x,t)}{\partial t}, \quad t > 0, \quad -\infty < x < \infty \tag{6.1}$$

(1-dimensionale Wärmeleitungsgleichung)

$$u(x,0) = g(x), \quad -\infty < x < \infty \tag{6.2}$$

(Anfangsbedingung).

Als Lösung ergibt sich (vgl. Abschn. 8.4.1)

$$u(x,t) = \frac{1}{2\sqrt{\pi t}} \int_{-\infty}^{\infty} g(y)\, e^{-\frac{(x-y)^2}{4t}}\, dy \tag{6.3}$$

oder, wenn wir

$$\boxed{u_0(x,t;y) := \frac{1}{2\sqrt{\pi t}}\, e^{-\frac{(x-y)^2}{4t}}} \tag{6.4}$$

setzen,

$$u(x,t) = \int_{-\infty}^{\infty} g(y)\, u_0(x,t;y)\, dy\,. \tag{6.5}$$

Wir wollen u_0 eingehender betrachten. Durch einfaches Nachrechnen zeigt man, daß u_0 für $t > 0$ bei konstantem y der Wärmeleitungsgleichung (6.1) genügt. Man nennt u_0 Grundlösung der Wärmeleitungsgleichung. Ferner gilt (vgl. Üb. 6.1)

$$u_0(x,t;y) \xrightarrow[t\to 0+]{} \begin{cases} 0\,, & \text{für } x \neq y \\ \infty\,, & \text{für } x = y\,, \end{cases}$$

d.h. u_0 verhält sich für $t \to 0$ singulär. Wie sollen wir u_0 verstehen? Offensichtlich kann u_0 für $t = 0$ nicht als Funktion im "gewohnten" Sinn aufgefaßt werden. Jedoch läßt sich u_0 durch Grenzübergang aus klassischen Lösungen von (6.1) bestimmen. Um dies zu zeigen, wählen wir die spezielle Anfangs-

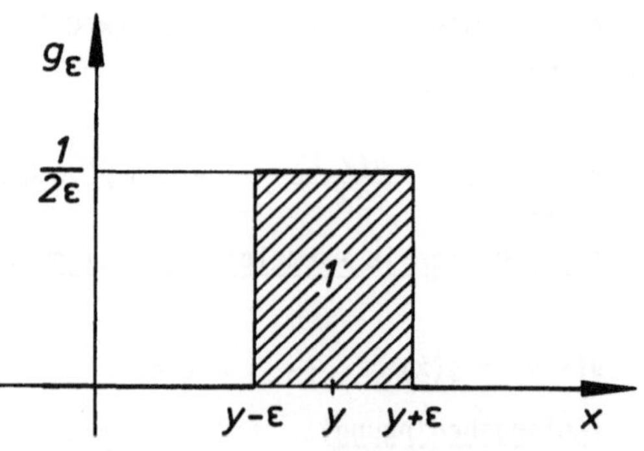

Fig. 6.1: Speziell gewählte Anfangstemperaturverteilung

temperaturverteilung (s. Fig. 6.1)

$$g_\varepsilon(x) := \begin{cases} \frac{1}{2\varepsilon}, & \text{für} \quad |x-y| < \varepsilon \\ 0, & \text{sonst} \end{cases}$$

($\varepsilon > 0$ beliebig).

Die Wärmemenge $Q(t)$ im Stab zum Zeitpunkt t berechnet sich aus

$$Q(t) = \int_{-\infty}^{\infty} u(x,t)\,dx\,,$$

woraus sich für die Wärmemenge zum Zeitpunkt $t = 0$ der Wert

$$Q(0) = \int_{-\infty}^{\infty} u(x,0)\,dx = \int_{-\infty}^{\infty} g_\varepsilon(x)\,dx = \frac{1}{2\varepsilon}\int_{y-\varepsilon}^{y+\varepsilon} dx = 1$$

ergibt. Durch Anwendung des Mittelwertsatzes der Integralrechnung folgt aus (6.5) für $t > 0$

$$u_\varepsilon(x,t) = \int_{-\infty}^{\infty} g_\varepsilon(\eta)\,u_0(x,t;\eta)\,d\eta = \frac{1}{2\varepsilon}\int_{y-\varepsilon}^{y+\varepsilon} u_0(x,t;\eta)\,d\eta = u_0(x,t;y^*)$$

mit $y-\varepsilon < y^* < y+\varepsilon$. Da u_0 für $t > 0$ stetig ist, erhalten wir hieraus (man beachte: $y^* \to y$ für $\varepsilon \to 0$)

$$u_\varepsilon(x,t) \longrightarrow u_0(x,t;y) \qquad \text{für} \quad \varepsilon \to 0 \qquad (t > 0)\,.$$

Dieser Grenzprozess läßt sich in idealisierter Weise physikalisch folgendermaßen interpretieren:

Denken wir uns zum Zeitpunkt $t = 0$ die gesamte Wärmemenge $Q = 1$ im Punkt y konzentriert, so beschreibt $u_0(x,t;y)$ die sich hieraus bildende Temperaturverteilung zum Zeitpunkt $t > 0$.

Analoge Situationen finden wir in den Anwendungen häufig vor; z.B. wenn wir Modelle verwenden, bei denen eine Masse oder eine elektrische Ladung auf einen Punkt konzentriert ist. Die Präzisierung von "Funktionen vom Typ u_0" ist daher von Bedeutung. Wir werden zeigen, daß wir u_0 als "verallgemeinerte Funktion" auffassen können und hierzu die klassischen Funktionen erweitern. Wir orientieren uns dabei an der Lösungsformel (6.5)

$$u(x,t) = \int_{-\infty}^{\infty} g(y)\, u_0(x,t;y)\, dy$$

der Wärmeleitungsgleichung, die wir auch so deuten können: Durch $u_0(x,t;y)$ wird aufgrund von (6.5) jeder Anfangstemperaturverteilung $g(y)$ der Zahlenwert $u(x,t)$ der Temperatur im Punkt x zur Zeit t zugeordnet: $g \to F_{u_0}(g) = u(x,t)$, wobei F_{u_0} durch

$$F_{u_0}(g) = \int_{-\infty}^{\infty} g(y)\, u_0(x,t;y)\, dy \tag{6.6}$$

erklärt ist. Die Idee, die zur Verallgemeinerung der klassischen Funktionen führt [1], besteht - auf unser Beispiel bezogen - darin, anstelle von u_0 die "lineare Abbildung" F_{u_0} zu betrachten.

Losgelöst von unserem speziellen Problem der Wärmeleitung werden wir den folgenden Standpunkt einnehmen: Als verallgemeinerte Funktionen fassen wir "lineare Abbildungen" F auf, die jeder Funktion g einer gewissen Klasse von Funktionen ("Grundraum") eine reelle oder komplexe Zahl $F(g)$ zuordnen. Solche Abbildungen nennt man lineare Funktionale (zur genauen Definition s. Abschn. 6.1.3). Insbesondere wird jeder klassischen (stetigen) Funktion f durch

$$F_f(g) := \int_{-\infty}^{\infty} g(x)\, f(x)\, dx \tag{6.7}$$

das "lineare Funktional" F_f zugeordnet: $f \to F_f$. Wir wollen nachfolgend zeigen, daß wir bei geeigneter Wahl des Grundraumes die Funktion f und das lineare Funktional F_f als gleich ansehen können.

---

1) sie geht auf den französischen Mathematiker L. Schwartz (1950) zurück.

6.1.2 Der Grundraum $C_0^\infty(\mathbb{R}^n)$

Wir führen zunächst den Begriff des Trägers einer Funktion ein. Die Punkte des $\mathbb{R}^n$ schreiben wir jetzt in der Form $x = (x_1,\ldots,x_n)$. Ist $f : \mathbb{R}^n \to \mathbb{R}$, so versteht man unter dem Träger (oder Support) von f die Menge

$$\operatorname{Tr} f := \overline{\{x \in \mathbb{R}^n \mid f(x) \neq 0\}}, \tag{6.8}$$

wobei wir wie üblich (vgl. Bd. I, Abschn. 6.1.4) mit $\bar{A}$ die Abschließung einer Menge $A \subset \mathbb{R}^n$ bezeichnen: $\bar{A} = A \cup \{\text{Häufungspunkte von } A\}$.

Definition 6.1 Die Menge aller in $\mathbb{R}^n$ erklärten stetigen Funktionen mit kompaktem (d.h. mit abgeschlossenem und beschränktem) Träger bezeichnen wir mit $C_0(\mathbb{R}^n)$. Die Menge aller in $\mathbb{R}^n$ beliebig oft stetig differenzierbaren Funktionen mit kompaktem Träger bezeichnen wir mit $C_0^\infty(\mathbb{R}^n)$.

Gibt es überhaupt "genügend viele" C_0^∞-Funktionen? Wir wollen jetzt zeigen, wie eine Fülle von solchen Funktionen konstruiert werden kann. Hierzu gehen wir aus von

Beispiel 6.1 Die Funktion

$$f(t) := \begin{cases} 0, & \text{für } t \le 0 \\ e^{-\frac{1}{t}}, & \text{für } t > 0 \quad (\text{s. Fig. 6.2}) \end{cases}$$

ist zwar beliebig oft differenzierbar (vgl. Üb. 6.2), besitzt jedoch keinen kompakten Träger. Aus f läßt sich aber leicht eine Funktion aus $C_0^\infty(\mathbb{R}^n)$ gewinnen, etwa die Funktion

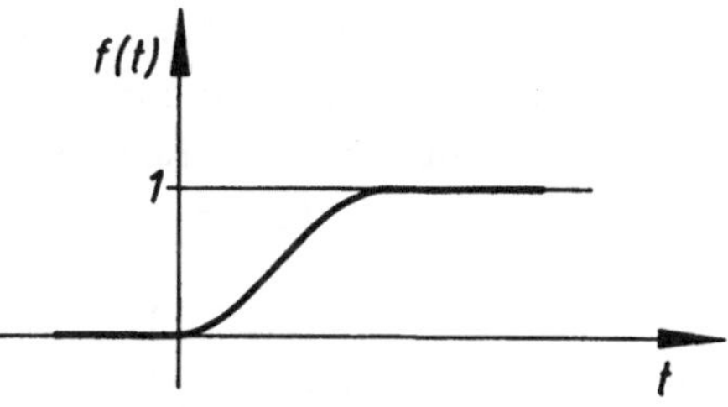

Fig. 6.2: Eine beliebig oft differenzierbare Funktion

$$g(x) := f(1-|x|^2) = \begin{cases} 0\,, & \text{für } |x| \geq 1 \\ e^{-\frac{1}{1-|x|^2}}\,, & \text{für } |x| < 1 \text{ (s. Fig. 6.3)} \end{cases}$$

Dabei ist $x = (x_1,\ldots,x_n)$ und $|x| = \sqrt{x_1^2 + \ldots + x_n^2}$.

Sei nun h durch $h(x) := Cg(x)$ $(C > 0)$ definiert. Durch die passende Wahl der Konstanten C kann erreicht werden, daß

$$\int_{\mathbb{R}^n} h(x)\, dx = 1$$

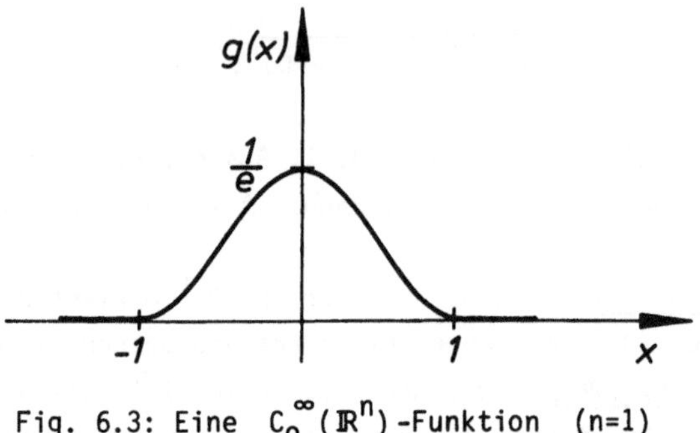

Fig. 6.3: Eine $C_0^\infty(\mathbb{R}^n)$-Funktion (n=1)

gilt. Setzen wir schließlich noch

$$h_\alpha(x) := \frac{1}{\alpha^n}\, h\left(\frac{x}{\alpha}\right)\,, \quad \alpha > 0\,, \tag{6.9}$$

so folgt: $h_\alpha \in C_0^\infty(\mathbb{R}^n)$ mit $\operatorname{Tr} h_\alpha = \{x \in \mathbb{R}^n \mid |x| \leq \alpha\}$ und

$$\int_{\mathbb{R}^n} h_\alpha(x)\, dx = 1\,. \tag{6.10}$$

Bemerkung 1: Im folgenden schreiben wir anstelle von $\int_{\mathbb{R}^n} f(x)\, dx$ einfach $\int f(x)\, dx$ und beachten, daß dieses Integral bei Funktionen mit kompaktem Träger durch Integration über einen hinreichend großen Quader berechnet werden kann. Dies bedeutet aber: n-fach hintereinander ausgeführte 1-dimensionale Integration, z.B. für $n = 2$:

$$\int f(x)\, dx = \int_{-a}^{a} \left[\int_{-a}^{a} f(x_1,x_2)\, dx_1 \right] dx_2,$$

falls $f \in C_0(\mathbb{R}^2)$ und $a > 0$ hinreichend groß gewählt wird (s. Fig. 6.4).

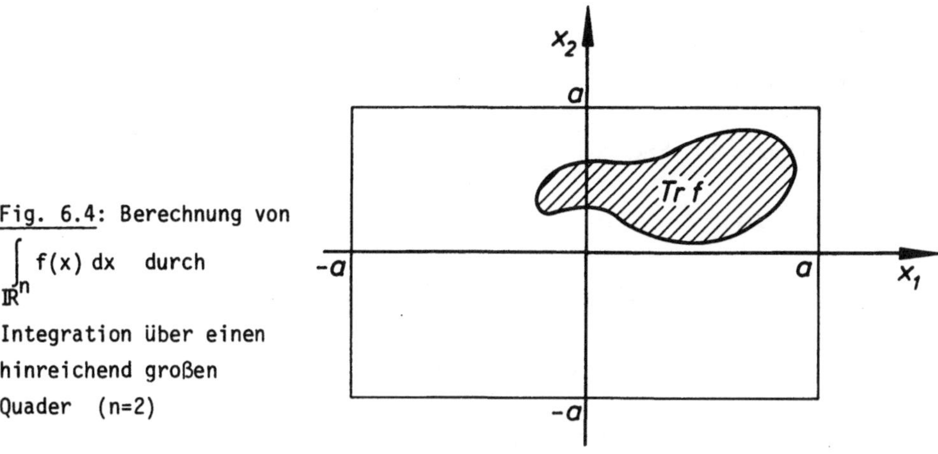

Fig. 6.4: Berechnung von $\int_{\mathbb{R}^n} f(x)\,dx$ durch Integration über einen hinreichend großen Quader (n=2)

Mit Hilfe der in Beispiel 6.1 konstruierten Funktion h_α läßt sich nun aus jeder beliebigen stetigen Funktion u, die einen kompakten Träger besitzt, sofort eine $C_0^\infty(\mathbb{R}^n)$-Funktion konstruieren. Hierzu setzen wir

$$u_\alpha(x) := \int u(y)\,h_\alpha(y-x)\,dy \qquad (6.11)$$

und zeigen

<u>Satz 6.1</u> Sei $u \in C_0(\mathbb{R}^n)$. Dann gilt für $\alpha > 0$: Die durch (6.11) erklärte Funktion u_α gehört zu $C_0^\infty(\mathbb{R}^n)$, und es gilt

$$\lim_{\alpha \to 0} u_\alpha(x) = u(x) \quad \text{gleichmäßig in } \mathbb{R}^n .$$

<u>Beweis</u>: (I) Die Funktion u_α ist beliebig oft differenzierbar: Bei Differentiation des Integrals $\int u(y)\,h_\alpha(y-x)\,dy$ nach x dürfen wir die Reihenfolge von Differentiation und Integration vertauschen (endlicher Integrationsbereich!). Ferner ist der Integrand beliebig oft differenzierbar, da h_α eine C_0^∞-Funktion ist.

(II) Der Träger von u_α ist beschränkt: Nach Voraussetzung ist $u \in C_0(\mathbb{R}^n)$. Es gibt daher eine Konstante $a > 0$ mit $u(y) = 0$ für alle y mit $|y| \geq a$. Sei nun $u_\alpha(x) \neq 0$. Dann folgt für solche x: $|x| \leq \alpha + |y| \leq \alpha + a$, d.h. $\mathrm{Tr}\, u_\alpha$ ist beschränkt. Zusammen mit (I) bedeutet dies: $u_\alpha \in C_0^\infty(\mathbb{R}^n)$.

(III) Zum Nachweis der gleichmäßigen Konvergenz von u_α gegen u für $\alpha \to 0$ beachten wir (6.10):

$$\int h_\alpha(x)\,dx = 1 \quad \text{bzw.} \quad \int h_\alpha(y-x)\,dy = 1\,.$$

Damit erhalten wir

$$\begin{aligned} u_\alpha(x) - u(x) &= \int u(y)\,h_\alpha(y-x)\,dy - u(x)\int h_\alpha(y-x)\,dy \\ &= \int [u(y) - u(x)]\,h_\alpha(y-x)\,dy \\ &= \frac{1}{\alpha^n}\int [u(y) - u(x)]\,h\left(\frac{y-x}{\alpha}\right)dy\,. \end{aligned}$$

Setzen wir $z := \frac{y-x}{\alpha}$, so folgt mit $dy = \alpha^n\,dz$

$$u_\alpha(x) - u(x) = \int [u(x+\alpha z) - u(x)]\,h(z)\,dz\,.$$

Da der Integrand einen kompakten Träger hat und dort gleichmäßig stetig ist (eine auf einem Kompaktum stetige Funktion ist dort gleichmäßig stetig!), ergibt sich

$$u_\alpha(x) \xrightarrow[\alpha\to 0]{} u(x) \quad \text{gleichmäßig auf } \mathbb{R}^n\,. \qquad \square$$

<u>Bemerkung 2</u>: Führen wir in $C_0^\infty(\mathbb{R}^n)$ die linearen Operationen

$$(f+g)(x) := f(x) + g(x)\,, \quad (\alpha f)(x) := \alpha f(x) \qquad (\alpha \in \mathbb{R}),$$

ein, so bildet $C_0^\infty(\mathbb{R}^n)$ einen <u>linearen Raum</u> (vgl. hierzu auch Bd. II, Abschn. 2.4).

Wir wählen im folgenden $C_0^\infty(\mathbb{R}^n)$ als <u>Grundraum</u>, da sich dieser als besonders geeignet erweist.

6.1.3 Distributionen (im weiteren Sinn)

Wir erinnern zunächst an den allgemeinen Abbildungsbegriff (vgl. Bd. I, Abschn. 1.3.5): Sind A, B beliebige Mengen, so versteht man unter einer Abbildung von A in B eine Vorschrift, die jedem $x \in A$ genau ein $y \in B$ zuordnet. Ist insbesondere der Bildbereich B in $\mathbb{C}$ enthalten, so nennt man diese Abbildung ein *Funktional*. Wir beschränken uns im folgenden auf Funktionale, deren Bildbereich in $\mathbb{R}$ enthalten ist. Ein solches Funktional F heißt *linear*, falls für alle $x, y \in A$ und $\alpha \in \mathbb{R}$

$$F(x+y) = Fx + Fy\,, \quad F(\alpha x) = \alpha Fx \tag{6.12}$$

gilt. Motiviert durch unsere Überlegungen am Ende von Abschnitt 6.1.1, gelangen wir zu der folgenden

Definition 6.2 Unter einer *Distribution (im weiteren Sinn)*, auch *verallgemeinerte Funktion* [1] genannt, versteht man ein lineares Funktional auf dem Grundraum $C_0^\infty(\mathbb{R}^n)$. Die Menge aller dieser Distributionen bezeichnen wir mit $\mathcal{E}\,(\mathbb{R}^n)$.

Von grundlegender Bedeutung ist das folgende

Beispiel 6.2 Sei f eine beliebige stetige Funktion mit kompaktem Träger in $\mathbb{R}^n$. Aufgrund von

$$F\varphi := \int f(x)\varphi(x)\,dx\,, \quad \varphi \in C_0^\infty(\mathbb{R}^n) \text{ beliebig} \tag{6.13}$$

$$\left(= \int f\varphi\,dx \quad \text{kurz geschrieben}\right)$$

ordnen wir f ein auf $C_0^\infty(\mathbb{R}^n)$ erklärtes Funktional F zu ($F\varphi$ ist eine reelle Zahl!). Wir sagen: *F wird durch die stetige Funktion f induziert* und schreiben daher statt F auch F_f. Wegen

$$F_f(\varphi+\psi) = \int f\cdot(\varphi+\psi)\,dx = \int f\varphi\,dx + \int f\psi\,dx = F_f\varphi + F_f\psi\,,$$
$$\text{für alle } \varphi,\psi \in C_0^\infty(\mathbb{R}^n)\,,$$

---

1) Zur Bezeichnung "verallgemeinerte Funktion" vgl. Bemerkung in Abschn. 6.2.1.

bzw.

$$F_f(\alpha\varphi) = \int f \cdot (\alpha\varphi)\,dx = \alpha \int f\,\varphi\,dx = \alpha\,F_f\varphi\ ,$$

für alle $\varphi \in C_0^\infty(\mathbb{R}^n)$ und alle $\alpha \in \mathbb{R}$ sehen wir, daß F_f eine Distribution im Sinne von Definition 6.2 ist: $F_f \in \mathcal{L}\,(\mathbb{R}^n)$.

Bemerkung: Bei weiterführenden Untersuchungen über Distributionen, etwa im Zusammenhang mit der "Faltung", wird ein geeigneter Stetigkeitsbegriff benötigt. Je nachdem, welche "Topologie" dem Grundraum aufgeprägt wird, gelangt man zu den Distributionen im engeren Sinn, den Schwartzschen Distributionen, den $\mathcal{L}_2$-Distributionen usw. Um einen leichteren Zugang zum Verständnis der Distributionen zu ermöglichen, beschränken wir uns auf die Behandlung von Distributionen im weiteren Sinn, die keinerlei topologische Eigenschaften des Grundraums erfordern. Wir verweisen jedoch auf die weiterführende Literatur (z.B. [58]).

6.2 Distributionen als Erweiterung der klassischen Funktionen

6.2.1 Stetige Funktionen und Distributionen

Wir wollen im folgenden untersuchen, welcher Zusammenhang zwischen den klassischen (stetigen) Funktionen und den in Abschnitt 6.1.3 eingeführten Distributionen besteht. Aufgrund von Beispiel 6.2 können wir jeder stetigen Funktion mit kompaktem Träger eine Distribution F_f zuordnen:

$$f \to F_f \quad \text{mit} \quad f \in C_0(\mathbb{R}^n) \quad \text{und} \quad F_f \in \mathcal{D}(\mathbb{R}^n).$$

Läßt sich nun auch umgekehrt aus der Kenntnis einer Distribution F_f, die durch eine stetige Funktion f induziert ist, die Funktion f wieder zurückgewinnen? Dies gelingt in der Tat. Es gilt nämlich

Satz 6.2 Jedem $f \in C_0(\mathbb{R}^n)$ kann durch

$$F_f\varphi = \int f \cdot \varphi \, dx, \qquad \varphi \in C_0^\infty(\mathbb{R}^n) \tag{6.14}$$

umkehrbar eindeutig ein $F_f \in \mathcal{D}(\mathbb{R}^n)$ zugeordnet werden. Die Funktion f läßt sich aus der Distribution F_f aufgrund der Beziehung

$$f(x) = \lim_{\alpha \to 0} F_f h_{\alpha,x}(y) \tag{6.15}$$

berechnen. Dabei ist $h_{\alpha,x}(y) := h_\alpha(y-x)$ und h_α die in Beispiel 6.1 eingeführte $C_0^\infty(\mathbb{R}^n)$-Funktion.

Beweis: Sei $x \in \mathbb{R}^n$ beliebig und $f \in C_0(\mathbb{R}^n)$. Ferner sei f_α durch

$$f_\alpha(x) := \int f(y)\, h_\alpha(y-x)\, dy = \int f(y)\, h_{\alpha,x}(y)\, dy$$

erklärt (vgl. hierzu (6.11)). Nach Satz 6.1 konvergiert $f_\alpha(x)$ für $\alpha \to 0$ gleichmäßig gegen $f(x)$ in $\mathbb{R}^n$. Da $h_{\alpha,x} \in C_0^\infty(\mathbb{R}^n)$ ist, gilt andererseits

$$\int f(y)\, h_{\alpha,x}(y)\, dy = F_f h_{\alpha,x}(y) .$$

Insgesamt folgt damit

$$f_\alpha(x) = F_f\, h_{\alpha,x}(y) \to f(x) \quad \text{für} \quad \alpha \to 0 .$$

Die Funktion f ist durch F_f eindeutig bestimmt. □

Bemerkung. Satz 6.2 besagt, daß eine umkehrbar eindeutige Zuordnung zwischen den stetigen Funktionen f (mit kompaktem Träger) und den durch sie induzierten Distributionen F_f besteht: $f \leftrightarrow F_f$. Wir können daher f und F_f als zwei Seiten ein und derselben Sache auffassen und somit f mit F_f identifizieren. Wir bringen dies durch die Schreibweise

$$\boxed{f = F_f} \tag{6.16}$$

zum Ausdruck. In diesem Sinn können wir $C_0(\mathbb{R}^n)$ als Teilmenge von $\mathcal{L}(\mathbb{R}^n)$ ansehen:

$$C_0(\mathbb{R}^n) \subset \mathcal{L}(\mathbb{R}^n) . \tag{6.17}$$

Auf diesem Hintergrund gewinnt auch die Sprechweise "verallgemeinerte Funktionen" für die Elemente aus $\mathcal{L}(\mathbb{R}^n)$ ihren Sinn.

Der klassische Funktionsbegriff ordnet

$$\text{jedem } x \in \mathbb{R}^n \qquad \text{eine Zahl } f(x)$$

zu. Die Theorie der Distributionen benutzt dagegen die andere Möglichkeit, f als lineares Funktional F zu charakterisieren, das

$$\text{jedem } \varphi \in C_0^\infty(\mathbb{R}^n) \qquad \text{eine Zahl } f(\varphi) = F(\varphi)$$

zuordnet.

Nachfolgend zeigen wir, daß $\mathcal{L}(\mathbb{R}^n)$ eine echte Erweiterung (= Verallgemeinerung) von $C_0(\mathbb{R}^n)$ darstellt.

6.2.2 Die Diracsche Delta-Funktion

Nach (6.17) sind die klassischen (stetigen) Funktionen in der Menge $\mathcal{L}(\mathbb{R}^n)$ der Distributionen enthalten. Ein besonders wichtiges Beispiel für eine Distribution, die nicht zu $C_0(\mathbb{R}^n)$ gehört, ist gegeben durch

Beispiel 6.3 Die Diracsche Delta-Funktion (genauer: Delta-Distribution) F_δ ist durch

$$\boxed{F_\delta \varphi := \varphi(0), \quad \text{für } \varphi \in C_0^\infty(\mathbb{R}^n) \text{ beliebig,}} \tag{6.18}$$

erklärt; d.h. jedem $\varphi \in C_0^\infty(\mathbb{R}^n)$ wird der Zahlenwert $\varphi(0)$ zugeordnet. Offensichtlich ist F_δ ein lineares Funktional, denn für beliebige $\varphi_1, \varphi_2 \in C_0^\infty(\mathbb{R}^n)$ und alle $\alpha \in \mathbb{R}$ oder $\mathbb{C}$ gilt

$$F_\delta(\varphi_1 + \varphi_2) = (\varphi_1 + \varphi_2)(0) = \varphi_1(0) + \varphi_2(0) = F_\delta \varphi_1 + F_\delta \varphi_2$$

bzw.

$$F_\delta(\alpha \varphi_1) = (\alpha \varphi_1)(0) = \alpha \varphi_1(0) = \alpha F_\delta \varphi_1 ,$$

d.h. $F_\delta \in \mathcal{L}(\mathbb{R}^n)$.

Sei $h_{\alpha,x}$ die in Satz 6.2 eingeführte Funktion aus $C_0^\infty(\mathbb{R}^n)$. Dann gilt für $\alpha > 0$ und $x \in \mathbb{R}^n$ (beide festgehalten)

$$F_\delta h_{\alpha,x}(y) = h_{\alpha,x}(0) = h_\alpha(-x) = \frac{1}{\alpha^n} h\left(\frac{-x}{\alpha}\right) = \frac{1}{\alpha^n} \cdot \begin{cases} 0 , & \text{für } x \neq 0 \text{ und } \alpha \text{ hinreichend klein} \\ \underbrace{h(0)}_{\neq 0} , & \text{für } x = 0 . \end{cases}$$

Hieraus folgt

$$F_\delta \, h_{\alpha,x}(y) \xrightarrow[\alpha \to 0+]{} \begin{cases} 0\,, & \text{für } x \neq 0 \\ +\infty\,, & \text{für } x = 0\,. \end{cases}$$

Nach Satz 6.2 kann F_δ somit (im Sinn von Abschnitt 6.2.1, Bemerkung) nicht Element von $C_0\,(\mathbb{R}^n)$ sein, denn

$$\delta(x) = \begin{cases} 0\,, & \text{für } x \neq 0 \\ +\infty\,, & \text{für } x = 0 \end{cases}$$

ist keine Funktion im klassischen Sinn.

Bemerkung. Für F_δ verwendet man in der Regel die Schreibweise δ :

$$F_\delta\,\varphi = \delta\varphi = \varphi(0) \tag{6.19}$$

und schreibt außerdem (symbolisch)

$$\delta\,\varphi = \int \delta(x)\,\varphi(x)\,dx\,. \tag{6.20}$$

Wir werden in Abschnitt 7.2.1 mit Hilfe der δ-Funktion die eingangs gestellte Frage nach dem Verhalten der Grundlösung der Wärmeleitungsgleichung beantworten.

Übungen

6.1 Man zeige: Die Funktion

$$u_0(x,t;y) = \frac{1}{2\sqrt{\pi t}}\, e^{-\frac{(x-y)^2}{4t}}\,, \qquad x,y \in \mathbb{R}\,,$$

genügt für $t > 0$ der Wärmeleitungsgleichung (6.1), und es gilt für $t \to 0+$

$$u_0(x,t;y) \to \begin{cases} 0\,, & \text{für } x \neq y \\ +\infty, & \text{für } x = y\,. \end{cases}$$

6.2 Mittels vollständiger Induktion weise man nach, daß die Funktion

$$f(t) = \begin{cases} 0\,, & \text{für } t \leq 0 \\ e^{-\frac{1}{t}}, & \text{für } t > 0 \end{cases}$$

in $\mathbb{R}$ beliebig oft differenzierbar ist.

Anleitung: Für den Nachweis der Differenzierbarkeit im Nullpunkt untersuche man die entsprechenden Differenzenquotienten.

7 RECHNEN MIT DISTRIBUTIONEN, ANWENDUNGEN

Wir wollen der Frage nachgehen, wie man mit Distributionen rechnen kann: wie sie addiert, multipliziert, differenziert werden. Ferner soll anhand von Beispielen aufgezeigt werden, wie sich Probleme aus den Anwendungen mit Hilfe von Distributionen behandeln lassen.

7.1 RECHNEN MIT DISTRIBUTIONEN

7.1.1 Grundoperationen

Zwei Elemente F_1, F_2 aus $\mathcal{L}(\mathbb{R}^n)$ sehen wir als *gleich* an: $F_1 = F_2$, falls

$$F_1\varphi = F_2\varphi \quad \text{für alle} \quad \varphi \in C_0^\infty(\mathbb{R}^n) \tag{7.1}$$

ist. Nun führen wir die folgenden *Grundoperationen* ein:

(I) *Addition*: Für $F_1, F_2 \in \mathcal{L}(\mathbb{R}^n)$ ist $F_1 + F_2$ durch

$$(F_1 + F_2)\varphi := F_1\varphi + F_2\varphi \quad \text{für alle} \quad \varphi \in C_0^\infty(\mathbb{R}^n) \tag{7.2}$$

erklärt. Offensichtlich gilt: $F_1 + F_2 \in \mathcal{L}(\mathbb{R}^n)$.

(II) *Multiplikation mit einer skalaren Größe*: Für $F \in \mathcal{L}(\mathbb{R}^n)$ ist αF ($\alpha \in \mathbb{R}$ oder $\mathbb{C}$) durch

$$(\alpha F)\,\varphi := F(\alpha\varphi) \qquad \text{für alle} \quad \varphi \in C_0^\infty(\mathbb{R}^n) \tag{7.3}$$

erklärt. Offensichtlich gilt: $\alpha F \in \mathcal{L}(\mathbb{R}^n)$.

Bemerkung: Aufgrund von (I) und (II) folgt, daß $\mathcal{L}(\mathbb{R}^n)$ einen linearen Raum bildet (vgl. hierzu Bd. II, Abschn. 2.4). Diese linearen Operationen sind überdies für den Spezialfall von Distributionen, die durch stetige Funktionen induziert sind, mit der üblichen klassischen Addition und Multiplikation gleichbedeutend; z.B. gilt für $f,g \in C_0(\mathbb{R}^n)$ und $\varphi \in C_0^\infty(\mathbb{R}^n)$

$$(F_f + F_g)\,\varphi = F_f\varphi + F_g\varphi = \int f\varphi\,dx + \int g\varphi\,dx = \int (f+g)\varphi\,dx = F_{f+g}\varphi\,,$$

d.h. $F_f + F_g = F_{f+g}$.

(III) Multiplikation mit einer beliebig oft differenzierbaren Funktion:
Für $F \in \mathcal{L}(\mathbb{R}^n)$ und $\psi \in C^\infty(\mathbb{R}^n)$ ist $\psi \cdot F$ durch

$$(\psi \cdot F)\,\varphi := F(\psi \cdot \varphi) \qquad \text{für alle} \quad \varphi \in C_0^\infty(\mathbb{R}^n) \tag{7.4}$$

erklärt. Mit $\psi \in C^\infty(\mathbb{R}^n)$, $\varphi \in C_0^\infty(\mathbb{R}^n)$ folgt $\psi \cdot \varphi \in C_0^\infty(\mathbb{R}^n)$. Daher gilt $\psi \cdot F \in \mathcal{L}(\mathbb{R}^n)$. Insbesondere folgt für $f \in C_0(\mathbb{R}^n)$

$$(\psi \cdot F_f)\,\varphi = F_f(\psi \cdot \varphi) = \int f\,\psi\varphi\,dx = F_{f\cdot\psi}\,\varphi, \qquad \varphi \in C_0^\infty(\mathbb{R}^n) \text{ beliebig,}$$

also $\psi \cdot F_f = F_{f\cdot\psi}$, d.h. daß auch diese Multiplikation im Spezialfall der klassischen Funktionen mit der üblichen Multiplikation übereinstimmt. Dagegen ist es nicht möglich, in $\mathcal{L}(\mathbb{R}^n)$ eine Multiplikation zu definieren, die für beliebige stetige Funktionen f,g mit der üblichen (klassischen) Multiplikation $f \cdot g$ identisch ist.

7.1.2 Differentiation. Beispiele

Bei der Einführung eines geeigneten Ableitungsbegriffs für Distributionen orientieren wir uns am klassischen Ableitungsbegriff in $\mathbb{R}$. Hierzu sei f eine in $\mathbb{R}$ stetig differenzierbare Funktion mit kompaktem Träger: $f \in C_0^1(\mathbb{R})$. Nach Abschnitt 6.2.1 dürfen wir dann die Funktion f bzw. ihre (klassische) Ableitung f' mit den Distributionen F_f bzw. $F_{f'}$ identifizieren, d.h. es gilt

$$f = F_f \quad \text{bzw.} \quad f' = F_{f'} \quad .$$

Dies führt uns zu

$$\frac{d}{dx} F_f = F_{\frac{d}{dx} f} = F_{f'} \quad ,$$

wobei F_f bzw. $F_{f'}$ für beliebiges $\varphi \in C_0^\infty(\mathbb{R})$ die Darstellung

$$F_f \varphi = \int f \varphi dx \quad \text{bzw.} \quad F_{f'} \varphi = \int f' \varphi dx$$

besitzt. Wir formen das letzte Integral um:

$$F_{f'} \varphi = \int (f \varphi)' dx - \int f \varphi' dx$$

und wählen $a > 0$ so, daß φ für $|x| \geq a$ verschwindet. Nach dem Hauptsatz der Differential- und Integralrechnung gilt dann

$$\int (f\varphi)' dx = \int_{-a}^{a} (f \varphi)' dx = f(x) \varphi(x) \Big|_{x=-a}^{x=a} = 0$$

und damit

$$F_{f'} \varphi = - \int f\varphi' dx = - F_f \varphi' .$$

Insgesamt erhalten wir die Beziehung

$$\left(\frac{d}{dx} F_f\right)\varphi = - F_f \left(\frac{d}{dx} \varphi\right) \quad . \tag{7.5}$$

Wir nehmen (7.5) zum Anlaß für die folgende

Definition 7.1 Für beliebige $F \in \mathcal{L}(\mathbb{R})$ verstehen wir unter der *Ableitung von F* die durch

$$\left(\frac{d}{dx}F\right)\varphi := -F\left(\frac{d}{dx}\varphi\right), \quad \varphi \in C_0^\infty(\mathbb{R}) \text{ beliebig} \tag{7.6}$$

erklärte Abbildung $\frac{d}{dx}F$. Entsprechend lassen sich für Distributionen $F \in \mathcal{L}(\mathbb{R}^n)$ *partielle Ableitungen* $\frac{\partial}{\partial x_j}F$ $(j=1,\ldots,n)$ durch

$$\left(\frac{\partial}{\partial x_j}F\right)\varphi := -F\left(\frac{\partial}{\partial x_j}\varphi\right), \quad \varphi \in C_0^\infty(\mathbb{R}^n) \text{ beliebig} \tag{7.7}$$

erklären.

Bemerkung 1: Da mit φ auch $\frac{d\varphi}{dx}$ bzw. $\frac{\partial\varphi}{\partial x_j}$ C_0^∞-Funktionen sind, sind die durch Definition 7.1 erklärten Ableitungen sinnvoll. Zudem ist offensichtlich, daß $\frac{d}{dx}F$ bzw. $\frac{\partial}{\partial x_j}F$ wieder eine Distribution ist.

Nach Bemerkung 1 gilt: $\frac{\partial}{\partial x_j}F \in \mathcal{L}(\mathbb{R}^n)$. Wir können daher $\frac{\partial}{\partial x_j}F$ erneut differenzieren und gelangen so zu *partiellen Ableitungen 2-ter Ordnung* (bzw. durch Weiterführung zu solchen *höherer Ordnung*), und wir erkennen:

Distributionen dürfen beliebig oft differenziert werden.

Dabei ist die Reihenfolge der Differentiation beliebig. Wir zeigen dies für den Fall der Ableitungen 2-ter Ordnung und benutzen hierzu den Satz von Schwarz über die Vertauschung der Reihenfolge der Differentiation bei klassischen Funktionen.

Demnach gilt für $\varphi \in C_0^\infty(\mathbb{R}^n)$

$$\frac{\partial^2 \varphi}{\partial x_k \partial x_j} = \frac{\partial^2 \varphi}{\partial x_j \partial x_k} \,,$$

woraus sich mit Definition 7.1

$$\left(\frac{\partial^2}{\partial x_j \partial x_k} F\right)\varphi = -\left(\frac{\partial}{\partial x_k} F\right)\left(\frac{\partial}{\partial x_j}\varphi\right) = F\left(\frac{\partial^2}{\partial x_k \partial x_j}\varphi\right)$$

$$= F\left(\frac{\partial^2}{\partial x_j \partial x_k}\varphi\right) = \left(\frac{\partial^2}{\partial x_k \partial x_j} F\right)\varphi \,,$$

also

$$\frac{\partial^2}{\partial x_j \partial x_k} F = \frac{\partial^2}{\partial x_k \partial x_j} F \tag{7.8}$$

ergibt. Ferner gelten für die Ableitungen die üblichen Rechenregeln, etwa für $F_1, F_2 \in \mathcal{L}(\mathbb{R}^n)$ und $\varphi \in C_0^\infty(\mathbb{R}^n)$

$$\frac{\partial}{\partial x_j}\left(\alpha_1 F_1 + \alpha_2 F_2\right) = \alpha_1 \frac{\partial}{\partial x_j} F_1 + \alpha_2 \frac{\partial}{\partial x_j} F_2 \;; \tag{7.9}$$

ebenso für $F \in \mathcal{L}(\mathbb{R}^n)$, $\psi \in C^\infty(\mathbb{R}^n)$ und $\varphi \in C_0^\infty(\mathbb{R}^n)$ die Produktregel

$$\frac{\partial}{\partial x_j}(\psi F) = \frac{\partial \psi}{\partial x_j} F + \psi \frac{\partial}{\partial x_j} F \,, \tag{7.10}$$

was sich durch Nachrechnen leicht bestätigen läßt.

Beispiel 7.1 Die Funktion

$$f(x) = \begin{cases} 0\,, & \text{für } x < 0 \\ x\,, & \text{für } x \geq 0 \quad \text{(s. Fig. 7.1)} \end{cases} \tag{7.11}$$

induziert auf $C_0^\infty(\mathbb{R})$ die Distribution F_f mit

$$F_f\varphi = \int_{-\infty}^{\infty} f(x)\varphi(x)\,dx = \int_0^\infty x\,\varphi(x)\,dx \,.$$

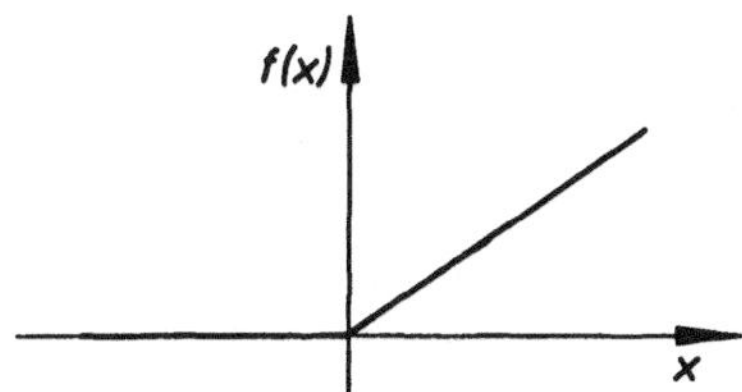

Fig. 7.1: Graph der durch (7.11) erklärten Funktion f

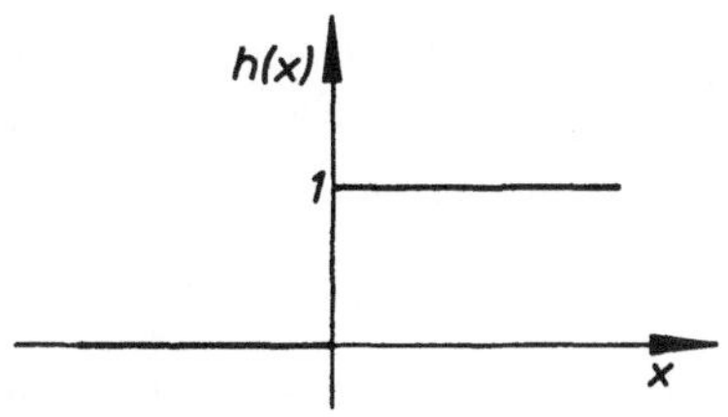

Fig. 7.2: Graph der durch (7.13) erklärten Funktion h

Wir berechnen die Distributionenableitung $\frac{d}{dx}F_f$. Nach Definition 7.1 gilt

$$\left(\frac{d}{dx}F_f\right)\varphi = - F_f\left(\frac{d}{dx}\varphi\right) = -\int_0^\infty x\cdot\varphi'(x)\,dx\,, \quad \varphi \in C_0^\infty(\mathbb{R}) \quad \text{beliebig.}$$

Beachten wir, daß φ für genügend großes $a > 0$ verschwindet, so ergibt sich mit Hilfe partieller Integration

$$\left(\frac{d}{dx}F_f\right)\varphi = - x\cdot\varphi(x)\Big|_{x=0}^{x=a} + \int_0^a 1\cdot\varphi(x)\,dx = \int_0^\infty 1\cdot\varphi(x)\,dx\,. \tag{7.12}$$

Führen wir die Heaviside-Sprungfunktion h durch

$$h(x) := \begin{cases} 0\,, & \text{für } x < 0 \\ 1\,, & \text{für } x \geq 0 \quad \text{(s. Fig. 7.2)} \end{cases} \tag{7.13}$$

ein, so läßt sich (7.12) in der Form

$$\left(\frac{d}{dx}F_f\right)\varphi = \int_{-\infty}^\infty h(x)\varphi(x)\,dx = F_h\varphi \tag{7.14}$$

schreiben, und wir erkennen:

> Die Distributionenableitung von f ist gleich der durch die Heaviside-Funktion induzierten Distribution.

Beispiel 7.2 Wir wollen die Ableitung von F_h aus Beispiel 7.1 berechnen und beachten dabei, daß h im Nullpunkt unstetig ist. Für $\varphi \in C_0^\infty(\mathbb{R})$ gilt, wenn wir a geeignet wählen,

$$\left(\frac{d}{dx}F_h\right)\varphi = -F_h\left(\frac{d}{dx}\varphi\right) = -\int_{-\infty}^{\infty} h(x)\varphi'(x)\,dx$$

$$= -\int_0^\infty \varphi'(x)\,dx = -\int_0^a \varphi'(x)\,dx$$

$$= -(\varphi(a)-\varphi(0)) = \varphi(0) = \delta\varphi\ .$$

Wir sehen:

> Die Distributionenableitung der Heaviside-Funktion ist gleich der δ-Distribution.

Bemerkung 2: Wir beachten, daß sowohl die Funktion f als auch die Funktion h im klassischen Sinn im Nullpunkt nicht differenzierbar sind.

7.2 ANWENDUNGEN

7.2.1 Grundlösung der Wärmeleitungsgleichung

Wir wollen zeigen, daß sich mit Hilfe der δ-Distribution das Verhalten der Grundlösung u_0 der Wärmeleitungsgleichung (vgl. Abschn. 6.1.1) befriedigend erklären läßt. Hierzu vereinbaren wir zunächst, was wir unter der Konvergenz einer Folge $\{F_k\}$ von Distributionen verstehen wollen:

Wir sagen, $\{F_k\}$ aus $\mathcal{L}(\mathbb{R}^n)$ ist konvergent mit Grenzwert $F \in \mathcal{L}(\mathbb{R}^n)$, falls für jedes $\varphi \in C_0^\infty(\mathbb{R}^n)$ die reelle (bzw. komplexe) Zahlenfolge $\{F_k\varphi\}$ gegen die reelle (bzw. komplexe) Zahl $F\varphi$ konvergiert:

$$\lim_{k\to\infty} F_k\varphi = F\varphi \qquad \text{für alle } \varphi \in C_0^\infty(\mathbb{R}^n)\,. \tag{7.15}$$

Sei nun u eine in $\mathbb{R}^n$ stetige Funktion, für die das Integral $\int |u(x)|dx$ existiert und $\int u(x)\,dx = 1$ ist. Aus u bilden wir die Funktion u_α mit

$$u_\alpha(x) := \frac{1}{\alpha^n}\, u\left(\frac{x}{\alpha}\right), \qquad \alpha > 0\,. \tag{7.16}$$

Wir zeigen: Die durch u_α induzierte Distribution F_{u_α} strebt für $\alpha \to 0+$ gegen die δ-Distribution:

$$\lim_{\alpha\to 0+} F_{u_\alpha} = \delta\,. \tag{7.17}$$

Dieser Grenzwert ist dabei so zu verstehen, daß für jede Folge $\{\alpha_k\}$ mit $\alpha_k \to 0+$ für $k \to \infty$ $\lim_{k\to\infty} F_{u_{\alpha_k}} = \delta$ gilt.

Beweis: Mit $z := \frac{x}{\alpha}$ folgt

$$\int u_\alpha(x)\,dx = \frac{1}{\alpha^n}\int u\left(\frac{x}{\alpha}\right)dx = \int u(z)\,dz = 1$$

und daher

$$F_{u_\alpha}\varphi = \int u_\alpha(x)\,\varphi(x)\,dx = \varphi(0)\int u_\alpha(x)\,dx + \int[\varphi(x)-\varphi(0)]\,u_\alpha(x)\,dx$$

$$= \varphi(0) + \int[\varphi(x)-\varphi(0)]\,u_\alpha(x)\,dx\ .$$

Das letzte Integral strebt für $\alpha \to 0+$ gegen 0 (zeigen!). Dies bedeutet aber: $F_{u_\alpha}\varphi \to \varphi(0)$ für $\alpha \to 0+$, d.h. F_{u_α} konvergiert für $\alpha \to 0+$ gegen δ. □

Wir wenden diese Eigenschaft von F_{u_α} auf die Diskussion der Grundlösung u_0 der 1-dimensionalen Wärmeleitungsgleichung an. Hierzu legen wir den $\mathbb{R}^1$ zugrunde und setzen

$$u(x) := \frac{1}{2\sqrt{\pi}}\, e^{-\frac{x^2}{4}}\ , \qquad x \in \mathbb{R}^1 .$$

Wegen $u \geq 0$ und

$$\int u(x)\,dx = \frac{1}{2\sqrt{\pi}}\int_{-\infty}^{\infty} e^{-\frac{x^2}{4}}\,dx = 1$$

(vgl. Bd. I, Abschn. 7.1.7, Beisp. 7.13) sind unsere obigen Voraussetzungen erfüllt. Daher folgt mit

$$u_\alpha(x) = \frac{1}{\alpha}\,u\left(\frac{x}{\alpha}\right) = \frac{1}{2\sqrt{\pi\alpha}}\, e^{-\frac{x^2}{4\alpha^2}}$$

die Beziehung: $F_{u_\alpha} \to \delta$ für $\alpha \to 0+$. Im Sinn von Abschnitt 6.2.1, Bemerkung, bedeutet dies, wenn wir α durch $\sqrt{t}$ ersetzen und Formel (6.4) beachten,

$$u_0(x,t;0) = \frac{1}{2\sqrt{\pi t}}\, e^{-\frac{x^2}{4t}} \to \delta \ \text{ für } \ t \to 0+ . \tag{7.18}$$

Erklären wir die Diracsche Delta-Funktion δ_x durch

$$\delta_x\varphi := \varphi(x)\,, \quad x \in \mathbb{R}^n, \quad \varphi \in C_0^\infty(\mathbb{R}^n)\,, \tag{7.19}$$

so gilt entsprechend

$$u_0(x,t;y) = \frac{1}{2\sqrt{\pi t}}\, e^{-\frac{(x-y)^2}{4t}} \to \delta_y \quad \text{für} \quad t \to 0+ . \tag{7.20}$$

Wir erhalten also:

> Die Grundlösung u_0 der Wärmeleitungsgleichung strebt für $t \to 0+$ im Distributionensinn gegen die Diracsche Deltafunktion δ_y .

Damit haben wir eine präzise Antwort auf unsere Frage, wie wir u_0 verstehen können, erhalten.

Bemerkung: Mit den bereitgestellten Hilfsmitteln über Distributionen können zahlreiche weitere Probleme aus den Anwendungen, insbesondere im Zusammenhang mit gewöhnlichen und partiellen DGln, behandelt werden. So läßt sich z.B. der Begriff der Grundlösung einer linearen partiellen DGl mit konstanten Koeffizienten mit Hilfe der δ-Distribution ganz allgemein erfassen (s. z.B. [58], § 5, VI).

7.2.2 Ein Differentialgleichungsproblem

Wir wollen nun eine DGl der Form

$$\ddot{x}(t) + a_1(t)\,\dot{x}(t) + a_0(t)\,x(t) = f(t) \tag{7.21}$$

mit $a_0, a_1 \in C^\infty(\mathbb{R})$ und $f \in C_0(\mathbb{R})$ untersuchen. Dabei sei die Funktion f nicht explizit bekannt. Stattdessen sollen über f folgende Informationen vorliegen: Ist $[t',t'']$ ein "genügend kleines" Zeitintervall, so gilt (s. Fig. 7.3)

$$\begin{aligned} &f(t) = 0 \qquad \text{für} \quad t \notin [t',t''] ; \\ &\int_{t'}^{t''} f(t)\,dt = A \neq 0 \end{aligned} \tag{7.22}$$

mit vorgegebenem Wert A . Wir haben es hier mit einer Situation zu tun, wie wir sie in der Praxis häufig vorfinden: A als Maß für die Schwärzung einer Fotoplatte, für den Impuls eines Teilchens, usw.

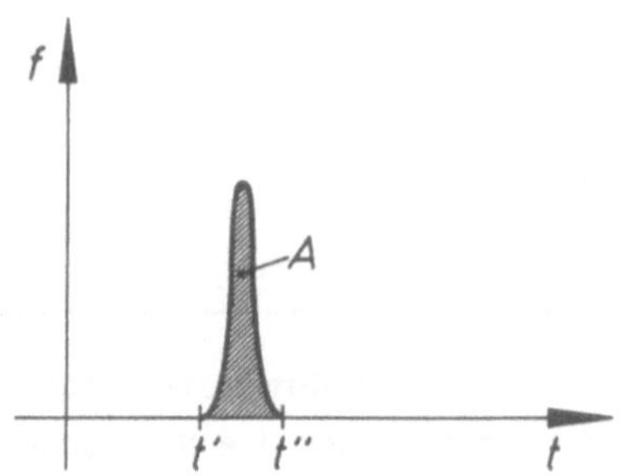

Fig. 7.3: Kurzzeitig wirkende Inhomogenität

Wir gelangen zu einer Näherungslösung, wenn wir anstelle von (7.21) die DGl

$$\ddot{x}(t) + a_1(t)\,\dot{x}(t) + a_0(t)\,x(t) = A\,\delta_{t'} \qquad (7.23)$$

zugrunde legen. Dabei ist $\delta_{t'}$ die durch (7.19) erklärte Diracsche Delta-Funktion; $x(t)$ ist jetzt als Distribution zu verstehen: $x(t)$ und die durch $x(t)$ induzierte Distribution aus $\mathcal{L}(\mathbb{R})$ werden identifiziert; $\dot{x}$ bzw. $\ddot{x}$ bedeuten die entsprechenden Distributionenableitungen. Da für die Koeffizientenfunktionen $a_0(t)$, $a_1(t) \in C^\infty$ gilt, sind nach Abschnitt 7.1.1, (III), $a_1\dot{x}$ und $a_0 x$ definiert und ebenfalls aus $\mathcal{L}(\mathbb{R})$.

Wir betrachten jetzt speziell den harmonischen Oszillator mit Masse $m = 1$ und Federkonstante $k = 1$.

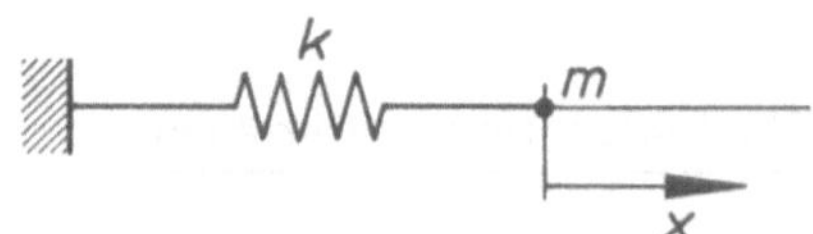

Fig. 7.4: Harmonischer Oszillator

Bis zum Zeitpunkt $t = 0$ befinde sich der Oszillator im Ruhezustand. Anstelle einer äußeren Kraft $K(t)$ sei der Impuls

$$\int_0^{t_1} K(t)\,dt = m\,v(t_1) - m\,v(0) = 4 \qquad (7.24)$$

vorgegeben. Dabei sei $v = \dot{x}$ die Geschwindigkeit des Massenpunktes und $t_1 > 0$ hinreichend klein. Wegen (7.23) können wir dann näherungsweise von der DGl

$$\ddot{x} + x = 4\,\delta \qquad (7.25)$$

ausgehen, d.h. wir denken uns die durch den gesamten Impuls zugeführte Energie zum Zeitpunkt $t = 0$ im Punkt $x = 0$ konzentriert. Mit $x_1 := x$ und $x_2 := \dot{x}$ läßt sich die DGl (7.25) als System 1-ter Ordnung schreiben:

$$\begin{aligned} \dot{x}_1 &= x_2 \\ \dot{x}_2 &= -x_1 + 4\delta . \end{aligned} \tag{7.26}$$

Das zugehörige homogene System lautet

$$\begin{aligned} \dot{x}_1 &= x_2 \\ \dot{x}_2 &= -x_1 . \end{aligned} \tag{7.27}$$

Ein Fundamentalsystem von (7.27) ist - im klassischen Sinn - durch

$$\underline{x}_1(t) = \begin{bmatrix} \sin t \\ \cos t \end{bmatrix}, \quad \underline{x}_2(t) = \begin{bmatrix} -\cos t \\ \sin t \end{bmatrix}$$

gegeben. Wir fassen jetzt diese klassischen Funktionen als Distributionen auf und gewinnen dadurch ein Fundamentalsystem im Distributionensinn [1]. Zur Bestimmung einer partikulären Lösung des inhomogenen Systems (7.26) wenden wir die Methode der Variation der Konstanten an (s. hierzu Abschn. 2.3.2, Satz 2.7). Hierzu setzen wir

$$X(t) = [\underline{x}_1(t), \underline{x}_2(t)] = \begin{bmatrix} \sin t & -\cos t \\ \cos t & \sin t \end{bmatrix}, \quad \underline{b} = \begin{bmatrix} 0 \\ 4\delta \end{bmatrix} .$$

Benutzen wir den Ansatz

$$\underline{x}(t) = X(t)\, \underline{c}(t) , \tag{7.28}$$

so genügt $\underline{c}(t)$ dem System

---

1) Für den Fall, daß die Koeffizientenfunktionen aus $C^{\infty}(\mathbb{R})$ sind, treten bei linearen Systemen keine weiteren Distributionenlösungen auf (s. z.B. [58], § 6, VI).

$$\underline{\dot{c}}(t) = X^{-1}(t)\,\underline{b} = \begin{bmatrix} \sin t & \cos t \\ -\cos t & \sin t \end{bmatrix} \begin{bmatrix} 0 \\ 4\delta \end{bmatrix} = \begin{bmatrix} 4\cos t\cdot\delta \\ 4\sin t\cdot\delta \end{bmatrix}$$

(s. Beweis von Satz 2.7). Da die Funktionen $\cos t$, $\sin t$ aus $C^{\infty}(\mathbb{R})$ sind, folgt mit Abschnitt 7.1.1, (III), für beliebige $\varphi \in C_0^{\infty}(\mathbb{R})$:

$$(4\cos t\cdot\delta)\,\varphi = \delta(4\cos t\cdot\varphi) = 4\cos 0\cdot\varphi(0) = 4\,\delta\,\varphi$$

bzw.

$$(4\sin t\cdot\delta)\,\varphi = \quad(4\sin t\cdot\varphi) = 4\sin 0\cdot\varphi(0) = 0 = 0\varphi\,,$$

wobei 0 die durch $f(t) \equiv 0$ induzierte Distribution bedeutet. Mit dem in Abschnitt 7.1.1 erklärten Gleichheitsbegriff folgt daher

$$4\cos t\cdot\delta = 4\,\delta \qquad \text{bzw.} \qquad 4\sin t\cdot\delta = 0\,.$$

Beachten wir Beispiel 7.2, so erhalten wir mit der Heaviside-Funktion h:

$$\underline{\dot{c}}(t) = \begin{bmatrix} 4\,\delta \\ 0 \end{bmatrix} \quad \text{bzw.} \quad \underline{c}(t) = \begin{bmatrix} 4\,h(t) \\ 0 \end{bmatrix}.$$

Daraus ergibt sich mit (7.28)

$$\underline{x}(t) = X(t)\,\underline{c}(t) = \begin{bmatrix} \sin t & -\cos t \\ \cos t & \sin t \end{bmatrix} \begin{bmatrix} 4\,h(t) \\ 0 \end{bmatrix} = \begin{bmatrix} 4\sin t\cdot h(t) \\ 4\cos t\cdot h(t) \end{bmatrix} = \begin{bmatrix} x_1(t) \\ x_2(t) \end{bmatrix},$$

also, wenn wir wieder $x(t) = x_1(t)$ setzen,

$$x(t) = 4\sin t\cdot h(t) = \begin{cases} 0\,, & \text{für } t \le 0 \\ 4\sin t\,, & \text{für } t > 0\,. \end{cases}$$

Dies ist eine partikuläre Lösung unserer DGl (7.25) (s. Übung 7.2).

Bemerkung: Aufgaben dieser Art lassen sich schneller mit Hilfe der Fourier- bzw. Laplace-Transformation von Distributionen behandeln. (Zu diesen Begriffsbildungen s. Abschn. 8 bzw. 9, insbesondere 8.3.5.)

Übungen

7.1 Sei δ die Diracsche Deltafunktion und k eine beliebige natürliche Zahl. Man zeige, daß die k-te Distributionenableitung von δ durch

$$\left(\frac{d^k}{d\,x^k}\,\delta\right)\varphi = (-1)^k \frac{d^k}{d\,x^k}\,\varphi(x)\bigg|_{x=0} \quad ,$$

mit $\varphi \in C_0^\infty(\mathbb{R})$ beliebig, gegeben ist.

7.2* Man bestätige durch Nachrechnen, daß $x(t) = 4\sin t \cdot h(t)$ eine (Distributionen-) Lösung der DGl

$$\ddot{x} + x = 4\,\delta$$

darstellt. Dabei ist $h(t)$ die Heaviside-Funktion und δ die Diracsche Deltafunktion.

Integraltransformationen

VORBEMERKUNG

Unter einer Integraltransformation T versteht man eine eindeutige Zuordnung $f \to T(f)$ der Form

$$[T(f)](x) = \int_D K(x,y)\, f(y)\, dy\,, \qquad x \in D$$ [1)]

wobei D bei unseren Betrachtungen ein nicht notwendig beschränktes Intervall in $\mathbb{R}$ ist. Damit dieser Ausdruck überhaupt sinnvoll ist, müssen die Funktion f und die Kernfunktion K geeigneten Voraussetzungen genügen.

Wir wollen uns im folgenden mit zwei speziellen Integraltransformationen beschäftigen:

(I) Mit der Fouriertransformation

$$\mathcal{F}\,[f(t)] = \frac{1}{2\pi} \int_{-\infty}^{\infty} e^{-ist} f(t)\, dt\,, \qquad s \in \mathbb{R}\,,$$

d.h.

$$D = (-\infty, \infty)\,, \qquad K(s,t) = \frac{1}{2\pi}\, e^{-ist}\,.$$

(II) Mit der Laplacetransformation

$$\mathcal{L}\,[f(t)] = \int_0^{\infty} e^{-zt} f(t)\, dt\,, \qquad z \in \mathbb{C}\,,$$

d.h.

$$D = (0, \infty)\,, \qquad K(z,t) = e^{-zt}\,.$$

[1)] Wir verwenden im folgenden auch die Schreibweise $T[f(y)]$

Diese beiden Integraltransformationen stellen ein wertvolles Hilfsmittel für den Ingenieur und Naturwissenschaftler dar. Ihre Bedeutung für die Anwendungen besteht vor allem darin, daß sie sich häufig vorteilhaft bei der Lösung von mathematischen Aufgaben, insbesondere bei Differentialgleichungsproblemen, verwenden lassen. Hierbei wird das Ausgangsproblem (im Originalbereich) auf ein äquivalentes Problem im Bildbereich abgebildet und dort gelöst. Anschließend bestimmt man die Lösung des ursprünglichen Problems durch "Rücktransformation". Wir verdeutlichen die Vorgehensweise anhand eines Schemas:

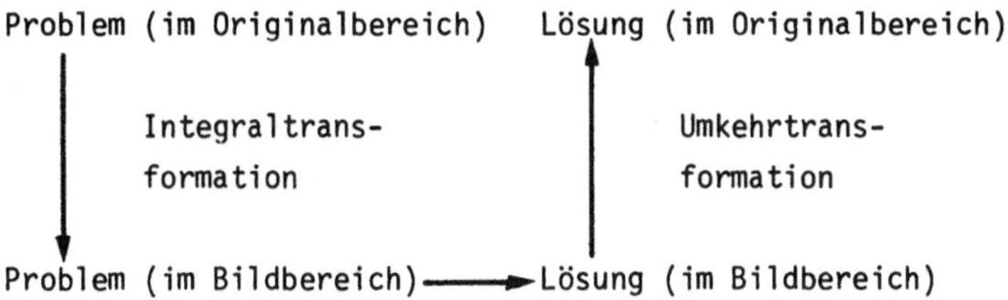

Es stellt sich die Frage, welche Integraltransformation man bei der Verwirklichung dieses Programms verwenden soll. Die Antwort hängt wesentlich von der Problemstellung ab und setzt einige Erfahrung voraus. In den Abschnitten 8.4 bzw. 9.4 lernen wir einige typische Anwendungssituationen kennen.

Wir wollen noch klären, wie die Integrale in (I) bzw. (II) zu verstehen sind. Aufgrund der Eulerschen Formeln (vgl. Bd. I, Abschn. 2.5.3) erkennen wir, daß die Integranden in (I) bzw. (II) komplexwertige Funktionen, also von der Form

$$g(t) + i\,h(t)\,, \qquad t \in D \subset \mathbb{R}\,,$$

mit reellwertigen Funktionen g und h, sind. Die Integrale sind dann durch

$$\int_D [g(t) + i\,h(t)]\,dt := \int_D g(t)\,dt + i\int_D h(t)\,dt\,,$$

also durch zwei reelle Integrale, erklärt. Sowohl bei der Fourier- als auch bei der Laplace-Transformation haben wir es überdies mit uneigentlichen Integralen zu tun (unbeschränkte Integrationsbereiche! Vgl. Bd. I, Abschn. 4.3), die von einem Parameter (z.B. s in (I)) abhängen. Ihre Untersuchung läuft auf die Betrachtung von Integralen der Form

$$\int_{-\infty}^{\infty} f(x,y)\,dx \qquad \text{bzw.} \qquad \int_{0}^{\infty} f(x,y)\,dx\,,$$

mit y als Parameter, hinaus. Wir erinnern daran, daß diese uneigentlichen Integrale (bei festgehaltenem y) durch die Grenzwerte

$$\lim_{A,B\to\infty} \int_{-B}^{A} f(x,y)\,dx \qquad \text{bzw.} \qquad \lim_{A\to\infty} \int_{0}^{A} f(x,y)\,dx$$

erklärt sind. Dabei sind die Grenzübergänge $A \to \infty$ und $B \to \infty$ unabhängig voneinander durchzuführen. Wir sagen, die entsprechenden Integrale existieren (oder konvergieren), falls diese Grenzwerte existieren.

Das erste dieser Integrale läßt sich noch aufspalten:

$$\int_{-\infty}^{\infty} \ldots = \int_{-\infty}^{a} \ldots + \int_{a}^{\infty} \ldots\,, \qquad a \in \mathbb{R} \ \text{beliebig,}$$

und, wenn wir in $\int_{-\infty}^{a} \ldots$ die obere und die untere Grenze vertauschen und x durch $(-x)$ ersetzen, auf zwei Integrale vom Typ

$$\int_{a}^{\infty} f(x,y)\,dx$$

zurückführen.

In einem gesonderten Abschnitt stellen wir einige wichtige Hilfsmittel über solche parameterabhängige Integrale zusammen (s. Anhang).

8 FOURIERTRANSFORMATION

8.1 Motivierung und Definition

8.1.1 Einführende Betrachtungen

Zur Motivierung stellen wir einige heuristische Überlegungen an die Spitze dieses Abschnittes. In Band I, Abschnitt 5.3.5, haben wir gesehen, daß sich jede 2π-periodische stückweise glatte Funktion f in eine Fourierreihe entwickeln läßt:

$$f(x) = \sum_{k=-\infty}^{\infty} c_k e^{ikx} .$$

Hierbei sind c_k die komplexen Fourierkoeffizienten

$$c_k = \frac{1}{2\pi} \int_{-\pi}^{\pi} f(t)\, e^{-ikt} dt , \qquad k \in \mathbb{Z} .$$

Hat f die Periode $2\pi l$, so lauten die entsprechenden Formeln

$$f(x) = \sum_{k=-\infty}^{\infty} c_k\, e^{ik\frac{1}{l}x} \tag{8.1}$$

bzw.

$$c_k = \frac{1}{2\pi l} \int_{-l\pi}^{l\pi} f(t)\, e^{-ik\frac{1}{l}t} dt, \quad k \in \mathbb{Z} . \tag{8.2}$$

Wir wollen uns nun von der Periodizitätsforderung an f lösen und der Frage nachgehen, welche Form die (8.1) bzw. (8.2) entsprechenden Ausdrücke dann besitzen. Hierzu setzen wir (8.2) in (8.1) ein:

$$f(x) = \sum_{k=-\infty}^{\infty} \left(\frac{1}{2\pi l} \int_{-l\pi}^{l\pi} f(t)\, e^{-ik\frac{1}{l}t}\, dt\right) e^{ik\frac{1}{l}x}$$

$$= \sum_{k=-\infty}^{\infty} \frac{1}{l}\,\frac{1}{2\pi} \int_{-l\pi}^{l\pi} f(t)\, e^{ik\frac{1}{l}(x-t)}\, dt\,.$$

Setzen wir $\frac{1}{l} =: \Delta s$ und beachten wir, daß wir einen Ausdruck der Form

$$\sum_{k=0}^{\infty} g(k\Delta s)\cdot\Delta s$$

als Riemannsche Summe einer Funktion g bei äquidistanter Zerlegung $\frac{1}{l}, \frac{2}{l}, \ldots$ auffassen können, die für geeignete g in das uneigentliche Integral

$$\int_0^{\infty} g(s)\, ds$$

übergeht, so erhalten wir durch Grenzübergang $l \to \infty$ bzw. $\Delta s \to 0$

$$f(x) = \sum_{k=-\infty}^{\infty} \left(\frac{1}{2\pi} \int_{-l\pi}^{l\pi} f(t)\, e^{i(x-t)k\Delta s}\, dt\right)\Delta s$$

$$\to \int_{-\infty}^{\infty} \left(\frac{1}{2\pi} \int_{-\infty}^{\infty} f(t)\, e^{i(x-t)s}\, dt\right) ds\,.$$

Es ergeben sich damit formal die Beziehungen

$$f(x) = \int_{-\infty}^{\infty} \left(\frac{1}{2\pi} \int_{-\infty}^{\infty} f(t)\, e^{-ist} dt\right) e^{ixs}\, ds \tag{8.3}$$

oder kurz

$$f(x) = \int_{-\infty}^{\infty} \hat{f}(s)\, e^{ixs}\, ds\,, \tag{8.4}$$

wenn wir $\hat{f}$ durch

$$\hat{f}(s) = \frac{1}{2\pi} \int_{-\infty}^{\infty} f(t)\, e^{-ist}\, dt \qquad (8.5)$$

erklären.

Bemerkung 1: Den Ausdrücken (8.4) und (8.5) entsprechen die Ausdrücke (8.1) und (8.2) im periodischen Fall. Die Formeln (8.2) bzw. (8.5) liefern das Spektrum [1] der Funktion f : Im Fall periodischer Vorgänge haben wir es stets mit einem diskreten Spektrum (oder Linienspektrum) zu tun, da nur ganzzahlige Vielfache der Grundfrequenz $\omega := \frac{1}{T}$ auftreten können (vgl. Fig. 8.2). Kontinuierliche Spektren treten im Zusammenhang mit nichtperiodischen Vorgängen auf und werden durch Formel (8.5) erfaßt (vgl. Fig. 8.4). Wir verdeutlichen dies anhand von Beispielen.

Beispiel 8.1 (Diskretes Spektrum) Wir betrachten die Rechteckschwingung (Periode T)

$$f(x) = \begin{cases} 1, & \text{für} \quad 0 \le x < \frac{T}{2} \\ -1, & \text{für} \quad -\frac{T}{2} \le x < 0, \end{cases}$$

$$f(x+T) = f(x)$$

(vgl. Fig. 8.1). Für die Fourierkoeffizienten c_k ergibt sich mit $\omega := \frac{2\pi}{T}$ aus Formel (8.2) für $k \in \mathbb{Z}$

$$c_k = \frac{1}{T} \int_{-\frac{T}{2}}^{\frac{T}{2}} f(t)\, e^{-ik\omega t}\, dt = \frac{1}{T} \int_{-\frac{T}{2}}^{0} (-1)\, e^{-ik\omega t}\, dt + \frac{1}{T} \int_{0}^{\frac{T}{2}} 1\, e^{-ik\omega t}\, dt$$

$$= \begin{cases} \frac{i}{\pi k}\left[(-1)^k - 1\right], & \text{für} \quad k \neq 0 \\ 0, & \text{für} \quad k = 0. \end{cases}$$

---

1) Die durch die Formeln (8.2) bzw. (8.5) gewonnenen Graphen der Funktionen $k \to c_k$ bzw. $s \to \hat{f}(s)$ nennt man das Spektrum der Funktion f .

Wir erhalten also

$$c_k = \begin{cases} -\frac{2}{\pi k} i \,, & \text{für } k = 2n+1 \quad (n \in \mathbb{Z}) \\ 0 \,, & \text{sonst} \end{cases}$$

und damit ein diskretes Spektrum. Hierbei empfiehlt es sich, den Betrag von c_k als Funktion von k darzustellen (vgl. Fig. 8.2). Wir stellen die Funktion f noch mit Hilfe ihres Spektrums dar, d.h. wir zerlegen f in harmonische Schwingungen. Aus (8.1) folgt für $x \neq l \cdot \frac{T}{2}$, $l \in \mathbb{Z}$

$$f(x) = \sum_{k=-\infty}^{\infty} c_k e^{ik\omega x} = \sum_{k=-\infty}^{-1} c_k e^{ik\omega x} + \sum_{k=0}^{\infty} c_k e^{ik\omega x}$$

$$= \sum_{k=1}^{\infty} c_{-k} e^{-ik\omega x} + \sum_{k=0}^{\infty} c_k e^{ik\omega x}$$

$$= \frac{2i}{\pi} \left[\sum_{n=1}^{\infty} \frac{e^{-i(2n+1)\omega x}}{2n+1} - \sum_{n=1}^{\infty} \frac{e^{i(2n+1)\omega x}}{2n+1} \right]$$

$$= \frac{2i}{\pi} \sum_{n=1}^{\infty} \frac{-2\sin(2n+1)\omega x}{2n+1} i \,,$$

also

$$f(x) = \frac{4}{\pi} \sum_{n=1}^{\infty} \frac{\sin(2n+1)\omega x}{2n+1} \,, \quad \omega = \frac{2\pi}{T} \,, \quad x \neq l \cdot \frac{T}{2} \,, \quad l \in \mathbb{Z} \,.$$

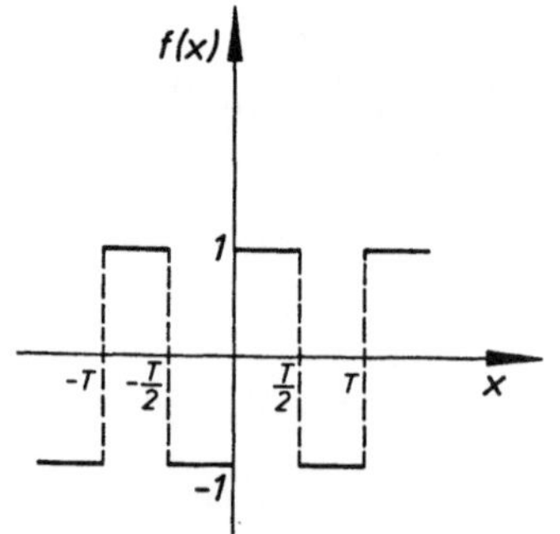

Fig. 8.1: Rechteckschwingung

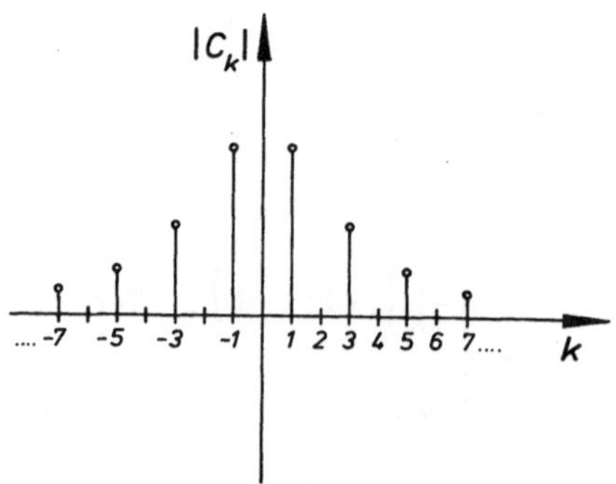

Fig. 8.2: Diskretes Spektrum einer Rechteckschwingung

<u>Beispiel 8.2</u> (Kontinuierliches Spektrum) Wir bestimmen die Fourier-transformierte (oder Spektralfunktion) $\hat{f}$ für den Rechteckimpuls

$$f(x) = \begin{cases} 1, & \text{falls } |x| \leq a \\ 0, & \text{falls } |x| > a \end{cases} \quad \text{(vgl. Fig. 8.3).}$$

Aus Formel (8.5) erhalten wir für $s \neq 0$

$$\hat{f}(s) = \frac{1}{2\pi} \int_{-\infty}^{\infty} f(t)\, e^{-ist} dt = \frac{1}{2\pi} \int_{-a}^{a} 1 \cdot e^{-ist} dt$$

$$= \frac{1}{2\pi} \frac{e^{-ist}}{(-is)} \Bigg|_{t=-a}^{t=a} = \frac{1}{2\pi} \frac{e^{isa} - e^{-isa}}{is} = \frac{1}{\pi} \frac{\sin as}{s}$$

bzw. für $s = 0$

$$\hat{f}(0) = \frac{1}{2\pi} \int_{-a}^{a} 1\, dt = \frac{a}{\pi} .$$

Insgesamt ergibt sich das kontinuierliche Spektrum durch

$$\hat{f}(s) = \begin{cases} \frac{1}{\pi} \frac{\sin as}{s}, & \text{für } s \neq 0 \\ \frac{a}{\pi}, & \text{für } s = 0 \end{cases} \qquad \text{(s. Fig. 8.4)}$$

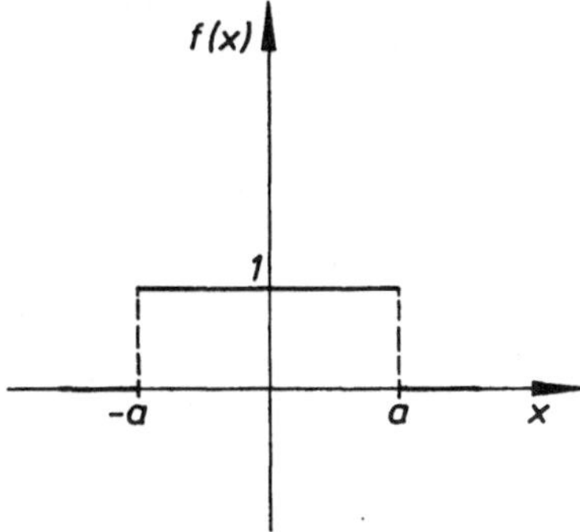

<u>Fig. 8.3</u>: Rechteckimpuls

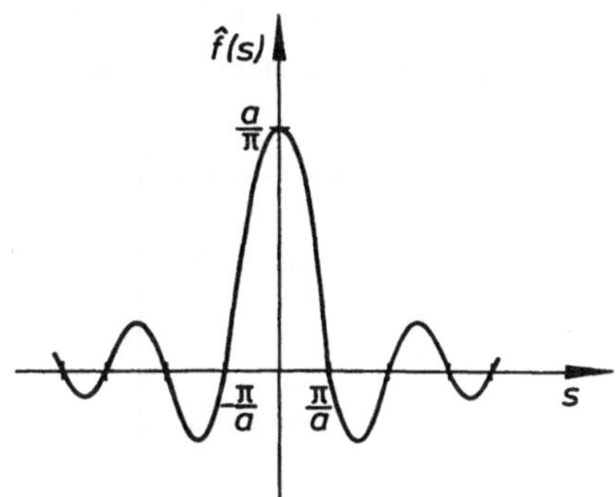

<u>Fig. 8.4</u>: Kontinuierliches Spektrum eines Rechteckimpulses

Wir stellen die Funktion f noch mit Hilfe ihres Spektrums dar. Aus Formel (8.4) folgt, wenn wir $\int_{-\infty}^{\infty} \ldots$ in der Form $\lim_{A\to\infty} \int_{-A}^{A} \ldots$ interpretieren (vgl. hierzu Abschn. 8.2.2),

$$f(x) = \lim_{A\to\infty} \int_{-A}^{A} \hat{f}(s)\, e^{ixs}\, ds = \lim_{A\to\infty} \int_{-A}^{A} \frac{\sin as}{\pi s}\, e^{ixs}\, ds .$$

Durch Umformung des letzten Integrals gewinnen wir für f die Darstellung

$$f(x) = \frac{2}{\pi} \int_{0}^{\infty} \frac{\sin as}{s} \cos xs\, ds ,$$ [1)]

also eine "Zerlegung von f in harmonische Schwingungen" (vgl. hierzu Bemerkung 2 (b)).

Bemerkung 2 (a) Für Funktionen f, für die die Formeln (8.1), (8.2) bzw. (8.4), (8.5) gelten, können wir sagen:

> Ist das Spektrum von f bekannt, so ist damit f (eindeutig) festgelegt und umgekehrt.

(b) Die Darstellungsformel (8.3) ermöglicht eine Zerlegung der Funktion f im Intervall $(-\infty,\infty)$ in harmonische Schwingungen: Setzen wir

$$a(s) := \frac{1}{\pi} \int_{-\infty}^{\infty} f(t) \cos st\, dt$$
$$b(s) := \frac{1}{\pi} \int_{-\infty}^{\infty} f(t) \sin st\, dt \qquad (8.6)$$

---

1) Wir beachten, daß das Integral $\int_{-\infty}^{\infty} \frac{\sin as}{s} \sin xs\, ds$ keinen Beitrag liefert, da der Integrand eine ungerade Funktion ist.

so können wir f unter Beachtung der Beziehungen

$$\int_{-\infty}^{\infty} \cos st \cdot \cos xs \, ds = 2\int_{0}^{\infty} \cos st \cdot \cos xs \, ds ,$$

$$\int_{-\infty}^{\infty} \sin st \cdot \sin xs \, ds = 0 \quad \text{usw.}$$

mit Hilfe von (8.3) durch

$$\boxed{f(x) = \int_{0}^{\infty} \{a(s) \cos xs + b(s) \sin xs\} \, ds} \qquad (8.7)$$

ausdrücken (zeigen!). Die Frequenzen s der harmonischen Schwingungen

$$a(s) \cos xs , \qquad b(s) \sin xs$$

durchlaufen sämtliche Werte von 0 bis ∞. Ihre Amplituden $a(s)$, $b(s)$ hängen von diesen Frequenzen s ab und lassen sich aus (8.6) bestimmen.

Der Formel (8.7) entspricht bei 2π-periodischen Funktionen die Formel

$$f(x) = \sum_{k=0}^{\infty} (a_k \cos kx + b_k \sin kx) \qquad (8.8)$$

mit den diskreten Frequenzen k .

(c) Anhand von Beispiel 8.2 wird deutlich, daß wir mit Hilfe der Fouriertransformation auch zeitlich begrenzte Vorgänge erfassen können. Wir setzen hierzu $f \equiv 0$ außerhalb des entsprechenden Zeitintervalls.

8.1.2 Definition der Fouriertransformation. Beispiele

Wir lösen uns nun vom heuristischen Standpunkt und präzisieren unsere bisherigen Überlegungen. Zunächst untersuchen wir, unter welchen Voraussetzungen an die Funktion f der Ausdruck

$$\int_{-\infty}^{\infty} f(t)\, e^{-ist}\, dt$$

überhaupt sinnvoll ist. Hierzu führen wir den Begriff der "stückweise stetigen" bzw. "stückweise stetig differenzierbaren" [1] Funktion ein.

Definition 8.1 Die Funktion $f: \mathbb{R} \to \mathbb{R}$ heißt im Intervall $I = [a,b]$ stückweise stetig, falls I in endlich viele durchschnittsfremde Teilintervalle I_k zerlegt werden kann, so daß f im Inneren von I_k stetig ist und an den Endpunkten von I_k die links- und rechtsseitigen Grenzwerte von f existieren (vgl. auch Fig. 8.5); d.h. endlich viele Sprungstellen von f in I sind zugelassen. Wir sagen, f ist in $\mathbb{R}$ stückweise stetig, falls f in jedem endlichen Intervall $I = [a,b]$ stückweise stetig ist. Entsprechend heißt f in $\mathbb{R}$ stückweise stetig differenzierbar, falls f' in $\mathbb{R}$ stückweise stetig ist. An den Sprungstellen von f', etwa in x_0, erklären wir f' durch

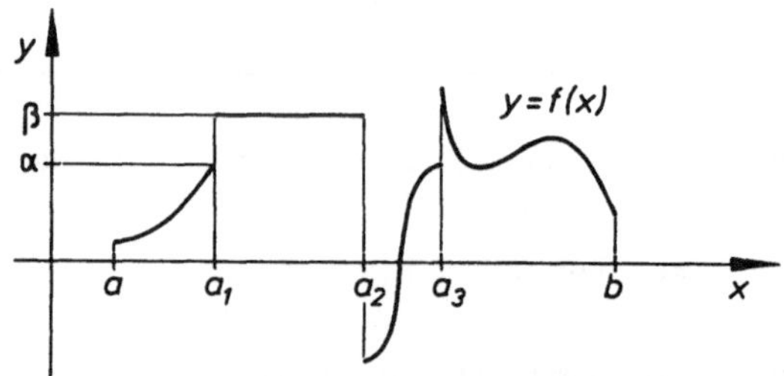

Fig. 8.5: Stückweise stetige Funktion

$$f'(x_0) = \frac{f'(x_0+) + f'(x_0-)}{2}.$$

Zu Figur 8.5:
$$\beta = \lim_{\varepsilon \to 0} f(a_1 + \varepsilon) =: f(a_1+)$$
$$\alpha = \lim_{\varepsilon \to 0} f(a_1 - \varepsilon) =: f(a_1-) \qquad (\varepsilon > 0)$$

1) Man nennt diese auch stückweise glatt (vgl. Bd. I, Abschn. 5.3.2).

Bemerkung 1: Das Riemann-Integral über eine im Intervall $I = \bigcup_{k=1}^{n} I_k$ stückweise stetige Funktion f ist durch

$$\int_I f(x)\,dx := \sum_{k=1}^{n} \int_{I_k} f(x)\,dx$$

gegeben.

Definition 8.2 Wir sagen, die Funktion $f : \mathbb{R} \to \mathbb{R}$ [1] ist in $\mathbb{R}$ absolut integrierbar, falls das uneigentliche Integral

$$\int_{-\infty}^{\infty} |f(x)|\,dx$$

existiert. Zum Nachweis der Existenz eines solchen Integrals ist der folgende Hilfssatz häufig nützlich:

Hilfssatz 8.1 (Vergleichskriterium) Sei f in $\mathbb{R}$ stückweise stetig, g in $\mathbb{R}$ absolut integrierbar und gelte

$$|f(x)| \le |g(x)| \quad \text{für } x \in \mathbb{R}. \tag{8.9}$$

Dann ist auch f in $\mathbb{R}$ absolut integrierbar.

Beweis: Vgl. Bd. I, Abschn. 4.3.2, Satz 4.13.

Wir zeigen nun

Hilfssatz 8.2 Sei f in $\mathbb{R}$ stückweise stetig und absolut integrierbar. Dann existiert das Integral

$$\int_{-\infty}^{\infty} f(t)\,e^{-ist}\,dt \tag{8.10}$$

für alle $s \in \mathbb{R}$.

---

1) Wir weisen darauf hin, daß der von uns beschrittene Weg auch für Abbildungen $f : \mathbb{R} \to \mathbb{C}$ möglich ist, vgl. auch Abschn. 8.2.1.

Beweis: Aus der absoluten Integrierbarkeit von f in $\mathbb{R}$ und der Abschätzung

$$|f(t)\,e^{-ist}| \leq |f(t)| \qquad \text{für alle } s \in \mathbb{R} \tag{8.11}$$

folgt mit Hilfssatz 8.1 die Behauptung. □

Bemerkung 2: Mit Hilfe von Satz 2, (a) (Anhang), folgt sofort, daß das Integral (8.10) als Funktion von s in $\mathbb{R}$ stetig ist. Wegen Abschätzung (8.11) ist (8.10) nach Satz 1 (Anhang) nämlich gleichmäßig konvergent.

Definition 8.3 Sei f in $\mathbb{R}$ stückweise stetig und absolut integrierbar. Ordnet man f aufgrund der Beziehung

$$\boxed{\hat{f}(s) = \frac{1}{2\pi}\int_{-\infty}^{\infty} f(t)\,e^{-ist}\,dt\,, \qquad s \in \mathbb{R}} \tag{8.12}$$

die Funktion $\hat{f}$ zu, so nennt man $\hat{f}$ Fouriertransformierte oder Spektralfunktion von f. Neben $\hat{f}(s)$ verwendet man auch die Schreibweise: $\mathcal{F}\,[f(t)]$.

Diese Definition ist nach Hilfssatz 8.2 sinnvoll. Überdies stellt $\hat{f}(s)$ nach Bemerkung 2 eine für $s \in \mathbb{R}$ stetige (komplexwertige) Funktion dar.

Beispiel 8.3 Wir berechnen die Fouriertransformierte der Funktion $f(t) = e^{-|t|}$:

$$\hat{f}(s) = \frac{1}{2\pi}\int_{-\infty}^{\infty} e^{-|t|}\,e^{-ist}\,dt = \frac{1}{2\pi}\left[\int_{-\infty}^{0} e^{t}\,e^{-ist}\,dt + \int_{0}^{\infty} e^{-t}e^{-ist}\,dt\right]$$

$$= \lim_{R_1,R_2\to\infty} \frac{1}{2\pi}\left[\left.\frac{e^{(1-is)t}}{1-is}\right|_{t=-R_1}^{t=0} + \left.\frac{e^{-(1+is)t}}{-(1+is)}\right|_{t=0}^{t=R_2}\right]$$

$$= \frac{1}{2\pi}\left[\frac{1}{1-is} + \frac{1}{1+is}\right] = \frac{1}{\pi}\,\frac{1}{1+s^2}\,, \qquad s \in \mathbb{R}.$$

Dabei haben wir benutzt:

$$|e^{-R} \cdot e^{\pm isR}| \leq e^{-R} \to 0 \qquad \text{für} \quad R \to \infty .$$

Beispiel 8.4 Die Heaviside-Funktion h mit

$$h(t) = \begin{cases} 0, & \text{für} \quad t < 0 \\ 1, & \text{für} \quad t \geq 0 \end{cases} \qquad \text{(s. Fig. 8.6)}$$

besitzt wegen

$$\hat{h}(0) = \int_0^\infty 1\, dt$$

im Punkt $s = 0$ keine Fouriertransformierte, ebenso für $s \neq 0$:

$$\hat{h}(s) = \int_0^\infty 1 \cdot e^{-ist} dt = \lim_{R\to\infty} \int_0^R e^{-ist} dt = \lim_{R\to\infty} \left[\frac{e^{-ist}}{(-is)} \Bigg|_{t=0}^{t=R} \right] .$$

Wir beachten, daß der Grenzwert im letzten Ausdruck nicht existiert (warum?). Die Heaviside-Funktion verletzt die Integrierbarkeitsforderung in Hilfssatz 8.2, so daß kein Widerspruch zu unseren bisherigen Überlegungen besteht.

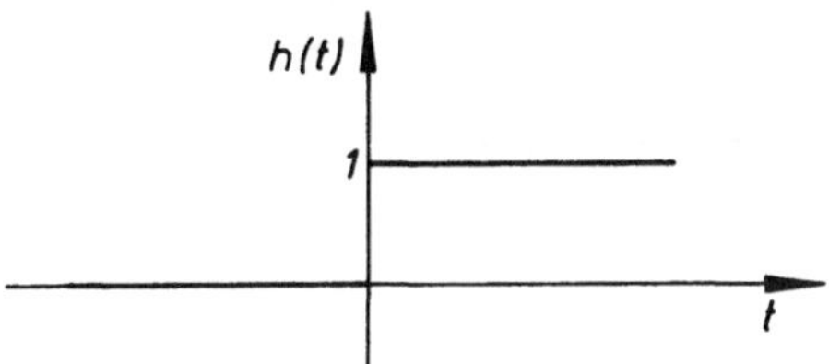

Fig. 8.6: Heaviside-Funktion h

8.2 UMKEHRUNG DER FOURIERTRANSFORMATION

Wir wollen der Frage nachgehen, unter welchen Voraussetzungen wir vom Bildbereich zum Originalbereich zurückgelangen, d.h. wann die Formel (8.4) gilt.

8.2.1 Umkehrsatz im Raum $\mathcal{S}$

Wir beweisen zunächst einen Umkehrsatz unter besonders bequemen Voraussetzungen. Hierzu sei $f \in C^\infty(\mathbb{R})$, wobei wir jetzt unter $C^\infty(\mathbb{R})$ die Menge aller in $\mathbb{R}$ komplexwertigen beliebig oft stetig differenzierbaren Funktionen verstehen [1]. Wir verlangen außerdem, daß die Funktion f und alle ihre Ableitungen stärker als jede Potenz von $\frac{1}{|x|}$ für $|x| \to \infty$ gegen 0 konvergieren. Die Menge dieser Funktionen bezeichnen wir mit $\mathcal{S}$. Eine genaue Beschreibung von $\mathcal{S}$ ist durch

$$\mathcal{S} = \{f \in C^\infty(\mathbb{R}) : \sup_{x\in\mathbb{R}} |x^p f^{(q)}(x)| < \infty, \quad p,q \in \mathbb{N}_0\}$$

gegeben. Zum Beispiel gehört $f(x) = e^{-x^2}$ zu $\mathcal{S}$; außerdem jede beliebig oft differenzierbare Funktion, die außerhalb einer kompakten Menge verschwindet.

Satz 8.1 Für Funktionen $f \in \mathcal{S}$ läßt sich f aus $\hat{f}$ mit Hilfe der Umkehrformel

$$f(x) = \int_{-\infty}^{\infty} \hat{f}(s)\, e^{ixs}\, ds \tag{8.13}$$

berechnen.

Bemerkung: Man nennt (8.13) auch Inversionsformel und schreibt für die Um-

---

1) D.h. f ist in der Form $f(x) = f_1(x) + i\, f_2(x)$, $x \in \mathbb{R}$, darstellbar, und die reellwertigen Funktionen $f_1(x)$, $f_2(x)$ sind beliebig oft stetig differenzierbar.

kehrabbildung symbolisch $\mathcal{F}^{-1}[\hat{f}(s)]$. Die rechte Seite von (8.13) ist als uneigentliches Integral zu verstehen (vgl. Vorbemerkung zu den Integraltransformationen).

Beweis von Satz 8.1 (I) Wir zeigen zunächst, daß mit f auch $\hat{f}$ zu $\mathcal{S}$ gehört: Wegen $f \in \mathcal{S}$ ist der Ausdruck

$$t^q (1+t^2) f(t)\, e^{-ist}$$

für $t \in \mathbb{R}$ ($s \in \mathbb{R}$, $q \in \mathbb{N}_0$) beschränkt. Wegen

$$\int_{-\infty}^{\infty} \left(\frac{d}{ds}\right)^q \left(e^{-ist} f(t)\right) dt = (-i)^q \int_{-\infty}^{\infty} t^q e^{-ist} f(t)\, dt \quad ^{1)}$$

$$= (-i)^q \int_{-\infty}^{\infty} \frac{1}{1+t^2} \cdot t^q (1+t^2) f(t)\, e^{-ist} dt \qquad (8.14)$$

besitzt das erste Integral eine von s unabhängige Majorante, ist also nach Satz 1 (s. Anhang) gleichmäßig konvergent bezüglich s. Nach Satz 2, (b) (s. Anhang), dürfen wir die Reihenfolge von Differentiation und Integration in (8.14) vertauschen, woraus sich

$$\hat{f}^{(q)}(s) = \left(\frac{d}{ds}\right)^q \hat{f}(s) = \int_{-\infty}^{\infty} (-it)^q e^{-ist} f(t)\, dt = \widehat{\left[(-it)^q f\right]}(s) \qquad (8.15)$$

ergibt. Mit $f \in \mathcal{S}$ folgt $(-it)^q f \in \mathcal{S}$, so daß $\hat{f}$ beliebig oft differenzierbar ist.

Wir zeigen jetzt die Beschränktheit von $s^p \hat{f}^{(q)}(s)$. Hierzu formen wir (8.15) mittels partieller Integration um und beachten, daß wegen $f \in \mathcal{S}$ die Randanteile verschwinden:

---

1) Wir verwenden hier - wie schon in Abschnitt 3.1.1 - anstelle von $\frac{d^q}{ds^q}$ die Operatorschreibweise $\left(\frac{d}{ds}\right)^q$.

$$s^p \hat{f}^{(q)}(s) = s^p \int_{-\infty}^{\infty} \underbrace{e^{-ist}}_{u'} \underbrace{(-it)^q f(t)\,dt}_{v}$$

$$= -s^p \int_{-\infty}^{\infty} \frac{e^{-ist}}{(-is)} \frac{d}{dt} [(-it)^q f(t)]\,dt$$

$\vdots$ (p-1)-fache Wiederholung

$$= (-i)^p \int_{-\infty}^{\infty} e^{-ist} \left(\frac{d}{dt}\right)^p [(-it)^q f(t)]\,dt .$$

Da mit f auch $(-it)^q f$ und $\left(\frac{d}{dt}\right)^q [(-it)^q f]$ zu $\mathcal{S}$ gehören, folgt hieraus die Beschränktheit von $s^p \hat{f}^{(q)}(s)$. Damit ist gezeigt: $\hat{f} \in \mathcal{S}$.

(II) Zum Beweis unseres Satzes haben wir zu zeigen:

$$\int_{-\infty}^{\infty} e^{ixs} \left[\frac{1}{2\pi} \int_{-\infty}^{\infty} f(t)\, e^{-ist}\,dt\right] ds = f(x) . \tag{8.16}$$

Wir führen hierzu eine Hilfsfunktion $\varphi \in \mathcal{S}$ ein, die wir nachher geeignet spezialisieren. Wegen $f, \varphi \in \mathcal{S}$ lassen sich die Voraussetzungen von Satz 2, (c) (s. Anhang) leicht überprüfen, so daß wir in

$$\int_{-\infty}^{\infty} e^{ixs} \varphi(s) \left[\frac{1}{2\pi} \int_{-\infty}^{\infty} f(t)\, e^{-ist}\,dt\right] ds$$

die Integrationsreihenfolge vertauschen dürfen. Wir erhalten dann:

$$\int_{-\infty}^{\infty} e^{ixs} \varphi(s)\, \hat{f}(s)\,ds = \int_{-\infty}^{\infty} e^{ixs} \varphi(s) \left[\frac{1}{2\pi} \int_{-\infty}^{\infty} f(t)\, e^{-ist}\,dt\right] ds$$

$$= \int_{-\infty}^{\infty} f(t) \left[\frac{1}{2\pi} \int_{-\infty}^{\infty} \varphi(s)\, e^{-i(t-x)s}\,ds\right] dt$$

$$= \int_{-\infty}^{\infty} f(t)\, \hat{\varphi}(t-x)\,dt = \int_{-\infty}^{\infty} f(x+t')\, \hat{\varphi}(t')\,dt' .$$

Dabei haben wir $t - x =: t'$ gesetzt. Ersetzen wir t' wieder durch t, so gilt

$$\int_{-\infty}^{\infty} e^{ixs}\varphi(s)\,\hat{f}(s)\,ds = \int_{-\infty}^{\infty} f(x+t)\,\hat{\varphi}(t)\,dt\,.$$

Aus dieser Beziehung folgt, wenn wir $\varphi(s)$ durch die ebenfalls zu $\mathcal{S}$ gehörende Funktion $\varphi_\varepsilon(s) := \varphi(\varepsilon s)$ mit der Fouriertransformierten $\hat{\varphi}_\varepsilon(t) = \frac{1}{\varepsilon}\hat{\varphi}\left(\frac{t}{\varepsilon}\right)$ (s. Üb. 8.3) ersetzen,

$$\int_{-\infty}^{\infty} e^{ixs}\varphi(\varepsilon s)\,\hat{f}(s)\,ds = \frac{1}{\varepsilon}\int_{-\infty}^{\infty} f(x+t)\,\hat{\varphi}\left(\frac{t}{\varepsilon}\right)dt$$

$$= \int_{-\infty}^{\infty} f(x+\varepsilon t'')\,\hat{\varphi}(t'')\,dt'' \qquad (\varepsilon > 0) \tag{8.17}$$

mit $t'' := \frac{t}{\varepsilon}$. Wir führen nun den Grenzübergang $\varepsilon \to 0$ durch: Wegen $f,\varphi \in \mathcal{S}$ sind die Integrale in (8.17) gleichmäßig bez. ε konvergent, und wir dürfen nach Satz 2, (a) (s. Anhang), Integration und Grenzübergang vertauschen. Dadurch ergibt sich, wenn wir t'' wieder durch t ersetzen,

$$\varphi(0)\int_{-\infty}^{\infty} e^{ixs}\,\hat{f}(s)\,ds = f(x)\int_{-\infty}^{\infty}\hat{\varphi}(t)\,dt\,. \tag{8.18}$$

Nun wählen wir $\varphi(x) := e^{-x^2/2}$. Die zugehörige Fouriertransformierte lautet (vgl. Üb. 8.1, (b))

$$\hat{\varphi}(s) = \frac{1}{\sqrt{2\pi}}\,e^{-s^2/2}\,,$$

und wir erhalten mit $\varphi(0) = 1$ aus (8.18)

$$\int_{-\infty}^{\infty} e^{ixs}\hat{f}(s)\,ds = f(x)\int_{-\infty}^{\infty}\frac{1}{\sqrt{2\pi}}\,e^{-t^2/2}\,dt = f(x)\cdot\frac{1}{\sqrt{2\pi}}\int_{-\infty}^{\infty} e^{-t^2/2}dt = f(x)\,,$$

womit Satz 8.1 bewiesen ist. □

8.2.2 Umkehrsatz für stückweise glatte Funktionen

Der Umkehrsatz gilt auch unter erheblich schwächeren Voraussetzungen. Für die Anwendung besonders geeignet ist die folgende Fassung:

Satz 8.2 Sei f eine in $\mathbb{R}$ stückweise glatte Funktion. Ferner sei f in $\mathbb{R}$ absolut integrierbar. Für beliebige $x \in \mathbb{R}$ gilt dann

$$\frac{f(x+)+f(x-)}{2} = \lim_{A\to\infty} \int_{-A}^{A} \hat{f}(s)\, e^{ixs}\, ds . \tag{8.19}$$

Insbesondere gilt in jedem Stetigkeitspunkt x von f

$$f(x) = \lim_{A\to\infty} \int_{-A}^{A} \hat{f}(s)\, e^{ixs}\, ds . \tag{8.20}$$

(Zum Beweis s. z.B. [24], Teil II, Kap. IV, § 3.)

Bemerkung 1: Man nennt die rechte Seite von (8.19) den Cauchy-Hauptwert von

$\int_{-\infty}^{\infty} \hat{f}(s)\, e^{ixs}\, ds$ und schreibt dafür häufig auch

$$\text{C.H.} \int_{-\infty}^{\infty} \hat{f}(s)\, e^{ixs}\, ds \qquad \text{oder} \qquad ⨍_{-\infty}^{\infty} \hat{f}(s)\, e^{ixs} \;^{1)} . \tag{8.21}$$

Wir beachten den Unterschied zum uneigentlichen Integral $\int_{-\infty}^{\infty} \hat{f}(s)\, e^{ixs}\, ds$, das durch

$$\lim_{A,B\to\infty} \int_{-A}^{B} \hat{f}(s)\, e^{ixs}\, ds$$

erklärt ist, wobei die Grenzübergänge $A \to \infty$, $B \to \infty$ unabhängig voneinander durchzuführen sind.

---

1) Vgl. hierzu auch Bd. I, Abschn. 4.3.2.

Wir zeigen anhand eines Beispiels, daß Satz 8.2 nur dann richtig ist, wenn wir $\int_{-\infty}^{\infty} e^{ixs}\hat{f}(s)\,ds$ als Cauchy-Hauptwert interpretieren.

Beispiel 8.5 Für die Funktion

$$f(x) = \begin{cases} 1, & \text{für } |x| \leq 1 \\ 0, & \text{für } |x| > 1 \end{cases}$$

lautet die Fouriertransformierte

$$\hat{f}(s) = \begin{cases} \frac{\sin s}{\pi s}, & \text{für } s \neq 0 \\ \frac{1}{\pi}, & \text{für } s = 0 \end{cases}$$

(vgl. Beisp. 8.2). Das Umkehrintegral

$$\int_{-\infty}^{\infty} \hat{f}(s)\, e^{ixs}\, ds = \frac{1}{\pi} \int_{-\infty}^{\infty} \frac{\sin s}{s}\, e^{ixs}\, ds$$

$$= \frac{1}{2\pi} \int_{-\infty}^{\infty} \frac{e^{-is} - e^{is}}{(-is)}\, e^{ixs}\, ds = \frac{1}{2\pi i} \int_{-\infty}^{\infty} \left[\frac{e^{i(x+1)s}}{s} - \frac{e^{i(x-1)s}}{s}\right] ds$$

divergiert an den Sprungstellen $x = 1$ und $x = -1$ von f (warum?). Dagegen existieren die jeweiligen Cauchy-Hauptwerte. So gilt etwa für $x = 1$

$$\lim_{A\to\infty} \int_{-A}^{A} \hat{f}(s)\, e^{is}\, ds = \lim_{A\to\infty} \frac{1}{2\pi i} \int_{-A}^{A} \frac{e^{i2s} - 1}{s}\, ds$$

$$= \frac{1}{2\pi} \lim_{A\to\infty} \int_{-A}^{A} \frac{\sin 2s}{s}\, ds + \frac{1}{2\pi i} \lim_{A\to\infty} \int_{-A}^{A} \frac{\cos 2s - 1}{s}\, ds .$$

Berücksichtigen wir, daß der Integrand des letzten Integrals eine ungerade

Funktion [1] ist, und beachten wir das nachfolgende Beispiel 8.6, so erhalten wir

$$\lim_{A\to\infty} \int_{-A}^{A} \hat{f}(s)\, e^{is}\, ds = \frac{1}{2\pi} \cdot \pi + 0 = \frac{1}{2},$$

woraus sich aufgrund der Definition von f

$$\lim_{A\to\infty} \int_{-A}^{A} \hat{f}(s)\, e^{is}\, ds = \frac{1}{2} = \frac{f(1+) + f(1-)}{2}$$

ergibt.

Wir benutzen nun Satz 8.2 zur Berechnung eines uneigentlichen Integrals, das bereits in Band I, Abschnitt 4.3.2, unter weit größeren Anstrengungen berechnet wurde.

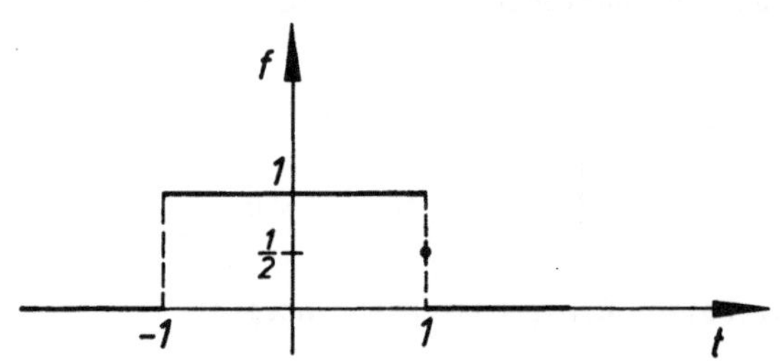

Fig. 8.7: Verhalten der inversen Fouriertransformation an einer Sprungstelle

Beispiel 8.6 Für die in Beispiel 8.5 betrachtete Funktion $f(x)$ gilt im Punkt $x = 0$ nach Satz 8.2

$$f(0) = \lim_{A\to\infty} \int_{-A}^{A} \hat{f}(s)\, e^{i0s}\, ds = \frac{1}{\pi} \lim_{A\to\infty} \int_{-A}^{A} \frac{\sin s}{s} \cdot 1\, ds = 1,$$

d.h. wir erhalten die Beziehungen

$$\lim_{A\to\infty} \int_{-A}^{A} \frac{\sin s}{s}\, ds = \pi \qquad \text{bzw.} \qquad \int_{0}^{\infty} \frac{\sin s}{s}\, ds = \frac{\pi}{2},$$

wenn wir ausnützen, daß der Integrand eine gerade Funktion ist. Ersetzen wir s durch $2s$, so ergibt sich die in Beispiel 8.5 benötigte Beziehung.

---

1) Wir erinnern daran (s. Bd. I, Abschn. 5.3.3), daß für ungerade Funktionen $f(-x) = -f(x)$ und für gerade Funktionen $f(-x) = f(x)$ gilt.

Bemerkung 2: Mit Hilfe der Inversionsformel ist es möglich, zu vorgegebenen Bildfunktionen die zugehörigen Originalfunktionen zu berechnen. In der Praxis läßt sich dieses Problem häufig einfacher dadurch behandeln, daß man die Fouriertransformationen wichtiger Funktionen zu einem Katalog (Tabelle) zusammenfaßt und diesem die zu $\hat{f}$ gehörende Originalfunktion f entnimmt. Sowohl für die Fourier- als auch für die Laplacetransformation stehen umfangreiche Tabellen zur Verfügung (z.B. [60], [70]).

8.2.3 Eindeutigkeit der Umkehrung

Eine unmittelbare Konsequenz des Umkehrsatzes ist der folgende Identitätssatz (oder Eindeutigkeitssatz) für die Fouriertransformation.

Satz 8.3 Für die Funktionen f_1, f_2 seien die Voraussetzungen von Satz 8.2 erfüllt, und es gelte

$$\hat{f}_1(s) = \hat{f}_2(s) \quad \text{für alle} \quad s \in \mathbb{R}. \tag{8.22}$$

Dann gilt in jedem Punkt x, in dem f_1 und f_2 stetig sind,

$$f_1(x) = f_2(x). \tag{8.23}$$

Beweis: (8.23) ergibt sich direkt aus Satz 8.2, Formel (8.20). □

Bemerkung: Diese Version von Satz 8.2 ist in vielen Fällen besonders geeignet, um von der Lösung eines Problems im Bildbereich zur Lösung im Originalbereich zu kommen (vgl. hierzu Abschn. 8.4).

8.3 Eigenschaften der Fouriertransformation

Wir stellen einige grundlegende Eigenschaften der Fouriertransformation zusammen, die für das Arbeiten mit der Fouriertransformation von großem Nutzen sind. Insbesondere gewinnen wir damit Möglichkeiten, den in Abschnitt 8.2.2, Bemerkung 2, genannten Katalog erheblich zu erweitern ("Baukastenprinzip").

8.3.1 Linearität

Sind f, f_1, f_2 in $\mathbb{R}$ stückweise stetige und dort absolut integrierbare Funktionen, so folgt aus der Definition der Fouriertransformation

$$\begin{aligned}\mathcal{F}[f_1+f_2] &= \frac{1}{2\pi}\int_{-\infty}^{\infty}\left[f_1(t)+f_2(t)\right]e^{-ist}\,dt\\ &= \frac{1}{2\pi}\int_{-\infty}^{\infty} f_1(t)\,e^{-ist}dt + \frac{1}{2\pi}\int_{-\infty}^{\infty} f_2(t)\,e^{-ist}dt\\ &= \mathcal{F}[f_1] + \mathcal{F}[f_2]\end{aligned}$$

bzw.

$$\begin{aligned}\mathcal{F}[\alpha f] &= \frac{1}{2\pi}\int_{-\infty}^{\infty}\alpha\, f(t)\,e^{-ist}\,dt = \alpha\frac{1}{2\pi}\int_{-\infty}^{\infty} f(t)\,e^{-ist}dt\\ &= \alpha\,\mathcal{F}[f]\,, \qquad \text{für} \quad \alpha\in\mathbb{R}\,.\end{aligned}$$

Es gelten also die Beziehungen

$$\mathcal{F}[f_1+f_2] = \mathcal{F}[f_1] + \mathcal{F}[f_2] \tag{8.24}$$

$$\mathcal{F}[\alpha f] = \alpha\,\mathcal{F}[f]\,, \qquad \alpha\in\mathbb{R} \tag{8.25}$$

Wir sagen, die Fouriertransformation ist eine lineare Abbildung.

8.3.2 Verschiebungssatz

Wir interessieren uns für die Fouriertransformierte von $f(t \pm h)$. Es gilt der folgende

Satz 8.4 Sei f in $\mathbb{R}$ stückweise stetig und dort absolut integrierbar. Dann gilt für beliebige $h \in \mathbb{R}$

$$\mathcal{F}\,[f(t \pm h)] = e^{\pm ish}\,\mathcal{F}\,[f(t)]\,, \quad s \in \mathbb{R} \tag{8.26}$$

Beweis: Aus Definition 8.3 folgt

$$\mathcal{F}\,[f(t \pm h)] = \frac{1}{2\pi}\int_{-\infty}^{\infty} f(t \pm h)\, e^{-ist}\,dt$$

und hieraus mit $\tau := t \pm h$

$$\mathcal{F}\,[f(t \pm h)] = \frac{1}{2\pi}\int_{-\infty}^{\infty} f(\tau)\, e^{-is(\tau \mp h)}\,dt$$

$$= e^{\pm ish} \cdot \frac{1}{2\pi}\int_{-\infty}^{\infty} f(\tau)\, e^{-is\tau}\,d\tau\,.$$

Ersetzen wir im letzten Integral τ noch durch t , so ergibt sich die Behauptung. □

8.3.3 Faltungsprodukt

Bei der Lösung von Problemen mit Hilfe der Fouriertransformation treten im Bildbereich in vielen Fällen Produkte der Form $\mathcal{F}[f_1] \cdot \mathcal{F}[f_2]$ auf. Unser Ziel ist es, diese Produkte als eine Fouriertransformierte einer geeigneten Funktion f, die sich aus f_1 und f_2 bestimmen läßt, darzustellen. Dies ermöglicht uns in vielen Fällen die Anwendbarkeit des Identitätssatzes (s. Abschn. 8.4). Wir führen die folgende Begriffsbildung ein:

<u>Definition 8.4</u> Unter dem Faltungsprodukt (kurz Faltung) der Funktionen f_1 und f_2 versteht man den Ausdruck

$$(f_1 * f_2)(t) := \frac{1}{2\pi} \int_{-\infty}^{\infty} f_1(t-u)\, f_2(u)\, du \tag{8.27}$$

Wir prüfen, unter welchen Voraussetzungen an f_1 und f_2 diese Definition sinnvoll ist:

<u>Hilfssatz 8.3</u> [1] Seien f_1, f_2 in $\mathbb{R}$ stetige Funktionen. Ferner sei f_2 in $\mathbb{R}$ absolut integrierbar und f_1 in $\mathbb{R}$ durch eine Konstante $M > 0$ beschränkt. Dann existiert das Integral

$$\int_{-\infty}^{\infty} f_1(t-u)\, f_2(u)\, du \tag{8.28}$$

für alle $t \in \mathbb{R}$, und es gilt die Abschätzung

$$|f_1 * f_2| \leq \frac{M}{2\pi} \int_{-\infty}^{\infty} |f_2(u)|\, du\,. \tag{8.29}$$

Beweis: Nach Voraussetzung gilt $|f_1(t)| \leq M$ für alle $t \in \mathbb{R}$, woraus

$$|f_1(t-u)\, f_2(u)| \leq M\,|f_2(u)|$$

---

1) Sowohl dieser als auch der folgende Satz lassen sich unter erheblich schwächeren Voraussetzungen an f_1 und f_2 beweisen (s. z.B. [68], p. 18-20).

folgt. Hieraus und aus der absoluten Integrierbarkeit von f_2 in $\mathbb{R}$ ergibt sich die Existenz des Integrals

$$\int_{-\infty}^{\infty} f_1(t-u)\, f_2(u)\, du\,, \qquad t \in \mathbb{R}\,.$$

Ferner gilt

$$|(f_1 * f_2)(t)| \leq \frac{1}{2\pi} \int_{-\infty}^{\infty} |f_1(t-u)\, f_2(u)|\, du \leq \frac{M}{2\pi} \int_{-\infty}^{\infty} |f_2(u)|\, du\,.$$

Damit ist der Hilfssatz bewiesen. □

Bemerkung: Durch Konvergenzbetrachtungen läßt sich zeigen, daß $(f_1 * f_2)(t)$ unter den Voraussetzungen von Hilfssatz 8.3 eine in $\mathbb{R}$ stetige und dort absolut integrierbare Funktion ist. Die entscheidende Bedeutung der Faltung für die Anwendungen kommt in dem folgenden Satz zum Ausdruck:

Satz 8.5 (Faltungssatz). Seien f_1, f_2 in $\mathbb{R}$ stetige und dort absolut integrierbare Funktionen. Ferner sei f_1 in $\mathbb{R}$ beschränkt. Dann gilt

$$\mathcal{F}\,[f_1 * f_2] = \mathcal{F}\,[f_1] \cdot \mathcal{F}\,[f_2] \tag{8.30}$$

Beweis: Wir begnügen uns mit einer Beweisskizze. Aus der Definition der Fouriertransformation und der Faltung folgt

$$\begin{aligned}
\mathcal{F}\,[f_1 * f_2] &= \frac{1}{2\pi} \int_{-\infty}^{\infty} [(f_1 * f_2)(t)]\, e^{-ist}\, dt \\
&= \frac{1}{2\pi} \int_{-\infty}^{\infty} \left[\frac{1}{2\pi} \int_{-\infty}^{\infty} f_1(t-u)\, f_2(u)\, du\right] e^{-ist}\, dt \\
&= \frac{1}{2\pi} \int_{-\infty}^{\infty} \left[\frac{1}{2\pi} \int_{-\infty}^{\infty} f_1(t-u)\, e^{-is(t-u)}\, f_2(u)\, e^{-isu}\, du\right] dt\,.
\end{aligned}$$

Durch entsprechende Konvergenzuntersuchungen folgt (man benutze Satz 2, (c) (Anhang)), daß der letzte Integralausdruck existiert, und daß wir die Reihenfolge der Integrationen vertauschen dürfen. Dies führt zu

$$\mathcal{F}\,[f_1 * f_2] = \frac{1}{2\pi}\int_{-\infty}^{\infty}\left[\frac{1}{2\pi}\int_{-\infty}^{\infty} f_1(t-u)\,e^{-is(t-u)}\,dt\right] f_2(u)\,e^{-isu}\,du\,.$$

Hieraus ergibt sich mit

$$\frac{1}{2\pi}\int_{-\infty}^{\infty} f_1(t-u)\,e^{-is(t-u)}\,dt = \frac{1}{2\pi}\int_{-\infty}^{\infty} f_1(\tau)\,e^{-is\tau}\,d\tau = \mathcal{F}\,[f_1]$$

der Zusammenhang

$$\mathcal{F}\,[f_1 * f_2] = \mathcal{F}\,[f_1]\cdot\frac{1}{2\pi}\int_{-\infty}^{\infty} f_2(u)\,e^{-isu}\,du = \mathcal{F}\,[f_1]\cdot\mathcal{F}\,[f_2]$$

und damit die Behauptung. □

Beispiel 8.7 Die Funktion f genüge den Voraussetzungen von Satz 8.5 und g_t sei durch

$$g_t(u) = \frac{1}{2\sqrt{\pi t}}\,e^{-\frac{u^2}{4t}}, \qquad u \in \mathbb{R}, \quad t > 0 \quad \text{fest},$$

gegeben. Dann gilt nach Übung 8.1, (b)

$$\mathcal{F}\,[g_t(u)] = \frac{1}{2\pi}\,e^{-s^2 t} = \hat{g}_t(s)\,,$$

und $\hat{f}(s)\cdot\hat{g}_t(s)$ läßt sich nach Satz 8.5 durch

$$\hat{f}(s)\cdot\hat{g}_t(s) = \widehat{(f * g_t)}(s) = \mathcal{F}\left[\frac{1}{2\pi\,2\sqrt{\pi t}}\int_{-\infty}^{\infty} f(x-u)\,e^{-\frac{u^2}{4t}}\,du\right], \qquad x \in \mathbb{R},\ t > 0\,,$$

darstellen. Wir beachten, daß die Funktion in [...] bez. $\mathcal{F}$ als Funktion von x aufzufassen ist.

8.3.4 Differentiation

Wir wollen untersuchen, wie sich die Differentiation bei Anwendung der Fouriertransformation überträgt. Wir zeigen zunächst

Satz 8.6 Sei f eine in $\mathbb{R}$ stetige stückweise glatte Funktion. Ferner seien f und f' in $\mathbb{R}$ absolut integrierbar. Dann gilt

$$\mathcal{F}\,[f'(t)] = (is)\,\mathcal{F}\,[f(t)]\ , \qquad s \in \mathbb{R}, \tag{8.31}$$

d.h. der Differentiation im Originalbereich entspricht die Multiplikation mit dem Faktor is im Bildbereich.

Beweis: (I) Sei $s \neq 0$. Dann erhalten wir durch partielle Integration

$$\int_{-A}^{B} f(t)\,e^{-ist}\,dt = f(t)\frac{e^{-ist}}{(-is)}\Bigg|_{t=-A}^{t=B} + \frac{1}{is}\int_{-A}^{B} f'(t)\,e^{-ist}\,dt\ .$$

Wegen $|e^{-ist}| = 1$ ist der Beweis für $s \neq 0$ abgeschlossen, falls wir zeigen, daß

$$\lim_{B\to\infty} f(B) = \lim_{A\to\infty} f(-A) = 0$$

ist. Wir nehmen hierzu an, dies sei nicht erfüllt, es gelte also etwa $\lim\limits_{B\to\infty} f(B) \neq 0$. Zu einem $\varepsilon > 0$ gibt es dann beliebig große Werte t mit $|f(t)| > \varepsilon$. Wir wählen $t = t_0$ so, daß

$$|f(t_0)| > \varepsilon \qquad \text{und} \qquad \int_{t_0}^{\infty} |f'(t)|\,dt < \frac{\varepsilon}{2}$$

gilt (letzteres ist aufgrund der absoluten Integrierbarkeit von f' in $\mathbb{R}$ möglich). Aus dem Hauptsatz der Differential- und Integralrechnung für stetiges und stückweise glattes f :

$$f(t) - f(t_0) = \int_{t_0}^{t} f'(u)\,du \, ,$$

erhalten wir für alle $t > t_0$ die Abschätzung

$$|f(t) - f(t_0)| = \left| \int_{t_0}^{t} f'(u)\,du \right| \le \int_{t_0}^{t} |f'(u)|\,du < \frac{\varepsilon}{2}$$

und hieraus, wegen $|f(t_0)| > \varepsilon$,

$$|f(t)| > \frac{\varepsilon}{2} \qquad \text{für alle} \quad t \geq t_0 \, .$$

Dies ist ein Widerspruch zu der Voraussetzung, daß f absolut integrierbar in $\mathbb{R}$ ist, und wir erhalten $\lim\limits_{B\to\infty} f(B) = 0$. Entsprechend zeigt man $\lim\limits_{A\to\infty} f(-A) = 0$.

(II) Im Fall $s = 0$ haben wir zu zeigen:

$$\mathcal{F}\,[f'(t)] = \frac{1}{2\pi} \int_{-\infty}^{\infty} f'(t)\,dt = 0 \, .$$

Dies folgt aus der Beziehung

$$\int_{-A}^{B} f'(t)\,dt = f(B) - f(-A)$$

für $A,B \to \infty$ unter Beachtung von Teil (I). □

Für viele Anwendungen, etwa auf Differentialgleichungsprobleme, ist es erforderlich, die Stetigkeitsforderung an f abzuschwächen. Es gilt

<u>Satz 8.7</u> Sei f in $\mathbb{R}$ stückweise glatt und seien f,f' in $\mathbb{R}$ absolut integrierbar. Ferner besitze f die n Unstetigkeitsstellen $a_1,a_2,\ldots,a_n$. Dann gilt für $s \in \mathbb{R}$

$$\mathcal{F}\,[f'(t)] = is\,\mathcal{F}\,[f(t)] - \frac{1}{2\pi} \sum_{k=1}^{n} [f(a_k+) - f(a_k-)]\,e^{-isa_k} \qquad (8.32)$$

Beweis: Wir beschränken uns auf den Fall, daß nur eine Unstetigkeitsstelle $t = a_1$ auftritt, und modifizieren den Beweis von Satz 8.6 in folgender Weise: Wir schreiben

$$\int_{-A}^{B} f(t)\, e^{-ist} dt = \int_{-A}^{a_1-} f(t)\, e^{-ist} dt + \int_{a_1+}^{B} f(t)\, e^{-ist} dt$$

und integrieren auf der rechten Seite partiell:

$$\int_{-A}^{B} f(t)\, e^{-ist} dt = f(t)\, \frac{e^{-ist}}{(-is)}\Bigg|_{t=-A}^{t=a_1-} + f(t)\, \frac{e^{-ist}}{(-is)}\Bigg|_{t=a_1+}^{t=B}$$

$$+ \frac{1}{is} \int_{-A}^{a_1-} f'(t)\, e^{-ist} dt + \frac{1}{is} \int_{a_1+}^{B} f'(t) e^{-ist} dt, \quad s \neq 0 .$$

Hieraus folgt für $A,B \to \infty$ und $s \neq 0$, wenn wir mit $\frac{1}{2\pi}$ durchmultiplizieren,

$$\mathcal{F}\,[f(t)] = \frac{1}{2\pi}\,[f(a_1+) - f(a_1-)]\, \frac{e^{-isa_1}}{is} + \frac{1}{is}\, \mathcal{F}\,[f'(t)].$$

Für $s = 0$ folgt die Behauptung aus

$$\int_{-\infty}^{\infty} f'(t)\, dt = \int_{-\infty}^{a_1-} f'(t)\, dt + \int_{a_1+}^{\infty} f'(t)\, dt$$

wie im Beweis von Satz 8.6. □

Antwort auf die Frage nach der Fouriertransformation bei höheren Ableitungen der Funktion f gibt

Satz 8.8 Sei f $(r-1)$-mal stetig differenzierbar und $f^{(r-1)}$ stückweise glatt in $\mathbb{R}$. Ferner seien $f, f', \ldots, f^{(r)}$ absolut integrierbar in $\mathbb{R}$. Dann gilt

$$\mathcal{F}\,[f^{(r)}(t)] = (is)^r\, \mathcal{F}\,[f(t)] \quad , \quad s \in \mathbb{R}. \tag{8.33}$$

Beweis: Mit Hilfe vollständiger Induktion.

Beispiel 8.8 Wir berechnen $\mathcal{F}\,[y''' + 5y' - y]$. Aufgrund der Linearität von $\mathcal{F}$ gilt

$$\mathcal{F}\,[y''' + 5y' - y] = \mathcal{F}\,[y'''] + 5\,\mathcal{F}\,[y'] - \mathcal{F}\,[y],$$

und mit Satz 8.8 folgt hieraus

$$\mathcal{F}\,[y''' + 5y' - y] = (is)^3\,\mathcal{F}\,[y] + 5(is)\,\mathcal{F}\,[y] - \mathcal{F}\,[y]$$

$$= (-\,is^3 + 5is - 1)\,\mathcal{F}\,[y]\,.$$

Bemerkung: Die in diesem Abschnitt gewonnenen Sätze sind für die Lösung von linearen DGln von großer Bedeutung. Sie erlauben bei gewöhnlichen DGln eine Algebraisierung der entsprechenden Probleme: Aus den Ableitungstermen werden Potenzausdrücke, und im Bildbereich entstehen lineare Gleichungen bzw. Gleichungssysteme für die Fouriertransformierten der gesuchten Lösungen. Bei partiellen DGln führt die Verwendung der Fouriertransformation häufig auf einfachere Probleme mit gewöhnlichen DGln (vgl. Abschn. 8.4).

8.3.5 Fouriertransformation und temperierte Distributionen

In den Abschnitten 6 bzw. 7 haben wir Distributionen als lineare Funktionale auf dem Grundraum $C_0^\infty(\mathbb{R}^n)$ eingeführt und einige wichtige Eigenschaften von Distributionen kennengelernt. Wir interessieren uns nun für die Frage, wie sich die Fouriertransformation auf Distributionen überträgt. Da $\hat{\varphi}$ für $\varphi \in C_0^\infty(\mathbb{R})$ zwar existiert, jedoch im allgemeinen nicht mehr zu $C_0^\infty(\mathbb{R})$ gehört, ist $C_0^\infty(\mathbb{R})$ als Grundraum nicht geeignet. Benötigt wird daher ein anderer Grundraum, der die wichtigsten Eigenschaften von $C_0^\infty(\mathbb{R})$ besitzt, und der überdies garantiert, daß mit φ auch $\hat{\varphi}$ zu diesem Raum gehört. Dies leistet gerade der in Abschnitt 8.2.1 eingeführte Raum $\mathcal{S} = \mathcal{S}\,(\mathbb{R})$ (vgl. Teil (I) des Beweises von Satz 8.1). Außerdem läßt sich zeigen, daß mit $\varphi \in \mathcal{S}$ auch alle Distributionenableitungen (im Sinne von Definition 7.1) wieder zu $\mathcal{S}$ gehören.

Wir verwenden nun $\mathcal{S}$ als Grundraum und definieren analog zu Abschnitt 6.1.3 temperierte Distributionen (im weiteren Sinn) als Menge aller linearen Funktionale auf $\mathcal{S}$; wir bezeichnen diese Menge mit $\mathfrak{T}(\mathbb{R})$. Zur Übertragung der Fouriertransformation von $\mathcal{S}$ auf $\mathfrak{T}(\mathbb{R})$ kann man sich an denjenigen Distributionen aus $\mathfrak{T}(\mathbb{R})$ orientieren, die durch Funktionen aus $\mathcal{S}$ induziert sind. Auf diese Weise gelangt man zu der folgenden

Definition 8.5 Als Fouriertransformation von $F \in \mathfrak{T}(\mathbb{R})$ versteht man das durch

$$\hat{F}(\varphi) = F(\hat{\varphi}) \quad \text{für alle } \varphi \in \mathcal{S} \tag{8.34}$$

erklärte Funktional $\hat{F}$.

Da mit φ auch $\hat{\varphi}$ zu $\mathcal{S}$ gehört, ist diese Definition sinnvoll. Wegen

$$\hat{F}(\varphi_1 + \varphi_2) = F(\widehat{\varphi_1 + \varphi_2}) = F(\hat{\varphi}_1 + \hat{\varphi}_2) = F\hat{\varphi}_1 + F\hat{\varphi}_2 = \hat{F}\varphi_1 + \hat{F}\varphi_2 \tag{8.35}$$

und

$$\hat{F}(\alpha\varphi_1) = F(\widehat{\alpha\varphi_1}) = F(\alpha\hat{\varphi}_1) = \alpha F(\hat{\varphi}_1) = \alpha\hat{F}\varphi_1 \tag{8.36}$$

für alle $\alpha \in \mathbb{R}$ und alle $\varphi_1, \varphi_2 \in \mathcal{S}$ ist $\hat{F}$ ein lineares Funktional auf $\mathcal{S}$, gehört also wieder zu $\mathfrak{T}(\mathbb{R})$. Die Rechenregeln für die klassische Fouriertransformation, insbesondere die Ableitungsregeln, gelten entsprechend auch für die Fouriertransformation von temperierten Distributionen.

Beispiel 8.9 Bezeichne δ die durch

$$\delta(\varphi) := \varphi(0) \quad \text{für alle } \varphi \in \mathcal{S}$$

erklärte Diracsche Delta-Distribution (s. Abschn. 6.2.2). Dann gilt nach Definition 8.5 für beliebige $\varphi \in \mathcal{S}$

$$\hat{\delta}(\varphi) = \delta(\hat{\varphi}) = \hat{\varphi}(0) = \frac{1}{2\pi}\int \varphi(t)\, e^{-i\cdot 0t}\,dt = \int \varphi(t)\cdot\frac{1}{2\pi}\,dt =: F_{\frac{1}{2\pi}}(\varphi) \;,$$

wobei $F_{\frac{1}{2\pi}}$ das durch die Funktion $f(x) \equiv \frac{1}{2\pi}$ induzierte Funktional ist.

Mit dem Gleichheitsbegriff von Abschnitt 7.1.1 und der Beziehung (6.16) folgt dann

$$\hat{\delta} = F_{\frac{1}{2\pi}} = \frac{1}{2\pi} \;. \tag{8.37}$$

Bemerkung: In der Literatur wird die (klassische) Fouriertransformation häufig ohne den Normierungsfaktor $\frac{1}{2\pi}$ eingeführt. Man erhält in diesem Fall $\hat{\delta} = 1$.

8.4 Anwendungen auf partielle Differentialgleichungsprobleme

Im folgenden interessieren wir uns für Anwendungen der Fouriertransformation. Wir klammern dabei Probleme mit gewöhnlichen DGln aus; diese lassen sich im allgemeinen zweckmäßiger mit Hilfe der Laplacetransformation behandeln (vgl. Abschn. 9.4). Wir begnügen uns hier mit Beispielen aus dem Bereich der partiellen DGln [1]. Dabei beschränken wir uns jeweils auf die Bestimmung einer formalen Lösung.

8.4.1 Wärmeleitungsgleichung

Wir denken uns einen unendlich langen homogenen Stab (x-Achse), für den die Temperaturverteilung $f(x)$ zum Zeitpunkt $t = 0$ vorgegeben sei. Wir fragen nach der Temperaturverteilung $U(x,t)$ zum Zeitpunkt $t > 0$. Dies führt - idealisiert - auf das folgende noch zu präzisierende Problem:

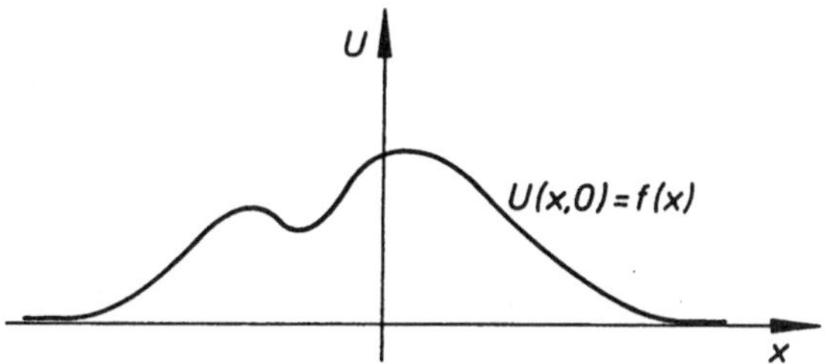

Fig. 8.8: Anfangstemperaturverteilung

Gesucht ist eine Funktion $U(x,t)$, die der Wärmeleitungsgleichung

$$\frac{\partial U(x,t)}{\partial t} = \frac{\partial^2 U(x,t)}{\partial x^2}, \qquad -\infty < x < \infty, \qquad t > 0, \tag{8.38}$$

und der Anfangsbedingung

$$\lim_{t \to 0+} U(x,t) = f(x), \qquad -\infty < x < \infty, \tag{8.39}$$

genügt.

1) Eine ausführliche Diskussion, insbesondere der physikalischen Grundlagen, findet sich z.B. in [24], Teil II, Kap. VII.

Zur Bestimmung einer (formalen) Lösung dieses Problems bilden wir die Fouriertransformierte von U(x,t) bezüglich x (d.h. wir halten t fest):

$$\hat{U}(s,t) = \frac{1}{2\pi} \int_{-\infty}^{\infty} U(x,t)\, e^{-isx}\, dx\,. \tag{8.40}$$

Differentiation nach t und anschließende Vertauschung der Reihenfolge von Differentiation und Integration auf der rechten Seite ergibt

$$\frac{\partial \hat{U}(s,t)}{\partial t} = \frac{1}{2\pi} \int_{-\infty}^{\infty} \frac{\partial U(x,t)}{\partial t}\, e^{-isx}\, dx\,,$$

woraus wegen (8.38)

$$\frac{\partial \hat{U}(s,t)}{\partial t} = \frac{1}{2\pi} \int_{-\infty}^{\infty} \frac{\partial^2 U(x,t)}{\partial x^2}\, e^{-isx}\, dx$$

folgt. Unter Beachtung von (8.33) erhalten wir hieraus die Beziehung

$$\frac{\partial \hat{U}(s,t)}{\partial t} = (is)^2\, \hat{U}(s,t)\,, \qquad t > 0\,. \tag{8.41}$$

Dies ist (bei festem $s \in \mathbb{R}$) eine gewöhnliche DGl für $\hat{U}(s,t)$ bezüglich t. Der Anfangsbedingung (8.39) entspricht im Bildbereich, wenn wir den Grenzübergang $t \to 0+$ mit der Integration vertauschen, die Bedingung

$$\begin{aligned} \lim_{t\to 0+} \hat{U}(s,t) &= \frac{1}{2\pi} \int_{-\infty}^{\infty} e^{-isx} \lim_{t\to 0+} U(x,t)\, dx \\ &= \frac{1}{2\pi} \int_{-\infty}^{\infty} e^{-isx} f(x)\, dx = \hat{f}(s)\,. \end{aligned} \tag{8.42}$$

Insgesamt erhalten wir daher für $\hat{U}(s,t)$ bei festem $s \in \mathbb{R}$ das folgende Anfangswertproblem

$$\begin{aligned} \frac{\partial \hat{U}(s,t)}{\partial t} &= -s^2 \hat{U}(s,t)\,, \quad t > 0\,, \quad s \in \mathbb{R}\,, \\ \hat{U}(s,0) &= \hat{f}(s)\,, \qquad s \in \mathbb{R}\,. \end{aligned} \tag{8.43}$$

(Problem im Bildbereich)

Da f vorgegeben ist, können wir $\hat{f}(s)$ als bekannt voraussetzen. Die Lösung von Problem (8.43) läßt sich sofort angeben (vgl. Abschnitt 1.1):

$$\hat{U}(s,t) = \hat{f}(s) \cdot e^{-s^2 t}, \quad t > 0, \quad s \in \mathbb{R}.$$

Setzen wir

$$g_t(u) := \frac{1}{2\sqrt{\pi t}} e^{-\frac{u^2}{4t}},$$

so können wir $\hat{U}$ aufgrund von Beispiel 8.7 in der Form

$$\hat{U}(s,t) = 2\pi \, \hat{f}(s) \cdot \hat{g}_t(s) = 2\pi (\widehat{f * g_t})(s) \tag{8.44}$$

darstellen (Lösung im Bildbereich). Beachten wir den Eindeutigkeitssatz für die Fouriertransformation (Satz 8.3), so erhalten wir den Lösungsausdruck

$$U(x,t) = 2\pi (f * g_t)(x) = 2\pi (g_t * f)(x) = 2\pi \cdot \frac{1}{2\pi} \int_{-\infty}^{\infty} g_t(x-u) f(u) \, du$$

bzw. wenn wir g_t einsetzen

$$\boxed{U(x,t) = \frac{1}{2\sqrt{\pi t}} \int_{-\infty}^{\infty} e^{-\frac{(x-u)^2}{4t}} f(u) \, du, \quad t > 0, \quad x \in \mathbb{R}} \tag{8.45}$$

Mit Hilfe dieser Formel läßt sich bei vorgegebener Temperaturverteilung f zum Zeitpunkt $t = 0$ der Temperaturausgleich im unendlich langen Stab beschreiben: $U(x,t)$ stellt die Temperatur an der beliebigen Stelle x des Stabes zum beliebigen Zeitpunkt $t > 0$ dar.

Bemerkung: Wir weisen nachdrücklich darauf hin, daß (8.45) eine formale Lösung unseres Problems darstellt. Zum Nachweis, daß diese tatsächlich sinnvoll ist, ist es erforderlich, das Problem zu präzisieren (etwa Voraussetzungen an f zu formulieren) und nachzuprüfen, ob (8.45) die Wärmeleitungsgleichung (8.38) bzw. die Anfangsbedingung (8.39) erfüllt. Für die hierbei auftretenden Vertauschungsoperationen sind Konvergenzuntersuchungen nötig, auf die wir hier verzichten wollen. Wir verweisen stattdessen auf die weiterführende Literatur (z.B. [72], p. 93-96).

8.4.2 Potentialgleichung

Wir geben längs der x-Achse das elektrostatische Potential $U(x,0) = f(x)$ vor und wollen das zugehörige Potential $U(x,y)$ in der oberen Halbebene $(y > 0)$ bestimmen. Die elektrische Feldstärke ergibt sich dann durch Gradientenbildung aus U.

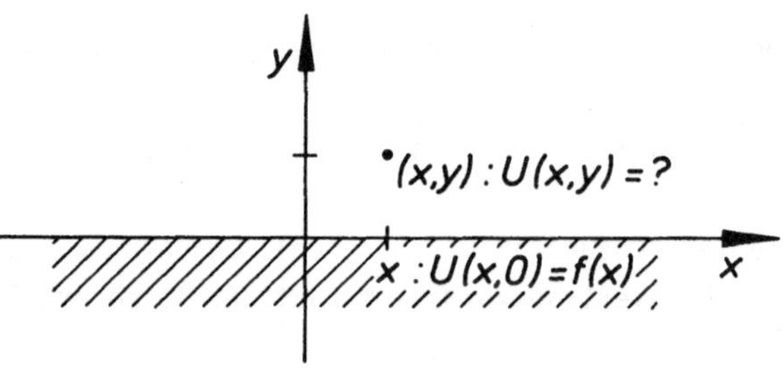

Fig. 8.9: Potential der Halbebene

Die Bestimmung von U führt auf das folgende (noch zu präzisierende) 2-dimensionale Randwertproblem der Potentialtheorie:

Gesucht ist eine Funktion $U(x,y)$, die der Potentialgleichung

$$\Delta U = \frac{\partial^2 U}{\partial x^2} + \frac{\partial^2 U}{\partial y^2} = 0 , \quad x \in \mathbb{R}, \quad y > 0 \tag{8.46}$$

und der Randbedingung

$$\lim_{y \to 0+} U(x,y) = f(x) \tag{8.47}$$

genügt.

Wir berechnen eine (formale) Lösung, indem wir zunächst die Fouriertransformierte von U bezüglich x bilden (d.h. wir halten y fest):

$$\hat{U}(s,y) = \frac{1}{2\pi}\int_{-\infty}^{\infty} U(x,y)\, e^{-isx}\,dx\,. \tag{8.48}$$

Nun differenzieren wir diesen Ausdruck zweimal nach y und vertauschen die Reihenfolge von Differentiation und Integration:

$$\frac{\partial^2 \hat{U}(s,y)}{\partial y^2} = \frac{\partial^2}{\partial y^2}\frac{1}{2\pi}\int_{-\infty}^{\infty} U(x,y)\, e^{-isx}\,dx = \frac{1}{2\pi}\int_{-\infty}^{\infty} \frac{\partial^2 U(x,y)}{\partial y^2}\, e^{-isx}\,dx\,.$$

Aufgrund der Potentialgleichung (8.46) können wir im letzten Integral $\frac{\partial^2 U}{\partial y^2}$ durch $-\frac{\partial^2 U}{\partial x^2}$ ersetzen:

$$\frac{\partial^2 \hat{U}}{\partial y^2} = -\frac{1}{2\pi}\int_{-\infty}^{\infty} \frac{\partial^2 U(x,y)}{\partial x^2}\, e^{-isx}\,dx\,.$$

Hieraus ergibt sich mit (8.33)

$$\frac{\partial^2 \hat{U}}{\partial y^2} = -(is)^2\,\hat{U}(s,y) = s^2\hat{U}(s,y)\,, \qquad y > 0\,, \qquad s \in \mathbb{R} \text{ fest}\,, \tag{8.49}$$

also eine gewöhnliche DGl für $\hat{U}$, von der wir sofort die allgemeine Lösung angeben können:

$$\hat{U}(s,y) = C_1\, e^{|s|y} + C_2\, e^{-|s|y}\,. \tag{8.50}$$

Dabei hängen die Konstanten C_1, C_2 im allgemeinen noch von s ab. Benutzen wir die Randbedingung (8.47) und vertauschen wir Grenzübergang $y \to 0+$ und Integration, so ergibt sich

$$\lim_{y\to 0+}\hat{U}(s,y) = \frac{1}{2\pi}\lim_{y\to 0+}\int_{-\infty}^{\infty} U(x,y)\, e^{-isx}\,dx = \frac{1}{2\pi}\int_{-\infty}^{\infty}\lim_{y\to 0+} U(x,y)\, e^{-isx}\,dx$$

$$= \frac{1}{2\pi}\int_{-\infty}^{\infty} f(x)\, e^{-isx}\,dx = \hat{f}(s)\,. \tag{8.51}$$

Andererseits folgt aus (8.50), daß $\hat{U}(s,y)$ (s fest) für $y \to +\infty$ nur dann beschränkt bleibt, falls $C_1 = 0$ ist. Damit ist

$$\lim_{y \to 0+} \hat{U}(s,y) = \hat{f}(s) = C_2 ,$$

und wir erhalten

$$\hat{U}(s,y) = \hat{f}(s)\, e^{-|s|y} \tag{8.52}$$

als Lösung im Bildbereich. Wir suchen nun eine Funktion $g_y(x)$ so, daß $\hat{g}_y(s) = e^{-|s|y}$ ist. Diese Funktion ist durch

$$g_y(x) = \frac{2y}{x^2 + y^2} \tag{8.53}$$

gegeben (zeigen!). Daher läßt sich $\hat{U}$ als Produkt von zwei Fouriertransformierten darstellen:

$$\hat{U}(s,y) = \hat{g}_y(s) \cdot \hat{f}(s) .$$

Mit (8.30) können wir dieses Produkt in der Form

$$\hat{U}(s,y) = \widehat{(g_y * f)}(s)$$

schreiben, und mit dem Identitätssatz für die Fouriertransformation folgt

$$U(x,y) = (g_y * f)(x) = \frac{1}{2\pi} \int_{-\infty}^{\infty} g_y(x-u)\, f(u)\, du .$$

Setzen wir noch (8.53) ein, so ergibt sich die formale Lösung

$$\boxed{U(x,y) = \frac{1}{\pi} \int_{-\infty}^{\infty} \frac{y}{(x-u)^2 + y^2}\, f(u)\, du , \quad y > 0 , \quad x \in \mathbb{R}} \tag{8.54}$$

Bemerkung: Man nennt (8.54) Poisson'sche Integralformel für die Halbebene. Es läßt sich zeigen (s. z.B. [72], p. 69 - 71), daß (8.54) für jede in $\mathbb{R}$

beschränkte und stetige Potentialverteilung f der Potentialgleichung (8.46) genügt und die Randbedingung (8.47) gleichmäßig in jedem Intervall $[-A, A]$ erfüllt.

Übungen

8.1 Man überprüfe, ob den folgenden Funktionen f die angegebenen Fouriertransformierten $\hat{f}$ entsprechen:

a) $$f(t) = \begin{cases} 1 - |t|, & \text{für } |t| \leq 1 \\ 0, & \text{sonst} \end{cases} \quad ; \quad \hat{f}(s) = \frac{1}{2\pi}\left(\frac{\sin\frac{s}{2}}{\frac{s}{2}}\right)^2 ;$$

b) $$f(t) = e^{-\frac{t^2}{2}} ; \qquad \hat{f}(s) = \frac{1}{\sqrt{2\pi}}\, e^{-\frac{s^2}{2}} .$$

8.2* Mit Hilfe des Umkehrsatzes für die Fouriertransformation berechne man das Integral

$$\text{C.H.}\int_{-\infty}^{\infty} \frac{\sin sa \cdot \cos sx}{s}\, ds = \lim_{A\to\infty} \int_{-A}^{A} \frac{\sin sa \cdot \cos sx}{s}\, ds , \qquad a > 0 .$$

Anleitung: Man bestimme die Fouriertransformierte der Funktion

$$f(x) = \begin{cases} 1, & \text{für } |x| \leq a \\ 0, & \text{für } |x| > a \end{cases}$$

und benutze Satz 8.2.

8.3 Sei f in $\mathbb{R}$ stückweise stetig und absolut integrierbar. Man weise nach, daß für $a > 0$ die Beziehung

$$\mathcal{F}\,[f(at)] = \frac{1}{a}\,\hat{f}\left(\frac{s}{a}\right)$$

gilt.

8.4 Man rechne die folgenden Eigenschaften der Faltung nach:

(a) $f_1 * f_2 = f_2 * f_1$ (Kommutativität);

(b) $(f_1 * f_2) * f_3 = f_1 * (f_2 * f_3)$ (Assoziativität);

(c) $f_1 * (f_2 + f_3) = (f_1 * f_2) + (f_1 * f_3)$ (Distributivität).

8.5* Man bilde die DGln

a) $y'' + 2y' - 6y = g$; b) $y^{(4)} - 3y'' + 8y = g$

mittels Fouriertransformation ab und bestimme ihre Lösungen im Bildbereich.

8.6* Mit Hilfe der Fouriertransformation bestimme man eine (formale) Lösung $f(x)$ der Integralgleichung

$$f(x) = g(x) + \int_{-\infty}^{\infty} k(x-u)\,f(u)\,du\,, \qquad -\infty < x < \infty$$

(g,k vorgegebene Funktionen).

9 LAPLACETRANSFORMATION

Neben der Fouriertransformation spielt die Laplacetransformation in Technik und Naturwissenschaften eine wichtige Rolle. Sie erweist sich insbesondere für die Lösung von gewöhnlichen DGln als äußerst wichtiges Hilfsmittel.

9.1 MOTIVIERUNG UND DEFINITION

9.1.1 Zusammenhang zur Fouriertransformation

Wir wissen aus Abschnitt 8.1.2, daß für Funktionen f, die in $\mathbb{R}$ stückweise stetig und dort absolut integrierbar sind, die Fouriertransformierte $\hat{f}$ existiert. Diese Voraussetzungen sind jedoch für viele Funktionen verletzt. So ist z.B. die Heaviside-Funktion

$$h(t) = \begin{cases} 0, & \text{für} \quad t < 0 \\ 1, & \text{für} \quad t \geq 0 \end{cases}$$

in $\mathbb{R}$ nicht absolut integrierbar. Dasselbe gilt für die Funktionen

$$e^{\alpha t}, \quad \sin \omega t, \quad \cos \omega t.$$

Es läßt sich leicht zeigen, daß diese Funktionen keine Fouriertransformierte besitzen (nachrechnen!). In vielen Anwendungen treten nun aber Funktionen von diesem Typ auf, häufig verbunden mit der zusätzlichen Eigenschaft

$$f(t) = 0 \qquad \text{für} \quad t < 0. \tag{9.1}$$

Diese ist z.B. bei allen Vorgängen erfüllt, die zu einem bestimmten Zeitpunkt beginnen, den wir willkürlich $t = 0$ setzen (Einschaltvorgänge usw.). Um auch solche Fälle erfassen zu können, führen wir den konvergenzerzeugenden Faktor

$$e^{-\alpha t} \quad (\alpha > 0) \tag{9.2}$$

ein und betrachten anstelle von f die Funktion f^* mit

$$f^*(t) = \begin{cases} 0, & \text{für } t < 0, \\ e^{-\alpha t} f(t), & \text{für } t \geq 0. \end{cases} \tag{9.3}$$

Bilden wir nun (formal) die Fouriertransformierte von f^*, so erhalten wir

$$\begin{aligned} \mathcal{F}[f^*(t)] &= \frac{1}{2\pi} \int_{-\infty}^{\infty} f^*(t)\, e^{-ist} dt \\ &= \frac{1}{2\pi} \int_{0}^{\infty} e^{-\alpha t} f(t)\, e^{-ist}\, dt \\ &= \frac{1}{2\pi} \int_{0}^{\infty} e^{-(\alpha+is)t} f(t)\, dt. \end{aligned}$$

Hieraus ergibt sich mit $z := \alpha + is$

$$\mathcal{F}[f^*(t)] = \frac{1}{2\pi} \int_{-\infty}^{\infty} e^{-zt} f(t)\, dt. \tag{9.4}$$

9.1.2 Definition der Laplacetransformation. Beispiele

Wir nehmen den am Ende des vorigen Abschnitts aufgezeigten Zusammenhang zum Anlaß für die folgende

Definition 9.1 Sei $f : \mathbb{R}_0^+ \to \mathbb{R}$ [1]. Ordnet man f aufgrund der Beziehung

$$F(z) = \int_0^\infty e^{-zt} f(t)\,dt\,, \qquad z \in \mathbb{C} \tag{9.5}$$

die Funktion F zu, so nennt man F die Laplacetransformierte (oder Unterfunktion) von f; f heißt Originalfunktion (oder Oberfunktion). Neben $F(z)$ verwendet man auch die Schreibweise $\mathcal{L}\,[f(t)]$.

Wir untersuchen das Konvergenzverhalten der Laplacetransformation. Hierzu führen wir den Begriff "Funktion von exponentieller Ordnung" ein.

Definition 9.2 Wir sagen: $f : \mathbb{R}_0^+ \to \mathbb{R}$ ist von exponentieller Ordnung γ, falls es Konstanten $M > 0$ und $\gamma \in \mathbb{R}$ gibt, so daß für alle t mit $0 \leq t < \infty$ gilt:

$$|f(t)| \leq M\,e^{\gamma t}\,. \tag{9.6}$$

Zum Beispiel ist $f(t) = t^2$ von exponentieller Ordnung, da für alle $t \geq 0$

$$|t^2| = t^2 < 2\,e^t = 2 + 2\,t + t^2 + \ldots$$

gilt. Ferner sind alle Polynome sowie die Sinus- und Cosinusfunktion von exponentieller Ordnung.

Satz 9.1 Sei f in $\mathbb{R}_0^+$ stückweise stetig und von exponentieller Ordnung γ. Dann existiert die Laplacetransformierte $F(z)$ für alle $z \in \mathbb{C}$ mit $\mathrm{Re}\,z > \gamma$ (= Konvergenzhalbebene).

---

1) Unter $\mathbb{R}_0^+$ verstehen wir das Intervall $[0,\infty)$.

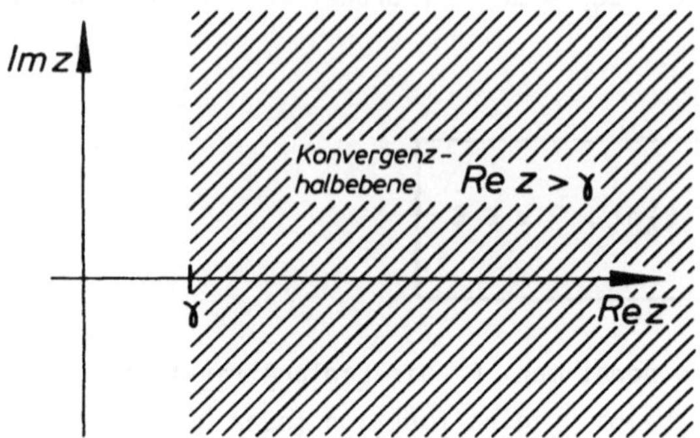

Fig. 9.1: Konvergenzbereich der Laplacetransformation

Beweis: Nach Voraussetzung ist f von exponentieller Ordnung γ. Es gibt daher Konstanten $M > 0$ und $\gamma \in \mathbb{R}$ mit $|f(t)| \leq M e^{\gamma t}$ für alle $t \geq 0$. Hieraus folgt die Abschätzung

$$|e^{-zt} f(t)| = |e^{-\operatorname{Re} z \cdot t}| \, |e^{-i \operatorname{Im} z \cdot t}| \, |f(t)|$$

$$\leq e^{-\operatorname{Re} z \cdot t} \cdot 1 \cdot M e^{\gamma t} = M e^{-(\operatorname{Re} z - \gamma) t} = M e^{-\alpha t},$$

wobei wir $\alpha = \operatorname{Re} z - \gamma$ gesetzt haben. Andererseits existiert das Integral

$$\int_0^\infty e^{-\alpha t} \, dt$$

für $\alpha > 0$ (vgl. Beisp. 9.1), so daß die Behauptung unseres Satzes aus dem Vergleichskriterium für uneigentliche Integrale (Hilfssatz 8.1) folgt. □

Bemerkung: Es läßt sich zeigen, daß $F(z)$ eine in der Konvergenzhalbebene holomorphe Funktion ist, so daß sich Resultate und Methoden der Funktionentheorie zur Diskussion der Laplacetransformation verwenden lassen (s. hierzu z.B. [65], Bd. I, Kap. 3, § 2).

Beispiel 9.1 Wir erklären die Heavisidefunktion h_a durch

$$h_a(t) := \begin{cases} 0\,, & \text{für } 0 \le t < a \\ 1\,, & \text{für } t \ge a \end{cases} \qquad (9.7)$$

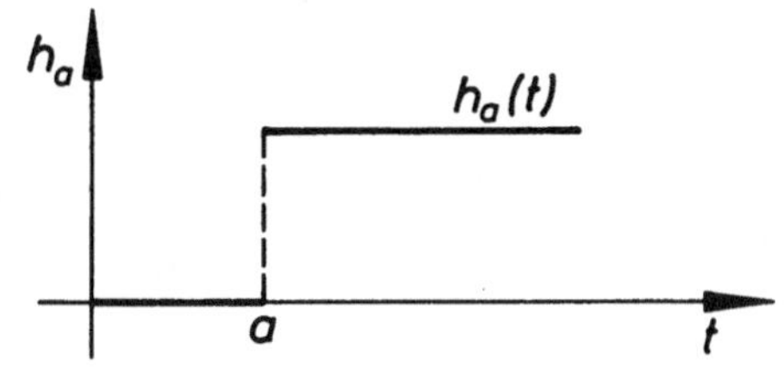

Fig. 9.2: Heaviside-Funktion h_a

und berechnen $\mathcal{L}\,[h_a(t)]$ für $\operatorname{Re} z = x > 0$:

$$\mathcal{L}\,[h_a(t)] = \int_0^\infty e^{-zt}\,h_a(t)\,dt = \int_a^\infty e^{-zt}\cdot 1\,dt$$

$$= \lim_{A\to\infty}\int_a^A e^{-zt}\,dt = \lim_{A\to\infty}\left.\frac{e^{-zt}}{(-z)}\right|_{t=a}^{t=A}$$

$$= \lim_{A\to\infty}\frac{1}{z}\left(e^{-az} - e^{-Az}\right) = \begin{cases} \dfrac{e^{-az}}{z}\,, & \text{falls } a \neq 0\,, \\ \dfrac{1}{z}\,, & \text{falls } a = 0\,. \end{cases}$$

Beispiel 9.2 Wir berechnen die Laplacetransformierte für die Cosinus- bzw. Sinusfunktion. Sei $z = x + iy$. Für $x > 0$ gilt dann

$$\mathcal{L}\,[\cos\omega t] + i\,\mathcal{L}\,[\sin\omega t] = \int_0^\infty e^{-zt}\cos\omega t\,dt + i\int_0^\infty e^{-zt}\sin\omega t\,dt$$

$$= \int_0^\infty e^{-zt}\,e^{i\omega t}\,dt = \lim_{A\to\infty}\int_0^A e^{(-z+i\omega)t}\,dt$$

$$= \lim_{A\to\infty}\frac{e^{(-z+i\omega)A} - 1}{-z+i\omega} = \lim_{A\to\infty}\frac{e^{-xA}\cdot e^{i(\omega-y)A} - 1}{-z+i\omega} = \frac{1}{z-i\omega} = \frac{z+i\omega}{z^2+\omega^2}\,,$$

d.h. für $x = \operatorname{Re} z > 0$ erhalten wir, wenn wir dieselbe Rechnung für $-\omega$ statt ω durchführen und die entsprechenden Gleichungen addieren bzw. subtrahieren

$$\mathcal{L}\,[\cos\omega t] = \frac{z}{z^2+\omega^2} \quad \text{bzw.} \quad \mathcal{L}\,[\sin\omega t] = \frac{\omega}{z^2+\omega^2}\,.$$

<u>Beispiel 9.3</u> Die Laplacetransformierte der Exponentialfunktion lautet für $\operatorname{Re} z > a$

$$\mathcal{L}\,[e^{at}] = \int_0^\infty e^{-zt}\, e^{at}\, dt = \int_0^\infty e^{(a-z)t}\, dt$$

$$= \lim_{A\to\infty} \frac{e^{(a-z)t}}{a-z}\Bigg|_{t=0}^{t=A} = \frac{1}{z-a} \quad .$$

9.2 Umkehrung der Laplacetransformation

9.2.1 Umkehrsatz und Identitätssatz

Unser Anliegen ist es, einen dem Umkehrsatz für die Fouriertransformation entsprechenden Satz für die Laplacetransformation zu gewinnen. Dies geschieht durch Zurückführung auf Satz 8.2: Die Funktion f sei von exponentieller Ordnung γ mit Konstante $M > 0$, verschwinde für $t < 0$ und sei in $\mathbb{R}$ stückweise glatt. Setzen wir für $t \in \mathbb{R}$ und $x > \gamma$

$$f^*(t) := e^{-xt} f(t), \tag{9.8}$$

so ist auch f^* in $\mathbb{R}$ stückweise glatt und verschwindet für $t < 0$. Außerdem ist f^* absolut integrierbar in $\mathbb{R}$. Dies folgt aus

$$\int_{-\infty}^{\infty} |f^*(t)|\, dt = \int_0^{\infty} e^{-xt} |f(t)|\, dt \leq M \int_0^{\infty} e^{-xt} e^{\gamma t} dt$$

$$\leq M \int_0^{\infty} e^{-(x-\gamma)t} dt, \qquad x > \gamma .$$

Daher existiert $\widehat{f^*}$ nach Hilfssatz 8.2, und wir erhalten

$$\widehat{f^*}(s) = \frac{1}{2\pi} \int_{-\infty}^{\infty} f^*(t)\, e^{-ist} dt = \frac{1}{2\pi} \int_0^{\infty} f(t)\, e^{-(x+is)t} dt$$

$$= \frac{1}{2\pi} F(x+is), \qquad x > \gamma .$$

Nach Satz 8.2 gilt daher für $x > \gamma$

$$\frac{f^*(t+) + f^*(t-)}{2} = \lim_{A\to\infty} \int_{-A}^{A} \widehat{f^*}(s)\, e^{its} ds = \frac{1}{2\pi} \lim_{A\to\infty} \int_{-A}^{A} F(x+is)\, e^{its} ds$$

bzw. wegen $f^*(t) = e^{-xt} f(t)$

$$\frac{f(t+)+f(t-)}{2} = \frac{e^{xt}}{2\pi} \lim_{A\to\infty} \int_{-A}^{A} F(x+is)\, e^{its}\, ds$$

$$= \frac{1}{2\pi} \lim_{A\to\infty} \int_{-A}^{A} F(x+is)\, e^{(x+is)t}\, ds\,.$$

Mit der Substitution $z := x + is$ ergibt sich hieraus

$$\frac{f(t+)+f(t-)}{2} = \frac{1}{2\pi i} \lim_{A\to\infty} \int_{x-iA}^{x+iA} F(z)\, e^{zt} dz\,, \qquad \operatorname{Re} z > \gamma\,.$$

Damit ist gezeigt:

Satz 9.2 (Umkehrsatz für die Laplacetransformation). Die Funktion f erfülle die obigen Voraussetzungen. Dann gilt für alle $x > \gamma$

$$\frac{1}{2\pi i} \lim_{A\to\infty} \int_{x-iA}^{x+iA} e^{zt} F(z)\, dz = \begin{cases} \dfrac{f(t+)+f(t-)}{2}\,, & \text{für } t > 0\,, \\ \dfrac{f(0+)}{2}\,, & \text{für } t = 0\,, \\ 0\,, & \text{für } t < 0\,. \end{cases} \tag{9.9}$$

Insbesondere gilt in jedem Stetigkeitspunkt t von f

$$f(t) = \frac{1}{2\pi i} \lim_{A\to\infty} \int_{x-iA}^{x+iA} e^{zt} F(z)\, dz\,, \qquad x > \gamma\,. \tag{9.10}$$

Mit diesem Satz läßt sich aus der Laplacetransformierten F von f:

$$F(z) = \int_0^{\infty} e^{-zt} f(t)\, dt\,, \qquad \operatorname{Re} z > \gamma\,, \tag{9.11}$$

die zugehörige Oberfunktion f zurückgewinnen.

Für die durch (9.9) bzw. (9.10) erklärte Umkehrabbildung schreibt man symbolisch $\mathcal{L}^{-1}$ [F(z)] .

Bemerkung: Die Integration in (9.9) bzw. (9.10) ist längs einer Parallelen zur imaginären Achse durch den festen Punkt $x > \gamma$ durchzuführen (s. Fig. 9.3).

9.2.2 Berechnung der Inversen [1]

Die Inversionsformel (9.9) ermöglicht es, die inverse Laplacetransformation einer vorgegebenen Funktion F direkt zu berechnen. Für die konkrete Durchführung betrachtet man das Integral

$$\frac{1}{2\pi i} \int_{C_R} e^{zt} F(z)\, dz , \tag{9.12}$$

wobei C_R der in Figur 9.4 angegebene Weg ist.

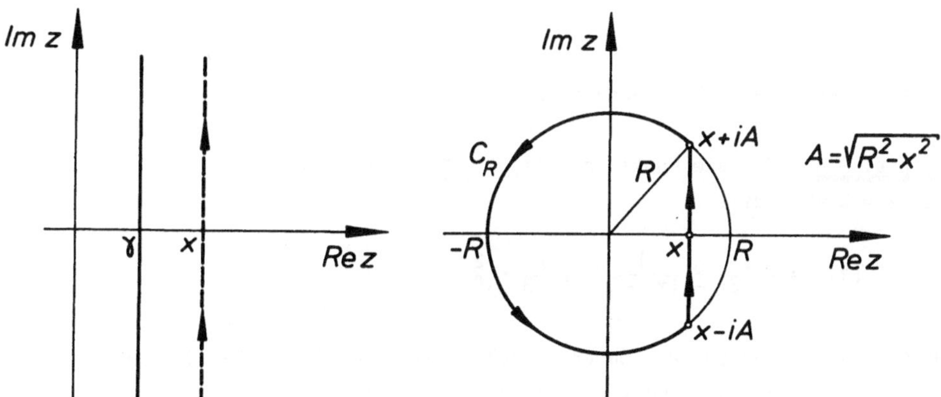

Fig. 9.3: Integrationsweg in den Umkehrformeln

Fig. 9.4: Wahl des Integrationsweges bei praktischer Berechnung

1) Dieser Abschnitt setzt Kenntnisse in komplexer Analysis (= Funktionentheorie) voraus und kann daher zunächst übersprungen werden. Die benötigten Grundlagen finden sich in Band IV.

Bezeichnen wir den Kreisbogen, der die Punkte $x + iA$ und $x - iA$ verbindet, mit S_R, so gilt

$$\frac{1}{2\pi i} \lim_{A\to\infty} \int_{x-iA}^{x+iA} e^{zt} F(z)\,dz = \lim_{R\to\infty} \left[\frac{1}{2\pi i} \int_{C_R} e^{zt} F(z)\,dz - \frac{1}{2\pi i} \int_{S_R} e^{zt} F(z)\,dz \right]. \tag{9.13}$$

Für den Fall, daß $F(z)$ Polstellen als Singularitäten besitzt, kann der Residuensatz (s. Bd. IV, Abschn. 8.2.1) zur Berechnung des Integrals (9.12) herangezogen werden.

Gilt für $F(z)$ die Abschätzung

$$|F(z)| < \frac{M}{R^\alpha} \tag{9.14}$$

mit $z \in S_R$, $M > 0$ und $\alpha > 0$, so läßt sich zeigen (wir überlassen diesen Nachweis dem Leser)

$$\int_{S_R} e^{zt} F(z)\,dz \to 0 \qquad \text{für } R \to \infty. \tag{9.15}$$

Wir erläutern die Methode anhand von

<u>Beispiel 9.4</u> Für die Funktion $F(z) = \frac{1}{z-3}$ bestimmen wir $\mathcal{L}^{-1}[F(z)]$. Mit $z = R\,e^{i\varphi}$ gilt

$$|F(z)| = \frac{1}{|z-3|} \leq \frac{1}{|z| - 3} = \frac{1}{R-3} < \frac{2}{R}$$

für hinreichend große R. Daher verschwindet nach (9.15) das Integral über S_R für $R \to \infty$, und wir erhalten mit (9.13)

$$\mathcal{L}^{-1}[F(z)] = f(t) = \lim_{R\to\infty} \frac{1}{2\pi i} \int_{C_R} e^{zt} F(z)\,dz.$$

Das Residuum von

$$e^{zt} F(z) = \frac{e^{zt}}{z-3}$$

an der Stelle $z = 3$ besitzt den Wert e^{3t}, so daß sich nach dem Residuensatz

$$\mathcal{L}^{-1} [F(z)] = \sum \text{Res} \left(\frac{e^{zt}}{z-3} \right) = e^{3t} = f(t)$$

ergibt.

Bemerkung: In der Praxis gelingt die Bestimmung der Originalfunktion häufig anhand einer Tabelle (eine solche findet sich z.B. am Ende von Abschnitt 9.3), indem man versucht, die zugehörige Originalfunktion zu einer bekannten Bildfunktion zu finden. Dabei sind oft zuvor noch Umformungen nötig, die sich mit Hilfe von Abschnitt 9.3 durchführen lassen.

Eine direkte Konsequenz von Satz 9.2 ist

Satz 9.3 (Eindeutigkeitssatz für die Laplacetransformation)
Für die Funktionen f_1, f_2 seien die Voraussetzungen von Satz 9.2 erfüllt. Ferner gelte $F_1(z) = F_2(z)$ für $\text{Re}\, z > \gamma$. Dann gilt in jedem Stetigkeitspunkt t von f_1 und f_2 : $f_1(t) = f_2(t)$.

9.3 Eigenschaften der Laplacetransformation

In Analogie zu Abschnitt 8.3 stellen wir nun einige Eigenschaften der Laplacetransformation zusammen. Falls keine anderen Voraussetzungen angegeben sind, gehen wir im folgenden stets davon aus, daß die verwendeten Funktionen stückweise stetig in $\mathbb{R}$ sind und für $t < 0$ verschwinden. Außerdem seien sie von exponentieller Ordnung.

9.3.1 Linearität

Die Zuordnung $f \to \mathcal{L}[f]$ ist linear, d.h. es gilt

$$\mathcal{L}[f_1 + f_2] = \mathcal{L}[f_1] + \mathcal{L}[f_2] \tag{9.16}$$

$$\mathcal{L}[\alpha f] = \alpha\, \mathcal{L}[f]\,, \qquad \alpha \in \mathbb{R} \tag{9.17}$$

(Zeigen!)

9.3.2 Verschiebungssätze. Streckungssatz

Wir untersuchen, wie sich die Laplacetransformation $\mathcal{L}[f]$ ändert, wenn wir f mit einem Exponentialfaktor multiplizieren bzw. linear transformieren. Dies ist z.B. dann von Bedeutung, wenn ein Einschaltvorgang nicht zum Zeitpunkt $t = 0$, sondern zu einem anderen Zeitpunkt beginnt. Es gilt

<u>Satz 9.4</u> Unter den obigen Voraussetzungen folgt mit $\mathcal{L}\,[f(t)] = F(z)$

$$\mathcal{L}\,[e^{\delta t} f(t)] = F(z-\delta)\,. \tag{9.18}$$

Ist g durch $g(t) = h_\delta(t)\, f(t-\delta)(\delta > 0)$ erklärt, wobei h_δ die Heaviside-Funktion ist, so gilt

$$\mathcal{L}\,[h_\delta(t)\, f(t-\delta)] = e^{-\delta z} F(z)\,. \tag{9.19}$$

$$\mathcal{L}\,[f(at)] = \frac{1}{a} F\left(\frac{z}{a}\right), \quad a \neq 0\,. \tag{9.20}$$

Man nennt (9.18), (9.19) Verschiebungssätze, (9.20) den Streckungssatz.

Beweis: Wir beweisen (9.19) und überlassen den restlichen Beweis dem Leser. Es gilt

$$\mathcal{L}\,[g(t)] = \int_0^\infty e^{-zt} g(t)\,dt = \int_\delta^\infty e^{-zt} f(t-\delta)\,dt\,,$$

woraus mit $u := t - \delta$

$$\mathcal{L}\,[g(t)] = \int_0^\infty e^{-z(u+\delta)} f(u)\,du = e^{-z\delta} \int_0^\infty e^{-zu} f(u)\,du = e^{-\delta z} F(z)$$

und damit (9.19) folgt. □

<u>Beispiel 9.5</u> Wir bestimmen $\mathcal{L}\,[\cosh(\alpha t)]$. Aufgrund der Linearität von $\mathcal{L}$ gilt

$$\mathcal{L}\,[\cosh(\alpha t)] = \mathcal{L}\left[\frac{e^{\alpha t} + e^{-\alpha t}}{2}\right] = \frac{1}{2}\,\mathcal{L}\left[e^{\alpha t}\right] + \frac{1}{2}\,\mathcal{L}\left[e^{-\alpha t}\right].$$

Hieraus ergibt sich mit Beispiel 9.3

$$\mathcal{L}\,[\cosh(\alpha t)] = \frac{1}{2}\left(\frac{1}{z-\alpha} + \frac{1}{z+\alpha}\right) = \frac{z}{z^2-\alpha^2}\,, \qquad \text{Re}\, z > |\alpha|\,.$$

Beispiel 9.6 Wir berechnen $\mathcal{L}\,[e^{-t}\cos(2t)]$. Wegen

$$\mathcal{L}\,[\cos(2t)] = \frac{z}{z^2+4} = F(z)\,, \qquad \operatorname{Re} z > 0\,.$$

(vgl. Beisp. 9.2) folgt mit (9.18)

$$\mathcal{L}\,[e^{-t}\cos(2t)] = F(z+1) = \frac{z+1}{(z+1)^2+4} = \frac{z+1}{z^2+2z+5}\,, \qquad \operatorname{Re} z > 0\,.$$

9.3.3 Faltungsprodukt

Wie im Fall der Fouriertransformation sind wir wieder daran interessiert, Produkte im Bildbereich der Laplacetransformation geeignet darzustellen. Hierzu führen wir einen Faltungsbegriff ein, der auf die Laplacetransformation zugeschnitten ist.

Definition 9.3 Seien f_1, f_2 in $\mathbb{R}$ stückweise stetige Funktionen mit $f_1(t) = f_2(t) = 0$ für $t < 0$. Unter der *Faltung der Funktionen f_1 und f_2* versteht man den Ausdruck

$$(f_1 * f_2)(t) = \int_0^t f_1(t-u)\, f_2(u)\, du\,, \qquad t \in \mathbb{R} \tag{9.21}$$

Bemerkung: Zwischen der Faltung bei der Fouriertransformation (vgl. Def. 8.4), wir schreiben $f_1 *_F f_2$, und in Definition 9.3, wir schreiben $f_1 *_L f_2$, besteht folgender Zusammenhang: Verschwinden f_1 und f_2 für $t < 0$, so gilt

$$(f_1 *_F f_2)(t) = \frac{1}{2\pi}\int_{-\infty}^{\infty} f_1(t-u)\, f_2(u)\, du = \frac{1}{2\pi}\int_0^t f_1(t-u)\, f_2(u)\, du =$$

$$= \frac{1}{2\pi}\,(f_1 *_L f_2)(t)\,.$$

Von entscheidender Bedeutung ist wieder ein Faltungssatz:

Satz 9.5 (Faltungssatz) Die Funktion f_1 sei in $\mathbb{R}$ stetig, die Funktion f_2 stückweise stetig; beide seien von exponentieller Ordnung γ, und es gelte $f_1(t) = f_2(t) = 0$ für $t < 0$. Dann existiert die Laplacetransformierte der Faltung $f_1 * f_2$ für $\operatorname{Re} z > \gamma$, und es gilt

$$\mathcal{L}[f_1 * f_2] = \mathcal{L}[f_1] \cdot \mathcal{L}[f_2] . \tag{9.22}$$

Beweisskizze [1]: Nach Definition 9.3 gilt

$$\mathcal{L}[(f_1 * f_2)(t)] = \int_0^\infty e^{-zt}[f_1(t) * f_2(t)]\,dt = \int_0^\infty e^{-zt}\left[\int_0^t f_1(t-u)\,f_2(u)\,du\right]dt$$

$$= \int_{t=0}^{t=\infty}\left[\int_{u=0}^{u=t} e^{-zt} f_1(t-u)\,f_2(u)\,du\right]dt .$$

Wir vertauschen nun die Reihenfolge der Integrationen (Konvergenzuntersuchungen nötig!).

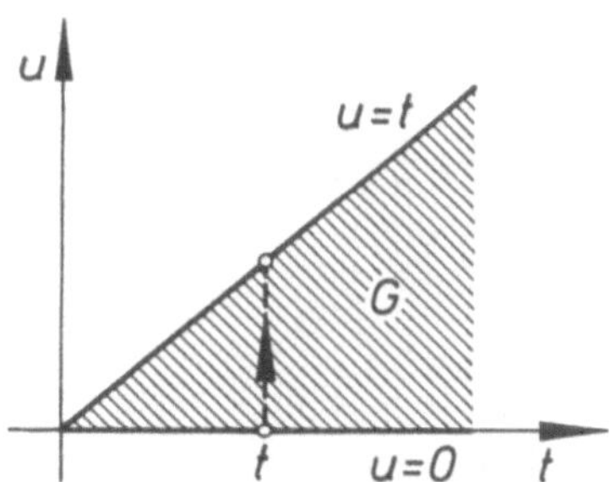

Fig. 9.5: Integrationsgrenzen bei Laplacetransformation der Faltung

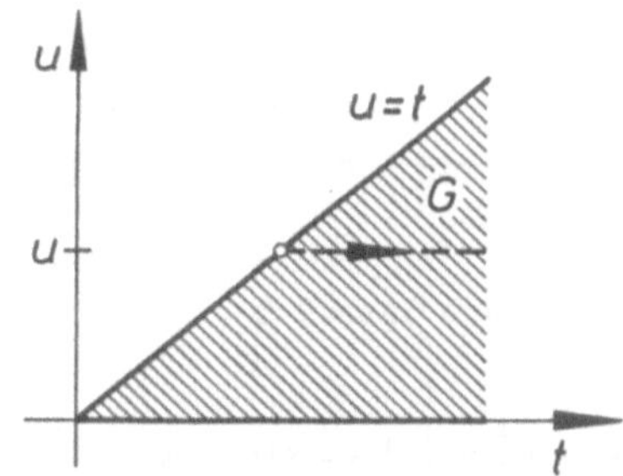

Fig. 9.6: Integrationsgrenzen nach Vertauschung der Reihenfolge der Integration

1) Ein ausführlicher Beweis findet sich z.B. in [19], Teil III, § 18.

Dies ergibt

$$\mathcal{L}\,[(f_1 * f_2)(t)] = \int\limits_{u=0}^{u=\infty} \left[\int\limits_{t=u}^{t=\infty} e^{-zt} f_1(t-u)\, f_2(u)\, dt \right] du$$

$$= \int\limits_0^\infty f_2(u) \left[\int\limits_u^\infty e^{-zt} f_1(t-u)\, dt \right] du ,$$

bzw. mit der Substitution $v := t - u$,

$$\mathcal{L}\,[(f_1 * f_2)(t)] = \int\limits_0^\infty f_2(u) \left[\int\limits_0^\infty e^{-z(u+v)} f_1(v)\, dv \right] du$$

$$= \int\limits_0^\infty f_2(u)\, e^{-zu}\, du \cdot \int\limits_0^\infty e^{-zv} f_1(v)\, dv$$

$$= \mathcal{L}\,[f_2] \cdot \mathcal{L}\,[f_1] \,. \qquad \square$$

Bemerkung: Neben der großen Bedeutung des Faltungssatzes für die Anwendungen ist dieser auch häufig bei der Berechnung von Oberfunktionen f aus bekannten Unterfunktionen F nützlich. Wir zeigen dies anhand von

Beispiel 9.7 Wir berechnen für $F(z) = \frac{1}{z} \cdot \frac{1}{z^2+4}$ die Inverse $\mathcal{L}^{-1}\,[F(z)] = f(t)$. Nach Beispiel 9.3 bzw. Beispiel 9.2 gilt

$$\mathcal{L}^{-1} \left[\frac{1}{z}\right] = 1 \quad \text{bzw.} \quad \mathcal{L}^{-1} \left[\frac{1}{z^2+4}\right] = \frac{1}{2}\, \mathcal{L}^{-1} \left[\frac{2}{z^2+2^2}\right] = \frac{1}{2} \sin 2t \,.$$

Hieraus ergibt sich nach Satz 9.5

$$\mathcal{L}^{-1} \left[\frac{1}{z} \cdot \frac{1}{z^2+4}\right] = \int\limits_0^t 1 \cdot \frac{1}{2} \sin 2u\, du = \frac{1}{4}\,(1 - \cos 2t) \,.$$

9.3.4 Differentiation

Zur Lösung von Differentialgleichungsproblemen ist die Frage, wie sich die Differentiation bei Anwendung der Laplacetransformation überträgt, von entscheidender Bedeutung. Wie im Fall der Fouriertransformation gewinnen wir Sätze, die eine Algebraisierung bei gewöhnlichen Differentialgleichungsproblemen ermöglichen.

Satz 9.6 Die Funktion f sei in $\mathbb{R}_0^+$ stetig, stückweise glatt und von exponentieller Ordnung γ. Dann gilt für $\operatorname{Re} z > \gamma$

$$\mathcal{L}\,[f'(t)] = z \cdot \mathcal{L}\,[f(t)] - f(0)\,. \tag{9.23}$$

Der Differentiation im Originalbereich entspricht also im Fall $f(0) = 0$ die Multiplikation mit dem Faktor z im Bildbereich.

Beweis: Mittels partieller Integration ergibt sich

$$\mathcal{L}\,[f'(t)] = \int_0^\infty e^{-zt} f'(t)\,dt = \lim_{A\to\infty} \int_0^A e^{-zt} f'(t)\,dt$$

$$= \lim_{A\to\infty} e^{-zt} f(t) \Big|_{t=0}^{t=A} + z \int_0^\infty e^{-zt} f(t)\,dt. \tag{9.24}$$

Da f von exponentieller Ordnung γ ist, folgt für $\operatorname{Re} z > \gamma$

$$\lim_{A\to\infty} e^{-zA} f(A) = 0$$

und damit die Behauptung. □

Folgerung Die Voraussetzungen von Satz 9.6 seien erfüllt; nur an der Stelle $t = a > 0$ liege eine Sprungstelle von f. Dann gilt

$$\mathcal{L}\,[f'(t)] = z \cdot \mathcal{L}\,[f(t)] - f(0) - [f(a+) - f(a-)]\,e^{-az}. \tag{9.25}$$

Beweis: Wir spalten (9.24) in der Form

$$\int_0^{a-} \dots + \int_{a+}^{\infty} \dots$$

auf und verfahren wie im Beweis von Satz 9.6. □

Für den Fall höherer Ableitungen gilt

Satz 9.7 Sei f in $\mathbb{R}_0^+$ $(r-1)$-mal stetig differenzierbar und $f^{(r-1)}$ stückweise glatt. Ferner seien $f, f', \dots, f^{(r-1)}$ von exponentieller Ordnung γ. Dann gilt für $\operatorname{Re} z > \gamma$

$$\mathcal{L}\,[f^{(r)}(t)] = z^r \cdot \mathcal{L}\,[f(t)] - z^{r-1} f(0) - z^{r-2} f'(0) - \dots - f^{(r-1)}(0)\,. \tag{9.26}$$

Beweis: Mit Hilfe vollständiger Induktion.

Bemerkung: (a) Formel (9.26) trägt in natürlicher Weise den Anfangsbedingungen eines Anfangswertproblems bei gewöhnlichen DGln Rechnung, wenn der Anfangszeitpunkt $t_0 = 0$ ist.

(b) Schwächen wir die Stetigkeitsforderung in Satz 9.7 ab und verlangen wir stattdessen für $f, f', \dots, f^{(r)}$ stückweise Stetigkeit, so sind in (9.26) entsprechende Korrekturterme zu berücksichtigen. Sind im Fall $r = 2$ etwa $a_1, \dots, a_n$ bzw. $b_1, \dots, b_m$ die Unstetigkeitsstellen von f bzw. f', so gilt

$$\mathcal{L}\,[f''(t)] = z^2 \cdot \mathcal{L}\,[f(t)] - z\,f(0) - f'(0) - z \sum_{k=1}^{n} [f(a_k+) - f(a_k-)]\,e^{-a_k z}$$
$$- \sum_{l=1}^{m} [f'(b_l+) - f'(b_l-)]\,e^{-b_l z}\,. \tag{9.27}$$

Beispiel 9.8 Wir betrachten die DGl

$$y'' + \omega^2 y = 0$$

und wenden $\mathcal{L}$ auf beiden Seiten an. Dies ergibt

$$\mathcal{L}\,[y'' + \omega^2 y] = \mathcal{L}\,[y''] + \omega^2 \cdot \mathcal{L}\,[y] = \mathcal{L}\,[0] = 0\,,$$

und wir erhalten mit

$$\mathcal{L}\,[y''] = z^2 \cdot \mathcal{L}\,[y] - z\,y(0) - y'(0)$$

im Bildbereich die Lösung

$$\mathcal{L}\,[y] = \frac{z}{z^2+\omega^2}\,y(0) + \frac{1}{z^2+\omega^2}\,y'(0)\,.$$

Beispiel 9.9 Wir berechnen die Laplacetransformierte von $f(t) = \sin(\omega t + \varphi)$ unter Verwendung von Satz 9.7. Offensichtlich genügt f der DGl $f'' + \omega^2 f = 0$ und den Anfangsbedingungen $f(0) = \sin\varphi$, $f'(0) = \omega\cos\varphi$. Wie im Beispiel 9.8 folgt

$$0 = \mathcal{L}\,[f''(t)] + \omega^2 \cdot \mathcal{L}\,[f(t)] = z^2 \cdot \mathcal{L}\,[f(t)] - z\sin\varphi - \omega\cos\varphi + \omega^2 \cdot \mathcal{L}\,[f(t)]$$

und hieraus

$$\mathcal{L}\,[f(t)] = \mathcal{L}\,[\sin(\omega t + \varphi)] = \frac{z\sin\varphi + \omega\cos\varphi}{z^2+\omega^2}\,.$$

Setzen wir $\varphi =: \psi + \frac{\pi}{2}$, so erhalten wir

$$\mathcal{L}\,[\cos(\omega t + \psi)] = \frac{z\cos\psi - \omega\sin\psi}{z^2+\omega^2}\,.$$

9.3.5 Integration

Sei f in $\mathbb{R}_0^+$ stückweise stetig und von exponentieller Ordnung. Ferner sei g durch

$$g(t) := \int_0^t f(u)\,du \qquad (t \geq 0)$$

erklärt. Dann erfüllt g die Voraussetzungen von Satz 9.6. Es gilt daher mit $g(0) = 0$

$$\mathcal{L}\,[g'(t)] = z\cdot\mathcal{L}\,[g] - g(0) = z\cdot\mathcal{L}\,[g]$$

bzw.

$$\boxed{\mathcal{L}\left[\int_0^t f(u)\,du\right] = \frac{1}{z}\cdot\mathcal{L}\,[f(t)]} \tag{9.28}$$

Der Integration im Originalbereich entspricht also im Bildbereich die Division durch z.

Beispiel 9.10 Wir berechnen die Laplacetransformierten der Funktionen

$$f_1(t) = t\,,\quad f_2(t) = t^2\,,\quad \ldots,\quad f_n(t) = t^n \qquad (n\in\mathbb{N},\quad t\geq 0)\,.$$

Für $\operatorname{Re} z > 0$ gilt

$$\mathcal{L}\,[t] = \mathcal{L}\left[\int_0^t 1\,du\right] = \frac{1}{z}\cdot\mathcal{L}\,[1] = \frac{1}{z^2}\,,$$

da $\mathcal{L}\,[1] = \frac{1}{z}$ (s. Beisp. 9.1) ist. Ebenso zeigt man

$$\mathcal{L}\,[t^2] = \frac{2}{z^3}\,.$$

Für ein festes $n\in\mathbb{N}$ gelte

$$\mathcal{L}\,[t^n] = \frac{n!}{z^{n+1}}\,.$$

Dann folgt

$$\mathcal{L}\,[t^{n+1}] = \mathcal{L}\left[(n+1)\int_0^t u^n\,du\right] = (n+1)\cdot\mathcal{L}\left[\int_0^t u^n\,du\right] = (n+1)\frac{1}{z}\cdot\mathcal{L}\,[t^n] =$$

$$= (n+1)\frac{1}{z}\frac{n!}{z^{n+1}} = \frac{(n+1)!}{z^{n+2}}\,.$$

Nach dem Induktionsprinzip gilt somit für alle $n \in \mathbb{N}$

$$\mathcal{L}\,[t^n] = \frac{n!}{z^{n+1}}, \qquad \operatorname{Re} z > 0 .$$

9.3.6 Laplacetransformation und periodische Funktionen

In den Anwendungen treten häufig periodische Vorgänge auf. Wir interessieren uns für die Laplacetransformierte der T-periodischen Funktion f, d.h. es gilt $f(t+T) = f(t)$ für $T > 0$ und $t \geq 0$ beliebig.

Satz 9.8 Sei $f : \mathbb{R}_0^+ \to \mathbb{R}$ eine T-periodische stückweise stetige und beschränkte Funktion. Dann gilt für $\operatorname{Re} z > 0$

$$\mathcal{L}\,[f(t)] = \frac{1}{1-e^{-Tz}} \int_0^T e^{-zu} f(u)\, du . \tag{9.29}$$

Beweis: Nach Voraussetzung ist f beschränkt. Es gibt daher ein $M > 0$ mit $|f(t)| \leq M$ für alle $t \geq 0$. Für beliebige $\alpha \geq 0$ gilt somit die Abschätzung

$$|f(t)| \leq M \leq M\, e^{\alpha t}, \qquad t \geq 0,$$

d.h. f ist von exponentieller Ordnung, so daß $\mathcal{L}\,[f]$ für $\operatorname{Re} z > 0$ existiert. Da f T-periodisch ist, gilt

$$f(u+kT) = f(u), \qquad k=1,2,\ldots,$$

und damit

$$\mathcal{L}\,[f(t)] = \sum_{k=0}^{\infty} \int_{KT}^{(k+1)T} e^{-zt} f(t)\, dt .$$

Verwenden wir die Substitution $t := u + kT$, so folgt hieraus

$$\mathcal{L}\,[f(t)] = \sum_{k=0}^{\infty} \int_0^T e^{-z(u+kT)} f(u+kT)\,du$$

$$= \sum_{k=0}^{\infty} e^{-zkT} \int_0^T e^{-zu} f(u+kT)\,du$$

$$= \sum_{k=0}^{\infty} e^{-zkT} \int_0^T e^{-zu} f(u)\,du\,.$$

Mit

$$\sum_{k=0}^{\infty} \left(e^{-zT}\right)^k = \frac{1}{1-e^{-zT}} \quad \text{(geometrische Reihe)}$$

ergibt sich daher die Behauptung. □

Beispiel 9.11 Sei f T-periodisch und für $0 \leq t < T$ durch

$$f(t) := h(t) - 2\,h(t-\tfrac{T}{2})$$

erklärt (h : Heaviside-Funktion).

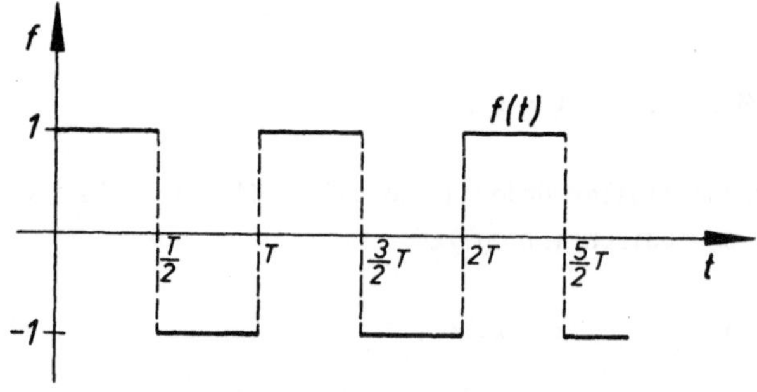

Fig. 9.7: T-periodische Rechteckschwingung

Mit Satz 9.8 erhalten wir für $\operatorname{Re} z > 0$

$$\mathcal{L}\,[f(t)] = \frac{1}{1-e^{-zT}} \int_0^T e^{-zu} f(u)\,du = \frac{1}{1-e^{-zT}} \left[\int_0^{\frac{T}{2}} e^{-zu}\,du - \int_{\frac{T}{2}}^{T} e^{-zu}\,du \right]$$

$$= \frac{1}{1-e^{-zT}} \cdot \frac{1}{z} \left(1 - 2\,e^{-z\frac{T}{2}} + e^{-zT}\right) = \frac{1}{z} \cdot \frac{\left(1 - e^{-z\frac{T}{2}}\right)^2}{1-e^{-zT}}$$

$$= \frac{1}{z} \frac{1 - e^{-z\frac{T}{2}}}{1 + e^{-z\frac{T}{2}}} = \frac{1}{z} \frac{e^{z\frac{T}{4}} - e^{-z\frac{T}{4}}}{e^{z\frac{T}{4}} + e^{-z\frac{T}{4}}} = \frac{1}{z} \tanh\left(z\,\frac{T}{4}\right).$$

Insbesondere gilt daher für 2π-periodische Funktionen

$$\mathcal{L}\,[f(t)] = \frac{1}{z} \tanh\left(\frac{\pi}{2}\,z\right), \qquad \operatorname{Re} z > 0\,.$$

Wir stellen nun eine Tabelle der Laplacetransformationen der wichtigsten Funktionen zusammen. Umfangreiche Tabellen, sowohl für die Fourier- als auch für die Laplacetransformation, finden sich z.B. in [60] und [70].

Tab. 9.1: Zur Laplacetransformation

$f(t)$	$F(z)$
1	$\frac{1}{z}$
t	$\frac{1}{z^2}$
$t^n, \quad n \in \mathbb{N}$	$\frac{n!}{z^{n+1}}$
$t^a, \quad a > -1$	$\frac{\Gamma(a+1)}{z^{a+1}}$
e^{at}	$\frac{1}{z-a}$
$\delta(t-t_0)$ bzw. $\delta(t)$	e^{-zt_0} bzw. 1
$\ln t$	$-\frac{1}{z}(c+\ln z)$
$\frac{t^{n-1}e^{at}}{(n-1)!}, \quad n \in \mathbb{N}$	$\frac{1}{(z-a)^n}$
$\frac{t^{\beta-1}e^{at}}{\Gamma(\beta)}, \quad \beta > 0$	$\frac{1}{(z-a)^\beta}$
$\sin at$	$\frac{a}{z^2+a^2}$
$\cos at$	$\frac{z}{z^2+a^2}$
$e^{bt}\sin at$	$\frac{a}{(z-b)^2+a^2}$
$e^{bt}\cos at$	$\frac{z-b}{(z-b)^2+a^2}$
$\sinh at$	$\frac{a}{z^2-a^2}$

$f(t)$	$F(z)$
$\cosh at$	$\frac{z}{z^2 - a^2}$
$e^{bt} \sinh at$	$\frac{a}{(z-b)^2 - a^2}$
$e^{bt} \cosh at$	$\frac{z-b}{(z-b)^2 - a^2}$
$t \sin at$	$\frac{2az}{(z^2+a^2)^2}$
$t \cos at$	$\frac{z^2 - a^2}{(z^2+a^2)^2}$
$f'(t)$	$z F(z) - f(0)$
$f^{(n)}(t)$, $n \in \mathbb{N}$	$z^n F(z) - z^{n-1} f(0) - \ldots - f^{(n-1)}(0)$
$\int_0^t f(u)\, du$	$\frac{F(z)}{z}$
$\int_t^\infty \frac{f(u)}{u}\, du$	$\frac{1}{z} \int_0^z F(w)\, dw$
$\int_0^t f_1(u) f_2(t-u)\, du$	$F_1(z) \cdot F_2(z)$
$(-1)^n t^n f(t)$, $n \in \mathbb{N}$	$F^{(n)}(z)$
$e^{-at} f(t)$	$F(z+a)$
$\frac{1}{a} f\left(\frac{t}{a}\right)$, $a > 0$	$F(az)$
$a f_1(t) + b f_2(t)$	$a F_1(z) + b F_2(z)$
$J_0(at)$	$\frac{1}{\sqrt{z^2 + a^2}}$

9.4 Anwendungen auf gewöhnliche lineare Differentialgleichungen

Die Laplacetransformation ist ein hervorragendes Hilfsmittel bei der Lösung von DGln. Wir wollen dies anhand einiger Anfangs- und Randwertprobleme für gewöhnliche lineare DGln aufzeigen.

9.4.1 Differentialgleichungen mit konstanten Koeffizienten

Wir betrachten das Anfangswertproblem

$$\begin{aligned} & y^{(n)} + a_{n-1} y^{(n-1)} + \ldots + a_0 y = g(x) , \quad (a_n = 1) \\ & y(0) = y_0^0 , \quad y'(0) = y_1^0 , \quad \ldots , \quad y^{(n-1)}(0) = y_{n-1}^0 . \end{aligned} \tag{9.30}$$

Wenden wir auf die DGl die Laplacetransformation an, so erhalten wir aufgrund der Linearität von $\mathcal{L}$ und mit Satz 9.7

$$\mathcal{L}\left[\sum_{k=0}^{n} a_k y^{(k)}\right] = \sum_{k=0}^{n} a_k \cdot \mathcal{L}\left[y^{(k)}\right]$$

$$= a_0 \, \mathcal{L}\,[y] + \sum_{k=1}^{n} a_k \left(z^k \cdot \mathcal{L}\,[y] - \sum_{j=0}^{k-1} z^{k-1-j} \, y^{(j)}(0)\right) = \mathcal{L}\,[g] .$$

Hieraus folgt unter Beachtung der Anfangsbedingungen durch Auflösung nach $\mathcal{L}\,[y]$

$$\mathcal{L}\,[y] = \frac{1}{\sum\limits_{k=0}^{n} a_k z^k} \left(\mathcal{L}\,[g] + \sum_{k=1}^{n} \sum_{j=0}^{k-1} a_k \, z^{k-1-j} \, y_j^0\right) . \tag{9.31}$$

Diese Lösung im Bildbereich wird anschließend in den Originalbereich zurücktransformiert. Durch Nachrechnen zeigt man dann, daß die so erhaltene

Lösung tatsächlich dem Anfangswertproblem genügt.

<u>Beispiel 9.12</u> Wir betrachten das Anfangswertproblem

$$y'' + \omega^2 y = 0, \quad y(0) = 1, \quad y'(0) = \pi .$$

Laplacetransformation dieser DGl liefert unter Verwendung von Beispiel 9.8 im Bildbereich die Lösung

$$\mathcal{L}[y] = y(0)\frac{z}{z^2+\omega^2} + y'(0)\frac{1}{z^2+\omega^2} = \frac{z}{z^2+\omega^2} + \pi\frac{1}{z^2+\omega^2} .$$

Benutzen wir etwa die Tabelle in Abschnitt 9.3, so sehen wir, daß sich $\mathcal{L}[y]$ in der Form

$$\mathcal{L}[y] = \mathcal{L}[\cos\omega x] + \frac{\pi}{\omega}\cdot \mathcal{L}[\sin\omega x]$$

bzw. wegen der Linearität von $\mathcal{L}$ als

$$\mathcal{L}[y] = \mathcal{L}[\cos\omega x + \frac{\pi}{\omega}\sin\omega x]$$

schreiben läßt. Hieraus erhalten wir mit dem Eindeutigkeitssatz die (formale) Lösung

$$y(x) = \cos\omega x + \frac{\pi}{\omega}\sin\omega x$$

(Probe!).

<u>Beispiel 9.13</u> Wir lösen das Randwertproblem

$$y'' + 9y = \cos 2x, \quad y(0) = 1, \quad y\left(\frac{\pi}{2}\right) = -1 .$$

Hierzu wenden wir $\mathcal{L}$ auf die DGl an:

$$\mathcal{L}[y'' + 9y] = \mathcal{L}[y''] + 9\,\mathcal{L}[y] = \mathcal{L}[\cos 2x] .$$

Mit Hilfe der Ableitungsregel (Satz 9.7) folgt hieraus

$$z^2 \cdot \mathcal{L}[y] - z\,y(0) - y'(0) + 9\,\mathcal{L}[y] = \frac{z}{z^2+4}$$

bzw. mit $y(0) = 1$

$$(z^2+9)\,\mathcal{L}[y] - z - y'(0) = \frac{z}{z^2+4} .$$

Für $\mathcal{L}[y]$ erhalten wir somit

$$\mathcal{L}[y] = \frac{z+y'(0)}{z^2+9} + \frac{z}{(z^2+9)(z^2+4)} = \frac{4}{5}\,\frac{z}{z^2+9} + \frac{y'(0)}{z^2+9} + \frac{z}{5\,(z^2+4)}$$

bzw. mit unserer Tabelle zur Laplacetransformation

$$\mathcal{L}[y] = \frac{4}{5}\,\mathcal{L}[\cos 3x] + \frac{y'(0)}{3}\cdot\mathcal{L}[\sin 3x] + \frac{1}{5}\,\mathcal{L}[\cos 2x]$$

$$= \mathcal{L}\left[\frac{4}{5}\cos 3x + \frac{y'(0)}{3}\sin 3x + \frac{1}{5}\cos 2x\right] .$$

Hieraus folgt mit dem Eindeutigkeitssatz

$$y(x) = \frac{4}{5}\cos 3x + \frac{y'(0)}{3}\sin 3x + \frac{1}{5}\cos 2x .$$

Zur Bestimmung von $y'(0)$ benutzen wir die zweite Randbedingung $y\left(\frac{\pi}{2}\right) = -1$ und erhalten

$$-1 = -\frac{y'(0)}{3} - \frac{1}{5} \quad \text{oder} \quad y'(0) = \frac{12}{5} ,$$

woraus sich die (formale) Lösung

$$y(x) = \frac{4}{5}\cos 3x + \frac{4}{5}\sin 3x + \frac{1}{5}\cos 2x$$

ergibt (Probe!).

Auch bei der Lösung von Systemen von DGln erweist sich die Laplacetransformation häufig als vorteilhaft:

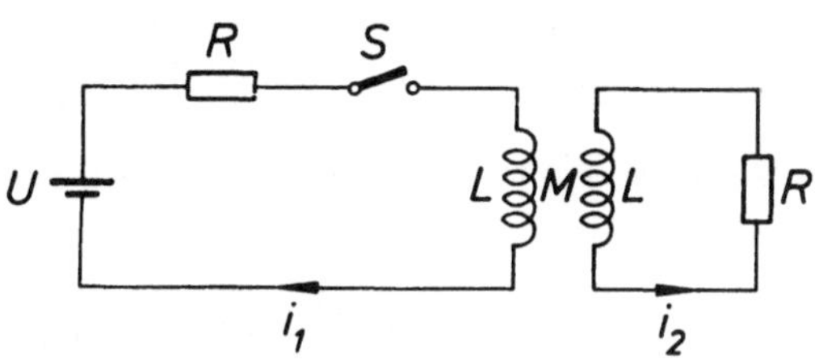

Fig. 9.8: Trafo-Schaltung

Beispiel 9.14 Wir betrachten zwei induktiv verbundene Schaltkreise gemäß Figur 9.8 mit dem induktiven Widerstand M.

Zum Zeitpunkt $t = 0$ werde der Schalter S geschlossen. Wir wollen den Stromverlauf i_1 im Primärkreis bzw. i_2 im Sekundärkreis berechnen. Dies führt uns auf das DGl-System

$$\begin{aligned} R\,i_1 + L\frac{d\,i_1}{dt} + M\frac{d\,i_2}{dt} &= U \\ R\,i_2 + L\frac{d\,i_2}{dt} + M\frac{d\,i_1}{dt} &= 0 \end{aligned} \tag{9.32}$$

und die Anfangsbedingungen

$$i_1(0) = i_2(0) = 0\,. \tag{9.33}$$

Wenden wir die Laplacetransformation auf das System (9.32) an, so folgt

$$R\cdot\mathfrak{L}\,[i_1] + L\Big(z\cdot\mathfrak{L}\,[i_1] - i_1(0)\Big) + M\Big(z\cdot\mathfrak{L}\,[i_2] - i_2(0)\Big) = \frac{U}{z}$$

$$R\cdot\mathfrak{L}\,[i_2] + L\Big(z\cdot\mathfrak{L}\,[i_2] - i_2(0)\Big) + M\Big(z\cdot\mathfrak{L}\,[i_1] - i_1(0)\Big) = 0\,,$$

so daß wir unter Beachtung der Anfangsbedingung (9.33) für $\mathfrak{L}\,[i_1]$, $\mathfrak{L}\,[i_2]$ das lineare Gleichungssystem

$$(L\,z + R)\cdot\mathfrak{L}\,[i_1] + M\,z\cdot\mathfrak{L}\,[i_2] = \frac{U}{z}$$

$$M\,z\cdot\mathfrak{L}\,[i_1] + (L\,z + R)\cdot\mathfrak{L}\,[i_2] = 0$$

erhalten. Dieses besitzt die Lösungen

$$\mathfrak{L}\,[i_1] = \frac{U(L\,z + R)}{z\left[(L^2 - M^2)\,z^2 + 2\,R\,L\,z + R^2\right]}$$

$$\mathcal{L}\,[i_2] = \frac{-\,UM}{\left(L^2 - M^2\right) z^2 + 2\,RLz + R^2} \;.$$

Das Polynom $P(z) := \left(L^2 - M^2\right) z^2 + 2\,RL\,z + R^2$ besitzt die Nullstellen

$$z_{1/2} = \frac{-\,2\,RL \pm \sqrt{4\,R^2\,L^2 - 4\,R^2\,(L^2 - M^2)}}{2\left(L^2 - M^2\right)} = \frac{-\,RL \pm RM}{L^2 - M^2} \,,$$

d.h.

$$z_1 = -\,\frac{R}{L + M}\,, \quad z_2 = -\,\frac{R}{L - M}\,. \tag{9.34}$$

Durch Partialbruchzerlegung (s. Bd. I, Abschn. 4.2.4) lassen sich daher $\mathcal{L}\,[i_1]$, $\mathcal{L}\,[i_2]$ in der Form

$$\mathcal{L}\,[i_1] = -\,\frac{U}{2\,R}\,\frac{1}{z - z_1} - \frac{U}{2\,R}\,\frac{1}{z - z_2} + \frac{U}{Rz}$$

$$\mathcal{L}\,[i_2] = -\,\frac{U}{2\,R}\,\frac{1}{z - z_1} + \frac{U}{2\,R}\,\frac{1}{z - z_2}$$

darstellen (zeigen!). Aufgrund der Beziehung $\mathcal{L}\left[e^{\alpha t}\right] = \frac{1}{z - \alpha}$ (s. Beisp. 9.3) erhalten wir durch Rücktransformation in den Originalbereich

$$i_1(t) = -\,\frac{U}{2\,R}\left(e^{z_1 t} + e^{z_2 t}\right) + \frac{U}{R}$$

$$i_2(t) = -\,\frac{U}{2\,R}\left(e^{z_1 t} - e^{z_2 t}\right).$$

Mit (9.34) ergeben sich daher die gesuchten Stromstärken zu

$$\begin{aligned} i_1(t) &= -\,\frac{U}{2\,R}\left(e^{-\frac{R}{L+M}t} + e^{-\frac{R}{L-M}t}\right) + \frac{U}{R} \\ i_2(t) &= -\,\frac{U}{2\,R}\left(e^{-\frac{R}{L+M}t} - e^{-\frac{R}{L-M}t}\right). \end{aligned} \tag{9.35}$$

(Probe!)

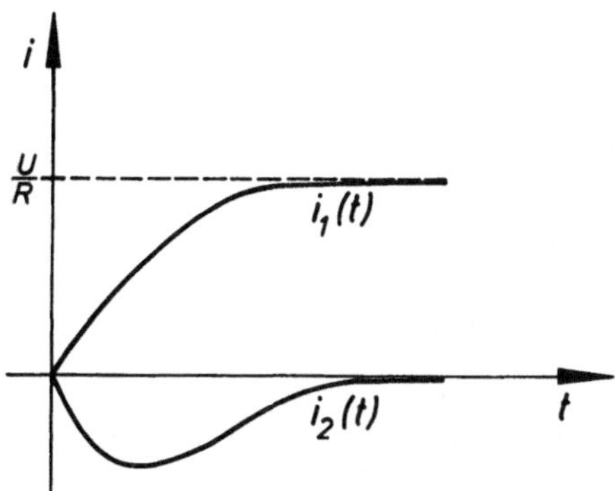

Fig. 9.9: Primär- und Sekundärstrom bei Trafoschaltung

9.4.2 Differentialgleichungen mit variablen Koeffizienten

Lineare DGln mit variablen Koeffizienten $a_k(x)$:

$$y^{(n)} + a_{n-1}(x)\, y^{(n-1)}(x) + \ldots + a_0(x)\, y(x) = f(x) \tag{9.36}$$

lassen sich in vielen Fällen mit Hilfe der Laplacetransformation lösen. Dies ist insbesondere dann möglich, wenn die Koeffizienten die Form

$$a_k(x) = x^{j_k}, \qquad j_k \in \mathbb{N}, \quad (k=0,1,\ldots,n-1) \tag{9.37}$$

besitzen. Es gilt nämlich

$$\mathcal{L}\,[t^j f(t)] = (-1)^j \frac{d^j}{d\,z^j}\,\mathcal{L}\,[f(t)], \qquad j \in \mathbb{N}, \tag{9.38}$$

(vgl. Üb. 9.6), so daß die einzelnen Terme der DGl bei Anwendung der Laplacetransformation die Gestalt

$$(-1)^{j_k} \frac{d^{j_k}}{d\,z^{j_k}}\,\mathcal{L}\left[y^{(k)}(x)\right] \tag{9.39}$$

erhalten. Wir verdeutlichen dies anhand eines Beispiels.

<u>Beispiel 9.15</u> Wir betrachten das Anfangswertproblem

$$\begin{aligned} &x\,y''(x) + y'(x) + 2x\,y(x) = 0 \\ &y(0) = 1\,, \quad y'(0) = 0\,. \end{aligned} \tag{9.40}$$

Anwendung der Laplacetransformation ergibt

$$\mathcal{L}\,[x\,y'' + y' + 2x\,y] = \mathcal{L}\,[x\,y''] + \mathcal{L}\,[y'] + 2\,\mathcal{L}\,[x\,y] = 0\,.$$

Mit (9.38) und Satz 9.7 folgt

$$\mathcal{L}\,[x\,y''(x)] = (-1)\,\frac{d}{dz}\,\mathcal{L}\,[y''(x)] = (-1)\,\frac{d}{dz}\,\{z^2\,\mathcal{L}\,[y(x)] - z\,y(0) - y'(0)\}$$

$$= -2\,z\,\mathcal{L}\,[y(x)] - z^2\,\frac{d}{dz}\,\mathcal{L}\,[y(x)] + 1$$

sowie

$$\mathcal{L}\,[y'(x)] = z\cdot\mathcal{L}\,[y(x)] - y(0) = z\cdot\mathcal{L}\,[y(x)] - 1$$

und

$$\mathcal{L}\,[x\,y(x)] = (-1)\,\frac{d}{dz}\,\mathcal{L}\,[y(x)]\,.$$

Setzen wir $w(z) := \mathcal{L}\,[y(x)]$, so lautet die DGl

$$-2\,z\,w(z) - z^2\,\frac{dw(z)}{dz} + 1 + z\,w(z) - 1 - 2\,\frac{dw(z)}{dt} = 0$$

bzw.

$$(z^2 + 2)w' + z\,w = 0\,.$$

Diese DGl für $w(z)$ läßt sich sofort durch Separation lösen: Es gilt

$$\frac{dw}{w} = -\,\frac{z}{z^2+2} \quad \text{bzw.} \quad \ln|w| = -\,\frac{1}{2}\ln(z^2+2) + \ln K\,,$$

woraus sich

$$w(z) = \frac{K}{\sqrt{z^2 + 2}} = \mathcal{L}\,[y(x)]$$

ergibt. Nach der Tabelle zur Laplacetransformation ist damit

$$y(x) = K \cdot J_0\,(\sqrt{2}x)\;,$$

wobei J_0 die Besselfunktion 0-ter Ordnung ist. Die Konstante K bestimmt sich wegen

$$y(0) = 1 = K \cdot J_0(0)\;, \quad J_0(0) = 1\;,$$

zu $K = 1$, so daß eine (formale) Lösung unseres Anfangswertproblems durch

$$y(x) = J_0\,(\sqrt{2}x) \tag{9.41}$$

gegeben ist (Probe!).

9.4.3 Differentialgleichungen mit unstetigen Inhomogenitäten

In vielen Anwendungen treten DGln auf, bei denen die Störfunktionen unstetig sind.

Beispiel 9.16 Wir betrachten ein Schwingungssystem (Fig. 9.10), bestehend aus einem Massenpunkt (Masse $m = 1$) und einer Feder (Federkonstante k).

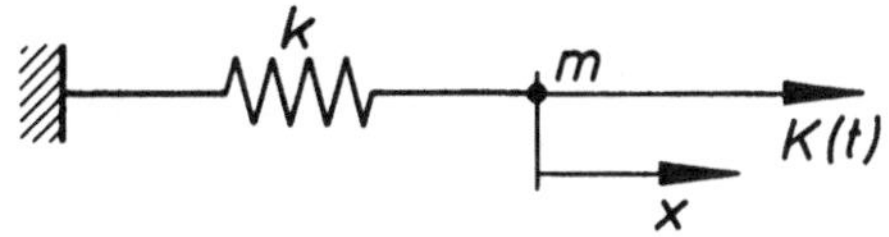

Fig. 9.10: Schwingungssystem Masse-Feder

Bis zum Zeitpunkt $t = 0$ befinde sich das System im Ruhezustand. Dann wirke während der Zeitspanne 1 die konstante Kraft $K = 1$ (Fig. 9.11). Gesucht ist die Bewegung

$x(t)$ des Massenpunktes. Wir haben hierzu das folgende Anfangswertproblem zu lösen:

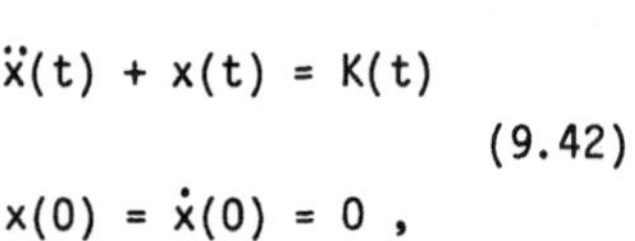

$$\ddot{x}(t) + x(t) = K(t) \qquad (9.42)$$
$$x(0) = \dot{x}(0) = 0 \; ,$$

wobei sich $K(t)$ mit Hilfe der Heaviside-Funktionen $h_0(t)$ bzw. $h_1(t)$ in der Form

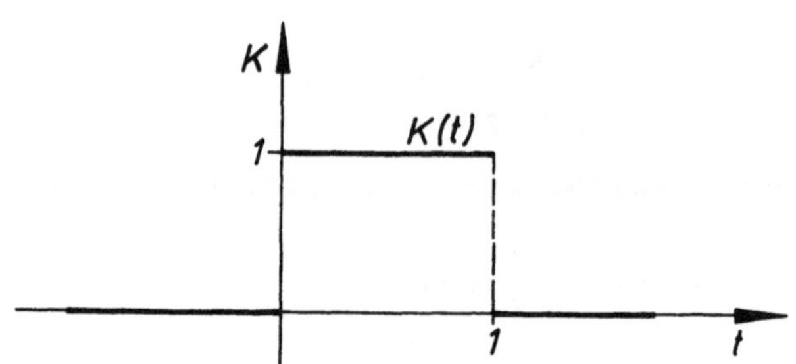

Fig. 9.11: Konstante äußere Kraft

$$K(t) = h_0(t) - h_1(t)$$

darstellen läßt. Wenden wir auf die DGl die Laplacetransformation an und berücksichtigen wir die Anfangsbedingungen, so erhalten wir mit Satz 9.7

$$z^2 \cdot \mathcal{L}\,[x(t)] - z\,x(0) - \dot{x}(0) + \mathcal{L}\,[x(t)] = \mathcal{L}\,[h_0(t)] - \mathcal{L}\,[h_1(t)]$$

bzw. mit Beispiel 9.1

$$z^2 \cdot \mathcal{L}\,[x(t)] + \mathcal{L}\,[x(t)] = \frac{1}{z} - \frac{e^{-z}}{z} \; .$$

Hieraus folgt

$$\mathcal{L}\,[x(t)] = \frac{1 - e^{-z}}{z(1+z^2)} = \frac{1}{z} - \frac{z}{1+z^2} - \frac{e^{-z}}{z} + \frac{z\,e^{-z}}{1+z^2}$$

$$= \mathcal{L}\,[h_0(t)] - \mathcal{L}\,[h_1(t)] - \mathcal{L}\,[\cos t] + e^{-z} \cdot \mathcal{L}\,[\cos t] \; ,$$

woraus sich mit

$$e^{-z} \cdot \mathcal{L}\,[\cos t] = \mathcal{L}\,[h_1(t) \cos (t-1)]$$

(vgl. Satz 9.4, Formel (9.19)) aufgrund der Linearität von $\mathcal{L}$ die Beziehung

$$\mathcal{L}\,[x(t)] = \mathcal{L}\,[h_0(t) - h_1(t) - \cos t + h_1(t)\cos(t-1)]$$

ergibt. Nach Satz 9.3 folgt dann

$$x(t) = h_0(t) - h_1(t) - \cos t + h_1(t)\cos(t-1)\,.$$

Benutzen wir noch die Definition der Heaviside-Funktion, so erhalten wir die (formale) Lösung

$$x(t) = \begin{cases} 1 - \cos t\,, & \text{falls } 0 < t < 1 \\ -\cos t + \cos(t-1)\,, & \text{falls } t \geq 1 \end{cases} \tag{9.43}$$

(Probe!).

Übungen

9.1* Man berechne die Laplacetransformierten der Funktionen

a) $f(t) = \sinh(\alpha t)\,, \quad \alpha \in \mathbb{R}$; b) $f(t) = t\,e^{\beta t}\,, \quad \beta \in \mathbb{R}$.

9.2* Man bestimme die Residuen der Funktion $\dfrac{e^{zt}}{(z+1)(z-2)^2}$ an den Stellen $z = -1$ und $z = 2$ und berechne mit ihrer Hilfe $\mathcal{L}^{-1}\left[\dfrac{1}{(z+1)(z-2)^2}\right]$.

9.3* Unter Verwendung von Satz 9.4 berechne man

a) $\mathcal{L}\,[-2t^2 + 3\cos 4t]$; b) $\mathcal{L}\,[e^{-3t}\sin t]$.

9.4* Für die Funktionen

a) $F(z) = \frac{1}{z(z-1)}$; b) $F(z) = \frac{z}{(z-2)(z^2+9)}$

bestimme man mit Hilfe des Faltungssatzes die zugehörigen Oberfunktionen. Für welche z gelten die gewonnenen Beziehungen?

9.5 Sei f die in Figur 9.12 dargestellte T-periodische Funktion

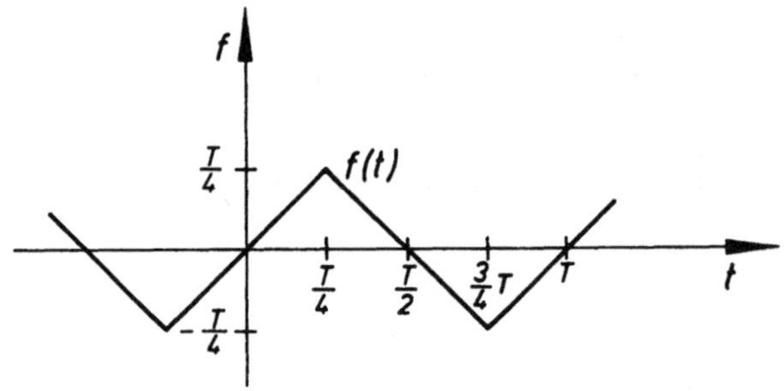

Fig. 9.12: T-periodische Sägezahnschwingung

Man zeige:

$$\mathcal{L}\,[f(t)] = \frac{1}{z^2}\cdot\left(1 - \frac{2\,e^{-z\frac{T}{4}}}{1+e^{-z\frac{T}{2}}}\right).$$

9.6* Man weise nach, daß unter geeigneten Voraussetzungen an f die Beziehung

$$\mathcal{L}\,[t^j\,f(t)] = (-1)^j\,\frac{d^j}{d\,z^j}\,\mathcal{L}\,[f(t)]\,,\qquad j\in\mathbb{N}\,,$$

gilt.

9.7* Mit Hilfe von Aufgabe 9.6 leite man für die DGln

a) $y'' - x\,y' - 4\,x\,y = 0$; b) $x\,y'' + 3\,x\,y' + 5\,y = 0$

möglichst einfache Gleichungen im Bildbereich der Laplacetransformierten her.

9.8* Unter Benutzung der Laplacetransformation löse man die Anfangswertprobleme

a) $y'' - 2y' + y = xe^x$; $y(0) = y'(0) = 0$;

b) $\begin{cases} \dot{x} = -x - 6y \\ \dot{y} = -5x - 2y \end{cases}$; $x(0) = 1$, $y(0) = 0$.

ANHANG

Wir sind an mathematischen Sätzen interessiert, die uns Auskunft darüber geben, wann die folgenden Vertauschungsoperationen erlaubt sind:

$$\text{(a)} \quad \lim_{y\to y_0} \int_a^\infty f(x,y)\,dx = \int_a^\infty \lim_{y\to y_0} f(x,y)\,dx\,;$$

$$\text{(b)} \quad \frac{\partial}{\partial y} \int_a^\infty f(x,y)\,dx = \int_a^\infty \frac{\partial}{\partial y} f(x,y)\,dx\,;$$

$$\text{(c)} \quad \int_b^\infty \left[\int_a^\infty f(x,y)\,dx\right] dy = \int_a^\infty \left[\int_b^\infty f(x,y)\,dy\right] dx\,.$$

Von entscheidender Bedeutung hierfür ist der Begriff der gleichmäßigen Konvergenz. Dabei heißt das Integral $\int_a^\infty f(x,y)\,dx$ gleichmäßig konvergent für $b \le y \le c$, falls es zu jedem $\varepsilon > 0$ ein $A = A(\varepsilon) > 0$ gibt, so daß

$$\left|\int_a^B f(x,y)\,dx - \int_a^\infty f(x,y)\,dx\right| = \left|\int_B^\infty f(x,y)\,dx\right| < \varepsilon$$

für alle $B > A$ und alle y mit $b \le y \le c$ gilt.

Ein bequemes Kriterium zum Nachweis der gleichmäßigen Konvergenz, das in vielen Fällen zum Ziel führt, ist gegeben durch den folgenden

Satz 1 (Majorantenkriterium)

Das Integral $\int_a^\infty f(x,y)\,dx$ konvergiere für $b \le y \le c$. Ferner sei $M(x)$ eine für $a \le x < \infty$ erklärte Funktion mit

(i) $|f(x,y)| \le M(x)$ für alle x,y mit $a \le x < \infty$ und $b \le y \le c$;

(ii) $\int_a^\infty M(x)\,dx$ konvergiere.

Dann konvergiert $\int_a^\infty f(x,y)\,dx$ gleichmäßig bezüglich y mit $b \leq y \leq c$.

Beweis: Wegen (ii) folgt aus dem Cauchy-Konvergenzkriterium für uneigentliche Integrale (s. Bd. I, Abschn. 4.3.2): Zu jedem $\varepsilon > 0$ gibt es ein $A = A(\varepsilon) > 0$ mit

$$\int_d^{d'} M(x)\,dx < \varepsilon$$

für alle d,d' mit $A < d < d'$. Nun verwenden wir (i) und erhalten

$$\left|\int_d^{d'} f(x,y)\,dx\right| \leq \int_d^{d'} \left|f(x,y)\right| dx \leq \int_d^{d'} M(x)\,dx < \varepsilon$$

für alle d,d' mit $A < d < d'$ und alle $y \in [c,d]$, woraus mit dem Cauchy-Konvergenzkriterium (dieses gilt für gleichmäßige Konvergenz parameterabhängiger Integrale entsprechend) die Behauptung folgt. □

Mit den bereitgestellten Hilfsmitteln läßt sich das folgende Resultat beweisen:

Satz 2 (Vertauschungssatz)
Sei f stetig im Bereich $a \leq x < \infty$, $b \leq y \leq c$.

(a) Falls $\int_a^\infty f(x,y)\,dx$ gleichmäßig für $b \leq y \leq c$ konvergiert, so stellt das Integral eine stetige Funktion von y auf $[b,c]$ dar, d.h. für $y_0 \in [b,c]$ beliebig gilt

$$\lim_{y\to y_0} \int_a^\infty f(x,y)\,dx = \int_a^\infty \lim_{y\to y_0} f(x,y)\,dx = \int_a^\infty f(x,y_0)\,dx\,.$$

(b) Für $b \leq y \leq c$, $a \leq x < \infty$ sei $\frac{\partial f}{\partial y}$ stetig, $\int_a^\infty f(x,y_0)\,dx$ konvergent und $\int_a^\infty \frac{f(x,y)}{\partial y}dx$ gleichmäßig konvergent. Dann gilt

$$\frac{\partial}{\partial y}\int_a^\infty f(x,y)\,dx = \int_a^\infty \frac{\partial}{\partial y} f(x,y)\,dx\,.$$

(c) Sei f stetig für $a \le x < \infty$, $b \le y < \infty$. Die Integrale

$$\int_c^\infty |f(x,y)|\,dx \quad \text{und} \quad \int_b^\infty |f(x,y)|\,dy$$

seien gleichmäßig konvergent in allen endlichen Teilintervallen. Ferner konvergiere eines der beiden Integrale

$$\int_b^\infty \left[\int_a^\infty |f(x,y)|\,dx\right] dy\,, \qquad \int_a^\infty \left[\int_b^\infty |f(x,y)|\,dy\right] dx\,.$$

Dann konvergiert auch das andere Integral, und es gilt

$$\int_b^\infty \left[\int_a^\infty f(x,y)\,dx\right] dy = \int_a^\infty \left[\int_b^\infty f(x,y)\,dy\right] dx\,.$$

Beweis: (a) Da $\int_a^\infty f(x,y)\,dx$ gleichmäßig für $b \le y \le c$ konvergiert, ist die Folge der Funktionen

$$F_n(y) := \int_a^{a+n} f(x,y)\,dx\,, \qquad n \in \mathbb{N}\,,$$

gleichmäßig konvergent auf $[b,c]$. Ferner ist jede Funktion F_n stetig auf $[b,c]$ (s. Bd. I, Abschn. 7.3.1, Satz 7.17). Damit ist auch die Grenzfunktion

$$F(y) := \lim_{n\to\infty} F_n(y) = \int_a^\infty f(x,y)\,dx$$

für alle $y \in [b,c]$ stetig (s. Bd. I, Abschn. 5.1.2, Satz 5.2). [1)]

(b) Seien $F_n(y)$ die in (a) erklärten Funktionen. Jede dieser Funktionen ist in $[b,c]$ differenzierbar (s. Bd. I, Abschn. 7.3.2, Satz 7.19), und es gilt

$$F_n'(y) = \int_a^{a+n} \frac{\partial f(x,y)}{\partial y}\,dx\,.$$

1) Bemerkung: $[b,c]$ kann durch ein beliebiges Intervall I ersetzt werden.

Die Folge $\{F_n\}$ erfüllt damit die Voraussetzungen von Satz 5.3 (Abschn. 5.1.2, Bd. I), so daß die Aussage (b) folgt.

(c) Wir schreiben kurz: $\int_a^\infty \int_b^\infty f$ für $\int_a^\infty \left[\int_b^\infty f(x,y)\, dx \right] dy$ usw.

1. Fall:

Sei $\int_b^\infty \int_a^\infty |f|$ konvergent. Dann konvergiert auch $\int_b^\infty \int_a^\infty f$ (warum?), und es gilt

$$\left| \int_b^\infty \int_a^\infty f - \int_a^t \int_b^\infty f \right| = \left| \int_b^s \int_a^\infty f + \int_s^\infty \int_a^\infty f - \int_a^t \int_b^\infty f \right|$$

$$= \left| \int_b^s \int_a^t f + \int_b^s \int_t^\infty f + \int_s^\infty \int_a^\infty f - \int_a^t \int_b^s f - \int_a^t \int_s^\infty f \right| .$$

Nach Satz 7.18 (Abschn. 7.3.1, Bd. I) gilt $\int_b^s \int_a^t f = \int_a^t \int_b^s f$, und wir erhalten

$$\left| \int_b^\infty \int_a^\infty f - \int_a^t \int_b^\infty f \right| = \left| \int_b^s \int_t^\infty f + \int_s^\infty \int_a^\infty f - \int_a^t \int_s^\infty f \right|$$

$$\leq \int_b^s \int_t^\infty |f| + \left| \int_s^\infty \int_a^\infty f \right| + \int_a^t \int_s^\infty |f| \leq \int_b^\infty \int_t^\infty |f| + \left| \int_s^\infty \int_a^\infty f \right| + \int_a^\infty \int_s^\infty |f| .$$

Wir schätzen nun die verbleibenden drei Integrale ab: Aus der Existenz von $\int_b^\infty \int_a^\infty f$ folgt, daß es zu jedem $\varepsilon > 0$ ein s_0 mit $\left| \int_s^\infty \int_a^\infty f \right| < \frac{\varepsilon}{3}$ für alle $s \geq s_0$ gibt. Aufgrund der Beziehung

$$\int_b^\infty \int_t^\infty |f| \to 0 \qquad \text{für} \qquad t \to \infty$$

(wir weisen sie ganz zum Schluß nach) läßt sich zu ε ein t_0 finden, so daß $\int\limits_b^\infty \int\limits_t^\infty |f| < \frac{\varepsilon}{3}$ für alle $t \geq t_0$ gilt. Schließlich wählen wir zu jedem $t > t_0$ ein $s > s_0$ mit $\int\limits_a^t \int\limits_s^\infty |f| \leq \frac{\varepsilon}{3}$. Dies ist aufgrund der Konvergenz von $\int\limits_b^\infty |f|$ möglich. Damit erhalten wir

$$\left| \int\limits_b^\infty \int\limits_a^\infty f - \int\limits_a^t \int\limits_b^\infty f \right| < \frac{\varepsilon}{3} + \frac{\varepsilon}{3} + \frac{\varepsilon}{3} = \varepsilon \qquad \text{für alle } t > t_0$$

und damit für $t \to \infty$ die Behauptung.

2. Fall:

$\int\limits_a^\infty \int\limits_b^\infty |f|$ konvergent: Läßt sich analog zum 1. Fall behandeln.

Noch zu zeigen: $\int\limits_b^\infty \int\limits_t^\infty |f| \to 0$ für $t \to \infty$. Hierzu sei $\{t_n\}$ eine Folge mit $t_n \geq 0$ und $t_n \to \infty$ für $n \to \infty$. Wir setzen

$$G_n(y) := \int\limits_{t_n}^\infty |f(x,y)|\, dx .$$

Wegen der gleichmäßigen Konvergenz von $\int\limits_a^\infty |f(x,y)|\, dx$ konvergiert die Folge $\{G_n(y)\}$ gleichmäßig in $[b,\infty)$ gegen Null. Satz 5.4 (Abschn. 5.1.2, Bd. I) liefert damit

$$\int\limits_b^\eta G_n(y)\, dy \to 0 \qquad \text{für } n \to \infty$$

für jedes Intervall $[b,\eta]$. Ferner gilt

$$\int\limits_b^\infty \int\limits_{t_n}^\infty |f| = \int\limits_b^\eta \int\limits_{t_n}^\infty |f| + \int\limits_\eta^\infty \int\limits_{t_n}^\infty |f| = \int\limits_b^\eta G_n(y)\, dy + \int\limits_\eta^\infty \int\limits_{t_n}^\infty |f| .$$

Zu beliebigem $\varepsilon > 0$ können wir nun ein n_0 finden, so daß $\int\limits_{n_0}^{\infty}\int\limits_{a}^{\infty}|f| < \frac{\varepsilon}{2}$ und daher auch $\int\limits_{n_0}^{\infty}\int\limits_{t_n}^{\infty}|f| < \frac{\varepsilon}{2}$ für alle n ist. Dazu wählen wir ein n_0 mit

$$\int\limits_{b}^{n_0} G_n(y)\,dy < \frac{\varepsilon}{2} \qquad \text{für alle } n > n_0 .$$

Insgesamt ist damit

$$\int\limits_{b}^{\infty}\int\limits_{t_n}^{\infty}|f| < \frac{\varepsilon}{2} + \frac{\varepsilon}{2} = \varepsilon \qquad \text{für alle } n > n_0 ,$$

was zu zeigen war. □

LÖSUNGEN ZU DEN ÜBUNGEN

Zu den mit * versehenen Übungen werden Lösungen angegeben oder Lösungswege skizziert.

Abschnitt 1.1

1.1 a) α) $\ddot{x} + 4x = 0, \quad x(0) = 10, \quad \dot{x}(0) = 0;$

β) $\ddot{x} + 4\dot{x} + 4x = 0, \quad x(0) = 10, \quad \dot{x}(0) = 0.$

1.2 Aus $U_R + U_C = 0$ folgt mit $U_R = R \cdot \frac{dQ}{dt}$ und $U_C = \frac{1}{C}Q$: $R\frac{dQ}{dt} + \frac{1}{C}Q = 0$. Wegen $Q(t) = C\,U(t)$ folgt mit $U(0) = U_0$: $Q(0) = C\,U_0$.

1.3 Mit der Reibungskonstanten η und der Erdbeschleunigung g ergibt sich: $m\ddot{x} + \eta\dot{x} - mg = 0$.

1.4 a) Durch Zerlegung der Schwerkraft $m \cdot g$ in eine Komponente in Richtung des Fadens und in eine hierzu senkrechte (tangential zur Bahnkurve von m) erhält man aus dem Newtonschen Grundgesetz:

$$\ddot{\alpha} + \frac{g}{l}\sin\alpha = 0.$$

b) Für kleine Winkel α kann $\sin\alpha$ näherungsweise durch α ersetzt werden: $\ddot{\alpha} + \frac{g}{l}\alpha = 0$.

Abschnitt 1.2

1.5 Da $\tilde{y}$ Lösung der DGl ist, gilt

$$\frac{d}{dx}(\tilde{y}(x)\,e^{-kx}) = \tilde{y}'(x)\,e^{-kx} - k\tilde{y}(x)\,e^{-kx}$$

$$= (\tilde{y}'(x) - k\,\tilde{y}(x))\,e^{-kx} = 0.$$

Damit erhalten wir $\tilde{y}(x)\,e^{-kx} = \text{const.} =: C$, also $\tilde{y}(x) = C\,e^{kx}$.

1.7 Im Fall a) ja; im Fall b) nur durch $(0,0)$. Mit $f(x,y)=\sqrt[3]{xy}$ folgt nämlich

$$\lim_{h\to 0}\frac{f(1,h)-f(1,0)}{h}=\lim_{h\to 0}\frac{\sqrt[3]{h}}{h}=\infty\ ,$$

so daß $f_y(1,0)$ nicht existiert.

1.8 a) $y'=\frac{1-x}{2y}\ ,\quad y\neq 0\ .$

1.9 Mit Hilfe vollständiger Induktion zeigt man

a) $y_n(x)=-1-x+2\sum_{j=0}^{n}\frac{x^j}{j!}+\frac{x^{n+1}}{(n+1)!}\ .$

b) α) $y_n(x)=e^x+\frac{x^2}{2!}+\frac{x^3}{3!}+\ldots+\frac{x^{n+1}}{(n+1)!}\ ;$

ß) $y_n(x)=1+x+2\left[\frac{x^2}{2!}+\frac{x^3}{3!}+\ldots+\frac{x^{n+1}}{(n+1)!}\right]\ .$

Die Lösung des Anfangswertproblems läßt sich in der Form $y(x)=2e^x-x-1$ angeben (Grenzübergang $n\to\infty$!).

1.10 a) $p(x)=p_0\cdot\exp\left(-\frac{gM}{RT_0}x\right).$

b) $p(T)=p_0\,e^{\frac{q_0}{R}\left(\frac{1}{T_0}-\frac{1}{T}\right)}\,T_0^{\frac{C-C_p}{R}}\,T^{\frac{C_p-C}{R}}\ ,$

d.h. nur für $C_p>C$ folgt $p(T)\to\infty$ für $T\to\infty$.

1.11 a) $y(x)=\left(\pi-\frac{3}{2}\right)e^{\frac{x^2}{2}}-\frac{3}{2}e^{-\frac{x^2}{2}}(x^2+1)\ .$

b) $y(x)=2-e^{-\frac{1}{2}\left(x+\frac{1}{2}\sin 2x\right)}\ .$

1.12 a) $y(x)=x\,e^{1+Cx}\ ;$ b) $y(x)=\frac{1}{2}[\tan(2x+C)-2x+1]\ .$

1.13 $4y^3 = Ce^{2x} - 2(x+1) - 1$.

1.14 $y(x) = x^2 + \dfrac{x^2}{1+Cx}$.

1.15 Mit $R = \{(x,y) \mid 0 \le x \le \frac{1}{e},\ -1 \le y \le 1\}$ und $f(x,y) = e^x - y^2$ ergibt sich

$$A = \max_{(x,y)\in R} |f_y(x,y)| = \max_{(x,y)\in R} |-2y| = 2$$

$$B = \max_{(x,y)\in R} |f_x(x,y) + f_y(x,y)\cdot f(x,y)|$$

$$= \max_{(x,y)\in R} |e^x - 2ye^x + 2y^3| \approx 2{,}78 \quad \text{(zeigen!)}.$$

Daher erhalten wir mit (1.55)

$$|y(x_n) - y_n| \le \frac{2{,}78}{2}\,\frac{e^{2(\frac{1}{e}-0)} - 1}{2}\cdot h < 10^{-4},$$

also $h \le 0{,}0013$.

Abschnitt 1.3

1.16 a) $y(x) = \ln|x-1|$;

b) $y(x) = \frac{x}{2}\sqrt{4x^2-3} - \frac{3}{4}\ln\left(x + \frac{1}{2}\sqrt{4x^2-3}\right) + \frac{3}{2} + \frac{3}{4}\ln\frac{3}{2}$.

1.17 $x(y) = \frac{3}{2}e^y - y - \frac{3}{2}$.

1.18 b) $\varphi'(\tau) = \varphi_1 = \varphi'(0)$; d) $\tau = l\displaystyle\int_0^{2\pi} \frac{d\alpha}{\sqrt{\frac{2}{m}\,[E - mgl(1-\cos\alpha)]}}$

1.19 $y(x) = -\left(\dfrac{-3x+4}{\sqrt{2}}\right)$, $x < \frac{4}{3}$.

Abschnitt 2

2.2

$$\underline{y}(x) = \begin{bmatrix} -\frac{x^2}{4} + \frac{x^2}{2}\ln x - \frac{x^2}{2}(\ln x)^2 + \frac{x^4}{4} \\ \frac{3x}{4} + \frac{x}{2}\ln x + \frac{x}{2}(\ln x)^2 - \frac{3x^3}{4} \end{bmatrix} .$$

2.3 $y(x) = \frac{C_1}{x} + \frac{C_2}{x} e^{\frac{x^3}{3}} = \frac{1}{x}\left(C_1 + C_2 e^{\frac{x^3}{3}}\right)$.

2.4 Fundamentalsystem: $y_1(x) = x + 3$, $y_2(x) = e^x(x^2 - 4x + 6)$.

2.5 $y_1(x)$ ist eine Lösung der DGl. Ein Fundamentalsystem ergibt sich mit Hilfe des Reduktionsverfahrens zu $y_1(x) = x$, $y_2(x) = \frac{1}{x}$. Die allgemeine Lösung lautet daher $y(x) = C_1 x + \frac{C_2}{x}$.

2.6 a) $x\sigma_x'' + 3\sigma_x' + (3+\gamma)\rho\omega^2 x = 0$ Typ: $\sigma_x'' = f(x, \sigma_x')$.

Allgemeine Lösung: $\sigma_x(x) = \frac{C_1}{x^2} + C_2 - \omega^2 \rho(3+\gamma)\frac{x^2}{8}$.

b) $\sigma_x(x)$ wie in a); $\sigma_\varphi(x) = -\frac{C_1}{x^2} + C_2 - \frac{\rho\omega^2 x^2}{8}(1 + 3\gamma)$.

Da σ_x und σ_φ für $x \to 0$ beschränkt sind, muß $C_1 = 0$ sein.

Mit (ß) ergibt sich $C_2 = \sigma_R + \omega^2 \rho(3+\gamma)\frac{R^2}{8}$. σ_x und σ_φ sind für $x = 0$ maximal und stimmen überein: $\sigma_x(0) = \sigma_\varphi(0) = \sigma_R + \omega^2 \rho(3+\gamma)\frac{R^2}{8}$.

Abschnitt 3.1

3.3 $\varphi(t) = \varphi_0 \cos\sqrt{\frac{k}{J}}\,t$. Periode $T = 2\pi\sqrt{\frac{J}{k}} = \frac{1}{r^2}\sqrt{\frac{8\pi l J}{6}}$.

3.4

a) $y(x) = C_1 e^{-x} + C_2 x e^{-x} + C_3 x + C_4 x e^{x} + \frac{3}{8} e^{-x}\left(\frac{x^5}{10} - \frac{x^4}{2} + \frac{5x^3}{2} - 9x^2\right)$;

b) $y(x) = C_1 e^{2x} + C_2 e^{-3x} + \frac{e^{2x}}{338}(65 x \sin x - 13 x \cos x + \sin x + 70 \cos x)$;

c) $y(x) = C_1 e^{-3x} + C_2 x e^{-3x} + \frac{e^{4x}}{98} + \frac{e^{2x}}{50}$.

3.5 $\quad y(x) = C_1 \sin x + C_2 \cos x - \cos x \cdot \ln\left|\tan\left(\frac{x}{2} + \frac{\pi}{4}\right)\right|$.

3.6 Mit $\lambda_{1/2} = \frac{1}{2T_1}\left(-T_2 \pm \sqrt{T_2^2 - 4T_1}\right)$ gilt

$$x_a(t) = \begin{cases} 0, & \text{für } t \le 0 \\ C_1 e^{\lambda_1 t} + C_2 e^{\lambda_2 t} + K \left(\text{bzw. } \frac{\lambda_2 K}{\lambda_1 - \lambda_2} e^{\lambda_1 t} - \frac{\lambda_1 K}{\lambda_1 - \lambda_2} e^{\lambda_2 t} + K\right). \end{cases}$$

3.7 $\quad y(x) = C_1 x^2 + \frac{C_2}{\sqrt{x}} \cos\left(\frac{\sqrt{7}}{2} \ln x\right) + \frac{C_3}{\sqrt{x}} \sin\left(\frac{\sqrt{7}}{2} \ln x\right)$.

Abschnitt 3.2

3.9 a) $\underline{y}(x) = C_1 \begin{bmatrix} 2 \\ 1 \\ 2 \end{bmatrix} e^{8x} + C_2 \begin{bmatrix} -1 \\ 2 \\ 0 \end{bmatrix} e^{-x} + C_3 \begin{bmatrix} -4 \\ -2 \\ 5 \end{bmatrix} e^{-x} =: \underline{y}_H(x)$;

b) $\underline{x}(t) = \underline{y}_H(t) + \begin{bmatrix} 2 \\ 1 \\ 2 \end{bmatrix} t e^{8t}$ (y_H wie in a)).

3.10 Eigenwerte: $\lambda_1 = 0$, $\lambda = \lambda_{2/3/4} = -1$. Eigenvektoren zu $\lambda_1 = 0$: $[1,1,0,0]^T$, zu $\lambda = -1$: $[1,0,-1,0]^T$. Hauptvektoren zu $\lambda = -1$: $[0,1,1,-1]^T$ (2. Stufe) und $[0,1,0,0]^T$ (3. Stufe).

Ein Fundamentalsystem von $\dot{\underline{z}} = A\underline{z}$ ist gegeben durch

$$\begin{bmatrix}1\\1\\0\\0\end{bmatrix},\quad \begin{bmatrix}1\\0\\-1\\0\end{bmatrix}e^{-t},\quad \left(\begin{bmatrix}0\\1\\1\\-1\end{bmatrix}+t\begin{bmatrix}1\\0\\-1\\0\end{bmatrix}\right)e^{-t},\quad \left(\begin{bmatrix}0\\1\\0\\0\end{bmatrix}+t\begin{bmatrix}0\\1\\1\\-1\end{bmatrix}+\frac{t^2}{2}\begin{bmatrix}1\\0\\-1\\0\end{bmatrix}\right)e^{-t}.$$

3.11

a) $$\underline{y}(x) = C_1\begin{bmatrix}0\\0\\1\end{bmatrix}e^{x} + C_2\begin{bmatrix}-3\\3\\2\end{bmatrix}e^{-2x} + C_3\begin{bmatrix}-2\\-1\\1\end{bmatrix}e^{-2x} + C_3\begin{bmatrix}-3\\3\\2\end{bmatrix}x\,e^{-2x}\;;$$

b) $$\underline{y}(x) = C_1\begin{bmatrix}-1\\1\\1\end{bmatrix}e^{2x} + C_2\left(\begin{bmatrix}1\\0\\0\end{bmatrix}+x\begin{bmatrix}-1\\1\\1\end{bmatrix}\right)e^{2x} + C_3\left(\begin{bmatrix}0\\2\\1\end{bmatrix}+x\begin{bmatrix}1\\0\\0\end{bmatrix}+\frac{x^2}{2}\begin{bmatrix}-1\\1\\1\end{bmatrix}\right)e^{2x}.$$

3.12 $$\underline{y}(x) = \begin{bmatrix}-2-x\\1\\-2\end{bmatrix}e^{2x} + \begin{bmatrix}3\\0\\3\end{bmatrix}e^{3x}.$$

3.13 $$x(t) = C_1\cos t + C_2\sin t - \frac{1}{3}\cos 2t$$

$$y(t) = C_1\sin t - C_2\cos t + \frac{1}{3}\sin 2t\;.$$

3.14 Es sind die Fälle (i) $c > 0$, (ii) $c = 0$ und (iii) $c < 0$ zu unterscheiden. Als Lösungen der entsprechenden Anfangswertprobleme erhalten wir mit

$$\lambda_1 := \sqrt{\frac{c}{m_1}\left(1+\frac{m_1}{m_2}\right)},\qquad \lambda_2 := \sqrt{-\frac{c}{m_1}\left(1+\frac{m_1}{m_2}\right)}\;:$$

(i) $$\underline{x}_1(t) = \begin{bmatrix}\frac{m_2}{m_1+m_2} - \frac{m_2}{m_1+m_2}\cos\lambda_1 t\\[2ex] \frac{m_2}{m_1+m_2} - \frac{m_2}{\lambda(m_1+m_2)}\sin\lambda_1 t\\[2ex] 0\end{bmatrix},\quad \underline{x}_2(t) = \begin{bmatrix}\frac{m_2}{m_1+m_2} + \frac{m_1}{m_1+m_2}\cos\lambda_1 t\\[2ex] \frac{m_2}{m_1+m_2}t + \frac{m_1}{\lambda_1(m_1+m_2)}\sin\lambda_1 t\\[2ex] 0\end{bmatrix};$$

(ii) $\underline{x}_1(t) = \begin{bmatrix} 0 \\ 0 \\ 0 \end{bmatrix}, \quad \underline{x}_2(t) = \begin{bmatrix} 1 \\ t \\ 0 \end{bmatrix};$

(iii) $$\underline{x}_1(t) = \begin{bmatrix} \frac{m_2}{m_1+m_2} - \frac{1}{2}\frac{m_2}{m_1+m_2} e^{\lambda_2 t} - \frac{1}{2}\frac{m_2}{m_1+m_2} e^{-\lambda_2 t} \\ \frac{m_2}{m_1+m_2} t - \frac{1}{2}\frac{m_2}{\lambda_2(m_1+m_2)} e^{\lambda_2 t} + \frac{1}{2}\frac{m_2}{\lambda_2(m_1+m_2)} e^{-\lambda_2 t} \\ 0 \end{bmatrix}$$

$$\underline{x}_2(t) = \begin{bmatrix} \frac{m_2}{m_1+m_2} + \frac{1}{2}\frac{m_1}{m_1+m_2} e^{\lambda_2 t} + \frac{1}{2}\frac{m_1}{m_1+m_2} e^{-\lambda_2 t} \\ \frac{m_2}{m_1+m_2} t + \frac{1}{2}\frac{m_1}{\lambda_2(m_1+m_2)} e^{\lambda_2 t} - \frac{1}{2}\frac{m_1}{\lambda_2(m_1+m_2)} e^{-\lambda_2 t} \\ 0 \end{bmatrix}$$

Für $m_1 = 3$, $m_2 = 1$, $c = 3$ ergeben sich die Lösungen

$$\underline{x}_1(t) = \begin{bmatrix} \frac{1}{4} - \frac{1}{4}\cos 2t \\ \frac{1}{4}t - \frac{1}{8}\sin 2t \\ 0 \end{bmatrix}, \quad \underline{x}_2(t) = \begin{bmatrix} \frac{1}{4} + \frac{3}{4}\cos 2t \\ \frac{1}{4}t + \frac{3}{8}\sin 2t \\ 0 \end{bmatrix}.$$

(Vgl. Fig. I, II)

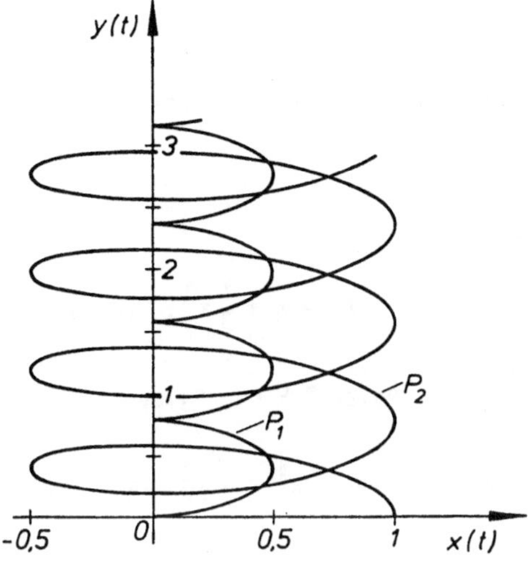

Fig. I: Bahnkurven der Punkte P_1 und P_2

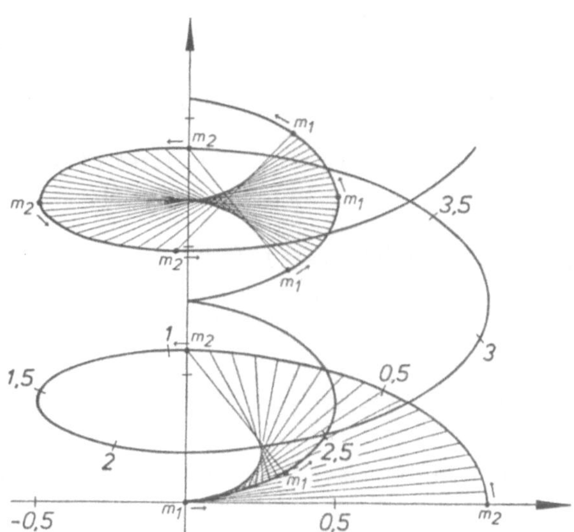

Fig. II: Die einzelnen Phasen der Schwingung

Abschnitt 4

4.1 a) Für die Koeffizienten a_k der Potenzreihe von $y(x)$ ergibt sich die Rekursionsformel

$$a_{k+2} = \frac{(3-k)a_k}{(k+1)(k+2)}$$

und ein Fundamentalsystem zu $y_1(x) = x + \frac{1}{3}x^3$, $y_2(x) = 1 + \frac{3}{2}x^2 + \frac{1}{8}x^4 \mp \ldots$;

b) $a_{k+2} = -\frac{a_{k-2}}{(k+1)(k+2)}$, $a_{2+4k} = 0$, $a_{3+4k} = 0$ $(k \in \mathbb{N}_0)$.

Fundamentalsystem: $y_1(x) = 1 - \frac{1}{3\cdot 4}x^4 + \frac{1}{7\cdot 8\cdot 12}x^8 \mp \cdots$,

$$y_2(x) = x - \frac{1}{4\cdot 5}x^5 + \frac{1}{8\cdot 9\cdot 20}x^9 \mp \cdots .$$

Die Potenzreihen in a) und b) konvergieren in ganz $\mathbb{R}$.

4.2 Lösung des Anfangswertproblems:

$$y(x) = 1 + \frac{1}{2}x^2 - \frac{1}{6}x^3 + \frac{1}{12}x^4 - \frac{1}{60}x^5 \pm \ldots .$$

4.3 Aus $B_n(x) = \frac{1}{\pi}\int_0^\pi \cos(nt - x\sin t)dt$ folgt durch Differentiation unter dem Integral und anschließender partieller Integration

$$\frac{dB_n(x)}{dx} = \frac{n}{\pi}\int_0^\pi \cos t \cdot \cos(nt - x\sin t)dt - \frac{x}{\pi}\int_0^\pi \cos^2 t \cdot \cos(nt - x\sin t)dt$$

bzw. durch zweimalige Differentiation unter dem Integral

$$\frac{d^2B_n(x)}{dx^2} = -\frac{1}{\pi}\int_0^\pi \sin^2 t \cdot \cos(nt - x\sin t)dt.$$

Setzt man diese Ausdrücke in die linke Seite der DGl ein, so ergibt sich

$$\frac{d^2B_n(x)}{dx^2} + \frac{1}{x}\frac{dB_n(x)}{dx} + \left(1 - \frac{n^2}{x^2}\right)B_n(x) = \frac{n}{\pi x^2}\int_0^\pi \cos(nt - x\sin t)\cdot(x\cos t - n)dt.$$

Die Substitution $u := nt - x\sin t$ bzw. $du = -(x\cos t - n)dt$ liefert

$$\frac{n}{\pi x^2} \int_0^{\pi} \dots \, dt = -\frac{n}{\pi x^2} \int_0^{n\pi} \cos u \, du = 0.$$

4.4 a) Die Koeffizienten a_k von $y(x) = \sum_{k=0}^{\infty} a_k x^k$ ergeben sich aus der Rekursionsformel

$$a_{k+2} = \frac{k(k+1) - \lambda(\lambda+1)}{(k+1)(k+2)} a_k \qquad (a_0, a_1 \text{ beliebig}) ;$$

b) $y_1(x;0) = 1$, $y_2(x;1) = x$, $y_1(x;2) = 1 - 3x^2$, $y_2(x;3) = x - \frac{5}{3}x^3$,

$y_1(x;4) = 1 - 10x^2 + \frac{35}{3}x^4$;

c) durch Normierung der Polynome aus b) gelangt man zu den Legendre-Polynomen

$$L_0(x) = 1, \quad L_1(x) = x, \quad L_2(x) = -\frac{1}{2} + \frac{3}{2}x^2,$$

$$L_3(x) = -\frac{3}{2}x + \frac{5}{2}x^3, \qquad L_4(x) = \frac{3}{8} - \frac{15}{4}x^2 + \frac{35}{8}x^4 .$$

Abschnitt 5

5.1 a) nicht lösbar; b) nicht eindeutig lösbar: $y(x) = C \sin x + x$, $C \in \mathbb{R}$ beliebig; c) eindeutig lösbar: $y(x) = 2\cos x - 3\sin x + x$.

5.2 Das Randwertproblem ist für alle $s \neq \frac{1}{2}(-1 \pm \sqrt{5})$ eindeutig lösbar:

$$y(x;s) = \frac{8s^2 - s - 12}{12(s^2 + s - 1)} x + \frac{4s + 13}{12(s^2 + s - 1)} + \frac{x^4}{12} .$$

5.3 a) Ein Fundamentalsystem der DGl $y'' = 0$ lautet: $y_1(x) = 1$, $y_2(x) = x$. Dies hat $D \neq 0$ zur Folge, d.h. das Randwertproblem ist eindeutig lösbar. Eine partikuläre Lösung von $y'' = f(x)$ ist durch

$$y_p(x) := \int_0^x (x - z) f(z) \, dz , \qquad x \in [0,\pi]$$

gegeben, die allgemeine Lösung der DGl also durch

$$y(x) = C_1 x + C_2 + \int_0^x (x-z) f(z)\,dz, \qquad x \in [0,\pi].$$

Für die Lösung des Randwertproblems ergibt sich

$$y_R(x) = -\left(\int_0^\pi f(z)\,dz\right)x + \int_0^x (x-z) f(z)\,dz, \qquad x \in [0,\pi].$$

b) Die in a) gewonnene Lösung $y_R(x)$ läßt sich wie folgt aufspalten:

$$y_R(x) = -\int_0^x f(z)\,dz \cdot x - \int_x^\pi f(z)\,dz \cdot x + \int_0^x (x-z) f(z)\,dz$$

$$= -\int_0^x z f(z)\,dz - \int_x^\pi x \cdot f(z)\,dz = \int_0^\pi G(x,z) f(z)\,dz, \quad x \in [0,\pi].$$

5.4 a) DGl vom Euler-Typ. Fundamentalsystem (von λ abhängig):

$$y_1(x) = \cos(\sqrt{\lambda}\ln x), \quad y_2(x) = \sin(\sqrt{\lambda}\ln x);$$

b) Eigenwerte: $\lambda_n = \frac{n^2}{4}$

Eigenfunktionen: $y_n(x) = C \cdot \cos\left(\frac{n}{2}\ln x\right)$ $\Big\}$ $n \in \mathbb{N}_0$.

Abschnitt 7

7.2 Sei $x(t) = 4\sin t \cdot h(t)$ und F_x das durch $x(t)$ induzierte Funktional

$$F_x\varphi = \int 4\sin t \cdot h(t) \cdot \varphi(t)\,dt, \qquad \varphi \in C_0^\infty(\mathbb{R})$$

Für hinreichend großes $a > 0$ folgt nach Abschnitt 7.1.2

$$\frac{d^2}{dt^2}F_x(\varphi) = (-1)^2 F_x\left(\frac{d^2}{dt^2}\varphi\right) = 4\int \sin t \cdot h(t) \cdot \varphi''(t)\,dt = 4\int_0^a \sin t \cdot \varphi''(t)\,dt.$$

Zweimalige partielle Integration liefert

$$\int_0^a \sin t \cdot \varphi''(t)\,dt = \underbrace{\sin t \cdot \varphi'(t)\Big|_0^a}_{=0} - \int_0^a \cos t \cdot \varphi'(t)\,dt$$

$$= -\cos t \cdot \varphi(t)\Big|_0^a - \int_0^a \sin t \cdot \varphi(t)\,dt = \varphi(0) - \int \sin t \cdot h(t)\varphi(t)\,dt ,$$

woraus sich

$$\frac{d^2}{dt^2} F_x\varphi = 4\,\delta\,\varphi - F_x\varphi$$

ergibt. Damit folgt für $\varphi \in C_0^\infty(\mathbb{R})$

$$\frac{d^2}{dt^2} F_x\varphi + F_x\varphi = 4\,\delta\,\varphi - F_x\varphi + F_x\varphi = 4\,\delta\,\varphi ,$$

also $\frac{d^2}{dt^2} F_x + F_x = 4\,\delta$ oder $\ddot{x} + x = 4\,\delta$ (im Distributionensinn).

Abschnitt 8

8.2 Die Funktion $f(x) = \begin{cases} 1, & \text{für } |x| \leq a \\ 0, & \text{für } |x| > a \end{cases}$ besitzt die

Fouriertransformierte $\hat{f}(s) = \begin{cases} \frac{\sin a s}{s}, & \text{für } s \neq 0 \\ \frac{a}{\pi}, & \text{für } s = 0 \end{cases}$.

Der Umkehrsatz liefert dann

$$\lim_{A\to\infty} \int_{-A}^{A} \frac{\sin a s}{s} (\cos x s + i \sin x s)\,ds$$

$$= \lim_{A\to\infty} \int_{-A}^{A} \frac{\sin a s \cdot \cos x s}{s}\,ds = \frac{\pi}{2}[f(x+) + f(x-)]$$

$$= \begin{cases} \pi, & \text{für } |x| < a \\ \frac{\pi}{2}, & \text{für } |x| = a \\ 0, & \text{für } |x| > a \end{cases} .$$

8.5 a) $\mathcal{F}[y] = \frac{\mathcal{F}[g]}{-s^2+2is-6}$; b) $\mathcal{F}[y] = \frac{\mathcal{F}[g]}{s^4+3s^2+8}$.

8.6 Die Integralgleichung läßt sich in der Form $f(x) = g(x) + 2\pi[(k*f)(x)]$ schreiben. Wenden wir auf diese Gleichung die Fouriertransformation an, so erhalten wir unter Ausnutzung des Faltungssatzes

$$\mathcal{F}[f(x)] = \mathcal{F}[g(x)] + 2\pi\cdot\mathcal{F}[(k*f)(x)]$$

$$= \mathcal{F}[g(x)] + 2\pi\,\mathcal{F}[k(x)]\cdot\mathcal{F}[f(x)]$$

und hieraus mit

$$\mathcal{F}[f(x)] = \frac{\mathcal{F}[g(x)]}{1-2\pi\,\mathcal{F}[k(x)]}$$

eine Lösung im Bildbereich. Der Umkehrsatz liefert dann eine Lösung $f(x)$ der Integralgleichung.

Abschnitt 9

9.1 a) Mit $\sinh(\alpha t) = \frac{e^{\alpha t} - e^{-\alpha t}}{2}$ und Beispiel 9.3 ergibt sich

$$\mathcal{L}[\sinh(\alpha t)] = \frac{\alpha}{z^2-\alpha^2}, \quad \operatorname{Re} z > |\alpha| .$$

b) Mit Satz 9.4 und Beispiel 9.10 erhalten wir

$$\mathcal{L}[t\,e^{\beta t}] = F(z-\beta) = \frac{1}{(z-\beta)^2}, \quad \operatorname{Re} z > \beta .$$

9.2 Die Residuen an den Stellen $z = -1$ bzw. $z = 2$ lauten $\frac{e^{-t}}{9}$ bzw. $t\frac{e^{2t}}{3} - \frac{e^{2t}}{9}$. Damit folgt

$$\mathcal{L}^{-1}\left[\frac{1}{(z+1)(z-2)^2}\right] = \sum \operatorname{Res}\left(\frac{e^{zt}}{(z+1)(z-2)^2}\right) = \frac{e^{-t}}{9} + \frac{t}{3}e^{2t} - \frac{e^{2t}}{9} .$$

9.3 a) $\mathcal{L}\,[-2t^2 + 3\cos 4t] = -\frac{4}{z^3} + \frac{3z}{z^2+16}$;

b) $\mathcal{L}\,[e^{-3t}\sin t] = \frac{1}{z^2+6z+10}$.

9.4

a) $\mathcal{L}^{-1}\left[\frac{1}{z}\cdot\frac{1}{z-1}\right] = \int\limits_0^t 1\cdot e^{-u}\,du = 1 - e^{-t}$;

b) $\mathcal{L}^{-1}\left[\frac{1}{z-2}\cdot\frac{z}{z^2+9}\right] = \int\limits_0^t e^{2(t-u)}\cdot\cos 3u\,du = \frac{1}{13}\left(-2\cos 3t + 3\sin 3t + 2e^{2t}\right)$.

9.6 Falls f stückweise stetig und von exponentieller Ordnung ist, folgt mit Hilfe von Satz 2 (Anhang)

$$\frac{d}{dz}\int\limits_0^\infty f(t)\,e^{-zt}\,dt = \int\limits_0^\infty f(t)\frac{\partial}{\partial z}\left(e^{-zt}\right)dt = -\int\limits_0^\infty t\,f(t)\cdot e^{-zt}\,dt = -\mathcal{L}[t\,f(t)] .$$

Die nachzuweisende Beziehung folgt dann mit Hilfe vollständiger Induktion nach j .

9.7 Mit $\mathcal{L}\,[y(x)] =: w(z)$ erhält man

a) $(z+4)\,w' + (z^2+1)\,w = z\cdot y(0) + y'(0)$;

b) $(z^2+3z)\,w' + (2z-2)\,w = y(0)$.

9.8 a) $y(x) = \frac{1}{6}x^3 e^x$;

b) $x(t) = \frac{6}{11}e^{4t} + \frac{5}{11}e^{-7t}$; $y(t) = -\frac{5}{11}e^{4t} + \frac{5}{11}e^{-7t}$

LITERATUR

ALLGEMEINE LITERATUR ÜBER HÖHERE MATHEMATIK

[1] Aumann, G.: Höhere Mathematik I-III. Mannheim: Bibl. Inst. 1970-71.

[2] Brauch, W.; Dreyer, H.J.; Haacke, W.: Mathematik für Ingenieure des Maschinenbaus und der Elektrotechnik. Stuttgart: Teubner 1977.

[3] Brenner, J.; Lesky, P.: Mathematik für Ingenieure und Naturwissenschaftler I-IV (2. Aufl.). Wiesbaden: Akad. Verlagsges. 1978.

[4] Courant, R.: Vorlesungen über Differential- und Integralrechnung 1-2. Berlin-Göttingen-Heidelberg: Springer 1955.

[5] Dallmann, H.; Elster, K.-H.: Einführung in die höhere Mathematik 1-3. Braunschweig: Vieweg 1980-83.

[6] Duschek, A.: Vorlesungen über höhere Mathematik 1-2,4. Wien: Springer 1961-65.

[7] Engeln-Müllges, G.; Reutter, F.: Formelsammlung zur Numerischen Mathematik mit Standard-FORTRAN-Programmen (4. Aufl.). Mannheim-Wien-Zürich: Bibl. Inst. 1984.

[8] Endl, K.; Luh, W.: Analysis I-III. Wiesbaden: Akad. Verlagsges. 1976-77.

[9] Fetzer, A.; Fränkel, H.: Mathematik 1-2. Hannover: Schroedel 1977.

[10] Haacke, W.; Hirle, M.; Maas, O.: Mathematik für Bauingenieure. Stuttgart: Teubner 1980.

[11] Hainzl, J.: Mathematik für Naturwissenschaftler. Stuttgart: Teubner 1973.

[12] Heinhold, J.; Behringer, F.; Gaede, K.W.; Riedmüller, B.: Einführung in die Höhere Mathematik 1-4. München-Wien: Hanser 1976-79.

[13] Henrici, P.; Jeltsch, R.: Komplexe Analysis 1-2. Basel: Birkhäuser 1979-80.

[14] Heuser, H.: Lehrbuch der Analysis 1-2. Stuttgart: Teubner 1980-81.

[15] Jänich, K.: Analysis für Physiker und Ingenieure. Berlin-Göttingen-Heidelberg: Springer 1983.

[16] Jeffrey, A.: Mathematik für Naturwissenschaftler und Ingenieure 1-2. Weinheim: Verlag Chemie 1978-80.

[17] Jordan-Engeln, G.; Reutter, F.: Numerische Mathematik für Ingenieure. Mannheim-Wien-Zürich: Bibl. Inst. 1984.

[18] Laugwitz, D.: Ingenieur-Mathematik I-V. Mannheim: Bibl. Inst. 1964-67.

[19] Martensen, E.: Analysis I-IV (2. Aufl.). Mannheim-Wien-Zürich: Bibl. Inst. 1976.

[20] Meinardus, G.; Merz, G.: Praktische Mathematik I-II. Mannheim-Wien-Zürich: Bibl. Inst. 1979-82.

[21] Neunzert, H.(Hrsg.): Mathematik für Physiker und Ingenieure. Analysis 1-2. Berlin-Heidelberg-New York: Springer 1980-82.

[22] Rothe, R.: Höhere Mathematik für Mathematiker, Physiker und Ingenieure. Stuttgart: Teubner 1960-65.

[23] Sauer, R.: Ingenieurmathematik 1-2. Berlin: Springer 1968-69.

[24] Smirnow, W.I.: Lehrgang der höheren Mathematik I-V. Berlin: VEB Verlag d. Wiss. 1971-77.

[25] Strubecker, K.: Einführung in die Höhere Mathematik I-IV. München: Oldenbourg 1966-84.

[26] Wille, F.: Analysis. Stuttgart: Teubner 1976.

[27] Wörle, H.; Rumpf, H.J.: Ingenieurmathematik in Beispielen I-III. München-Wien: Oldenbourg 1980.

Formelsammlungen und Handbücher

[28] Bartsch, H.J.: Mathematische Formeln (12. Aufl.). Köln: Buch- u. Zeit-Verlagsges. 1982.

[29] Bronstein, I.N.; Semendjajew, K.A.: Taschenbuch der Mathematik (21. Aufl.). Thun-Frankfurt: Harri Deutsch 1981.

Ergänzende Kapitel zu I.N. Bronstein - K.A. Semendjajew. Taschenbuch der Mathematik (3. Aufl.). Thun-Frankfurt: Harri Deutsch 1984.

[30] Doerfling, R.: Mathematik für Ingenieure und Techniker. München: Oldenbourg 1965.

[31] Dreszer, J. (Hrsg.): Mathematik-Handbuch für Technik und Naturwissenschaften. Zürich-Frankfurt-Thun: Harri Deutsch 1975.

[32] Jahnke, E.; Emde, F.; Lösch, F.: Tafeln höherer Funktionen (7. Aufl.). Stuttgart: Teubner 1966.

[33] Ryshik, I.M.; Gradstein, I.S.: Summen-, Produkt- und Integraltafeln. Berlin: VEB Verl. d. Wiss. 1963.

Gewöhnliche Differentialgleichungen

[34] Amann, H.: Gewöhnliche Differentialgleichungen. Berlin-New York: de Gruyter 1983.

[35] Churchill, R.V.: Fourier Series and Boundary Value Problems. New York: Mc Graw-Hill 1983.

[36] Collatz, L.: Differentialgleichungen (6. Aufl.). Stuttgart: Teubner 1981.

[37] Collatz, L.: Numerische Behandlung von Differentialgleichungen (2. Aufl.). Berlin-Heidelberg-New York: Springer 1955.

[38] Collatz, L.: Eigenwertaufgaben mit technischen Anwendungen (2. Aufl.). Leipzig: Akad. Verlagsges. 1963.

[39] Erwe, F.: Gewöhnliche Differentialgleichungen. Mannheim: Bibl. Inst. 1967.

[40] Grigorieff, R.D.: Numerik gewöhnlicher Differentialgleichungen I-II. Stuttgart: Teubner 1972-77.

[41] Horn, J.; Wittich, H.: Gewöhnliche Differentialgleichungen. Berlin: de Gruyter 1960.

[42] Horst, W.; Thoma, A.: Die Differentialgleichungen der Technik und Physik (5. Aufl.). Leipzig: I.A. Barth 1950.

[43] Kamke, E.: Differentialgleichungen 1 (5. Aufl.). Stuttgart: Teubner 1964.

[44] Kamke, E.: Differentialgleichungen. Lösungsmethoden und Lösungen (9. Aufl.). Stuttgart: Teubner 1977.

[45] Knobloch, H.W.; Kappel, F.: Gewöhnliche Differentialgleichungen: Stuttgart: Teubner 1974.

[46] Krasnoselskii, M.A.: Topological methods in the theory of nonlinear integral equations. New York: Mc Millan 1964.

[47] Peyerimhoff, A.: Gewöhnliche Differentialgleichungen 1-2. Frankfurt: Akad. Verlagsges. 1970.

[48] Sommerfeld, A.: Vorlesungen über Theoretische Physik 1 (6. Aufl.). Leipzig: Akad. Verlagsges. 1962.

[49] Stepanow, W.W.: Lehrbuch der Differentialgleichungen. Berlin: Deutscher Verl. d. Wiss. 1963.

[50] Walter, W.: Gewöhnliche Differentialgleichungen. Berlin-Heidelberg-New York: Springer 1970.

[51] Wenzel, H.: Gewöhnliche Differentialgleichungen (3. Aufl.). Leipzig: Akad. Verlagsges. 1980.

[52] Wilson, H.K.: Ordinary Differential Equations. Reading: Addison-Wesley 1971.

Distributionen

[53] Berz, E.: Verallgemeinerte Funktionen und Operatoren. Mannheim: Bibl. Inst. 1967.

[54] Constantinescu, F.: Distributionen und ihre Anwendungen in der Physik. Stuttgart: Teubner 1974.

[55] Halperin, I.; Schwartz, L.: Introduction to the Theory of Distributions. Toronto: University of Toronto Press 1952.

[56] Jantscher, L.: Distributionen. Berlin-New York: Springer 1971.

[57] Schwartz, L.: Théorie des distributions I-II. Paris: Hermann 1950-51 (Neuaufl. 1966 in einem Bd.).

[58] Walter, W.: Einführung in die Theorie der Distributionen. Mannheim-Wien-Zürich: Bibl. Inst. 1974.

Integraltransformationen

[59] Ameling, W.: Laplace-Transformation. Braunschweig-Wiesbaden: Vieweg 1979.

[60] Beyer, W.H.: CRC Handbook of Mathematical Sciences. Palm Beach: CRC Press 1978.

[61] Davies, B.: Integral Transforms and Their Applications. New York-Heidelberg-Berlin: Springer 1978.

[62] Ditkin, V.A.; Prudnikow, A.P.: Integral Transforms and Operational. Oxford-New York: Pergamon Press 1965.

[63] Doetsch, G.: Einführung in Theorie und Anwendungen der Laplace-Transformation. Stuttgart: Birkhäuser 1976.

[64] Doetsch, G.: Anleitung zum praktischen Gebrauch der Laplace-Transformation und der Z-Transformation. München: Oldenbourg 1976.

[65] Doetsch, G.: Handbuch der Laplace-Transformation 1-3. Basel: Birkhäuser 1971-73.

[66] Dym, H.; Mc Keen, H.P.: Fourier Series and Integrals. New York: Acad. Press 1972.

[67] Fetzer, V.: Integral-Transformationen. Heidelberg: Hüthig 1977.

[68] Goldberg, R.R.: Fourier Transforms. Cambridge: University Press 1962.

[69] Holbrook, J.G.: Laplace-Transformation. Braunschweig: Vieweg 1973.

[70] Oberhettinger, F.: Tables of Laplace transforms. Berlin-Heidelberg-New York: Springer 1973.

[71] Papoulis, A.: The Fourier Integral and its applications. New York: Mc Graw-Hill 1962.

[72] Seeley, R.T.: An Introduction to Fourier Series and Integrals. New York-Amsterdam: W.A. Benjamin 1966.

[73] Sneddon, I.N.: Fourier Transforms. New York: Mc Graw-Hill 1951.

[74] Sneddon, I.N.: The use of Integral Transforms. N.Y.: Mc Graw-Hill 1972.

[75] Spiegel, M.R.: Laplace-Transformationen. Theorie und Anwendungen. Düsseldorf: Mc Graw-Hill 1977.

SYMBOLE

Wir erinnern zunächst an einige Symbole, die in diesem Band verwendet werden und die in dieser oder ähnlicher Form bereits in Band I verwendet wurden:

$x :=$	x ist definitionsgemäß gleich ...
$x \in M$	x ist Element der Menge M
$x \notin M$	x ist nicht Element der Menge M
$\{x_1,x_2,\dots,x_n\}$	Menge der Elemente $x_1,x_2,\dots,x_n$
$\{x \mid x$ hat die Eigenschaft $E\}$	Menge aller Elemente x mit Eigenschaft E
$M \subset N$	M ist Teilmenge der Menge N
$M \cup N$	Vereinigungsmenge der Mengen M und N
$M \cap N$	Schnittmenge der Mengen M und N
$\mathbb{N}$	Menge der natürlichen Zahlen
$\mathbb{N}_0$	Menge der natürlichen Zahlen einschließlich 0
$\mathbb{Z}$	Menge der ganzen Zahlen
$\mathbb{R}$	Menge der reellen Zahlen
$\mathbb{R}^+$	Menge der positiven reellen Zahlen
$\mathbb{R}^n$	Menge der n-Tupel
$\mathbb{C}$	Menge der komplexen Zahlen
$[a,b]$, (a,b), $(a,b]$, $[a,b)$	abgeschlossene, offene, halboffene Intervalle
$\lvert x\rvert$ bzw. $\lvert \underline{x}\rvert$	Absolutbetrag von $x \in \mathbb{R}$ bzw. $\underline{x} \in \mathbb{R}^n$
$\bar{z}$	zu $z \in \mathbb{C}$ konjugiert komplexe Zahl

Zur Beschreibung von Punktepaaren verwenden wir ebenfalls das Symbol (a,b), doch wird aus dem jeweiligen Zusammenhang die Abgrenzung gegenüber dem Intervall (a,b) deutlich.

Ferner verwenden wir:

	Abschn.		Abschn.
$A = [a_{jk}]_{j,k=1,\ldots,n}$	2.1.1/3	$\hat{F}$	8.3.5
$A(x)$	2.1.1	$\mathcal{F}\,[f(t)]$	8.1.2
adj $Y(x)$	2.3.2	$\mathcal{F}^{-1}$	8.2.1
am $\left(\frac{\alpha}{2}, \sqrt{\frac{g}{l}}\, t\right)$	1.3.3	$\overset{-1}{H}$	1.2.5
$C_0\,(\mathbb{R}^n)$	6.1.2	$H_n(x)$	4.1.2
$C^\infty\,(\mathbb{R}^n)$	7.1.1	$\mathcal{H}$	4.1.2
$C_0^\infty(\mathbb{R}^n)$	6.1.2	Im z	3.1.1
C.H. $\int_{-\infty}^{\infty}$, $\oint_{-\infty}^{\infty}$	8.2.2	J	3.2.3
det $[\underline{y}_1,\ldots,\underline{y}_n]$	2.2.2	J_p , J_{-p}	4.2.2
DGl	1.1.2	$L\,[y]$	3.1.1
$\frac{d}{dt} m$, $m'(t)$, $\dot{m}(t)$	1.1.1	$L_n(x)$	4.2.1
$\left(\frac{d}{dx}\right)^k$, $\frac{d^k}{d\,x^k}$	3.1.1	$\mathcal{L}\,(\mathbb{R}^n)$	6.1.3
		$\mathcal{L}\,[f(t)]$	9.1.2
$\frac{d}{dx} F$, $\frac{\partial}{\partial\, x_j} F$	7.1.2	$\mathcal{L}^{-1}$	9.2.1
exp A	3.2.5	$\max\limits_{(x,y)\in D} \lvert f(x,y)\rvert$	1.2.3
$f_x(x,y)$ $\left(= \frac{\partial}{\partial x} f(x,y)\right)$	1.2.4	min (α,β)	1.2.3
$f(x_0+)$, $f(x_0-)$	8.1.2	$N_n(x)$	4.2.2
$\underline{f}(x,\underline{y})$	1.3	$O\,(g(h))$, $O\,(h^2)$	1.2.6
$\hat{f}(s)$	8.1.2	$p(x)$	3.1.2
$f_1 * f_2$	8.3.3/9.3.3	$p\left(\frac{d}{dx}\right)$	3.1.2
$F\left(\frac{\alpha}{2}, u\right)$	1.3.3	$\left[p\left(\frac{d}{dx}\right)\right]^{-1}$	3.1.2
F_f	6.2.1	$P(\lambda)$	3.1.1
$F(z)$	9.1.2		

SACHVERZEICHNIS

Mathematische Methoden in der Technik

Band 1: **Törnig/Gipser/Kaspar, Numerische Lösung von partiellen Differentialgleichungen der Technik**
183 Seiten. DM 38,–

Band 2: **Dutter, Geostatistik**
159 Seiten. DM 36,–

Band 3: **Spellucci/Törnig, Eigenwertberechnung in den Ingenieurwissenschaften**
196 Seiten. DM 38,–

Band 4: **Buchberger/Kutzler/Feilmeier/Kratz/Kulisch/Rump, Rechnerorientierte Verfahren**
281 Seiten. DM 48,–

Band 5: **Babovsky/Beth/Neunzert/Schulz-Reese, Mathematische Methoden in der Systemtheorie: Fourieranalysis**
173 Seiten. DM 38,–

Band 8: **Weiß, Stochastische Modelle für Anwender**
192 Seiten. DM 38,–

Band 9: **Antes, Anwendungen der Methode der Randelemente in der Elastodynamik und der Fluiddynamik**
196 Seiten. DM 38,–

Band 10: Vogt, **Methoden der Statistischen Qualitätskontrolle**
295 Seiten. DM 48,–

In Vorbereitung

Band 6: **Krüger/Scheiba, Mathematische Methoden in der Systemtheorie: Stochastische Prozesse**

Preisänderungen vorbehalten

B. G. Teubner Stuttgart

Teubner Studienbücher

Mathematik

Afflerbach: **Statistik-Praktikum mit dem PC.** DM 24,80

Ahlswede/Wegener: **Suchprobleme.** DM 37,–

Aigner: **Graphentheorie.** DM 34,–

Ansorge: **Differenzenapproximationen partieller Anfangswertaufgaben.** DM 32,– (LAMM)

Behnen/Neuhaus: **Grundkurs Stochastik.** 2. Aufl. DM 39,80

Bohl: **Finite Modelle gewöhnlicher Randwertaufgaben.** DM 36,– (LAMM)

Böhmer: **Spline-Funktionen.** DM 32,–

Bröcker: **Analysis in mehreren Variablen.** DM 38,–

Bunse/Bunse-Gerstner: **Numerische Lineare Algebra.** DM 38,–

v. Collani: **Optimale Wareneingangskontrolle.** DM 29,80

Collatz: **Differentialgleichungen.** 7. Aufl. DM 38,– (LAMM)

Collatz/Krabs: **Approximationstheorie.** DM 29,80

Constantinescu: **Distributionen und ihre Anwendung in der Physik.** DM 23,80

Dinges/Rost: **Prinzipien der Stochastik.** DM 38,–

Fischer/Kaul: **Mathematik für Physiker**
Band 1: Grundkurs. 2. Aufl. DM 48,–

Fischer/Sacher: **Einführung in die Algebra.** 3. Aufl. DM 28,80

Floret: **Maß- und Integrationstheorie.** DM 39,80

Grigorieff: **Numerik gewöhnlicher Differentialgleichungen**
Band 2: DM 38,–

Hackbusch: **Integralgleichungen.** Theorie und Numerik. DM 38,– (LAMM)

Hackbusch: **Theorie und Numerik elliptischer Differentialgleichungen.** DM 38,–

Hackenbroch: **Integrationstheorie.** DM 23,80

Hainzl: **Mathematik für Naturwissenschaftler.** 4. Aufl. DM 39,80 (LAMM)

Hässig: **Graphentheoretische Methoden des Operations Research.** DM 26,80 (LAMM)

Hettich/Zenke: **Numerische Methoden der Approximation und semi-infiniten Optimierung.** DM 29,80

Hilbert: **Grundlagen der Geometrie.** 13. Aufl. DM 32,–

Ihringer: **Allgemeine Algebra.** DM 24,80

Jeggle: **Nichtlineare Funktionalanalysis.** DM 32,–

Kall: **Analysis für Ökonomen.** DM 29,80 (LAMM)

Kall: **Lineare Algebra für Ökonomen.** DM 26,80 (LAMM)

Kall: **Mathematische Methoden des Operations Research.** DM 26,80 (LAMM)

Kohlas: **Stochastische Methoden des Operations Research.** DM 26,80 (LAMM)

Kohlas: **Zuverlässigkeit und Verfügbarkeit.** DM 38,– (LAMM)

Kosmol: **Methoden zur numerischen Behandlung nichtlinearer Gleichungen und Optimierungsaufgaben.** DM 29,80

Fortsetzung auf der folgenden Seite